Sumário

Segunda parte

Capítulo 8 – Função logarítmica 275
- Introdução 275
- Logaritmos 276
  - Convenção importante 277
  - Consequências 277
- **Um pouco de história – A invenção dos logaritmos** 280
- Sistemas de logaritmos 281
- Propriedades operatórias 282
  - Logaritmo do produto 282
  - Logaritmo do quociente 282
  - Logaritmo da potência 283
- Mudança de base 286
  - Propriedade 286
  - Aplicação importante 287
- **Troque ideias – A escala de acidez e os logaritmos** 288
- Função logarítmica 289
  - Gráfico da função logarítmica 290
  - Função exponencial e função logarítmica 290
  - Propriedades do gráfico da função logarítmica ... 293
- **Aplicações – Os terremotos e os logaritmos** 296
- Equações exponenciais 298
- **Aplicações – Os sons, a audição humana e a escala logarítmica** 300
- Equações logarítmicas 302
  - Equações redutíveis a uma igualdade entre dois logaritmos de mesma base 302
  - Equações redutíveis a uma igualdade entre um logaritmo e um número real 302
  - Equações que envolvem utilização de propriedades 303
  - Equações que envolvem mudança de base 303
- Inequações logarítmicas 304
  - Inequações redutíveis a uma desigualdade entre logaritmos de mesma base 304
  - Inequações redutíveis a uma desigualdade entre um logaritmo e um número real 305
- Enem e vestibulares resolvidos 306
- Exercícios complementares 307
- Testes 315

Capítulo 9 – Complemento sobre funções 322
- Funções sobrejetoras 322
- Funções injetoras 323
- Funções bijetoras 325
- Função inversa 327
  - Introdução 327
  - Definição 328
  - Inversas de algumas funções 329
- Composição de funções 332
  - Introdução 332
  - Definição 333
- Enem e vestibulares resolvidos 335
- Exercícios complementares 336
- Testes 338

Capítulo 10 – Progressões 342
- Sequências numéricas 342
  - Formação dos elementos de uma sequência 343
- Progressões aritméticas 345
- **Troque ideias – Observação de regularidades** 345
  - Classificação 346
  - Termo geral da P.A. 346
  - Soma dos **n** primeiros termos de uma P.A. 350
  - Progressão aritmética e função afim 354
- Progressões geométricas 355
- **Troque ideias – A propagação de uma notícia** 355
  - Classificação 356
  - Termo geral da P.G. 357
  - Soma dos **n** primeiros termos de uma P.G. 360
  - Soma dos termos de uma P.G. infinita 363
  - Produto dos **n** primeiros termos de uma P.G. 366
  - Progressão geométrica e função exponencial ... 367
- **Um pouco de história – A sequência de Fibonacci** 369
- Enem e vestibulares resolvidos 370
- Exercícios complementares 371
- Testes 377

273

Sumário

Capítulo 11 – Matemática comercial e financeira 385

Matemática comercial 385
- Porcentagem 386
- Aumentos e descontos 390
- Variação percentual 391

Juros 395

Juros simples 396
- Conceito 396

Juros compostos 400
- Juros compostos com taxa variável 402

Troque ideias – Compras à vista ou a prazo (I) 406

Aplicações – Compras à vista ou a prazo (II) – Financiamentos 407

Juros e funções 410
- Juros simples 410
- Juros compostos 410

Aplicações – Trabalhando, poupando e planejando o futuro 413

Enem e vestibulares resolvidos 415

Exercícios complementares 415

Testes 422

Capítulo 12 – Semelhança e triângulos retângulos 433

Semelhança 433

Semelhança de triângulos 436
- Razão de semelhança 437
- Teorema de Tales 438
- Teorema fundamental da semelhança 440

Critérios de semelhança 441
- AA (ângulo – ângulo) 441
- LAL (lado – ângulo – lado) 442
- LLL (lado – lado – lado) 443

Consequências da semelhança de triângulos 446
- Primeira consequência 446
- Segunda consequência 447
- Terceira consequência 447

O triângulo retângulo 449
- Semelhanças no triângulo retângulo 449
- Relações métricas 449
- Aplicações notáveis do teorema de Pitágoras ... 451

Um pouco de história – Pitágoras de Samos 452

Enem e vestibulares resolvidos 455

Exercícios complementares 456

Testes 459

Capítulo 13 – Trigonometria no triângulo retângulo 465

Um pouco de história – A trigonometria 465

Razões trigonométricas 466
- Acessibilidade e inclinação de uma rampa 466
- Tangente de um ângulo agudo 468
- Tabela de razões trigonométricas 468
- Seno e cosseno de um ângulo agudo 469

Ângulos notáveis 475
- Triângulo equilátero 475
- Quadrado 475

Relações entre razões trigonométricas 478

Enem e vestibulares resolvidos 482

Exercícios complementares 483

Testes 486

Tabela de razões trigonométricas 493

Apêndice 1 – Vetores 494

Introdução 494

Segmentos orientados 494

Equipolência 496

Conceitos básicos de Geometria Analítica 497
- Distância entre dois pontos 497
- Ponto médio de um segmento 498

Vetor 499
- Vetor nulo 499
- Vetor oposto 499
- Módulo 499
- Representação de um vetor no plano 500

Operações com vetores 503
- Adição 503
- Regra do paralelogramo 504
- Adição de vetores usando coordenadas 504
- Multiplicação de um número real por um vetor 506

Vetores e Física 510

Apêndice 2 – Isometrias no plano 512

Translação 513

Rotação 516

Reflexão 519

Reflexão deslizante 522

Respostas 525

Significado das siglas dos vestibulares 544

Função logarítmica

CAPÍTULO 8

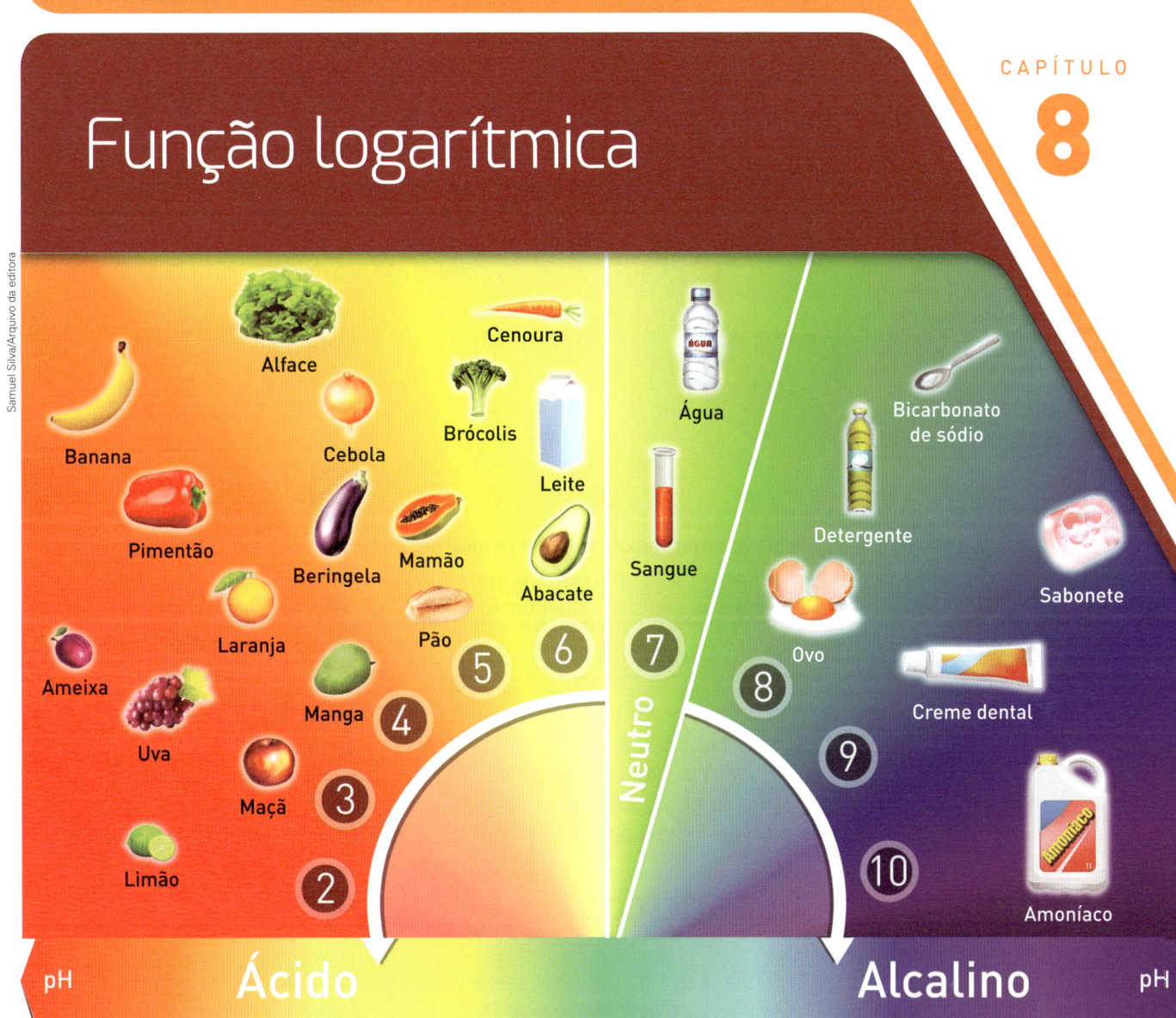

// O pH é uma escala logarítmica que mede a acidez ou basicidade de uma solução aquosa pela sua concentração de íons H^+. Um aumento de uma unidade no valor do pH indica uma redução para $\frac{1}{10}$ da concentração inicial de íons H^+. Neste capítulo, vamos estudar a função logarítmica e situações modeladas por essa função, como no caso do pH.

Introdução

Situação 1

Você sabia que uma pessoa com audição normal é capaz de ouvir uma grande faixa de sons de intensidades bem diversas?

Existe um valor mínimo de intensidade de som, abaixo do qual não se ouve som algum: é o limiar de audibilidade, cujo valor é, em W/m^2, igual a 10^{-12}; há também um valor de intensidade a partir do qual há dor: $1\ W/m^2$. W é o símbolo de watt, unidade de potência.

Manipular e comparar valores nessa faixa numérica, de $10^{-12} = 0{,}000\,000\,000\,001$ até 1,0 (além da faixa de sons cujas intensidades superam o limiar de dor), não é tarefa fácil nem prática. A saída encontrada pela Ciência é a utilização de uma **escala logarítmica**, cuja estrutura e vantagens vamos conhecer neste capítulo.

Caminhão de carga viajando em uma estrada. No Brasil, o transporte rodoviário é um dos principais meios de distribuição de cargas.

Situação 2

Suponhamos que um caminhão zero-quilômetro custe hoje R$ 120 000,00 e sofra uma desvalorização de 10% por ano de uso.

Depois de quanto tempo de uso o valor do veículo será igual a R$ 60 000,00?

A cada ano que passa o valor do caminhão fica sendo 90% do que era um ano atrás. Então, seu valor evolui da seguinte forma:

- após 1 ano de uso:
  90% de 120 000 reais, ou seja, 108 000 reais
- após 2 anos de uso:
  90% de 108 000 reais, ou seja, 97 200 reais
- após 3 anos de uso:
  90% de 97 200 reais, ou seja, 87 480 reais

e assim por diante.

O valor do veículo em reais evolui, ano a ano, de acordo com a sequência:

$120\,000;\ (0,9) \cdot 120\,000;\ (0,9)^2 \cdot 120\,000;\ (0,9)^3 \cdot 120\,000;\ ...;\ (0,9)^x \cdot 120\,000$

em que **x** indica o número de anos de uso.

Para responder à pergunta feita inicialmente devemos resolver a equação $(0,9)^x \cdot 120\,000 = 60\,000$, ou seja, $(0,9)^x = 0,5$, que é uma equação exponencial.

No entanto, não é possível reduzir as potências a uma mesma base. Para resolver essa equação usaremos logaritmos.

Esses tipos de problemas mostram a importância de se estudar a função logarítmica e os logaritmos.

No decorrer deste capítulo, vamos conhecer a solução desses problemas.

Logaritmos

> Sendo **a** e **b** números reais e positivos, com a ≠ 1, chama-se **logaritmo** de **b** na base **a** o expoente **x** ao qual se deve elevar a base **a** de modo que a potência a^x seja igual a **b**.

Definição:

$$\log_a b = x \Leftrightarrow a^x = b$$

OBSERVAÇÃO

As restrições para **a** (0 < a e a ≠ 1) e para **b** (b > 0) indicadas na definição garantem a existência e a unicidade de $\log_a b$.

Dizemos que

- **a** é a **base** do logaritmo;
- **b** é o **logaritmando**;
- **x** é o **logaritmo**.

Vejamos alguns exemplos de logaritmos:

- $\log_2 8 = 3$, pois $2^3 = 8$
- $\log_3 9 = 2$, pois $3^2 = 9$
- $\log_2 \dfrac{1}{4} = -2$, pois $2^{-2} = \dfrac{1}{4}$
- $\log_5 5 = 1$, pois $5^1 = 5$
- $\log_4 1 = 0$, pois $4^0 = 1$
- $\log_3 \sqrt{3} = \dfrac{1}{2}$, pois $3^{\frac{1}{2}} = \sqrt{3}$
- $\log_{\frac{1}{2}} 8 = -3$, pois $\left(\dfrac{1}{2}\right)^{-3} = 8$
- $\log_{0,5} 0,25 = 2$, pois $(0,5)^2 = 0,25$

Nesses exemplos, o cálculo do logaritmo poderia ser feito mentalmente. Porém, há casos em que isso não é tão simples, como mostra o exemplo a seguir.

EXEMPLO 1

Vamos calcular, por meio da definição:

a) $\log_{\sqrt[3]{9}} 3$

Façamos $\log_{\sqrt[3]{9}} 3 = x$. Temos:

$$(\sqrt[3]{9})^x = 3 \Rightarrow (\sqrt[3]{3^2})^x = 3 \Rightarrow \sqrt[3]{3^{2x}} = 3 \Rightarrow 3^{\frac{2x}{3}} = 3 \Rightarrow \frac{2x}{3} = 1 \Rightarrow x = \frac{3}{2}$$

b) $\log_{16} 0{,}25$

Façamos $\log_{16} 0{,}25 = y$. Temos:

$$16^y = 0{,}25 \Rightarrow (2^4)^y = \frac{1}{4} \Rightarrow 2^{4y} = 2^{-2} \Rightarrow 4y = -2 \Rightarrow y = -\frac{1}{2}$$

Exercício resolvido

1. Qual é o número real **x** em $\log_x 4 = -2$?

   Solução:

   O número **x** deve ser tal que $0 < x$ e $x \neq 1$.

   Aplicando a definição, temos:

   $$x^{-2} = 4 \Rightarrow \frac{1}{x^2} = 4 \Rightarrow 4x^2 = 1 \Rightarrow x^2 = \frac{1}{4} \xRightarrow{x>0} x = \sqrt{\frac{1}{4}} = \frac{1}{2}$$

Convenção importante

Convencionou-se que, ao escrevermos o logaritmo de um número em base 10, omitimos a base, isto é:

$\log x = \log_{10} x$

Assim, por exemplo, $\log 10\,000 = 4$ (pois $10^4 = 10\,000$); $\log \frac{1}{1\,000} = -3$ $\left(\text{pois } 10^{-3} = \frac{1}{1\,000}\right)$.

Os logaritmos em base 10 são conhecidos como **logaritmos decimais**.

OBSERVAÇÕES

- Se a base do logaritmo fosse igual a 1 e o logaritmando fosse diferente de 1, não existiria o logaritmo. Por exemplo, $\log_1 5$: como $1^x = 1$, para todo **x** real, não existe **x** tal que $1^x = 5$.
- Se o logaritmando fosse um número negativo, não existiria o logaritmo. Por exemplo: $\log_2 (-4)$. Como $2^x > 0$, para todo **x** real, não existe **x** real tal que $2^x = -4$.
- Se a base e o logaritmando fossem iguais a 1, teríamos uma indeterminação. Por exemplo, $\log_1 1$: como para todo **x** real, $1^x = 1$, qualquer **x** satisfaria.

Consequências

Sejam **a**, **b** e **c** números reais com $0 < a$ e $a \neq 1$, $b > 0$ e $c > 0$.

Decorrem da definição de logaritmo as seguintes propriedades:

- O logaritmo de 1 em qualquer base **a** é igual a 0.

$$\log_a 1 = 0 \text{, pois } a^0 = 1$$

- O logaritmo da base, qualquer que seja ela, é igual a 1.

$$\log_a a = 1$$, pois $a^1 = a$

- A potência de base **a** e expoente $\log_a b$ é igual a **b**.

$$a^{\log_a b} = b$$

Para justificar essa propriedade, podemos fazer: $\log_a b = c \Rightarrow a^c = b$. Daí, $a^{\log_a b} = a^c = b$.

Outra forma de justificar é lembrar que o logaritmo de **b** na base **a** é o expoente que se deve dar à base **a** a fim de que a potência obtida seja igual a **b**.

Assim, por exemplo, temos que:

$$2^{\log_2 3} = 3; \; 5^{\log_5 4} = 4, \text{ etc.}$$

- Se dois logaritmos em uma mesma base são iguais, então os logaritmandos também são iguais.

    Reciprocamente, se dois números reais positivos são iguais, seus logaritmos em uma mesma base também são iguais.

$$\log_a b = \log_a c \Leftrightarrow b = c$$

Para justificar a primeira afirmação, temos: $\log_a b = \log_a c \underset{\text{def.}}{\Rightarrow} a^{\log_a c} = b$ e, pela propriedade anterior, segue que $c = b$.

Para justificar a recíproca, temos que $b = c$ e queremos mostrar que $\log_a b = \log_a c$.

Sejam $\log_a b = x$ e $\log_a c = y$.

Temos: $a^x = b$ e $a^y = c$. Como $b = c$, segue que $a^x = a^y \Rightarrow x = y$, ou melhor, $\log_a b = \log_a c$.

EXEMPLO 2

Vamos calcular o número real **x** tal que $\log_5 (2x + 1) = \log_5 (x + 3)$.

Inicialmente, é importante lembrar que os logaritmos acima estão definidos se $2x + 1 > 0$ e $x + 3 > 0$, ou seja, $x > -\frac{1}{2}$ ① e $x > -3$ ②. Fazendo ① ∩ ②, obtemos: $x > -\frac{1}{2}$ ✱.

Da igualdade $\log_5 (2x + 1) = \log_5 (x + 3)$ segue que:

$$2x + 1 = x + 3 \Rightarrow x = 2 \text{ (este valor satisfaz ✱)}$$

Exercício resolvido

2. Qual é o valor de $9^{\log_3 5}$?

Solução:

Como $9 = 3^2$, podemos escrever $\left(3^2\right)^{\log_3 5}$ e, trocando a posição dos expoentes, temos:

$$\left(3^{\log_3 5}\right)^2 = 5^2 = 25$$

Exercícios

1. Usando a definição, calcule o valor dos seguintes logaritmos (procure fazer mentalmente):
a) $\log_2 16$
b) $\log_4 16$
c) $\log_3 81$
d) $\log_5 125$
e) $\log 100\,000$
f) $\log_8 64$
g) $\log_2 32$
h) $\log_6 216$

2. Use a definição para calcular:
a) $\log_2 \dfrac{1}{4}$
b) $\log_3 \sqrt{3}$
c) $\log_8 16$
d) $\log_4 128$
e) $\log_{36} \sqrt{6}$
f) $\log 0{,}01$
g) $\log_9 \dfrac{1}{27}$
h) $\log_{0,2} \sqrt[3]{25}$
i) $\log_{1,25} 0{,}64$
j) $\log_{\frac{5}{3}} 0{,}6$

3. Coloque em ordem crescente os seguintes números reais:
$A = \log_{25} 0{,}2$
$B = \log_7 \dfrac{1}{49}$
$C = \log_{0,25} \sqrt{8}$
$D = \log 0{,}1$

4. Qual é o valor de cada uma das expressões seguintes?
a) $\log_5 5 + \log_3 1 - \log 10$
b) $\log_{\frac{1}{4}} 4 + \log_4 \dfrac{1}{4}$
c) $\log 1\,000 + \log 100 + \log 10 + \log 1$
d) $3^{\log_3 2} + 2^{\log_2 3}$
e) $\log_8 (\log_3 9)$
f) $\log_9 (\log_4 64) + \log_4 (\log_3 81)$

5. Calcule:
a) o logaritmo de 4 na base $\dfrac{1}{8}$.
b) o logaritmo de $\sqrt{3}$ na base 27.
c) o logaritmo de 0,125 na base 16.
d) o logaritmo de 7 na base $\sqrt[5]{7}$.
e) o número cujo logaritmo na base 3 vale -2.
f) a base na qual o logaritmo de $\dfrac{1}{4}$ vale -1.

6. Sabendo que $\log a = 2$ e $\log b = -1$, calcule o valor de:
a) $\log_b a$
b) $\log_a b$
c) $\log_a b^2$
d) $\log (a \cdot b)$
e) $\log \left(\dfrac{a}{b}\right)$
f) $\log_{\sqrt{b}} a$

7. Obtenha, em cada caso, o valor real de **x**:
a) $\log_5 x = \log_5 16$
b) $\log_3 (4x - 1) = \log_3 x$
c) $\log x^2 = \log x$
d) $\log_x (2x - 3) = \log_x (-4x + 8)$

8. Determine o número real **x** tal que:
a) $\log_3 x = 4$
b) $\log_{\frac{1}{2}} x = -2$
c) $\log_x 2 = 1$
d) $\log_x 0{,}25 = -1$
e) $\log_x 1 = 0$
f) $\log_3 (2x - 1) = 2$

9. Em cada caso, calcule o valor de $\log_5 x$, sendo:
a) $x = \dfrac{1}{25}$
b) $x = \sqrt[7]{5}$
c) $x = 5^{12}$
d) $x = \dfrac{1}{\sqrt[9]{625}}$
e) $x = 0{,}2$

10. Coloque em ordem crescente os seguintes números reais:
$A = \log_{15} 15^{41}$
$B = \log_{17} 17^{40}$
$C = \log_{17^2} 17^{80}$
$D = \log_{15^3} 15^{132}$

11. Determine **m**, com $m \in \mathbb{R}$, a fim de que a equação $x^2 + 4x + \log_2 m = 0$, na incógnita **x**, admita uma raiz real dupla. Qual é essa raiz?

12. Calcule:
a) $4^{3 + \log_4 2}$
b) $5^{1 - \log_5 4}$
c) $8^{\log_2 7}$
d) $81^{\log_3 2}$
e) $5^{\log_{25} 7}$

13. Sejam **a** e **b** números reais positivos tais que $\log_{\sqrt{11}} a = 2\,018$ e $\log_{\sqrt[3]{11}} b = 3\,018$. Qual é o valor de $\dfrac{a}{b}$?

Um pouco de história

A invenção dos logaritmos

Credita-se ao escocês John Napier (1550-1617) a descoberta dos logaritmos, embora outros matemáticos da época, como o suíço Jobst Bürgi (1552-1632) e o inglês Henry Briggs (1561-1630), também tenham dado importantes contribuições.

A invenção dos logaritmos causou grande impacto nos meios científicos da época, pois eles representavam um poderoso instrumento de cálculo numérico que impulsionaria o desenvolvimento do comércio, da navegação e da Astronomia. Até então, multiplicações e divisões com números muito grandes eram feitas com auxílio de relações trigonométricas.

Basicamente, a ideia de Napier foi associar os termos da sequência $(b; b^2; b^3; b^4; b^5; ...; b^n)$ aos termos de outra sequência $(1, 2, 3, 4, 5, ..., n)$, de forma que o **produto** de dois termos quaisquer da primeira sequência $(b^x \cdot b^y = b^{x+y})$ **estivesse associado à soma** $x + y$ dos termos da segunda sequência.

// Frontispício da obra de John Napier sobre logaritmos datada de 1614.

Veja um exemplo:

①	1	2	3	4	5	6	7	8	9	10	11	12	13	14	15
②	2	4	8	16	32	64	128	256	512	1024	2048	4096	8192	16394	32788

Para calcular $512 \cdot 64$, note que:

- o termo 512 de ② corresponde ao termo 9 de ① ;
- o termo 64 de ② corresponde ao termo 6 de ① ;
- assim, a multiplicação $512 \cdot 64$ corresponde à soma de $9 + 6 = 15$ em ① , cujo correspondente em ② é 32 788, que é o resultado procurado.

Em linguagem atual, os elementos da 1ª linha da tabela correspondem ao logaritmo em base 2 dos respectivos elementos da 2ª linha da tabela.

Em seu trabalho *Uma descrição da maravilhosa regra dos logaritmos*, datado de 1614, Napier considerou outra sequência de modo que seus termos eram muito próximos uns dos outros.

Ao ter contato com essa obra, Briggs sugeriu a Napier uma pequena mudança: uso de potências de 10. Era o surgimento dos logaritmos decimais, como conhecemos até hoje.

Durante um bom tempo os logaritmos prestaram-se à finalidade para a qual foram inventados: facilitar cálculos envolvendo números muito grandes (veja observação na página 283). Com o desenvolvimento tecnológico e o surgimento de calculadoras eletrônicas, computadores, etc., essa finalidade perdeu a importância.

No entanto, a função logarítmica (que estudaremos neste capítulo) e a sua inversa, a função exponencial, podem representar diversos fenômenos físicos, biológicos e econômicos (alguns exemplos serão aqui apresentados) e, deste modo, jamais perderão sua importância.

Fonte de pesquisa: BOYER, Carl B. *História da Matemática*. 3. ed. São Paulo: Edgard Blucher, 2010.

Sistemas de logaritmos

O conjunto formado por todos os logaritmos dos números reais positivos em uma base **a** $(0 < a$ e $a \neq 1)$ é chamado **sistema de logaritmos de base a**. Por exemplo, o conjunto formado por todos os logaritmos de base 2 dos números reais positivos é o sistema de logaritmos de base 2.

Existem dois sistemas de logaritmos que são os mais utilizados em Matemática:

- O **sistema de logaritmos decimais**, de base 10, desenvolvido por Henry Briggs, a partir dos trabalhos de Napier. Briggs foi também quem publicou a primeira tábua dos logaritmos de 1 a 1 000, em 1617.
  Como vimos, indicamos com $\log_{10} x$, ou simplesmente **log x**, o **logaritmo decimal de** x.

- O **sistema de logaritmos neperianos**, de base **e**. O nome neperiano deriva de Napier. Os trabalhos de Napier envolviam, de forma não explícita, o que hoje conhecemos como número **e**. Com o desenvolvimento do cálculo infinitesimal, um século depois reconheceu-se a importância desse número.
  Representamos o logaritmo neperiano de **x** com $\log_e x$ ou **ℓn x**. Assim, por exemplo, $\ell n\ 3 = \log_e 3$; $\ell n\ e^4 = \log_e e^4 = 4$, etc.
  É comum referir-se ao logaritmo neperiano de **x** como o **logaritmo natural de x** $(x > 0)$.

As calculadoras científicas possuem as teclas **LOG** e **LN** e fornecem, de modo simples, os valores dos logaritmos decimais e neperianos de um número real positivo.

Vejamos:

Para saber o valor de log 2 e de ℓn 2, pressionamos:

$$\boxed{\text{LOG}} \rightarrow \boxed{2} \qquad \boxed{\text{LN}} \rightarrow \boxed{2}$$

Obtemos, respectivamente, os valores aproximados:

$$\boxed{0.301029995} \text{ e } \boxed{0.693147181}$$

Para saber o valor de log 15 e de ℓn 15, basta pressionar:

$$\boxed{\text{LOG}} \rightarrow \boxed{1}\boxed{5} \qquad \boxed{\text{LN}} \rightarrow \boxed{1}\boxed{5}$$

Obtemos, respectivamente, os valores aproximados:

$$\boxed{1.176091259} \text{ e } \boxed{2.708050201}$$

Dependendo do modelo da calculadora, a sequência de operações pode variar, ou seja, primeiro "entramos" com o número e em seguida com a tecla do logaritmo.

Exercício

14. Calcule, sem o uso da calculadora, o valor de:

a) $\ell n\ e$

b) $\ell n\ 1$

c) $\log 0,1$

d) $\log 10^8$

e) $\ell n\left(\dfrac{1}{e}\right)$

f) $e^{\ell n\ 3}$

g) $10^{\log 8}$

h) $e^{2\ \ell n\ 5}$

i) $e^{2 + \ell n\ 2}$

j) $\log 10^{-3} + \log 10^{-2} + \log 10^{-1} + \log 1$

Propriedades operatórias

Vamos agora estudar três propriedades operatórias envolvendo logaritmos.

Logaritmo do produto

Em qualquer base, o logaritmo do produto de dois números reais e positivos é igual à soma dos logaritmos de cada um deles, isto é, se $a > 0$, $a \neq 1$, $b > 0$ e $c > 0$, então:

$$\log_a (b \cdot c) = \log_a b + \log_a c$$

Demonstração:

Fazendo $\log_a b = x$, $\log_a c = y$ e $\log_a (b \cdot c) = z$, temos:

$$\left. \begin{array}{l} \log_a b = x \Rightarrow a^x = b \\ \log_a c = y \Rightarrow a^y = c \\ \log_a (b \cdot c) = z \Rightarrow a^z = b \cdot c \end{array} \right\} \Rightarrow a^z = a^x \cdot a^y = a^{x+y} \Rightarrow z = x + y$$

Logo, $\log_a (b \cdot c) = \log_a b + \log_a c$.

Acompanhe alguns exemplos.

- $\log_3 (27 \cdot 9) = \log_3 243 = 5$
  Aplicando a propriedade do logaritmo de um produto, temos:
  $\log_3 27 + \log_3 9 = 3 + 2 = 5$
- $\log_2 6 = \log_2 (2 \cdot 3) = \log_2 2 + \log_2 3 = 1 + \log_2 3$
- $\log_4 30 = \log_4 (2 \cdot 15) = \log_4 2 + \log_4 15 = \log_4 2 + \log_4 (5 \cdot 3) = \log_4 2 + \log_4 5 + \log_4 3$

Logaritmo do quociente

Em qualquer base, o logaritmo do quociente de dois números reais positivos é igual à diferença entre o logaritmo do numerador e o logaritmo do denominador, isto é, se $a > 0$, $a \neq 1$, $b > 0$ e $c > 0$, então:

$$\log_a \left(\frac{b}{c}\right) = \log_a b - \log_a c$$

Demonstração:

Fazendo $\log_a b = x$, $\log_a c = y$ e $\log_a \left(\frac{b}{c}\right) = z$, temos:

$$\left. \begin{array}{l} \log_a b = x \Rightarrow a^x = b \\ \log_a c = y \Rightarrow a^y = c \\ \log_a \left(\frac{b}{c}\right) = z \Rightarrow a^z = \frac{b}{c} \end{array} \right\} \Rightarrow a^z = \frac{a^x}{a^y} = a^{x-y} \Rightarrow z = x - y$$

isto é, $\log_a \left(\frac{b}{c}\right) = \log_a b - \log_a c$.

Observe alguns exemplos.

- $\log_2 \left(\frac{32}{4}\right) = \log_2 8 = 3$

Aplicando a propriedade do logaritmo do quociente, temos:
$\log_2 32 - \log_2 4 = 5 - 2 = 3$

- $\log_3 \left(\dfrac{7}{2}\right) = \log_3 7 - \log_3 2$

- $\log \left(\dfrac{3}{100}\right) = \log 3 - \log 100 = \log 3 - 2$

Logaritmo da potência

Em qualquer base, o logaritmo de uma potência de base real e positiva é igual ao produto do expoente pelo logaritmo da base da potência, isto é, se $a > 0$, $a \neq 1$, $b > 0$ e $r \in \mathbb{R}$, então:

$$\log_a b^r = r \cdot \log_a b$$

Demonstração:

Fazendo $\log_a b = x$ e $\log_a b^r = y$, temos:

$\left. \begin{array}{l} \log_a b = x \Rightarrow a^x = b \\ \log_a b^r = y \Rightarrow a^y = b^r \end{array} \right\} \Rightarrow a^y = (a^x)^r = a^{rx} \Rightarrow y = rx$, isto é, $\log_a b^r = r \cdot \log_a b$

Vejamos alguns exemplos:

- $\log_2 8^2 = \log_2 64 = 6$

  Aplicando a propriedade do logaritmo de uma potência, temos:

  $\log_2 8^2 = 2 \cdot \log_2 8 = 2 \cdot 3 = 6$

- $\log_5 27 = \log_5 3^3 = 3 \cdot \log_5 3$

- $\log_{10} \sqrt{2} = \log_{10} 2^{\frac{1}{2}} = \dfrac{1}{2} \cdot \log_{10} 2$ • $\log_2 \dfrac{1}{27} = \log_2 3^{-3} = -3 \cdot \log_2 3$

> **OBSERVAÇÃO**
>
> Atualmente, dispomos de calculadora científica para calcular o valor de uma expressão numérica que envolva várias operações (multiplicação, divisão, potenciação e radiciação), como:
>
> $$x = \dfrac{(11,2)^5 \cdot \sqrt[7]{2,07}}{(1,103)^{11}}$$
>
> Assim, em poucos segundos, descobrimos o valor de **x**. No passado, sem os recursos tecnológicos de que dispomos hoje, o cálculo dessa expressão era feito com auxílio das tabelas de logaritmos e das propriedades operatórias, em que as multiplicações transformam-se em adições, as divisões em subtrações e as potenciações em multiplicações. Exemplo:
>
> $x = \dfrac{(11,2)^5 \cdot \sqrt[7]{2,07}}{(1,103)^{11}} \Rightarrow \log x = \log \dfrac{(11,2)^5 \cdot \sqrt[7]{2,07}}{(1,103)^{11}} \Rightarrow$
>
> $\Rightarrow \log x = \log [(11,2)^5 \cdot \sqrt[7]{2,07}] - \log (1,103)^{11} \Rightarrow$
>
> $\Rightarrow \log x = \log (11,2)^5 + \log \sqrt[7]{2,07} - \log (1,103)^{11} \Rightarrow$
>
> $\Rightarrow \log x = 5 \cdot \log 11,2 + \dfrac{1}{7} \cdot \log 2,07 - 11 \cdot \log 1,103$
>
> As antigas tabelas de logaritmos forneciam os valores de log 11,2, log 2,07 e log 1,103; em seguida, calculava-se o valor de log x e, pela mesma tabela, chegava-se ao valor de **x**.
>
> Como esse tipo de cálculo está ultrapassado nos dias de hoje, não apresentaremos as tabelas de logaritmos nesta obra.

> **Exercícios resolvidos**

3. Calcule o valor de $\log_b (x^2 \cdot y)$ e de $\log_b \left(\dfrac{x^4}{\sqrt[3]{y}}\right)$, sabendo que $\log_b x = 3$ e $\log_b y = -4$ ($x > 0$, $y > 0$, $b > 0$ e $b \neq 1$).

Solução:

Aplicando as propriedades operatórias, escrevemos:

- $\log_b (x^2 \cdot y) = \log_b x^2 + \log_b y = 2 \cdot \log_b x + \log_b y = 2 \cdot 3 + (-4) = 2$
- $\log_b \left(\dfrac{x^4}{\sqrt[3]{y}}\right) = \log_b x^4 - \log_b \sqrt[3]{y} = 4 \cdot \log_b x - \log_b y^{\frac{1}{3}} = 4 \cdot \log_b x - \dfrac{1}{3} \cdot \log_b y =$

   $= 4 \cdot 3 - \dfrac{1}{3} \cdot (-4) = 12 + \dfrac{4}{3} = \dfrac{40}{3}$

4. Supondo **a**, **b** e **c** reais, com $a > 0$, $c > 0$ e $0 < b \neq 1$, desenvolva a expressão $\log_b \left(\dfrac{ab^2 \cdot \sqrt{b}}{c}\right)$, usando as propriedades operatórias.

Solução:

$$\log_b \left(\dfrac{ab^2 \cdot \sqrt{b}}{c}\right) = \log_b \left(a^2 \cdot \sqrt{b}\right) - \log_b c =$$

$$= \log_b a^2 + \log_b \sqrt{b} - \log_b c =$$

$$= 2 \cdot \log_b a + \log_b b^{\frac{1}{2}} - \log_b c =$$

$$= \underbrace{2 \cdot \log_b a + \dfrac{1}{2} - \log_b c}$$

Dizemos que esse é o desenvolvimento logarítmico da expressão dada, na base **b**.

5. Qual é a expressão **E** cujo desenvolvimento logarítmico na base 10 é $\log E = 1 + \log a + 2 \log b - \log c$, com **a**, **b** e **c** números reais positivos?

Solução:

Temos:

$$\log E = \overbrace{\log 10}^{1} + \log a + \log b^2 - \log c =$$

$$= \log (10 \cdot a \cdot b^2) - \log c =$$

$$= \log \left(\dfrac{10ab^2}{c}\right) \Rightarrow E = \dfrac{10ab^2}{c}$$

6. Considerando $\log 2 \simeq 0{,}3$, qual é o valor de $\log \sqrt[5]{64}$?

Solução:

Temos:

$$\log \sqrt[5]{64} = \log 64^{\frac{1}{5}} = \dfrac{1}{5} \cdot \log 64 = \dfrac{1}{5} \cdot \log 2^6 =$$

$$= \dfrac{6}{5} \cdot \log 2 \simeq \dfrac{6 \cdot 0{,}3}{5} \simeq 0{,}36$$

Exercícios

15. Sejam **x**, **y**, **b** reais positivos, b ≠ 1. Sabendo que $\log_b x = -2$ e $\log_b y = 3$, calcule o valor dos seguintes logaritmos:

a) $\log_b (x \cdot y)$
b) $\log_b \left(\dfrac{x}{y}\right)$
c) $\log_b (x^3 \cdot y^2)$
d) $\log_b \left(\dfrac{y^2}{\sqrt{x}}\right)$
e) $\log_b \left(\dfrac{x \cdot \sqrt{y}}{b}\right)$
f) $\log_b \sqrt{\sqrt{x} \cdot y^3}$

16. Desenvolva, aplicando as propriedades operatórias dos logaritmos (suponha **a**, **b** e **c** reais positivos):

a) $\log_5 \left(\dfrac{5a}{bc}\right)$
b) $\log \left(\dfrac{b^2}{10a}\right)$
c) $\log_3 \left(\dfrac{ab^2}{c}\right)$
d) $\log_2 \left(\dfrac{8a}{b^3 c^2}\right)$
e) $\log_2 \sqrt{8a^2 b^3}$

17. Sabendo que $\log 2 = a$ e $\log 3 = b$, calcule, em função de **a** e **b**:

a) log 6
b) log 1,5
c) log 5
d) log 30
e) $\log \dfrac{1}{4}$
f) log 72
g) log 0,3
h) $\log \sqrt[3]{1,8}$
i) log 0,024
j) log 0,75
k) log 20 000

18. Sejam **a**, **b** e **c** reais positivos. Em cada caso, obtenha a expressão cujo desenvolvimento logarítmico, na respectiva base, é dado por:

a) $\log a + \log b + \log c$
b) $3 \log_2 a + 2 \log_2 c - \log_2 b$
c) $\log_3 a - \log_3 b - 2$
d) $\dfrac{1}{2} \cdot \log a - \log b$

19. Qual é o valor de:

a) $\log_{15} 3 + \log_{15} 5$?
b) $\log_3 72 - \log_3 12 - \log_3 2$?
c) $\dfrac{1}{3} \cdot \log_{15} 8 + 2 \cdot \log_{15} 2 + \log_{15} 5 - \log_{15} 9000$?

20. Calcule o valor de **x** usando, em cada caso, as propriedades operatórias:

a) $\log x = \log 5 + \log 4 + \log 3$
b) $2 \cdot \log x = \log 3 + \log 4$
c) $\log \left(\dfrac{1}{x}\right) = \log \left(\dfrac{1}{3}\right) + \log 9$
d) $\dfrac{1}{2} \cdot \log_3 x = 2 \cdot \log_3 10 - \log_3 4$

21. Considerando os valores $\log 2 \simeq 0,3$ e $\log 3 \simeq 0,48$, calcule:

a) log 3 000
b) log 0,002
c) $\log \sqrt{3}$
d) log 20
e) log 0,06
f) log 48
g) log 125

22. Considerando que $\log_2 5 \simeq 2,32$, obtenha os valores de:

a) $\log_2 10$
b) $\log_2 500$
c) $\log_2 1\,600$
d) $\log_2 \sqrt[3]{0,2}$
e) $\log_2 \left(\dfrac{64}{125}\right)$

23. Classifique as afirmações seguintes em verdadeiras (**V**) ou falsas (**F**):

a) $\log 26 = \log 20 + \log 6$
b) $\log 5 + \log 8 + \log 2,5 = 2$
c) $\log_2 4^{18} = 36$
d) $\log_3 \sqrt{\sqrt{\sqrt{3}}} > 0,25$
e) $\log_5 35 - \log_5 7 = 1$
f) $\log_3 (\sqrt{2} + 1) + \log_3 (\sqrt{2} - 1) = 0$

24. (UFPR) Para determinar a rapidez com que se esquece de uma informação, foi efetuado um teste em que listas de palavras eram lidas a um grupo de pessoas e, num momento posterior, verificava-se quantas dessas palavras eram lembradas. Uma análise mostrou que, de maneira aproximada, o percentual **S** de palavras lembradas, em função do tempo **t**, em minutos, após o teste ter sido aplicado, era dado pela expressão:
$$S = -18 \cdot \log(t+1) + 86$$

a) Após 9 minutos, que percentual da informação inicial era lembrado?
b) Depois de quanto tempo o percentual **S** alcançou 50%?

25. Sabendo que $\log_5 (\sqrt{7} - \sqrt{2}) = a$, calcule, em função de **a**, o valor de $\log_5 (\sqrt{7} + \sqrt{2})$.

26. Considerando **x** e **y** reais positivos, é possível que tenhamos $\log(x+y) = \log x + \log y$? Em caso afirmativo, dê exemplos numéricos em que isso ocorre.

Mudança de base

Há situações em que nos defrontamos com um logaritmo em certa base e temos de convertê-lo a outra base.

Por exemplo, quando aplicamos as propriedades operatórias, os logaritmos devem estar todos na mesma base. E, se não estiverem, é preciso escrever todos os logaritmos em uma mesma base.

Outro exemplo é quando, dispondo de uma calculadora científica, desejamos obter o valor de um logaritmo cuja base não seja decimal (base 10) nem neperiana (base **e**), por exemplo, $\log_2 5$. As calculadoras trazem, em geral, apenas as teclas LOG e LN, isto é, elas não fornecem diretamente o valor do logaritmo que não esteja nessas bases. Assim, é preciso conhecer a relação que $\log_2 5$ tem com o logaritmo decimal ($\log_{10} 5$) ou com o logaritmo neperiano ($\ell n\, 5$), a fim de que possamos obter seu valor, como veremos a seguir.

Propriedade

Suponha **a**, **b** e **c** números reais positivos, com **a** e **b** diferentes de 1. Temos:

$$\log_a c = \frac{\log_b c}{\log_b a}$$

Demonstração:

Sejam $x = \log_a c$; $y = \log_b c$; e $z = \log_b a$.

Aplicando a definição de logaritmo, temos:

$$\begin{cases} x = \log_a c \Rightarrow a^x = c & \text{①} \\ y = \log_b c \Rightarrow b^y = c & \text{②} \\ z = \log_b a \Rightarrow b^z = a & \text{③} \end{cases}$$

Substituindo ③ e ② em ①, temos:

$$(b^z)^x = b^y \Rightarrow b^{z \cdot x} = b^y \Rightarrow z \cdot x = y \underset{\substack{z \neq 0 \\ (\text{pois } a \neq 1)}}{\Longrightarrow} x = \frac{y}{z}$$

isto é, $\log_a c = \dfrac{\log_b c}{\log_b a}$.

Vejamos agora como é possível obter o valor de $\log_2 5$ usando a calculadora. Podemos transformar $\log_2 5$ para base 10 ou para base **e**:

- base 10: $\log_2 5 = \dfrac{\log_{10} 5}{\log_{10} 2} \approx \dfrac{0{,}699}{0{,}3010} \approx 2{,}32$

- base **e**: $\log_2 5 = \dfrac{\log_e 5}{\log_e 2} = \dfrac{\ell n\, 5}{\ell n\, 2} \approx \dfrac{1{,}609}{0{,}693} \approx 2{,}32$

Exercício resolvido

7. Calcule o valor de $\log_{100} 72$, considerando os valores: $\log 2 \approx 0{,}3$ e $\log 3 \approx 0{,}48$.

Solução:

Utilizemos a fórmula da mudança de base, para expressar $\log_{100} 72$ em base 10. Temos:

$$\log_{100} 72 = \frac{\log 72}{\log 100} = \frac{\log (2^3 \cdot 3^2)}{2} = \frac{\log 2^3 + \log 3^2}{2} = \frac{3 \cdot \log 2 + 2 \cdot \log 3}{2} = \frac{0{,}9 + 0{,}96}{2} = 0{,}93$$

Aplicação importante

Sejam **a** e **b** reais positivos e diferentes de 1. Temos que:

$$\log_b a \cdot \log_a b = 1 \quad \text{ou} \quad \log_b a = \frac{1}{\log_a b}$$

Demonstração:

Basta escrever $\log_b a$ na base **a**, de acordo com a propriedade da mudança de base:

$$\log_b a = \frac{\log_a a}{\log_a b} = \frac{1}{\log_a b}, \text{ ou seja, } \log_b a \cdot \log_a b = 1$$

Note que, como $b \neq 1$, o denominador $\log_a b$ é diferente de zero.

Assim, por exemplo, $\log_3 2 \cdot \log_2 3 = 1$; $\log_4 5 = \frac{1}{\log_5 4}$.

Exercício resolvido

8. Mostre que $\log_{49} 25 = \log_7 5$.

Solução:

Vamos escrever $\log_{49} 25$ na base 7:

$$\log_{49} 25 = \frac{\log_7 25}{\log_7 49} = \frac{\log_7 5^2}{2} = \frac{2 \cdot \log_7 5}{2} = \log_7 5$$

Exercícios

27. Escreva na base 2 os seguintes logaritmos:
a) $\log_5 3$
b) $\log 5$
c) $\log_3 4$
d) $\ell n\ 3$

28. Considerando $\log 2 \simeq 0{,}3$, $\log 3 \simeq 0{,}48$ e $\log 5 \simeq 0{,}7$, calcule o valor aproximado de:
a) $\log_3 2$
b) $\log_5 3$
c) $\log_2 5$
d) $\log_3 100$
e) $\log_4 18$
f) $\log_{36} 0{,}5$

29. Sejam **x** e **y** reais positivos e diferentes de 1. Se $\log_y x = 2$, calcule:
a) $\log_x y$
b) $\log_{x^3} y^2$
c) $\log_{\frac{1}{x}} \frac{1}{y}$
d) $\log_{y^2} x$

30. Sabendo que $\log_{12} b = a$, calcule, em função de a, o valor dos seguintes logaritmos.
a) $\log_5 12$
b) $\log_{25} 12$
c) $\log_5 60$
d) $\log_{125} 144$

31. Qual é o valor de:
a) $y = \log_7 3 \cdot \log_3 7 \cdot \log_{11} 5 \cdot \log_5 11$?
b) $z = \log_3 2 \cdot \log_4 3 \cdot \log_5 4 \cdot \log_6 5$?
c) $w = \log_3 5 \cdot \log_4 27 \cdot \log_{25} \sqrt{2}$?
d) $t = 5^{\log_5 4 \cdot \log_4 7 \cdot \log_7 11}$?

Troque ideias

A escala de acidez e os logaritmos

Em várias soluções aquosas (leite, sangue, detergente, vinho, etc.) verifica-se, em geral, que as concentrações de íons H^+ e OH^- são diferentes, o que permite classificar tais soluções em ácidas ou básicas (ou ainda neutras, quando tais concentrações são iguais).

Como essas concentrações são, de maneira geral, números pequenos, criou-se uma escala logarítmica para trabalhar mais facilmente com elas.

O potencial hidrogeniônico (pH) é uma escala usada em Química para indicar o grau de acidez (ou basicidade) de uma solução aquosa.

Para cálculo do pH usa-se a expressão:

$$pH = -\log[H^+]$$

sendo $[H^+]$ a concentração de íons hidrogênio em mol/L. (Mol é uma unidade de medida usada para medir a quantidade de partículas – átomos, moléculas, íons, etc.)

- Quando $0 \leq pH < 7$, a solução é ácida.
- Quando $pH = 7$, a solução é neutra.
- Quando $7 < pH \leq 14$, a solução é básica.

Veja o pH de algumas soluções:

Ácidas		Neutras		Básicas	
Suco de limão	2,0	Água destilada (água pura)	7,0	Sangue	7,4
Vinagre	2,8			Bile	8,0
Suco de laranja	3,5			Leite de magnésia	10,5
Tomate	4,0			Água do mar	8,5
Urina	6,0			Amoníaco	11,0
Leite	6,4			Alvejantes	12,0

// Suco de limão: solução ácida.

// Água pura tem pH neutro.

// O leite de magnésia é uma solução básica.

Com base no texto da página anterior, responda às seguintes questões:

1. Determine a concentração hidrogeniônica [H$^+$] em uma solução de suco de limão e em uma solução de amoníaco.

2. Determine a concentração hidrogeniônica [H$^+$] em uma solução de vinagre. Use log 6,3 ≈ 0,8.

3. Calcule a razão entre as concentrações hidrogeniônicas de uma solução de tomate e de uma solução de urina. Qual das duas soluções é "mais ácida"? Quantas vezes?

4. Determine o número de mols de hidrogênio [H$^+$] em uma solução aquosa de 50 mL de amoníaco.

5. Substitua ■ por uma das opções de palavras entre parênteses, que complete a frase corretamente:
   Na escala logarítmica do pH, se o pH aumenta em uma unidade, a concentração de H$^+$ fica ■ (uma, duas, dez) vez(es) ■ (maior, menor). Se o pH diminui três unidades, a concentração de H$^+$ fica ■ (três, trinta, trezentos, mil) vezes ■ (maior, menor).

Função logarítmica

> Dado um número real **a** (a > 0 e a ≠ 1), chama-se **função logarítmica** de base **a** a função **f** de $\mathbb{R}_+^*$ em $\mathbb{R}$ dada pela lei f(x) = log$_a$ x.

Essa função associa cada número real positivo ao seu logaritmo na base **a**.
Um exemplo de função logarítmica é a função **f** definida por f(x) = log$_2$ x.

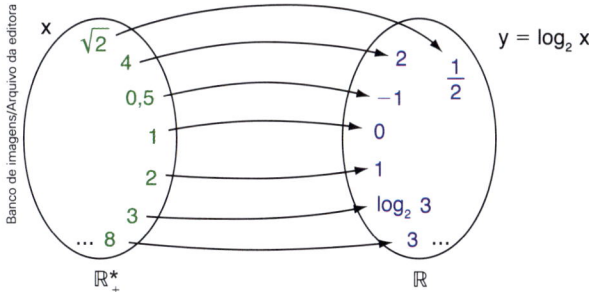

São logarítmicas também as funções dadas pelas leis: y = log$_3$ x; y = log$_{10}$ x; y = log$_e$ x (ou ℓn x); y = log$_{\frac{1}{4}}$ x, etc.

Exercício resolvido

9. Determine o domínio D ⊂ $\mathbb{R}$ da função **f** definida por f(x) = log$_{(x-1)}$ (3 − x).
   Solução:
   Devemos ter 3 − x > 0, x − 1 > 0 e x − 1 ≠ 1.
   $$3 - x > 0 \Rightarrow x < 3 \quad ①$$
   $$x - 1 > 0 \Rightarrow x > 1 \quad ②$$
   $$x - 1 \neq 1 \Rightarrow x \neq 2 \quad ③$$
   Fazendo a interseção de ①, ② e ③, resulta 1 < x < 2 ou 2 < x < 3.
   Então, Dm (f) = {x ∈ $\mathbb{R}$ | 1 < x < 2 ou 2 < x < 3}.

Gráfico da função logarítmica

Vamos construir o gráfico da função **f**, com domínio $\mathbb{R}_+^*$, definida por $y = \log_2 x$. Para isso, podemos construir uma tabela dando valores a **x** e calculando os correspondentes valores de **y**.

x	y = log₂ x
$\frac{1}{8}$	-3
$\frac{1}{4}$	-2
$\frac{1}{2}$	-1
1	0
2	1
4	2
8	3

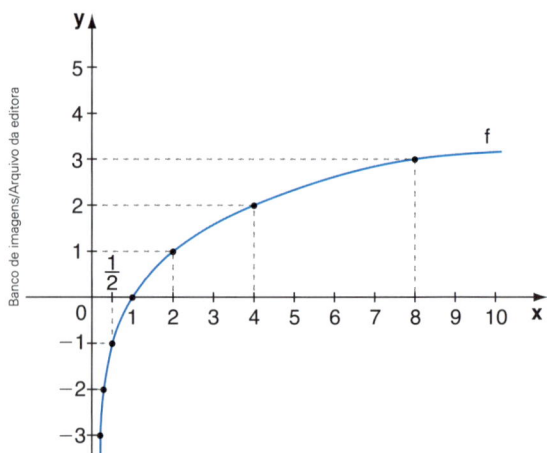

Note que, nesse caso, os valores atribuídos a **x** são potências de base 2; desse modo, $y = \log_2 x$ é um número inteiro facilmente calculado.

Observe que:
- o gráfico de **f** está inteiramente contido nos 1º e 4º quadrantes, pois **f** está definida apenas para $x > 0$.
- o conjunto imagem de **f** é $\mathbb{R}$. De fato, todo número real **y** é imagem de algum **x**: por exemplo, $y = 200$ é imagem de $x = 2^{200}$; $y = -200$ é imagem de $x = 2^{-200}$, etc. Em geral, o número real y_0 é imagem do número real positivo $x = 2^{y_0}$.

Consideremos agora a função **g** dada por $y = \log_{\frac{1}{3}} x$, definida para todo **x** real, $x > 0$. Vamos construir seu gráfico por meio da tabela a seguir:

x	y = log_{1/3} x
$\frac{1}{27}$	3
$\frac{1}{9}$	2
$\frac{1}{3}$	1
1	0
3	-1
9	-2

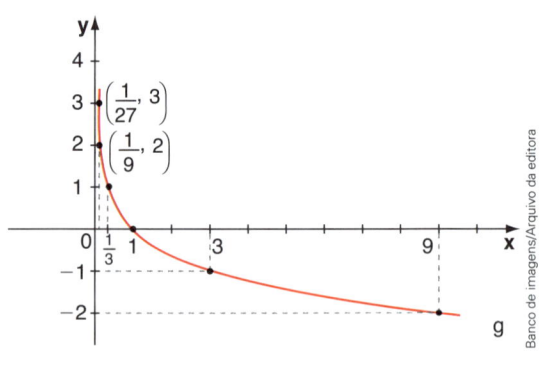

Observe que o conjunto imagem de **g** é $\mathbb{R}$.

Função exponencial e função logarítmica

Vamos estabelecer uma importante relação entre os gráficos das funções exponencial e logarítmica.

Consideremos as funções **f** e **g**, dadas por $f(x) = 2^x$ e $g(x) = \log_2 x$.

Se um par ordenado (a, b) está na tabela de **f**, temos que $b = 2^a$; isso é equivalente a dizer que $\log_2 b = a$ e, desse modo, o par ordenado (b, a) está na tabela de **g**.

Acompanhe as tabelas seguintes:

x	$f(x) = 2^x$
−3	$\frac{1}{8}$
−2	$\frac{1}{4}$
−1	$\frac{1}{2}$
0	1
1	2
2	4
3	8

x	$g(x) = \log_2 x$
$\frac{1}{8}$	−3
$\frac{1}{4}$	−2
$\frac{1}{2}$	−1
1	0
2	1
4	2
8	3

Quando construímos os gráficos de **f** e **g** no mesmo sistema de coordenadas, notamos que eles são simétricos em relação à reta correspondente à função linear dada por y = x. Essa reta é conhecida como **bissetriz dos quadrantes ímpares**.

Observe que o gráfico de **f** corresponde ao gráfico de **g** "rebatido" em relação à bissetriz (e vice-versa).

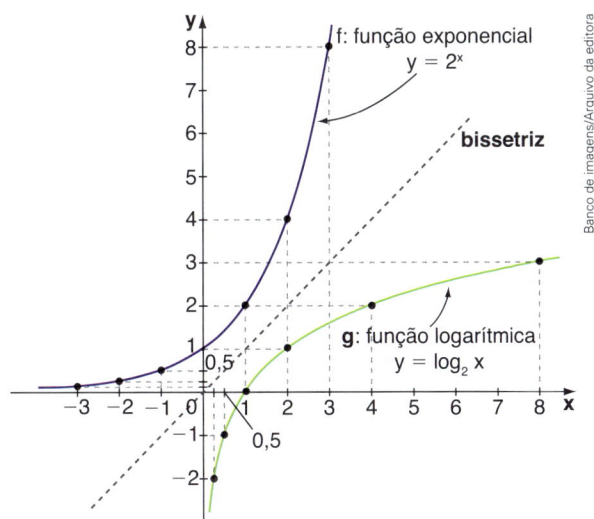

OBSERVAÇÃO

A reta de equação y = x é chamada de bissetriz dos quadrantes ímpares, pois é formada por pontos com coordenadas iguais (a, a); a ∈ ℝ.

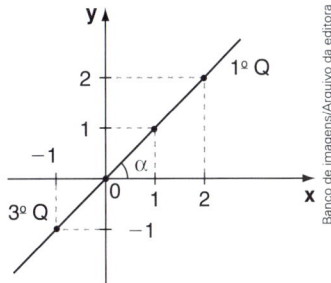

O ângulo α destacado mede 45°, daí o nome bissetriz dos quadrantes ímpares.

EXEMPLO 3

Vejamos como construir o gráfico da função dada por $y = \log_{\frac{1}{2}} x$ definida para todo número real positivo, isto é, $x > 0$.

Vamos lembrar como é o gráfico da função exponencial de base $\frac{1}{2}$ e, por simetria, obter o gráfico da função logarítmica de base $\frac{1}{2}$.

x	$y = \left(\frac{1}{2}\right)^x$
−3	8
−2	4
−1	2
0	1
1	$\frac{1}{2}$
2	$\frac{1}{4}$
3	$\frac{1}{8}$

x	$y = \log_{\frac{1}{2}} x$
8	−3
4	−2
2	−1
1	0
$\frac{1}{2}$	1
$\frac{1}{4}$	2
$\frac{1}{8}$	3

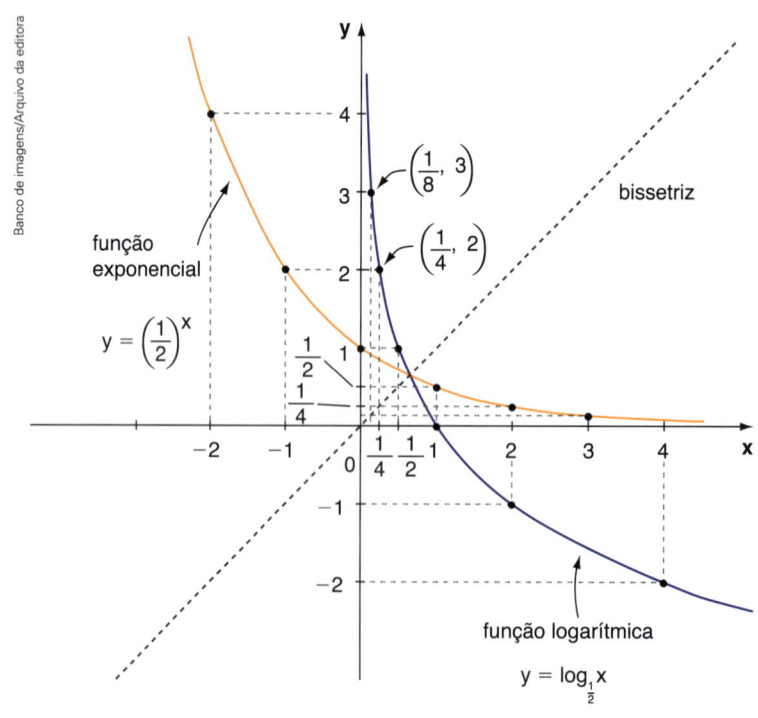

Propriedades do gráfico da função logarítmica

De modo geral, o gráfico de uma função **f** definida por $f(x) = \log_a x$ tem as seguintes características:

- Localiza-se à direita do eixo dos **y**, isto é, seus pontos pertencem ao 1º e 4º quadrantes, pois o domínio de **f** é $\mathbb{R}_+^*$.
- Corta o eixo dos **x** no ponto da abscissa 1 — ponto (1, 0) —, pois, se $x = 1$, $y = \log_a 1 = 0, \forall a \in \mathbb{R}, 0 < a \neq 1$.
- É simétrico do gráfico da função exponencial **g** (de mesma base) definida por $y = a^x$ em relação à reta bissetriz do 1º e do 3º quadrantes (veja mais detalhes no capítulo seguinte).

Veja os gráficos abaixo:

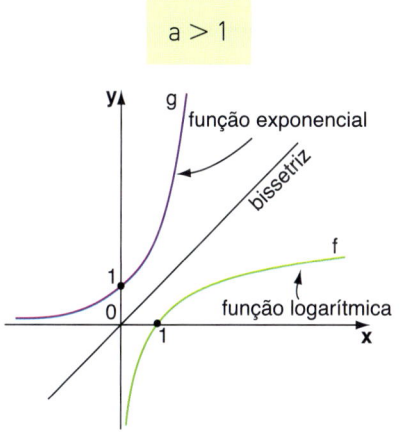

Leis de **f** e **g**: $f(x) = \log_a x$ e $g(x) = a^x$

- O conjunto imagem de **f** é $\mathbb{R}$, pois todo número real **y** é imagem do número real positivo $x = a^y$.
- Quando $a > 1$, a função logarítmica dada por $f(x) = \log_a x$ é crescente.

$$x_1 < x_2 \Leftrightarrow \log_a x_1 < \log_a x_2$$

Justificativa:

$$x_1 < x_2 \Leftrightarrow a^{\log_a x_1} < a^{\log_a x_2} \underset{a > 1}{\Longleftrightarrow} \log_a x_1 < \log_a x_2$$

Assim, por exemplo:
- $13 > 5 \Rightarrow \log_2 13 > \log_2 5$
- $4 > 2,5 \Rightarrow \log_5 4 > \log_5 2,5$
- $8 > 6 \Rightarrow \log 8 > \log 6$

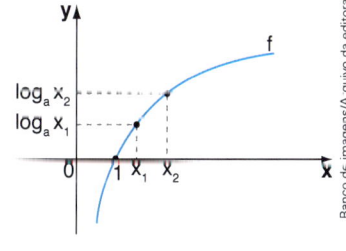

OBSERVAÇÃO

Quando $a > 1$, temos:

- para todo $x \in \mathbb{R}$, $x > 1$, temos $\log_a x > \log_a 1$, isto é, $\log_a x > 0$ (observe a parte assinalada em vermelho no gráfico ao lado);
- para todo $x \in \mathbb{R}$, $0 < x < 1$, temos $\log_a x < \log_a 1$, isto é, $\log_a x < 0$ (observe a parte assinalada em azul no gráfico ao lado).

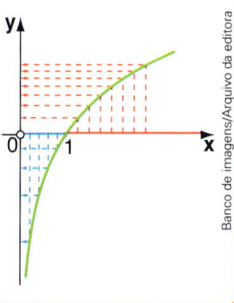

- Quando $0 < a < 1$, a função logarítmica **f** dada por $f(x) = \log_a x$ é decrescente.

$$x_1 < x_2 \Leftrightarrow \log_a x_1 > \log_a x_2$$

Justificativa:

$$x_1 < x_2 \Leftrightarrow a^{\log_a x_1} < a^{\log_a x_2} \underset{0 < a < 1}{\Longleftrightarrow} \log_a x_1 > \log_a x_2$$

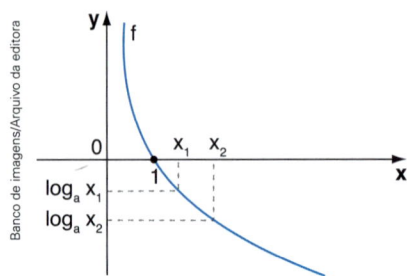

Assim, por exemplo:
- $13 > 5 \Rightarrow \log_{\frac{1}{2}} 13 < \log_{\frac{1}{2}} 5$
- $4 > 2{,}5 \Rightarrow \log_{\frac{1}{3}} 4 < \log_{\frac{1}{3}} 2{,}5$
- $8 > 6 \Rightarrow \log_{\frac{1}{10}} 8 < \log_{\frac{1}{10}} 6$

OBSERVAÇÃO

Quando $0 < a < 1$, temos:
- para todo $x \in \mathbb{R}$, $x > 1$, temos $\log_a x < \log_a 1$, isto é, $\log_a x < 0$ (observe a parte assinalada em vermelho no gráfico ao lado);
- para todo $x \in \mathbb{R}$, $0 < x < 1$, temos $\log_a x > \log_a 1$, isto é, $\log_a x > 0$ (observe a parte assinalada em azul no gráfico ao lado).

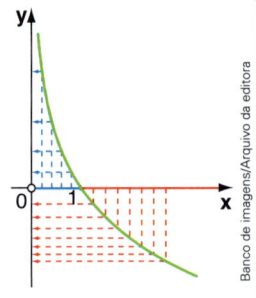

Exercícios

32. Estabeleça o domínio $D \subset \mathbb{R}$ de cada uma das funções logarítmicas seguintes, definidas por:
a) $y = \log_5 (x - 1)$
b) $y = \log_{\frac{1}{2}} (3x - 2)$
c) $y = \log_4 (x^2 - 9)$
d) $y = \log_5 (x^2 + 3)$
e) $y = \log_{x-1} (-3x + 4)$

33. Seja $f: \mathbb{R}_+^* \to \mathbb{R}$ definida por $f(x) = \log x$. Classifique como verdadeira (**V**) ou falsa (**F**) as afirmações seguintes, corrigindo as falsas:
a) $f(100) = 2$
b) $f(x^2) = 2 \cdot f(x)$
c) $f(10x) = 10 \cdot f(x)$
d) $f\left(\dfrac{1}{x}\right) + f(x) = 0$
e) A taxa média de variação da função, quando **x** varia de 1 a 10, é dez vezes a taxa de variação da função quando **x** varia de 10 a 100.

34. Construa o gráfico das funções logarítmicas de domínio $\mathbb{R}_+^*$ definidas pelas leis seguintes:
a) $y = \log_3 x$
b) $y = \log_{\frac{1}{4}} x$
c) $y = \log_{\frac{1}{3}} x$
d) $y = \log_4 x$

35. O gráfico abaixo representa a função definida pela lei y = a + log$_b$ (x + 1), sendo **a** e **b** constantes reais.

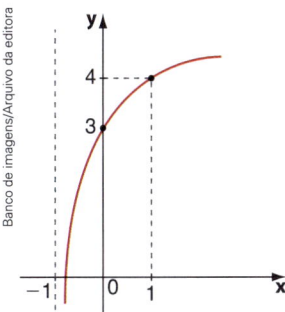

a) Qual é o domínio de **f**?
b) Quais são os valores de **a** e **b**, respectivamente?

36. O gráfico abaixo representa a função **f**, definida por f(x) = log$_2$ (x + k), sendo **k** uma constante real.

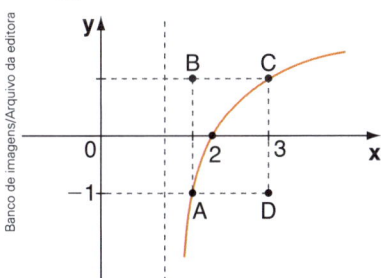

a) Qual é o valor de **k**?
b) Qual é a área do retângulo ABCD?
c) Qual é o valor de f(1 001)? Considere log 2 ≃ 0,30.

37. Entre os números seguintes, determine aqueles que são positivos:

a) $\log_{\frac{1}{4}} 3$
b) $\log_5 2$
c) log 0,2
d) $\log_{\frac{1}{2}} \frac{1}{3}$
e) $\log_{\frac{2}{3}} 7$
f) ℓn 2

38. A lei seguinte representa uma estimativa sobre o número de funcionários de uma empresa, em função do tempo **t**, em anos (t = 0, 1, 2, ...), de existência da empresa:

$$f(t) = 400 + 50 \cdot \log_4 (t + 2)$$

a) Quantos funcionários a empresa possuía na sua fundação?
b) Quantos funcionários foram incorporados à empresa do 2º ao 6º ano? (Admita que nenhum funcionário tenha saído.)
c) Calcule a taxa média de variação do número de funcionários da empresa do 6º ao 14º ano.

39. (FGV-SP) Os diretores de uma empresa de consultoria estimam que, com **x** funcionários, o lucro mensal que pode ser obtido é dado pela função:

$$P(x) = 20 + \ell n\left(\frac{x^2}{25}\right) - 0,1x \text{ mil reais.}$$

Atualmente a empresa trabalha com 20 funcionários. Use as aproximações ln 2 ≃ 0,7, ln 3 ≃ 1,1 para responder às questões seguintes:

a) Qual é o valor do lucro mensal da empresa?
b) Se a empresa tiver necessidade de contratar mais 10 funcionários, o lucro mensal vai aumentar ou diminuir? Quanto?

40. O gráfico da função f: $\mathbb{R}_+^*$ → $\mathbb{R}$, definida por y = ℓn x, é dado a seguir.

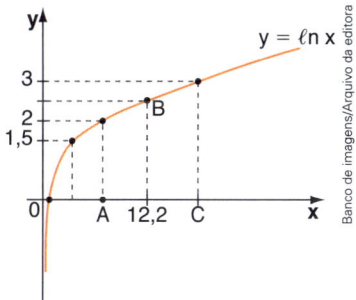

Determine a área do triângulo ABC, usando a tabela seguinte, que contém valores aproximados.

x	0,5	1	1,5	2	2,5	3	3,5	4,0
e^x	1,6	2,7	4,5	7,4	12,2	20,1	33,1	54,6

41. Os gráficos de duas funções **f** e **g** são mostrados a seguir.

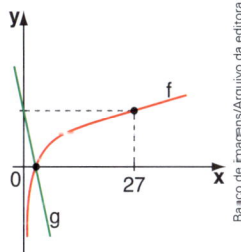

Sabendo que f(x) = log$_9$ x, determine:
a) a lei da função **g**.
b) os valores reais de **x** para os quais f(x) > g(x).
c) o valor de f(3) − g(3).

42. Em cada item, decida qual dos números reais é maior:

a) $\log_{\frac{1}{3}} 4$ e $\log_{\frac{1}{3}} 5$
b) $\log_2 \pi^2$ e $\log_2 9$
c) $\log_{\frac{1}{2}} \sqrt{2}$ e $\log_{\frac{1}{2}} 2$

Aplicações

Os terremotos e os logaritmos

/// Policial nepalês mantém vigília próximo a um templo desabado na vila Bungamati, na periferia de Katmandu, Himalaia, em 8 de maio de 2015.

No dia 25 de abril de 2015, um forte terremoto de 7,8 graus na escala Richter, que durou aproximadamente 1 minuto, devastou o Nepal.

O terremoto deixou um saldo de quase 20 000 vítimas (entre mortos e feridos) e um cenário de guerra pelo país: milhares de pessoas perderam suas casas, monumentos e templos declarados patrimônio da humanidade pela Unesco desmoronaram, água, energia e comida escassearam.

A comunidade internacional prestou grande ajuda ao Nepal, enviando recursos financeiros, médicos e alimentares até os vilarejos mais remotos e de difícil acesso.

A escala Richter foi desenvolvida em 1935 por Charles Richter e Beno Gutenberg, no California Institute of Technology. Trata-se de uma escala logarítmica, sem limites. No entanto, a própria natureza impõe um limite superior a esta escala, já que ela está condicionada ao próprio limite de resistência das rochas na crosta terrestre.

A magnitude (graus) de Richter é uma medida **quantitativa** do "tamanho" de um terremoto. Ela está relacionada com a amplitude das ondas registradas e também com a energia liberada.

A escala Richter e seus efeitos

Magnitude Richter	Efeitos
Menor que 3,5	Geralmente não sentido, mas gravado.
De 3,5 a 5,4	Às vezes sentido, mas raramente causa danos.
De 5,5 a 6,0	No máximo causa pequenos danos a prédios bem construídos, mas pode danificar seriamente casas mal construídas em regiões próximas.
De 6,1 a 6,9	Pode ser destrutivo em áreas em torno de até 100 km do epicentro.
De 7,0 a 7,9	Grande terremoto. Pode causar sérios danos numa grande faixa.
8,0 ou mais	Enorme terremoto. Pode causar graves danos em muitas áreas mesmo que estejam a centenas de quilômetros.

Fonte de pesquisa: A escala Richter. Disponível em: <ecalculo.if.usp.br/funcoes/grandezas/exemplos/exemplo5.htm>. Acesso em: 20 maio 2018.

Amplitude

A amplitude é uma forma de medir a movimentação do solo e está diretamente associada ao tamanho das ondas registradas nos sismógrafos. A fórmula utilizada é:

$$M = \log A - \log A_0$$

em que **A** é a amplitude máxima medida no sismógrafo a 100 km do epicentro do terremoto, A_0 é a amplitude de referência ($\log A_0$ é constante) e **M** é a magnitude do terremoto.

Desse modo, se quisermos comparar as magnitudes (M_1 e M_2) de dois terremotos em função da amplitude das ondas geradas, podemos considerar:

$$M_1 - M_2 = (\log A_1 - \log A_0) - (\log A_2 - \log A_0)$$
$$M_1 - M_2 = \log A_1 - \log A_2$$

$$M_1 - M_2 = \log\left(\frac{A_1}{A_2}\right)$$

Em particular, se $M_1 - M_2 = 1$ (terremotos que diferem de 1 grau na escala Richter), temos:

$$1 = \log\left(\frac{A_1}{A_2}\right) \Rightarrow 10^1 = \frac{A_1}{A_2} \Rightarrow A_1 = 10 \cdot A_2$$

Desse modo, cada ponto de magnitude equivale a 10 vezes a amplitude do ponto anterior.

Energia

A energia liberada em um abalo sísmico é um fiel indicador do poder destrutivo de um terremoto. A relação entre a magnitude **M** (graus) de Richter e a energia liberada **E** é dada por:

$$M = \frac{2}{3} \cdot \log_{10}\left(\frac{E}{E_0}\right) \quad *$$

sendo $E_0 = 7 \cdot 10^{-3}$ kWh (quilowatt-hora) um valor padrão (constante).

Vamos comparar as energias E_1 e E_2 liberadas em dois terremotos T_1 e T_2 que diferem de 1 grau na escala Richter, a saber, de magnitudes M_1 e $M_2 = M_1 + 1$. De $*$, podemos escrever:

$$\log_{10}\left(\frac{E}{E_0}\right) = \frac{3M}{2} \Rightarrow \frac{E}{E_0} = 10^{\frac{3M}{2}} \Rightarrow E = E_0 \cdot 10^{\frac{3M}{2}}$$

Assim, para o terremoto T_1, temos $E_1 = E_0 \cdot 10^{\frac{3M_1}{2}}$; para o terremoto T_2, temos:

$$E_2 = E_0 \cdot 10^{\frac{3M_2}{2}} = E_0 \cdot 10^{\frac{3 \cdot (M_1 + 1)}{2}} = \underbrace{E_0 \cdot 10^{\frac{3M_1}{2}}}_{E_1} \cdot 10^{\frac{3}{2}} = E_1 \cdot 10^{\frac{3}{2}}, \text{ isto é, } E_2 = E_1 \cdot 10^{\frac{3}{2}}.$$

Como $10^{\frac{3}{2}} = \sqrt{10^3} = \sqrt{1\,000} \approx 31{,}62$, concluímos que a energia liberada no terremoto T_2 é aproximadamente 32 vezes a energia liberada no terremoto T_1.

Assim, cada ponto na escala Richter equivale a aproximadamente 32 vezes a energia do ponto anterior.

Reunindo os conhecimentos construídos referentes à amplitude das ondas e energia liberada, ao compararmos, por exemplo, dois terremotos de 6 e 9 graus na escala Richter, concluímos que:

- a amplitude das ondas no terremoto mais forte é $10 \cdot 10 \cdot 10 = 1\,000$ vezes a amplitude das ondas do outro;
- a energia liberada no terremoto mais forte é da ordem de $32 \cdot 32 \cdot 32 = 32\,768$ vezes a energia liberada do outro.

Por fim, é importante destacar também que existem medidas **qualitativas** que descrevem os efeitos produzidos pelos terremotos a partir de observações *in loco* dos danos ocasionados nas construções, população e meio ambiente (efeitos macrossísmicos).

Fontes de pesquisa: Como medir a força de um terremoto. Disponível em: <http://164.41.28.233/obsis/index.php?option=com_content&view=article&id=56&Itemid=67&lang=pt-br>. Acesso em: 11 jun. 2018; A escala Richter. Disponível em: <http://ecalculo.if.usp.br/funcoes/grandezas/exemplos/exemplos5.htm>. Acesso em: 11 jun. 2018.

Equações exponenciais

Há equações que não podem ser reduzidas a uma igualdade de potências de mesma base pela simples aplicação das propriedades das potências. A resolução de uma equação desse tipo baseia-se na definição de logaritmo:

$$a^x = b \Rightarrow x = \log_a b$$

com $a > 0$, $a \neq 1$ e $b > 0$.

Veja a equação: $3^x = 5$.
Da definição de logaritmos, escrevemos $\log_3 5 = x$.
Para conhecer esse valor, podemos usar uma calculadora científica, aplicando a propriedade da mudança de base:

$$x = \log_3 5 = \frac{\log 5}{\log 3} \approx \frac{0{,}6990}{0{,}4771} \approx 1{,}465$$

Um processo equivalente consiste em "aplicar" logaritmo decimal aos dois membros da igualdade $3^x = 5$, criando uma nova igualdade:

$$3^x = 5 \Rightarrow \log 3^x = \log 5 \Rightarrow x \cdot \log 3 = \log 5 \Rightarrow x = \frac{\log 5}{\log 3}$$

Qualquer um desses processos pode ser usado para resolver o problema introduzido no início do capítulo (situação 2) sobre a desvalorização anual do caminhão.
Precisamos resolver a equação: $0{,}9^x = 0{,}5$.
Temos:

$$x = \log_{0{,}9} 0{,}5 = \frac{\log 0{,}5}{\log 0{,}9} = \frac{\log\left(\frac{1}{2}\right)}{\log\left(\frac{9}{10}\right)} = \frac{\overset{0}{\log 1} - \log 2}{\log 9 - \underbrace{\log 10}_{1}} = \frac{-\log 2}{2 \cdot \log 3 - 1}$$

Usando os valores $\log 2 \approx 0{,}3010$ e $\log 3 \approx 0{,}4771$, obtemos:

$$x = \frac{-0{,}301}{2 \cdot 0{,}4771 - 1} = \frac{-0{,}301}{-0{,}0458} \approx 6{,}57$$

Logo, depois de aproximadamente 6 anos e 7 meses de uso, o caminhão valerá R$ 60 000,00.

É importante estar atento às aproximações usadas para os logaritmos. Se tivéssemos usado aproximações com duas casas decimais (por exemplo, $\log 2 \approx 0{,}30$ e $\log 3 \approx 0{,}48$), obteríamos 7,5 anos como resultado, o que daria quase um ano de diferença na resposta.

Exercícios

43. Considerando $\log 2 \approx 0{,}3$ e $\log 3 \approx 0{,}48$, resolva as seguintes equações exponenciais:

a) $3^x = 10$

b) $4^x = 3$

c) $2^x = 27$

d) $10^x = 6$

e) $2^x = 5$

f) $3^x = 2$

g) $\left(\dfrac{1}{2}\right)^{x+1} = \dfrac{1}{9}$

h) $2^x = 3$

44. Economistas afirmam que a dívida externa de um determinado país crescerá segundo a lei:

$$y = 40 \cdot 1{,}2^x$$

sendo **y** o valor da dívida (em bilhões de dólares) e **x** o número de anos transcorridos após a divulgação dessa previsão. Em quanto tempo a dívida estará estimada em 90 bilhões de dólares? Use log 2 ≃ 0,3 e log 3 ≃ 0,48.

45. O investimento financeiro mais conhecido do brasileiro é a caderneta de poupança, que rende aproximadamente 6% ao ano. Ao aplicar hoje R$ 2 000,00, um poupador terá, daqui a **n** anos, um valor **v**, em reais, dado por $v(n) = 2\,000 \cdot 1{,}06^n$.

a) Que valor terá o poupador daqui a 3 anos? E daqui a 6 anos? Use $1{,}06^3 \simeq 1{,}2$.

b) Qual é o tempo mínimo (em anos inteiros) necessário para que o valor dessa poupança seja de R$ 4 000,00? E R$ 6 500,00? Considere log 2 ≃ 0,3; log 13 ≃ 1,14 e log 1,06 ≃ 0,025.

46. Dentro de **t** décadas, contadas a partir de hoje, o valor (em reais) de um imóvel será estimado por $v(t) = 600\,000 \cdot 0{,}9^t$.

a) Qual é o valor atual desse imóvel?

b) Qual é a perda (em reais) no valor desse imóvel durante a primeira década?

c) Qual é a desvalorização percentual desse imóvel em uma década?

d) Qual é o tempo mínimo necessário, em anos, para que o valor do imóvel seja de 450 mil reais? Use log 2 ≃ 0,30 e log 3 ≃ 0,48.

47. Um equipamento industrial foi adquirido por R$ 30 000,00. Seu valor (**v**), em reais, com **x** anos de uso, é dado pela lei $v(x) = p \cdot q^x$, em que **p** e **q** sao constantes reais.

Sabendo-se que, com 3 anos de uso, o valor do equipamento será R$ 21 870,00, determine:

a) os valores de **p** e **q**;

b) o tempo aproximado de uso para o qual o equipamento valerá R$ 10 000,00.
Use log 3 ≃ 0,4771.

48. A população de certa espécie de mamífero em uma região da Amazônia cresce segundo a lei

$$n(t) = 5\,000 \cdot e^{0{,}02t}$$

em que n(t) é o número de elementos estimado da espécie no ano **t** (t = 0, 1, 2, ...), contado a partir de hoje (t = 0).

Determine o número inteiro mínimo de anos necessários para que a população atinja:

a) 8 000 elementos;

b) 10 000 elementos.
Use ℓn 2 ≃ 0,69 e ℓn 5 ≃ 1,6.

49. (Unicamp-SP) O decaimento radioativo do estrôncio 90 é descrito pela função $P(t) = P_0 \cdot 2^{-bt}$, onde **t** é um instante de tempo, medido em anos, **b** é uma constante real e P_0 é a concentração inicial do estrôncio 90, ou seja, a concentração no instante t = 0.

a) Se a concentração de estrôncio 90 cai pela metade em 29 anos, isto é, se a meia-vida do estrôncio 90 é de 29 anos, determine o valor constante de **b**.

b) Dada uma concentração inicial P_0 de estrôncio 90, determine o tempo necessário para que a concentração seja reduzida a 20% de P_0. Considere $\log_2 10 \simeq 3{,}32$.

50. Estima-se que a população de ratos em um município cresça à taxa de 10% ao mês: isto é, a cada mês, o número de ratos aumentou 10% em relação ao número de ratos do mês anterior. Sabendo que a quantidade atual de ratos é da ordem de 400 000, determine o tempo mínimo de meses necessários para que a população de ratos nesse município quadruplique.
Use log 2 ≃ 0,30 e log 11 ≃ 1,04.

51. (FGV – SP) Para receber um montante de **M** reais daqui a **x** anos, o capital inicial **C** reais que a pessoa deve aplicar hoje é dado pela equação:

$$C = M \cdot e^{-0{,}1x}$$

a) Se ela aplicar hoje R$ 3 600,00, quanto receberá de juro no período de um ano?

b) Se ela aplicar hoje R$ 3 600,00, daqui a quanto tempo, aproximadamente, obterá um montante que será o dobro desse valor?

Se necessário, use as aproximações:
$e^{0{,}1} \simeq 1{,}1$; ℓn 2 ≃ 0,7

Aplicações

Os sons, a audição humana e a escala logarítmica

Vamos retomar o problema levantado na introdução deste capítulo: como construir uma escala para representar valores que variam numa faixa tão grande, de 10^{-12} (limiar de audibilidade) até 1,00 (limiar de dor – embora níveis abaixo desse valor também possam causar danos e incômodos, dependendo do tempo, de exposição e frequência)?

A Física nos ensina que a intensidade (**I**) de um som é uma grandeza que mede a energia transportada por uma onda sonora na unidade de tempo, por unidade de área da superfície atravessada. No sistema internacional de unidades, ela é medida em W/m^2. (1 W equivale a 1 joule por segundo.)

Na tabela seguinte, estão relacionadas as intensidades de alguns sons dentro dessa faixa (os valores podem mudar de acordo com o modelo do aparelho):

/// Angus Young, guitarrista da banda australiana AC/DC, em um *show* na Itália, em julho de 2015. O som produzido por amplificadores de um *show* de *rock*, a 2 m de distância, está no limiar da audição dolorosa.

Algumas fontes sonoras e suas respectivas intensidades	
Som	Intensidade (W/m^2)
Limiar de audibilidade	$I_0 = 10^{-12}$
Respiração normal	10^{-11}
Biblioteca	10^{-8}
Conversação a 1 m de distância	10^{-6}
Escritório barulhento	10^{-4}
Caminhão pesado a 15 m de distância	10^{-3}
Construção civil a 3 m de distância	10^{-1}
Limiar de dor	1,0

Fonte: Ondas sonoras. Disponível em: <www.arquivos.ufs.br/mlalic/UAB_livro/Fisica_C_Aula_04.pdf>. Acesso em: 7 mar. 2016.

A primeira ideia é determinar, para um som qualquer, a razão entre sua intensidade (**I**) e o limiar de audibilidade (I_0). Do valor obtido, calculamos o logaritmo decimal, obtendo-se o chamado bel (**B**) – homenagem a Alexander Graham Bell (1847-1922), inventor do telefone.

$$B = \log\left(\frac{I}{I_0}\right)$$

- Por exemplo, para o limiar de audibilidade, temos $I = I_0$ e o bel correspondente é $\log\left(\frac{I}{I_0}\right) = \log 1 = 0$, que é o novo limiar de audibilidade.

- Para o som de um escritório barulhento, por exemplo, temos $I = 10^{-4} \Rightarrow \log\left(\frac{I}{I_0}\right) = \log\left(\frac{10^{-4}}{10^{-12}}\right) = 8$ bels, o que significa que esse som está 8 bels acima do limite inferior.

Repetindo esse raciocínio para os demais valores da tabela anterior, obtemos a seguinte correspondência:

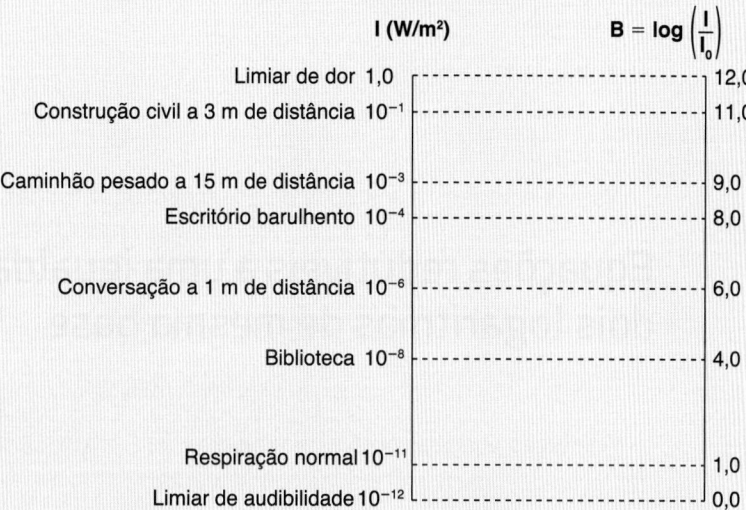

Ao se fazer essa escolha, reduziu-se a faixa da escala em excesso (de 10^{-12} até 1,0, obtivemos uma correspondência de 0 a 12). A saída encontrada foi subdividir o bel (**B**), criando-se o decibel (dB), que corresponde a um décimo do bel. A escala mais utilizada é a dos **decibels** (embora amplamente usado, o plural "decibéis" não é correto).

Veja, a seguir, a correspondência entre os diversos sons listados, o bel e o decibel:

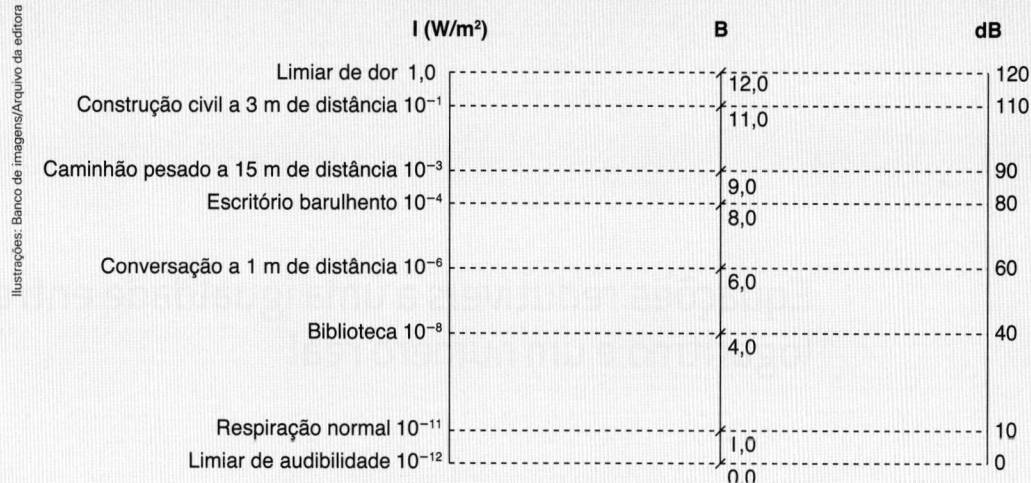

Temos: $dB = 10 \cdot \log\left(\dfrac{I}{I_0}\right)$

Observe que tanto o bel como o decibel não são unidades de medidas e sim escalas (dados pelo logaritmo de razões entre intensidades sonoras).

Com a escala em decibels é possível comparar de maneira muito mais fácil valores que se encontravam numa faixa numérica extremamente ampla. Esse exemplo mostra a vantagem do uso de uma escala logarítmica quando a grandeza em estudo assume valores muito pequenos (ou muito grandes).

Fontes de pesquisa: Como funciona o corpo humano? Disponível em: <www2.ibb.unesp.br/Museu_Escola/2_qualidade_vida_humana/Museu2_qualidade_corpo_sensorial_audicao1.htm>. Acesso em: 20 jun. 2018; Maria de Fátima Ferreira Neto. 60 + 60 = 63? Disponível em: <www.sbfisica.org.br/v1/novopion/index.php/publicacoes/artigos/471-60-60-63>. Acesso em: 20 jun. 2018; Propriedades físicas do som. Disponível em: <wwwp.feb.unesp.br/jcandido/acustica/Apostila/Capitulo%2002.pdf>. Acesso em: 20 jun. 2018; Ondas sonoras. Disponível em: <www.arquivos.ufs.br/mlalic/UAB_livro/Fisica_C_Aula_04.pdf>. Acesso em: 7 mar. 2016.

Equações logarítmicas

Uma equação que apresenta a incógnita no logaritmando ou na base de um logaritmo é chamada **equação logarítmica**.

Exemplos:
- $\log_3(x+1) = 4$
- $\log x - \log(x+1) = 2$
- $\log_x 3 = -2$

Vamos estudar alguns tipos de equações logarítmicas.

Equações redutíveis a uma igualdade entre dois logaritmos de mesma base

$$\log_a f(x) = \log_a g(x)$$

A solução pode ser obtida impondo-se $f(x) = g(x) > 0$, conforme estudamos na definição de logaritmos e suas consequências.

Exercício resolvido

10. Resolva, em $\mathbb{R}$, a equação $\log_3(3-x) = \log_3(3x+7)$.

Solução:

$$3 - x = 3x + 7 > 0$$
$$3 - x = 3x + 7 \Rightarrow 4x = -4 \Rightarrow x = -1$$

Substituindo **x** por -1 na condição $3x + 7 > 0$, vem $3(-1) + 7 = -3 + 7 > 0$, que é verdadeira.

Então, $S = \{-1\}$.

Equações redutíveis a uma igualdade entre um logaritmo e um número real

$$\log_a f(x) = r$$

A solução pode ser obtida aplicando-se a definição de logaritmo, isto é: $f(x) = a^r$.

Exercício resolvido

11. Sendo $x \in \mathbb{R}$, resolva a equação $\log_2(x^2 + x - 4) = 3$.

Solução:

$$\log_2(x^2 + x - 4) = 3 \stackrel{def}{\Rightarrow} x^2 + x - 4 = 2^3 \Rightarrow x^2 + x - 12 = 0 \Rightarrow x = -4 \text{ ou } x = 3$$

Para $x = -4$, o logaritmando $x^2 + x - 4$ é positivo, o mesmo ocorre com $x = 3$.

Então, $S = \{-4, 3\}$.

Equações que envolvem utilização de propriedades

Muitas vezes, é preciso aplicar as propriedades operatórias, a fim de que a equação proposta se reduza a um dos dois casos anteriores estudados.

Exercício resolvido

12. Resolva, em $\mathbb{R}$, a equação $2 \cdot \log x = \log (2x - 3) + \log (x + 2)$.

Solução:

A equação proposta equivale a:
$$\log x^2 = \log [(2x - 3) \cdot (x + 2)]$$

Daí, vem:
$$\log x^2 = \log (2x^2 + x - 6) \Rightarrow x^2 = 2x^2 + x - 6 \Rightarrow x^2 + x - 6 = 0 \Rightarrow x = -3 \text{ ou } x = 2$$

Verificação:
- $x = -3$ não é solução, pois nesse caso não existem $\log x$, $\log (2x - 3)$ e $\log (x + 2)$.
- $x = 2$ é solução, pois satisfaz as condições de existência dos logaritmos.

Então, $S = \{2\}$.

Equações que envolvem mudança de base

Às vezes, os logaritmos envolvidos na equação são expressos em bases diferentes. A mudança de base facilita, em geral, a resolução dessas equações.

Exercício resolvido

13. Resolva a equação $\log_4 x + \log_x 4 = 2$ em $\mathbb{R}$.

Solução:

Note que a equação só tem solução se $x > 0$ e $x \neq 1$.

Mudando de base, temos que: $\log_x 4 = \dfrac{1}{\log_4 x}$.

Fazendo $\log_4 x = y$, a equação dada fica:
$$y + \frac{1}{y} = 2 \Rightarrow y^2 + 1 = 2y \Rightarrow y^2 - 2y + 1 = 0 \Rightarrow y = 1$$

Assim, $\log_4 x = 1 \Rightarrow x = 4$.

$x = 4$ é a solução, pois satisfaz as condições de existência dos logaritmos.

Então, $S = \{4\}$.

Exercícios

52. Resolva, em $\mathbb{R}$, as seguintes equações:

a) $\log_2 (4x + 5) = \log_2 (2x + 11)$

b) $\log_3 (5x^2 - 6x + 16) = \log_3 (4x^2 + 4x - 5)$

c) $\log_x (2x - 3) = \log_x (-4x + 8)$

53. Resolva, em $\mathbb{R}$, as seguintes equações:

a) $\log_4 (x + 3) = 2$

b) $\log_{\frac{3}{5}} (2x^2 - 3x + 2) = 0$

c) $\log_{0,1} (4x^2 - 6x) = -1$

d) $\log_{2x} (6x^2 - 13x + 15) = 2$

54. Resolva, em ℝ, as seguintes equações:
a) $(\log_2 x)^2 - 15 = 2\log_2 x$
b) $2\log^2 x + \log x - 1 = 0$
c) $\ell n^3 x = 4 \cdot \ell n\, x$

55. Resolva, em ℝ, as seguintes equações:
a) $\log_2(x-2) + \log_2 x = 3$
b) $2\log_7(x+3) = \log_7(x^2 + 45)$
c) $\log(4x-1) - \log(x+2) = \log x$
d) $3\log_5 2 + \log_5(x-1) = 0$
e) $\log x + \log x^2 + \log x^3 = -6$

56. Resolva, em ℝ, as equações:
a) $\log_5 x = \log_x 5$
b) $\log_{49} 7x = \log_x 7$
c) $2\log_4(3x+43) - \log_2(x+1) = 1 + \log_2(x-3)$
d) $\log_2(x-1) + \log_{\frac{1}{2}}(x-2) = \log_2 x$
e) $\dfrac{1}{3} + \log_2 x + \log_4 x + \log_8 x = 4$

57. Resolva, em ℝ, os seguintes sistemas de equações:
a) $\begin{cases} x + y = 10 \\ \log_4 x + \log_4 y = 2 \end{cases}$
c) $\begin{cases} 4^{x-y} = 8 \\ \log_2 x - \log_2 y = 2 \end{cases}$
b) $\begin{cases} x \cdot y = 1 \\ \log_3 x - \log_3 y = 2 \end{cases}$

58. Resolva em ℝ:
a) $\log_2 \sqrt[4]{x} = \log_4 \sqrt{x}$
b) $\dfrac{1}{\log_x 8} + \dfrac{1}{\log_{2x} 8} + \dfrac{1}{\log_{4x} 8} = 2$

59. Subtraindo-se 24 unidades de um número real positivo, seu logaritmo em base 4 diminui uma unidade.
a) Qual é o valor do logaritmo desse número na base 16?
b) Em que base o logaritmo desse número teria aumentado em duas unidades, se tivéssemos subtraído 24 unidades desse número?

Inequações logarítmicas

Inequações em que a incógnita aparece no logaritmando ou na base de ao menos um dos logaritmos que a compõem são chamadas **inequações logarítmicas**. São exemplos de inequações logarítmicas:

- $\log_3 x < 5$
- $\log_2(x^2 - 1) < \log_2 3$

Vamos ver como podem ser resolvidos dois tipos de inequações logarítmicas. A resolução dessas inequações está fundamentada nas propriedades do gráfico da função logarítmica, estudadas na página 293.

Inequações redutíveis a uma desigualdade entre logaritmos de mesma base

$$\log_a f(x) < \log_a g(x)$$

Aqui há dois casos a considerar:

- A base é maior que 1. Nesse caso, a relação de desigualdade entre $f(x)$ e $g(x)$ tem o mesmo sentido que a desigualdade entre os logaritmos. Para existirem os logaritmos, devemos impor também que $f(x)$ e $g(x)$ sejam positivos. Então, a solução pode ser obtida impondo-se que:

$$\log_a f(x) < \log_a g(x) \Rightarrow 0 < f(x) < g(x)$$

- A base está entre 0 e 1. Nesse caso, a relação de desigualdade entre $f(x)$ e $g(x)$ tem sentido contrário ao da desigualdade entre os logaritmos. Para existirem os logaritmos, devemos impor também que $f(x)$ e $g(x)$ sejam positivos. Então, a solução pode ser obtida impondo-se que:

$$\log_a f(x) < \log_a g(x) \Rightarrow f(x) > g(x) > 0$$

Exercícios resolvidos

14. Resolva, em $\mathbb{R}$, a inequação $\log_3 (2x - 5) < \log_3 x$.

Solução:
Como a base é maior que 1, temos: $0 < 2x - 5 < x$.
Daí, vem:
$$2x - 5 > 0 \Rightarrow x > \frac{5}{2} \quad \text{①}$$
$$2x - 5 < x \Rightarrow x < 5 \quad \text{②}$$

Da interseção de ① com ②, resulta:
$$S = \left\{ x \in \mathbb{R} \mid \frac{5}{2} < x < 5 \right\}$$

15. Resolva, em $\mathbb{R}$, a inequação $\log_{\frac{1}{3}} (4x - 1) < \log_{\frac{1}{3}} (-2x + 5)$

Solução:
Como a base está entre 0 e 1, temos:

$$\underbrace{4x - 1 > \overbrace{-2x + 5 > 0}^{\text{②}}}_{\text{①}}$$

De ①, temos: $4x - 1 > -2x + 5 \Rightarrow 6x > 6 \Rightarrow x > 1$

De ②, vem: $-2x + 5 > 0 \Rightarrow -2x > -5 \Rightarrow x < \frac{5}{2}$

Da interseção de ① com ②, segue a solução:
$$S = \left\{ x \in \mathbb{R} \mid 1 < x < \frac{5}{2} \right\}$$

Inequações redutíveis a uma desigualdade entre um logaritmo e um número real

$$\log_a f(x) > r \quad \text{ou} \quad \log_a f(x) < r$$

Para resolver uma inequação desse tipo, basta substituir **r** por $\log_a a^r$ e, assim, recaímos numa inequação do 1º tipo.

$$\log_a f(x) < r \text{ equivale a } \log_a f(x) < \log_a a^r$$
$$\log_a f(x) > r \text{ equivale a } \log_a f(x) > \log_a a^r$$

Exercício resolvido

16. Resolva, em $\mathbb{R}$, as inequações a seguir:

a) $\log_2 x > 3$

b) $\log_{\frac{1}{3}} (x - 1) > -2$

Soluções:

a) Escrevemos $3 = \log_2 2^3$ e temos:
$$\log_2 x > \log_2 2^3 \underset{\substack{\text{base maior} \\ \text{que 1}}}{\Longleftrightarrow} x > 8 > 0$$

$$S = \{ x \in \mathbb{R} \mid x > 8 \}$$

b) Para resolver $\log_{\frac{1}{3}}(x-1) > -2$, escrevemos $-2 = \log_{\frac{1}{3}}\left(\frac{1}{3}\right)^{-2}$ e temos:

$$\log_{\frac{1}{3}}(x-1) > \log_{\frac{1}{3}}\left(\frac{1}{3}\right)^{-2} \underset{\text{base entre 0 e 1}}{\Longleftrightarrow} 0 < x - 1 < \left(\frac{1}{3}\right)^{-2} \Rightarrow 0 < x - 1 < 9 \Rightarrow 1 < x < 10$$

$$S = \{x \in \mathbb{R} \mid 1 < x < 10\}$$

Exercícios

60. Resolva, em $\mathbb{R}$, as seguintes inequações:
a) $\log_2(x-1) < \log_2 3$
b) $\log_{\frac{1}{3}} x \leq \log_{\frac{1}{3}} 2$
c) $\log_3(2x-7) > \log_3 5$
d) $\log_{0,2} x \leq \log_{0,2}(-x+3)$

61. Resolva as inequações a seguir nos reais:
a) $\log_3 x > 2$
b) $\log_4 x < 1$
c) $\log_{\frac{1}{2}} x > 2$
d) $\log_{\frac{2}{5}} x \leq 1$

62. Resolva as seguintes inequações em $\mathbb{R}$:
a) $\log_2(x-1) + \log_2(x+2) \geq \log_2(-x+13)$
b) $\log_{0,1} x + \log_{0,1}(x-2) < \log_{0,1}(x+10)$

63. Estabeleça o domínio de cada uma das funções dadas pelas leis seguintes:
a) $f(x) = \sqrt{\log_2(x-3)}$
b) $g(x) = \dfrac{1}{\log_{\frac{1}{2}}(x+4)}$
c) $h(x) = \dfrac{x}{\sqrt{\log_{\frac{1}{3}}(2x)}}$

64. Resolva, em $\mathbb{R}$:
a) $\log_3^2 x - 3 \geq 2 \cdot \log_3 x$
b) $\log_{\frac{1}{2}}^2 x - 3 \log_{\frac{1}{2}} x - 4 > 0$
c) $\log_2^2 x < 4$

65. Considere a equação de 2º grau na incógnita **x**:
$$-x^2 + (\log_3 m)x - \frac{1}{4} = 0, \text{ com } m \in \mathbb{R}_+^*$$
a) Encontre suas raízes quando m = 9.
b) Para que valores de **m** a equação apresenta duas raízes reais e distintas?

66. Resolva, em $\mathbb{R}$, o sistema de inequações:
$$\begin{cases} \log_2(x-1) < 0 \\ \log_{\frac{1}{2}}(x-1) > 0 \end{cases}$$

67. Resolva, em $\mathbb{R}$, a inequação
$\log_a 2 < \log_a 3x < \log_a x^2$
a) admitindo que $a > 1$.
b) admitindo que $0 < a < 1$.

68. Resolva a inequação $\log_{\frac{1}{2}}\left(x^2 - x - \frac{3}{4}\right) > 2 - \log_2 5$.

69. Resolva, em $\mathbb{R}$, as inequações:
a) $\log_{\frac{1}{3}}(\log_2 x) < 0$
b) $\log_{\frac{1}{3}}(\log_{\frac{1}{3}} x) \geq 0$

70. Estabeleça o domínio das funções seguintes definidas por:
a) $f(x) = \sqrt{\log_{0,3} x}$
b) $f(x) = \log_5 \sqrt{x-2}$
c) $f(x) = \sqrt{\log_{0,1}(\log x)}$

Enem e vestibulares resolvidos

(Enem) A Escala de Magnitude de Momento (abreviada como MMS e denotada como M_w), introduzida em 1979 por Thomas Haks e Hiroo Kanamori, substituiu a Escala de Richter para medir a magnitude dos terremotos em termos de energia liberada. Menos conhecida pelo público, a MMS é, no entanto, a escala usada para estimar as magnitudes de todos os grandes terremotos da atualidade. Assim como a escala Richter, a MMS é uma escala logarítmica. M_w e M_0 se relacionam pela fórmula:

$$M_w = -10{,}7 + \frac{2}{3}\log_{10}(M_0)$$

Onde M_0 é o momento sísmico (usualmente estimado a partir dos registros de movimento da superfície, através dos sismogramas), cuja unidade é o dina · cm.

O terremoto de Kobe, acontecido no dia 17 de janeiro de 1995, foi um dos terremotos que causaram maior impacto no Japão e na comunidade científica internacional. Teve magnitude $M_W = 7{,}3$.

U.S. GEOLOGICAL SURVEY. Historic Earthquakes. Disponível em: <http://earthquake.usgs.gov>. Acesso em: 1º maio 2010 (adaptado).

U.S. GEOLOGICAL SURVEY. USGS Earthquake Magnitude Policy. Disponível em: <http://earthquake.usgs.gov>. Acesso em: 1º maio 2010 (adaptado).

Mostrando que é possível determinar a medida por meio de conhecimentos matemáticos, qual foi o momento sísmico M_0 do terremoto de Kobe (em dina · cm)?

a) $10^{-5,10}$

b) $10^{-0,73}$

c) $10^{12,00}$

d) $10^{21,65}$

e) $10^{27,00}$

Resolução comentada

Precisamos determinar o momento sísmico M_0 dado o valor de M_W, que é a escala de Magnitude de Momento para medir terremotos. O terremoto em questão teve magnitude $M_W = 7{,}3$.

Observe que a relação entre M_0 e M_W está estabelecida no texto como a função logarítmica

$M_W = -10{,}7 + \frac{2}{3}\log_{10}(M_0)$. Se $M_W = 7{,}3$, então:

$7{,}3 = -10{,}7 + \frac{2}{3}\log_{10}(M_0)$

$7{,}3 + 10{,}7 = \frac{2}{3}\log_{10}(M_0)$

$18 = \frac{2}{3}\log_{10}(M_0)$

$27 = \log_{10}(M_0)$

Para encontrarmos M_0, utilizaremos a definição de logaritmos $a^x = b \Leftrightarrow x = \log_a b$. Portanto $\log_{10}(M_0) = 27 \Leftrightarrow M_0 = 10^{27}$.

Alternativa e.

Exercícios complementares

1. (UFJF-MG) No gráfico ao lado, representou-se a função $f: \mathbb{R}_+^* \to \mathbb{R}$ definida por $f(x) = \log_2 x$. Define-se ainda, conforme a figura, um triângulo retângulo MNP, reto em **N**, com os vértices **M** e **P** pertencendo à curva definida por **f**. A partir das informações apresentadas no gráfico de **f**, responda às questões a seguir detalhando os seus cálculos.

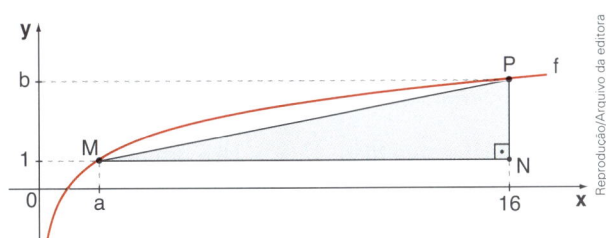

a) Qual o valor de **a** e **b** obtidos a partir do gráfico de **f**?

b) Calcule a medida da área do triângulo MNP.

c) Determine o(s) valor(es) de **x** tal que $[f(x)]^2 - 5 \cdot [f(x)] = -6$.

2. (FGV-SP) Um biólogo inicia o cultivo de três populações de bactérias (**A**, **B** e **C**) no mesmo dia. Os gráficos seguintes mostram a evolução do número de bactérias ao longo dos dias.

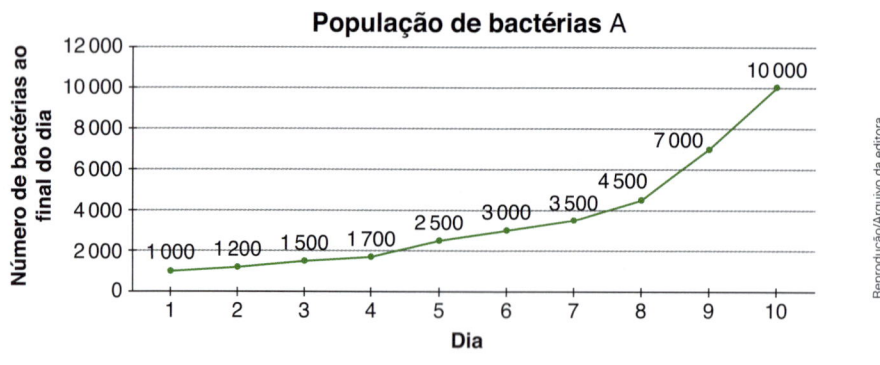

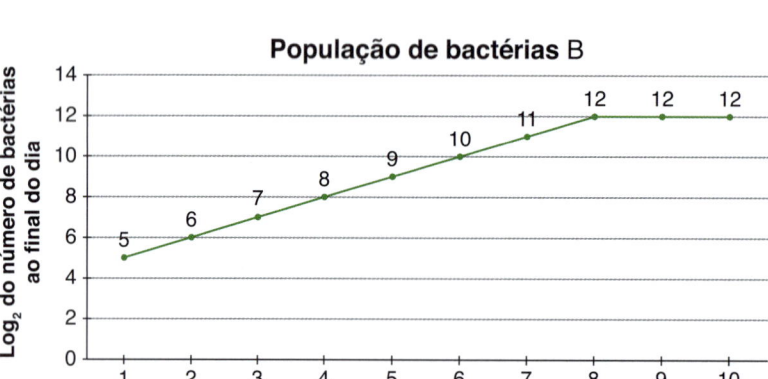

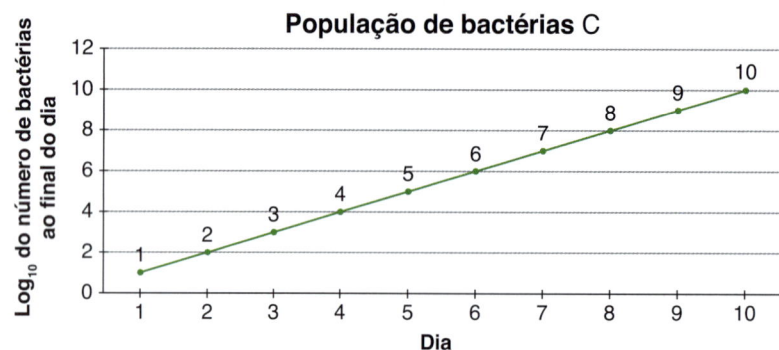

A partir da informação dos gráficos, responda:

a) Em que dia o número de bactérias da população **C** ultrapassou o da população **A**?

b) Qual foi a porcentagem de aumento da população de bactérias **B**, entre o final do dia 2 e o final do dia 6?

c) Qual foi a porcentagem de aumento da população total de bactérias (colônias **A**, **B** e **C** somadas) entre o final do dia 2 e o final do dia 5?

3. (Unicamp-SP) Considere a função $f(x) = 10^{1+x} + 10^{1-x}$, definida para todo número real **x**.

a) Mostre que $f\left(\log_{10}\left(2 + \sqrt{3}\right)\right)$ é um número inteiro.

b) Sabendo que $\log_{10} 2 \simeq 0,3$, encontre os valores de **x** para os quais $f(x) = 52$.

4. Autoridades sanitárias de um município afirmam que o risco atual de infecção por certa bactéria que ataca a flora intestinal de uma pessoa seja de 15%. A fim de reduzir o risco foi colocado em prática um projeto de melhorias nas condições de higiene. Estima-se que, **t** anos após a implementação do projeto, o risco de infecção seja dado por $R(t) = R_0 \cdot e^{-0,6t}$, em que $e \simeq 2,718$.

Qual é o tempo mínimo necessário para que o risco de infecção seja reduzido:
a) à metade do risco atual?
b) à terça parte do risco atual?
c) a 1%?

Considere: $\ell n\, 2 \simeq 0{,}7$; $\ell n\, 3 \simeq 1{,}1$ e $\ell n\, 10 \simeq 2{,}3$.

5. (UFPR) Considere o gráfico da função $f(x) = 10^x$, com **x** real, e da reta **r**, apresentados na figura a seguir:

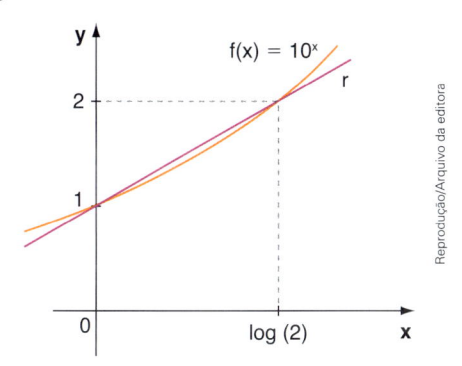

a) Utilizando a aproximação $\log(2) = 0{,}3$, determine a equação da reta **r**.
b) Como a reta **r** está próxima da curva, para valores de **x** entre 0 e $\log(2)$, utilize a equação de **r** para obter uma estimativa dos valores de $10^{0{,}06}$ e de $\log(1{,}7)$.

Para responder às questões 6 e 7, leia novamente o texto da seção *Troque ideias*, página 288, referente ao pH.

6. Observe cada situação a seguir:
a) Considere três soluções aquosas **A**, **B** e **C** cujas concentrações hidrogênicas $[H^+]$ são, respectivamente, 10^{-3} mol/L; $4 \cdot 10^{-9}$ mol/L e $1{,}6 \cdot 10^{-6}$ mol/L. Para cada uma, determine o pH, classificando-a em ácida, básica ou neutra. Use $\log 2 \simeq 0{,}30$.
b) Três soluções aquosas **D**, **E** e **F** apresentam pH, respectivamente, iguais a 4,7; 8,3 e 6,85. Usando os valores $\log 2 \simeq 0{,}30$; $\log 3 \simeq 0{,}48$; $\log 5 \simeq 0{,}7$ e $\log 7 \simeq 0{,}85$, determine a concentração $[H^+]$ de cada uma.

7. Considere duas soluções ácidas S_1 e S_2, com pH respectivamente iguais a 1 e 2.
a) Qual solução é mais ácida?
b) Compare as concentrações de hidrogênio ($[H^+]$) das duas soluções.
c) Considere uma solução aquosa S_3, com pH = 3. Compare as concentrações de hidrogênio ($[H^+]$) de S_1 e S_3.

8. Resolva os sistemas:

a) $\begin{cases} 2x^2 + y = 75 \\ 2 \cdot \log x - \log y = 2 \cdot \log 2 + \log 3 \end{cases}$

b) $\begin{cases} 2^{\log_{\frac{1}{2}}(x+y)} = 5^{\log_5(x-y)} \\ \log_2 x + \log_2 y = \dfrac{1}{2} \end{cases}$

c) $\begin{cases} \log_2(xy) \cdot \log_2\left(\dfrac{x}{y}\right) = -3 \\ \log_2^2 x + \log_2^2 y = 5 \end{cases}$

9. (Unifesp) A intensidade luminosa na água do mar razoavelmente limpa, que é denotada por **I**, decresce exponencialmente com o aumento da profundidade, que por sua vez é denotada por **x** e expressa em metro, como indica a figura.

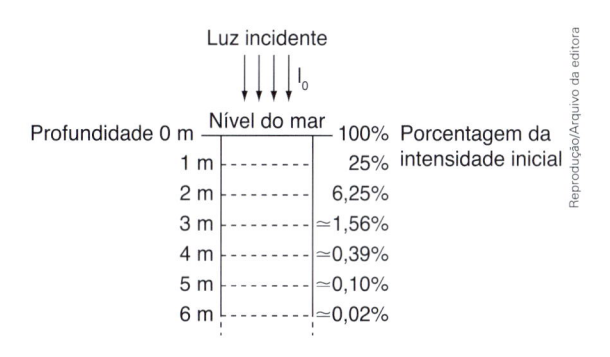

Profundidade	Porcentagem da intensidade inicial
0 m (Nível do mar)	100%
1 m	25%
2 m	6,25%
3 m	≈1,56%
4 m	≈0,39%
5 m	≈0,10%
6 m	≈0,02%

a) Utilizando as informações da figura e denotando por I_0 a constante que representa a intensidade luminosa na água razoavelmente limpa ao nível do mar, determine **I** em função de **x**, com **x** sendo um inteiro positivo.

b) A relação empírica de Bouguer-Lambert nos diz que um feixe vertical de luz, quando penetra na água com intensidade de luz I_0, terá sua intensidade **I** de luz reduzida com a profundidade de **x** metros determinada pela fórmula $I = I_0\, e^{-\mu x}$, com **e** sendo o número de Euler, e **μ** um parâmetro denominado de coeficiente de absorção, que depende da pureza da água e do comprimento de onda do feixe. Utilizando a relação de Bouguer-Lambert no estudo da intensidade luminosa na água do mar razoavelmente limpa (dados da figura), determine o valor do parâmetro **μ**. Adote nos cálculos finais $\ell n\, 2 = 0{,}69$.

10. (Vunesp) Leia a matéria publicada em junho de 2016.

Energia eólica deverá alcançar 10 GW nos próximos dias

O dia mundial do vento, 15 de junho, terá um marco simbólico este ano. Antes do final do mês, a fonte de energia que começou a se tornar realidade no país há seis anos alcançará 10 GW, sendo que o potencial brasileiro é de 500 GW. A perspectiva é a de que, em metade deste tempo, o Brasil duplique os 10 GW.

(www.portalabeeolica.org.br. Adaptado.)

Considerando que a perspectiva de crescimento continue dobrando a cada três anos, calcule o ano em que o Brasil atingirá 64% da utilização do seu potencial eólico. Em seguida, calcule o ano aproximado em que o Brasil atingirá 100% da utilização do seu potencial eólico, empregando um modelo exponencial de base 2 e adotando log 2 = 0,3 no cálculo final.

11. (Uerj) Ao digitar corretamente a expressão $\log_{10}(-2)$ em uma calculadora, o retorno obtido no visor corresponde a uma mensagem de erro, uma vez que esse logaritmo não é um número real.

Determine todos os valores reais de **x** para que o valor da expressão $\log_{0,1}(\log_{10}(\log_{0,1}(x)))$ seja um número real.

12. (Unicamp-SP) Considere a função $f(x) = |2x - 4| + x - 5$, definida para todo número real **x**.

a) Esboce o gráfico de $y = f(x)$ no plano cartesiano para $-4 \leq x \leq 4$.

b) Determine os valores dos números reais **a** e **b** para os quais a equação $\log_a(x + b) = f(x)$ admite como soluções $x_1 = -1$ e $x_2 = 6$.

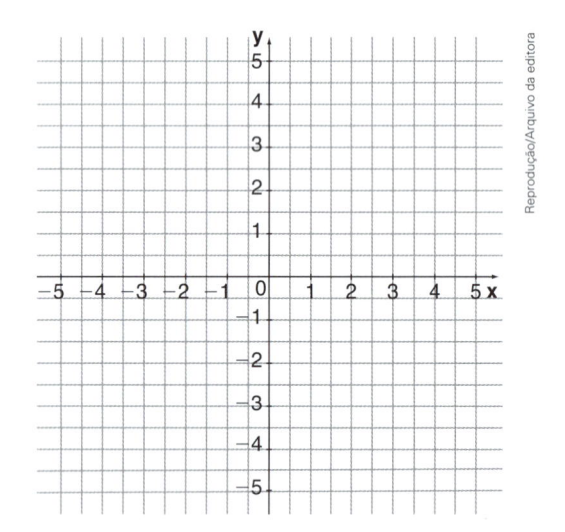

13. (Fuvest-SP) Considere as funções **f** e **g** definidas por $f(x) = 2\log_2(x - 1)$, se $x \in \mathbb{R}$, $x > 1$,

$g(x) = \log_2\left(1 - \frac{x}{4}\right)$, se $x \in \mathbb{R}$, $x < 4$.

a) Calcule $f\left(\frac{3}{2}\right)$, $f(2)$, $f(3)$, $g(-4)$, $g(0)$ e $g(2)$.

b) Encontre x, $1 < x < 4$, tal que $f(x) = g(x)$.

c) Levando em conta os resultados dos itens a e b, esboce os gráficos de **f** e de **g** no sistema cartesiano.

14. (Fuvest-SP) O nível de intensidade sonora β, em decibéis (dB), é definido pela expressão $\beta = 10 \log_{10}\left(\frac{I}{I_0}\right)$, na qual **I** é a intensidade do som em W/m² e $I_0 = 10^{-12}$ W/m² é um valor de referência. Os valores de nível de intensidade sonora $\beta = 0$ e $\beta = 120$ dB correspondem, respectivamente, aos limiares de audição e de dor para o ser humano. Como exposições prolongadas a níveis de intensidade sonora elevados podem acarretar danos auditivos, há uma norma regulamentadora (NR-15) do Ministério do Trabalho e Emprego do Brasil, que estabelece o tempo máximo de 8 horas para exposição ininterrupta a sons de 85 dB e especifica que, a cada acréscimo de 5 dB no nível de intensidade sonora, deve-se dividir por dois o tempo máximo de exposição. A partir dessas informações, determine

a) a intensidade sonora I_0 correspondente ao limiar de dor para o ser humano;

b) o valor máximo do nível de intensidade sonora β, em dB, a que um trabalhador pode permanecer exposto por 4 horas seguidas;

c) os valores da intensidade **I** e da potência **P** do som no tímpano de um trabalhador quando o nível de intensidade sonora é 100 dB.

> Note e adote:
> $\pi = 3$
> Diâmetro do tímpano = 1 cm

Nota do autor:
A área de um círculo de raio **r** é πr^2.

15. (Fuvest-SP) Determine o conjunto de todos os números reais **x** para os quais vale a desigualdade

$$|\log_{16}(1 - x^2) - \log_4(1 + x)| < \frac{1}{2}$$

16. (Fuvest-SP) Um analgésico é aplicado via intravenosa. Sua concentração no sangue, até atingir a concentração nula, varia com o tempo de acordo com a seguinte relação:

$$C(t) = 400 - k \log_3 (at + 1),$$

Em que **t** é dado em horas e c(t) é dado em mg/L. As constantes **a** e **k** são positivas.

a) Qual é a concentração do analgésico no instante inicial t = 0?

b) Calcule as constantes **a** e **k**, sabendo que, no instante t = 2, a concentração do analgésico no sangue é metade da concentração no instante inicial e que, no instante t = 8, a concentração do analgésico no sangue é nula.

17. Em um laboratório um cientista mediu, hora a hora, os valores de certa grandeza, medida em centímetros, obtendo o quadro abaixo:

Hora (X)	Medida em cm (y)
12:00	0,0000025
13:00	0,000002
14:00	0,000004
15:00	0,000005
16:00	0,00001
17:00	0,000008
18:00	0,000001
19:00	0,00001

Como os valores da grandeza **y** eram números muito pequenos, o cientista teve a ideia de usar uma nova escala, a saber, $y' = \log_{10} y$. Com isso, ele achou que seria mais fácil trabalhar com os dados, além de representá-los graficamente.

a) Faça uma tabela X × y'. Para isso, considere log 2 ≃ 0,3.

b) Represente graficamente X × y', unindo os pontos por segmentos de reta.

c) Se o cientista tivesse obtido o valor 5,5 para **y'**, qual seria o valor correspondente de **y**? Considere $\sqrt{10} \simeq 3,2$.

18. (UFG-GO) Uma unidade de medida muito utilizada, proposta originalmente por Alexander Graham Bell (1847-1922) para comparar as intensidades de duas ocorrências de um mesmo fenômeno é o decibel (dB).

Em um sistema de áudio, por exemplo, um sinal de entrada, com potência P_1, resulta em um sinal de saída, com potência P_2. Quando $P_2 > P_1$, como em um amplificador de áudio, diz-se que o sistema apresenta um ganho, em decibéis, de:

$$G = 10 \log \left(\frac{P_2}{P_1}\right)$$

Quando $P_2 < P_1$, a expressão acima resulta em um ganho negativo, e diz-se que houve uma atenuação do sinal.

Desse modo,

a) para um amplificador que fornece uma potência P_2 de saída igual a 80 vezes a potência P_1 de entrada, qual é o ganho de dB?

b) em uma linha de transmissão, na qual há uma atenuação de 20 dB, qual a razão entre as potências de saída e de entrada, nesta ordem?

Dado: log 2 = 0,30

19. A secretária de Turismo de certa região estima que o número de turistas na região aumentará 50% a cada dois anos. Em 2018, a secretária contabilizou 120 000 turistas.

a) Qual é a lei da função que relaciona o número (**y**) de turistas que visitará a região no ano de 2018 + x, para x ∈ {0, 1, 2, ..., 20}?

b) Em que data aproximada o número de turistas será igual a 1 000 000?

20. Os gráficos das funções **f** e **g** estão representados sem escala, no plano cartesiano seguinte:

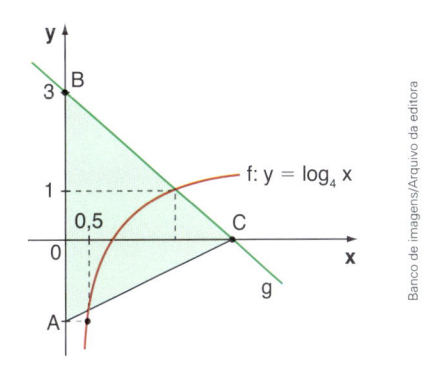

a) Qual é a lei que define **g**?

b) Qual é a área do triângulo ABC?

21. Determine os valores reais de **a** para que a equação de 2º grau $x^2 - x \cdot \log_3 a + 4 = 0$ admita raízes reais.

22. Resolva, em $\mathbb{R}$, o sistema:
$$\begin{cases} \log_5 x + 3^{\log_3 y} = 7 \\ x^y = 5^{12} \end{cases}$$

23. (Unicamp-SP) A superfície de um reservatório de água para abastecimento público tem 320000 m² de área, formato retangular e um dos seus lados mede o dobro do outro. Essa superfície é representada pela região hachurada na ilustração abaixo. De acordo com o Código Florestal, é necessário manter ao redor do reservatório uma faixa de terra livre, denominada Área de Proteção Permanente (APP), como ilustra a figura abaixo. Essa faixa deve ter largura constante igual a 100 m, medidos a partir da borda do reservatório.

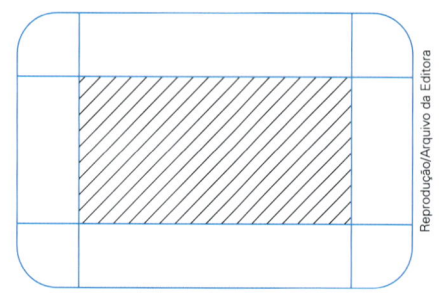

a) Calcule a área da faixa de terra denominada APP nesse caso.

b) Suponha que a água do reservatório diminui de acordo com a expressão $V(t) = V_0 \cdot 2^{-t}$, em que V_0 é o volume inicial e **t** é o tempo decorrido em meses. Qual é o tempo necessário para que o volume se reduza a 10% do volume inicial? Utilize, se necessário, $\log_{10} 2 \approx 0{,}30$.

24. Na figura, temos que $a - b \neq 1$ e $a + b \neq 1$.

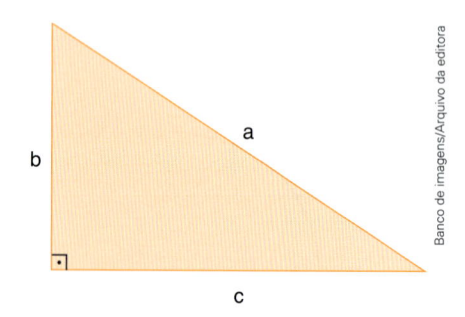

Mostre que $\dfrac{1}{\log_{a+b} c} + \dfrac{1}{\log_{a-b} c} = 2$.

25. Considerando $\log 3 \approx 0{,}48$, determine, em cada caso, o menor número natural para o qual:
a) $3^n > 10^{19}$
b) $0{,}9^n < 10^{-6}$

26. (Unicamp-SP) O sistema de ar-condicionado de um ônibus quebrou durante uma viagem. A função que descreve a temperatura (em graus Celsius) no interior do ônibus em função de **t**, o tempo transcorrido, em horas, desde a quebra do ar-condicionado, é $T(t) = (T_0 - T_{ext}) \cdot 10^{\frac{-t}{4}} + T_{ext}$, onde T_0 é a temperatura interna do ônibus enquanto a refrigeração funcionava, e T_{ext} é a temperatura externa (que supomos constante durante toda a viagem). Sabendo que $T_0 = 21$ °C e $T_{ext} = 30$ °C, responda às questões abaixo.

a) Calcule a temperatura no interior do ônibus transcorridas 4 horas desde a quebra do sistema de ar-condicionado. Em seguida, esboce o gráfico de T(t).

b) Calcule o tempo gasto, a partir do momento da quebra do ar-condicionado, para que a temperatura subisse 4 °C. Se necessário, use $\log_{10} 2 \approx 0{,}30$, $\log_{10} 3 \approx 0{,}48$ e $\log_{10} 5 \approx 0{,}70$.

27. Resolva, em $\mathbb{R}$, a inequação-produto:
$(4 - x^2) \cdot \log_2 x \leq 0$

28. Resolva, em $\mathbb{R}$, a equação:
$\log_x (20 - |x|) = 2$

29. Resolva, em $\mathbb{R}$, as equações:
a) $\log 2^x + \log(1 + 2^x) = \log 20$
b) $\log_3 (3^x - 1) \cdot \log_3 (3^{x+1} - 3) = 6$

30. O gráfico seguinte mostra parte do gráfico da função dada por $y = k \cdot \log_3 x$, em que $k \in \mathbb{R}$. Sabendo que as abscissas de **A** e **D** são, respectivamente, 3 e 9, determine:
a) o valor de **k**.
b) o perímetro do trapézio ABCD.

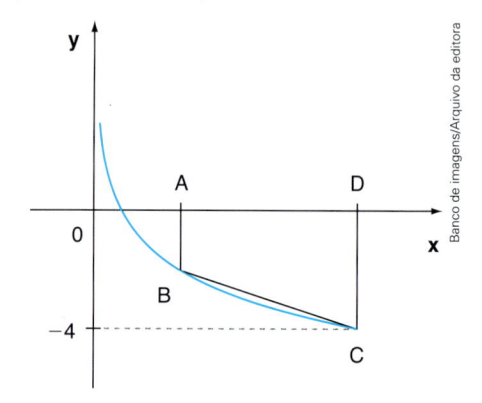

31. Sejam **a** e **b** (a < b) as soluções da equação

$$(0,4)^{\log^2 x + 1} = (6,25)^{2 - \log x^3}$$

Calcule o valor de $\log_b a$.

32. (Unicamp-SP) Uma bateria perde permanentemente sua capacidade ao longo dos anos.

Essa perda varia de acordo com a temperatura de operação e armazenamento da bateria. A função que fornece o percentual de perda anual de capacidade de uma bateria, de acordo com a temperatura de armazenamento, **T** (em °C), tem a forma

$$P(T) = a \cdot 10^{bT},$$

em que **a** e **b** são constantes reais positivas. A tabela abaixo fornece, para duas temperaturas específicas, o percentual de perda de uma determinada bateria de íons de Lítio.

Temperatura (°C)	Perda anual de capacidade (%)
0	1,6
55	20,0

Com base na expressão de P(T) e nos dados da tabela,

a) esboce, abaixo, a curva que representa a função P(T), exibindo o percentual exato para T = 0 e T = 55.

b) determine as constantes **a** e **b** para a bateria em questão. Se necessário, use $\log_{10}(2) \simeq 0,30$, $\log_{10}(3) \simeq 0,48$ e $\log_{10}(5) \simeq 0,70$.

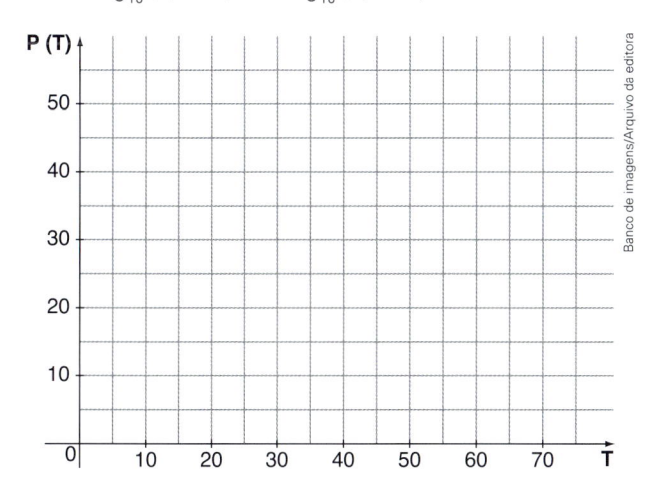

33. Pressionando, sucessivamente, em uma calculadora científica, a tecla **LOG** (logaritmo decimal), a começar pelo número 20 bilhões, após quantas vezes de acionamento da tecla aparecerá mensagem de erro? Explique.

Se possível, experimente fazer o exercício com uma calculadora.

34. (Uerj) A International Electrotechnical Commission – IEC padronizou as unidades e os símbolos a serem usados em Telecomunicações e Eletrônica. Os prefixos kibi, mebi e gibi, entre outros, empregados para especificar múltiplos binários, são formados a partir de prefixos já existentes no Sistema Internacional de Unidades – SI, acrescidos de bi, primeira sílaba da palavra binário. A tabela abaixo indica a correspondência entre algumas unidades do SI e da IEC.

SI		
Nome	Símbolo	Magnitude
quilo	k	10^3
mega	M	10^6
giga	G	10^9

IEC		
Nome	Símbolo	Magnitude
kibi	ki	2^{10}
mebi	Mi	2^{20}
gibi	Gi	2^{30}

Um fabricante de equipamentos de informática, usuário do SI, anuncia um disco rígido de 30 *gigabytes*. Na linguagem usual de computação, essa medida corresponde a $p \cdot 2^{30}$ *bytes*. Considere a tabela de logaritmos a seguir.

x	2,0	2,2	2,4	2,6	2,8	3,0
log x	0,301	0,342	0,380	0,415	0,447	0,477

Calcule o valor de **p**.

35. Resolva, em ℝ, as seguintes equações logarítmicas:

a) $\log_4 \{2 \cdot \log_5 [3 + \log_3 (x + 2)]\} = \dfrac{1}{2}$

b) $\log \sqrt{x} + \log x = 6$

c) $\log_3 x + \log_9 \sqrt{x} = \dfrac{15}{4}$

d) $(\log_5 x)^2 = 8 \cdot \log_x 5$

e) $x^{\log_3 x} = 81$

36. (FGV-RJ) A descoberta de um campo de petróleo provocou um aumento nos preços dos terrenos de certa região. No entanto, depois de algum tempo, a comprovação de que o campo não podia ser explorado comercialmente provocou a queda nos preços dos terrenos.

Uma pessoa possui um terreno nessa região, cujo valor de mercado, em reais, pode ser expresso pela função $f(x) = 2\,000 \cdot e^{2x - 0{,}5x^2}$, em que **x** representa o número de anos transcorridos desde 2005.

Assim: f(0) é o preço do terreno em 2005, f(1) o preço em 2006, e assim por diante.

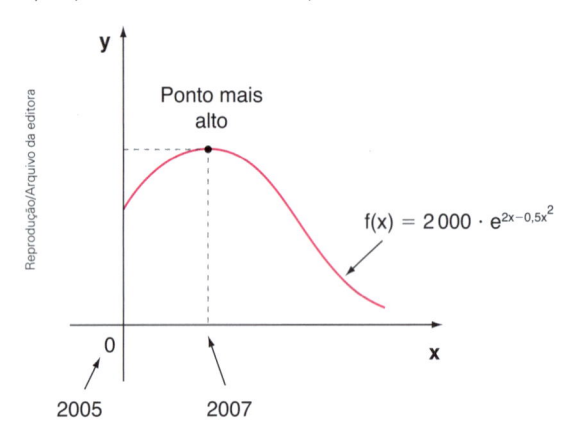

a) Qual foi o maior valor de mercado do terreno, em reais?

b) Em que ano o preço do terreno foi igual ao preço de 2005?

c) Em que ano o preço do terreno foi um décimo do preço de 2005?

Use as aproximações para resolver as questões anteriores:

$e^2 \simeq 7{,}4$; $\ell n\, 2 \simeq 0{,}7$; $\ell n\, 5 \simeq 1{,}6$; $\sqrt{34{,}4} \simeq 6$

37. (Fuvest-SP) O número **N** de átomos de um isótopo radioativo existente em uma amostra diminui com o tempo **t**, de acordo com a expressão $N(t) = N_0\, e^{-\lambda t}$, sendo N_0 o número de átomos deste isótopo em t = 0 e λ a constante de decaimento. Abaixo, está apresentado o gráfico do $\log_{10} N$ em função de **t**, obtido em um estudo experimental do radiofármaco Tecnécio 99 metaestável (^{99m}Tc), muito utilizado em diagnósticos do coração.

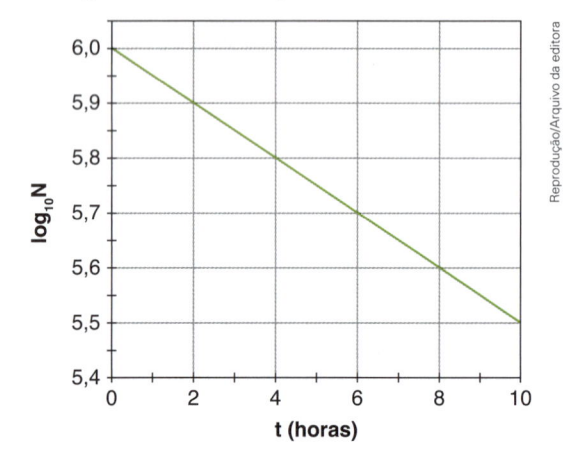

A partir do gráfico, determine:

a) o valor de $\log_{10} N_0$.

b) o número N_0 de átomos radioativos de ^{99m}Tc.

c) a meia-vida $\left(T_{\frac{1}{2}}\right)$ do ^{99m}Tc.

> Note e anote: A meia-vida $\left(T_{\frac{1}{2}}\right)$ de um isótopo radioativo é o intervalo de tempo em que o número de átomos desse isótopo existente em uma amostra cai para a metade; $\log_{10} 2 = 0{,}3$; $\log_{10} 5 = 0{,}7$.

38. Considere a equação de 2º grau: $x^2 + 2x + \log_3 (a - 1) = 0$.

a) Determine os possíveis valores reais de **a** para os quais a equação admite uma raiz real positiva e uma raiz real negativa.

b) Para quantos valores de **a**, com a ∈]1, 1000[, a equação apresenta todos os coeficientes inteiros?

39. (ITA-SP) Seja **f** a função definida por $f(x) = \log_{x+1}(x^2 - 2x - 8)$. Determine:

a) O domínio D_f da função **f**.

b) O conjunto de todos os valores de $x \in D_f$ tais que f(x) = 2.

c) O conjunto de todos os valores de $x \in D_f$ tais que f(x) > 1.

Testes

1. (UFRGS-RS) Se $\log_5 x = 2$ e $\log_{10} y = 4$, então $\log_{20} \dfrac{y}{x}$ é

a) 2.
b) 4.
c) 6.
d) 8.
e) 10.

2. (Ufam) A curva do gráfico a seguir representa a função f: $\mathbb{R}^+ \to \mathbb{R}$ dada por $f(x) = \log_{\frac{1}{2}} x$. Se **B** dista 4 cm da origem, a área do triângulo ABC é igual a:

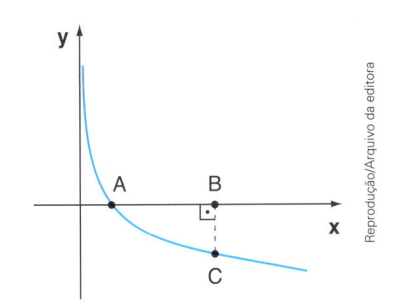

a) 6 cm²
b) 5 cm²
c) 4 cm²
d) 3 cm²
e) 2 cm²

3. (FGV-SP) Considere a seguinte tabela, em que $\ell n(x)$ representa o logaritmo neperiano de **x**:

x	1	2	3	4	5
$\ell n(x)$	0	0,69	1,10	1,39	1,61

O valor de **x** que satisfaz a equação $6^x = 10$ é aproximadamente igual a

a) 1,26
b) 1,28
c) 1,30
d) 1,32
e) 1,34

4. (Enem) Em 2011, um terremoto de magnitude 9,0 na escala Richter causou um devastador *tsunami* no Japão, provocando um alerta na usina nuclear de Fukushima. Em outubro, outro terremoto, de magnitude 7,0 na mesma escala, sacudiu Sichuan (sudoeste da China), deixando centenas de mortos e milhares de feridos. A magnitude de um terremoto na escala Richter pode ser calculada por

$$M = \dfrac{2}{3} \log\left(\dfrac{E}{E_0}\right).$$

sendo **E** a energia, em kWh, liberada pelo terremoto e E_0, uma constante real positiva. Considere que E_1 e E_2 representam as energias liberadas nos terremotos ocorridos no Japão e na China, respectivamente.

Disponível em: www.terra.com.br. Acesso em: 15 ago. 2013 (adaptado).

Qual a relação entre E_1 e E_2?

a) $E_1 = E_2 + 2$
b) $E_1 = 10^2 \cdot E_2$
c) $E_1 = 10^3 \cdot E_2$
d) $E_1 = 10^{\frac{9}{7}} \cdot E_2$
e) $E_1 = \dfrac{9}{7} \cdot E_2$

5. (FGV-SP) Sendo **p** e **q** números reais, com $p > q$ e $p + q > 0$, definiremos a operação # entre **p** e **q** da seguinte forma: $p \# q = p^2 - q^2 + \log(p + q)$, com $\log(p + q)$ sendo o logaritmo na base 10 de $(p + q)$. Utilizando-se essa definição, o valor de $10 \# (-5)$ é igual a

a) $176 - \log 2$
b) $174 - \log 2$
c) $76 - \log 2$
d) $74 + \log 2$
e) $74 - \log 2$

6. (Uece) Se f: $\mathbb{R} \to \mathbb{R}$ é a função definida por $f(x) = 10^{1 - Lx}$, então, o valor de $\log(f(e))$ é igual a

a) $\dfrac{1}{2}$.
b) 0.
c) $\dfrac{1}{3}$.
d) 1.

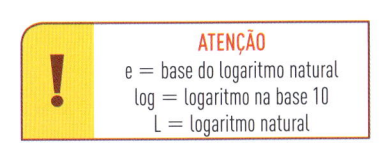

> **ATENÇÃO**
> e = base do logaritmo natural
> log = logaritmo na base 10
> L = logaritmo natural

7. (Ufam) Resolvendo em $\mathbb{R}$ a inequação
$\log_{25}(x^2 - x) > \log_{25}(2x + 10)$
Deve-se obter como solução (S):
a) $S = \{x \in \mathbb{R} \mid -5 < x < -2 \text{ ou } x > 5\}$
b) $S = \{x \in \mathbb{R} \mid -5 < x < 0 \text{ ou } x > 1\}$
c) $S = \{x \in \mathbb{R} \mid x < -2 \text{ ou } x > 5\}$
d) $S = \{x \in \mathbb{R} \mid -5 < x < -5\}$
e) $S = \varnothing$

8. (UFRGS-RS) Se $10^x = 20^y$, atribuindo 0,3 para $\log 2$, então o valor de $\dfrac{x}{y}$ é

a) 0,3.
b) 0,5.
c) 0,7.
d) 1.
e) 1,3.

9. (Uerj) Uma calculadora tem duas teclas especiais, **A** e **B**. Quando a tecla **A** é digitada, o número que está no visor é substituído pelo logaritmo decimal desse número. Quando a tecla **B** é digitada, o número do visor é multiplicado por 5.
Considere que uma pessoa digitou as teclas BAB, nesta ordem, e obteve no visor o número 10. Nesse caso, o visor da calculadora mostrava inicialmente o seguinte número:

a) 20
b) 30
c) 40
d) 50

10. (Uerj) Observe no gráfico a função logaritmo decimal definida por $y = \log(x)$.

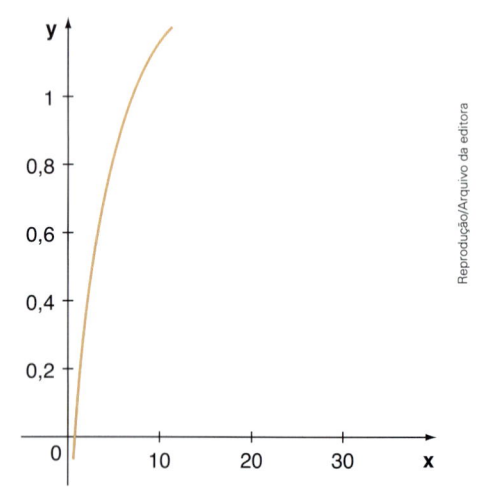

Admita que, no eixo **x**, 10 unidades correspondem a 1 cm e que, no eixo **y**, a ordenada $\log(1\,000)$ corresponde a 15 cm.

A escala x : y na qual os eixos foram construídos equivale a:

a) 5 : 1
b) 15 : 1
c) 50 : 1
d) 100 : 1

11. (Uneb-BA) Segundo uma pesquisa, após **t** meses da constatação da existência de uma epidemia, o número de pessoas, por ela atingidas, é obtido por $N(t) = \dfrac{10\,000}{1 + 8 \cdot 4^{-2t}}$.
Considerando-se que o mês tenha 30 dias, $\log 2 = 0{,}30$ e $\log 3 = 0{,}48$, pode-se estimar que 2 500 pessoas serão atingidas por essa epidemia em, aproximadamente,

a) dez dias.
b) vinte e seis dias.
c) três meses.
d) dez meses.
e) um ano.

12. (EsPCEx-SP) O logaritmo de um número natural **n**, $n > 1$, coincidirá com o próprio **n** se a base for:

a) n^n
b) $\dfrac{1}{n}$
c) n^2
d) n
e) $n^{\frac{1}{n}}$

13. (Mack-SP) O valor de $(x + y)$, com **x** e **y** reais positivos, tais que $\begin{cases} 5 \cdot \log_5 x - \log_5 xy = \log_5 4 \\ \log_5 \dfrac{x^2}{y} = 0 \end{cases}$, é

a) 2
b) 4
c) 6
d) 8
e) 10

14. (Uece) Se $L_n\ 2 = 0{,}6931$, $L_n\ 3 = 1{,}0986$, pode-se afirmar corretamente que $L_n\ \dfrac{\sqrt{12}}{3}$ é igual a

a) 0,4721.
b) 0,3687.
c) 0,1438.
d) 0,2813.

$L_n\ x \equiv$ logaritmo natural de **x**

15. (Fuvest-SP) Use as propriedades do logaritmo para simplificar a expressão

$$S = \dfrac{1}{2 \cdot \log_2 2016} + \dfrac{1}{5 \cdot \log_3 2016} + \dfrac{1}{10 \cdot \log_7 2016}$$

O valor de **S** é

a) $\dfrac{1}{2}$
b) $\dfrac{1}{3}$
c) $\dfrac{1}{5}$
d) $\dfrac{1}{7}$
e) $\dfrac{1}{10}$

16. (Cefet-MG) Considere a função f: $]-2, \infty[\to \mathbb{R}$ definida por $f(x) = \log_3(x + 2)$. Se $f(a) = \dfrac{1}{3} f(b)$, então:

a) $a = \sqrt[3]{b} + 1$
b) $a = \sqrt[3]{b + 3}$
c) $a = \sqrt[3]{b + 2} - 2$
d) $a = \sqrt[3]{b + 4} + 2$

17. (PUC-RJ) Seja $x = \log_2 3 + \log_2 9 + \log_2 27$. Então, é correto afirmar que:

a) $6 \leq x < 7$
b) $7 \leq x < 8$
c) $8 \leq x < 9$
d) $9 \leq x < 10$
e) $x \geq 10$

18. (Enem) Uma liga metálica sai do forno a uma temperatura de 3 000 °C e diminui 1% de sua temperatura a cada 30 min.

Use 0,477 como aproximação para $\log_{10}(3)$ e 1,041 como aproximação para $\log_{10}(11)$.

O tempo decorrido, em hora, até que a liga atinja 30 °C é mais próximo de

a) 22.
b) 50.
c) 100.
d) 200.
e) 400.

19. (Uece) Se **f** é a função real de variável real definida por $f(x) = \log(4 - x^2) + \sqrt{4x - x^2}$, então, o maior domínio possível para **f** é

a) {números reais **x** tais que $0 \leq x < 4$}.
b) {números reais **x** tais que $2 < x < 4$}.
c) {números reais **x** tais que $-2 < x < 4$}.
d) {números reais **x** tais que $0 \leq x < 2$}.

$\log x \equiv$ logaritmo de base **x** na base 10

20. (UFPR) Suponha que a quantidade **Q** de um determinado medicamento no organismo **t** horas após sua administração possa ser calculada pela fórmula:

$$Q = 15 \cdot \left(\dfrac{1}{10}\right)^{2t}$$

sendo **Q** medido em miligramas. A expressão que fornece o tempo **t** em função da qualidade de medicamento **Q** é:

a) $t = \log \sqrt{\dfrac{15}{Q}}$
b) $t = \dfrac{\log 15}{2 \log Q}$
c) $t = 10 \sqrt{\log\left(\dfrac{Q}{15}\right)}$
d) $t = \dfrac{1}{2} \log \dfrac{Q}{15}$
e) $t = \log \dfrac{Q^2}{225}$

21. (IFCE) Seja (a, b) a solução do sistema linear
$\begin{cases} 2\log_2 x + \log_2 y = 5 \\ \log_2 x + 3\log_2 y = 10. \end{cases}$

O valor de a^b será igual a:

a) 2
b) 10
c) 16
d) 64
e) 256

22. (Udesc-SC) Considere $\log x = \dfrac{5}{2}$, $\log y = \dfrac{13}{5}$, $\log(y - x) = 1{,}913$ e $\log(x + y) = 2{,}854$. Com base nesses dados, analise as proposições.

I. $xy = 10^{\frac{51}{10}}$

II. $\log(y^2 - x^2) = 0{,}2$

III. $\log\left(\dfrac{x}{y} + 2 + \dfrac{y}{x}\right) = 0{,}608$

Assinale a alternativa correta.
a) Somente as afirmativas I e III são verdadeiras.
b) Somente as afirmativas I e II são verdadeiras.
c) Somente as afirmativas II e III são verdadeiras.
d) Somente a afirmativa I é verdadeira.
e) Todas as afirmativas são verdadeiras.

23. (Insper-SP) Uma pessoa irá escolher dois números reais positivos **A** e **B**. Para a maioria das possíveis escolhas, o logaritmo decimal da soma dos dois números escolhidos não será igual à soma de seus logaritmos decimais. Porém, se forem escolhidos os valores A = 4 e B = r, tal igualdade se verificará. Com essas informações, pode-se concluir que o número **r** pertence ao intervalo:
a) [1,0; 1,1]
b)]1,1; 1,2]
c)]1,2; 1,3]
d)]1,3; 1,4]
e)]1,4; 1,5]

24. (ITA-SP) Se os números reais **a** e **b** satisfazem, simultaneamente, as equações $\sqrt{a\sqrt{b}} = \dfrac{1}{2}$ e $\ln(a^2 + b) + \ln 8 = \ln 5$, um possível valor de $\dfrac{a}{b}$ é:
a) $\dfrac{\sqrt{2}}{2}$
b) 1
c) $\sqrt{2}$
d) 2
e) $3\sqrt{2}$

25. (Vunesp) No artigo "Desmatamento na Amazônia Brasileira: com que intensidade vem ocorrendo?", o pesquisador Philip M. Fearnside, do INPA, sugere como modelo matemático para o cálculo da área de desmatamento a função $D(t) = D(0) \cdot e^{k \cdot t}$ em que D(t) representa a área de desmatamento no instante **t**, sendo **t** medido em anos desde o instante inicial, D(0) a área de desmatamento no instante inicial t = 0, e **k** a taxa média anual de desmatamento da região. Admitindo que tal modelo seja representativo da realidade, que a taxa média anual de desmatamento (**k**) da Amazônia seja 0,6% e usando a aproximação $\ln 2 \simeq 0{,}69$, o número de anos necessários para que a área de desmatamento da Amazônia dobre seu valor, a partir de um instante inicial prefixado, é aproximadamente:
a) 51
b) 115
c) 15
d) 151
e) 11

26. (Uerj) Admita que a ordem de grandeza de uma medida **x** é uma potência de base 10, com expoente **n** inteiro, para $10^{n - \frac{1}{2}} \leq x \leq 10^{n + \frac{1}{2}}$.
Considere que um terremoto tenha liberado uma energia **E**, em joules, cujo valor numérico é tal que $\log_{10} E = 15{,}3$.
A ordem de grandeza de **E**, em joules, equivale a:
a) 10^{14}
b) 10^{15}
c) 10^{16}
d) 10^{17}

27. (FGV-SP) Estima-se que, daqui a **t** semanas, o número de pessoas de uma cidade que ficam conhecendo um novo produto seja dado por $N = \dfrac{20\,000}{1 + 19(0{,}5)^t}$.
Daqui a quantas semanas o número de pessoas que ficam conhecendo o produto quintuplica em relação ao número dos que conhecem hoje?

a) $\dfrac{\log 19 - \log 7}{1 - \log 5}$

b) $\dfrac{\log 19 - \log 6}{1 - \log 5}$

c) $\dfrac{\log 19 - \log 5}{1 - \log 5}$

d) $\dfrac{\log 19 - \log 4}{1 - \log 5}$

e) $\dfrac{\log 19 - \log 3}{1 - \log 5}$

28. (UPF-RS) Abaixo está representado o gráfico de uma função **f** definida em $\mathbb{R}_+^*$ por $f(x) = 1 - \log_3\left(\dfrac{x}{k}\right)$

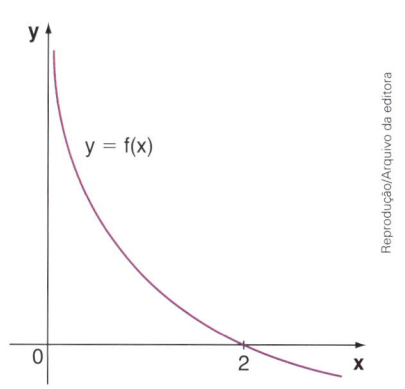

Tal como a figura sugere, 2 é um zero de **f**. O valor de **k** é:

a) -1

b) 2

c) $\dfrac{2}{3}$

d) $\dfrac{3}{2}$

e) 1

29. (UFPR) Considere o gráfico da função $f(x) = \log_2 x$ e a reta **r** que passa pelos pontos **A** e **B**, como indicado na figura a seguir, sendo **k** a abscissa do ponto em que a reta **r** intersecta o eixo 0x. Qual é o valor de **k**?

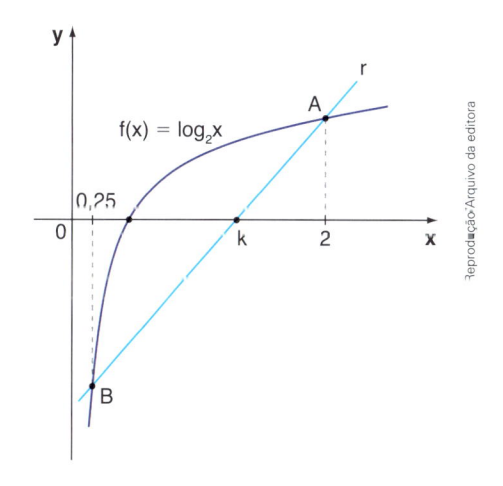

a) $\dfrac{17}{12}$

b) $\dfrac{14}{11}$

c) $\dfrac{12}{7}$

d) $\dfrac{11}{9}$

e) $\dfrac{7}{4}$

30. (Enem) Um engenheiro projetou um automóvel cujos vidros das portas dianteiras foram desenhados de forma que suas bordas superiores fossem representadas pela curva de equação $y = \log(x)$, conforme a figura.

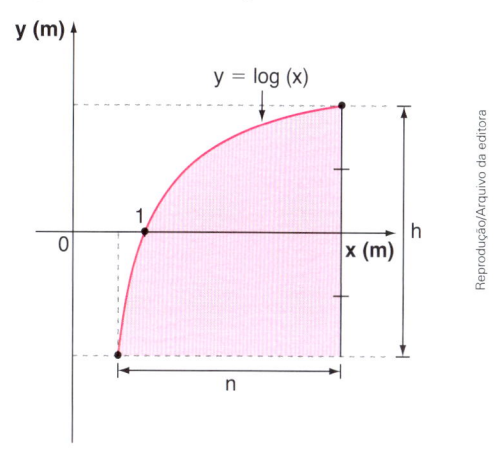

A forma do vidro foi concebida de modo que o eixo **x** sempre divida ao meio a altura **h** do vidro e a base do vidro seja paralela ao eixo **x**. Obedecendo a essas condições, o engenheiro determinou uma expressão que fornece a altura **h** do vidro em função da medida **n** de sua base, em metros.

A expressão algébrica que determina a altura do vidro é

a) $\log\left(\dfrac{n + \sqrt{n^2 + 4}}{2}\right) - \log\left(\dfrac{n - \sqrt{n^2 + 4}}{2}\right)$

b) $\log\left(1 + \dfrac{n}{2}\right) - \log\left(1 - \dfrac{n}{2}\right)$

c) $\log\left(1 + \dfrac{n}{2}\right) + \log\left(1 - \dfrac{n}{2}\right)$

d) $\log\left(\dfrac{n + \sqrt{n^2 + 4}}{2}\right)$

e) $2\log\left(\dfrac{n + \sqrt{n^2 + 4}}{2}\right)$

31. (Cefet-MG) O conjunto dos valores de $x \in \mathbb{R}$ para que $\log_{(1-2x)}(2 - x - x^2)$ exista como número real é:

a) $\{x \in \mathbb{R} \mid x < -2 \text{ ou } x > 1\}$

b) $\left\{x \in \mathbb{R}^* \mid -2 < x < \dfrac{1}{2}\right\}$

c) $\left\{x \in \mathbb{R} \mid x < -2 \text{ ou } x > \dfrac{1}{2}\right\}$

d) $\{x \in \mathbb{R} \mid -2 < x < 1\}$

e) $\left\{x \in \mathbb{R}^* \mid x < \dfrac{1}{2}\right\}$

(Insper-SP) Leia o texto a seguir para responder às questões de números 32 e 33:

O potencial biótico de uma população corresponde à sua capacidade potencial para aumentar seu número de indivíduos em condições ideais. Na natureza, entretanto, verifica-se que o tamanho das populações em comunidades estáveis não aumenta indefinidamente, sendo que, à medida que a população cresce, aumenta a resistência ambiental, reduzindo o potencial biótico. Isso ocorre até que se estabeleça um equilíbrio, como apresentado no esquema a seguir.

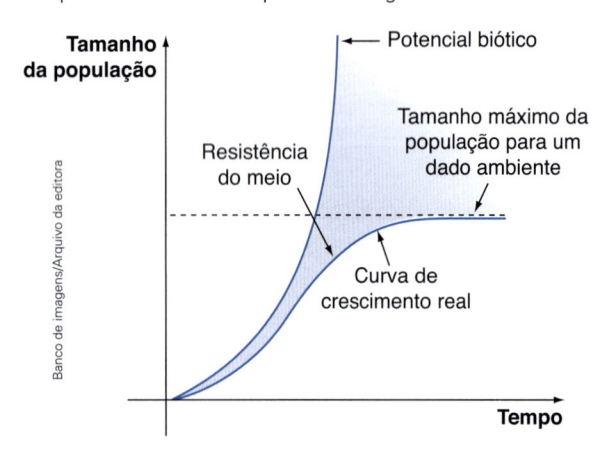

Considere uma população que se estabeleceu em uma área, inicialmente com 10 indivíduos, cujo crescimento foi analisado ao longo dos últimos 50 anos. Sejam P(t) o número de indivíduos dessa população, segundo o potencial biótico, após **t** anos do início da análise, e N(t) o número real de indivíduos da população após **t** anos da análise, descritos pelas seguintes funções:

$$P(t) = 10 \cdot e^{0,05 \cdot t} \text{ e } N(t) = 10 \cdot \frac{4}{1 + 3 \cdot e^{-0,05 \cdot t}}$$

32. O tempo necessário para que o número real de indivíduos seja o dobro do seu tamanho inicial excede o tempo estimado pelo potencial biótico para esse mesmo feito em

    Adote: $\ell n\, 2 = 0,7$ e $\ell n\, 3 = 1,1$

    a) 6 anos.
    b) 12 anos.
    c) 10 anos.
    d) 8 anos.
    e) 4 anos.

33. Utilizando $e^5 = 144$, pode-se afirmar que, atualmente, ou seja, 50 anos após o início da observação desse grupo, o número de indivíduos dessa população segundo a curva de crescimento real é igual a

    a) 24.
    b) 36.
    c) 32.
    d) 28.
    e) 72.

34. (Epcar-MG) No plano cartesiano, seja P(a, b) o ponto de interseção entre as curvas dadas pelas funções reais **f** e **g** definidas por $f(x) = \left(\frac{1}{2}\right)^x$ e $g(x) = \log_{\frac{1}{2}} x$.

    É correto afirmar que:

    a) $a = \log_2\left(\dfrac{1}{\log_2\left(\frac{1}{a}\right)}\right)$

    b) $a = \log_2(\log_2 a)$

    c) $a = \log_{\frac{1}{2}}\left(\log_{\frac{1}{2}}\left(\frac{1}{a}\right)\right)$

    d) $a = \log_2\left(\log_{\frac{1}{2}} a\right)$

35. (EsPCEx-SP) Na figura abaixo, está representado o gráfico da função y = log x.

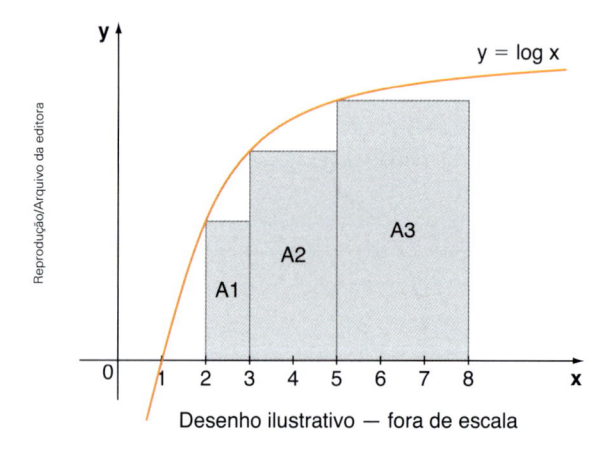

    Nessa representação, estão destacados três retângulos cuja soma das áreas é igual a:

    a) log 2 + log 3 + log 5
    b) log 30
    c) 1 + log 30
    d) 1 + 2 log 15
    e) 1 + 2 log 30

36. (Insper-SP) O número de soluções reais da equação $\log_x (x + 3) + \log_x (x - 2) = 2$ é:
a) 0
b) 1
c) 2
d) 3
e) 4

37. (Uerj) Um pesquisador, interessado em estudar uma determinada espécie de cobras, verificou que, numa amostra de trezentas cobras, suas massas **M**, em gramas, eram proporcionais ao cubo de seus comprimentos **L**, em metros, ou seja, $M = a \cdot L^3$, em que **a** é uma constante positiva. Observe os gráficos a seguir.

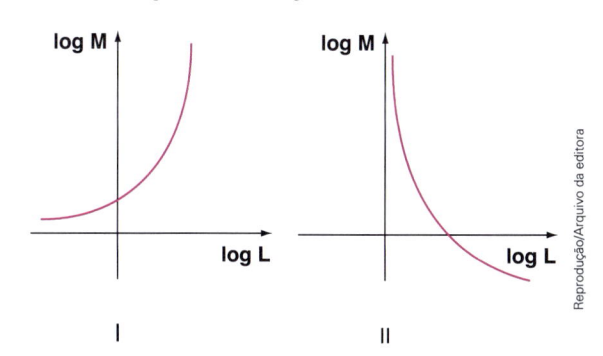

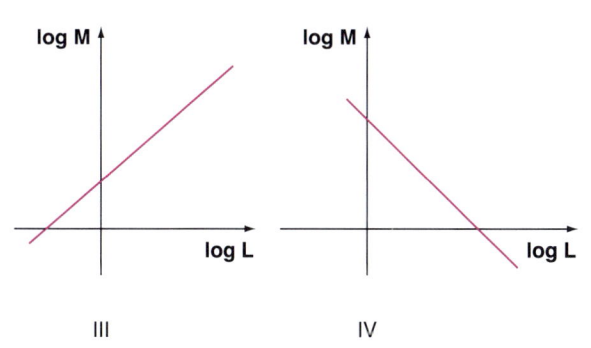

Aquele que melhor representa log M em função de log L é o indicado pelo número:
a) I
b) II
c) III
d) IV

38. (Unicamp-SP) Uma barra cilíndrica é aquecida a uma temperatura de 740 °C. Em seguida, é exposta a uma corrente de ar a 40 °C. Sabe-se que a temperatura no centro do cilindro varia de acordo com a função

$$T(t) = (T_0 - T_{ar}) \cdot 10^{\frac{-t}{12}} + T_{ar}$$

sendo **t** o tempo em minutos, T_0 a temperatura inicial e T_{ar} a temperatura do ar. Com essa função, concluímos que o tempo requerido para que a temperatura no centro atinja 140 °C é dado pela seguinte expressão, com o log na base 10:

a) $12[\log (7) - 1]$ minutos.
b) $12[1 - \log (7)]$ minutos.
c) $12 \log (7)$ minutos.
d) $\dfrac{[1 - \log (7)]}{12}$ minutos.

39. (Enem) Em setembro de 1987, Goiânia foi palco do maior acidente radioativo ocorrido no Brasil, quando uma amostra de césio-137, removida de um aparelho de radioterapia abandonado, foi manipulada inadvertidamente por parte da população. A meia-vida de um material radioativo é o tempo necessário para que a massa desse material se reduza à metade. A meia-vida do césio-137 é 30 anos e a quantidade restante de massa de um material radioativo, após **t** anos, é calculada pela expressão $M(t) = A \cdot (2,7)^{kt}$, onde **A** é a massa inicial e **k** é uma constante negativa.

Considere 0,3 como aproximação para $\log_{10} 2$.

Qual o tempo necessário, em anos, para que uma quantidade de massa do césio-137 se reduza a 10% da quantidade inicial?

a) 27
b) 36
c) 50
d) 54
e) 100

40. (UFJF-MG) Sejam **a**, **b**, **c** e **d** números reais positivos, tais que $\log_b a = 5$, $\log_b c = 2$ e $\log_b d = 3$. O valor da expressão $\log_c \dfrac{a^2 b^5}{d^3}$ é igual a:

a) 1
b) 2
c) 3
d) 4
e) 0

CAPÍTULO 9

Complemento sobre funções

// O número de CPF (Cadastro de Pessoas Físicas), mantido pela Receita Federal do Brasil, é único para cada indivíduo, ou seja, duas pessoas não podem ter o mesmo número. Portanto, a função cujo domínio são os inscritos nesse cadastro e seu contradomínio são os possíveis números de CPF é uma função injetora.

Uma função pode ser classificada como sobrejetora, injetora ou bijetora ou nenhuma dessas categorias.

Funções sobrejetoras

Vamos observar as três funções a seguir.

- Função **f** de A = {−1, 0, 1, 2} em B = {1, 2, 5}, definida pela lei $f(x) = x^2 + 1$. Para todo elemento **y** de **B**, existe um elemento **x** de **A** tal que $y = x^2 + 1$. Todo elemento do contradomínio é imagem de pelo menos um elemento do domínio.

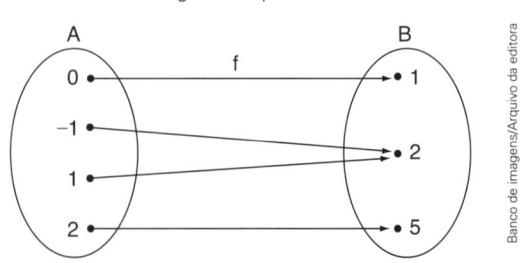

- Função **f** de ℝ em ℝ₊, definida pela lei f(x) = x².
  Para todo elemento **y** de ℝ₊, existe x ∈ ℝ tal que y = x², bastando tomar x = +√y ou x = −√y.
  Para todo elemento **y** de ℝ₊, a reta paralela ao eixo das abscissas traçada por (0, y) intersecta o gráfico de **f**.

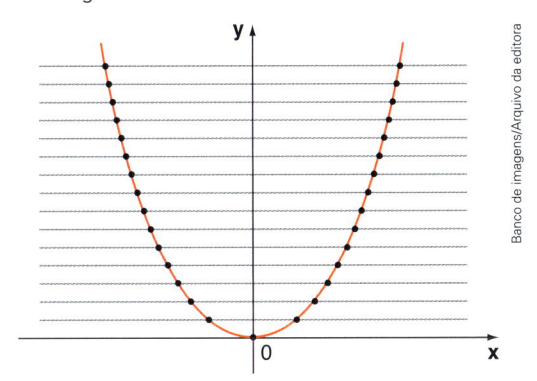

- Função **f** de ℝ* em ℝ*, definida pela lei $f(x) = \dfrac{1}{x}$.

  Para todo elemento **y** de ℝ*, existe um elemento **x** de ℝ* tal que $y = \dfrac{1}{x}$, bastando tomar $x = \dfrac{1}{y}$.

  Para todo elemento **y** de ℝ*, a reta paralela ao eixo das abscissas traçada por (0, y) intersecta o gráfico de **f**.

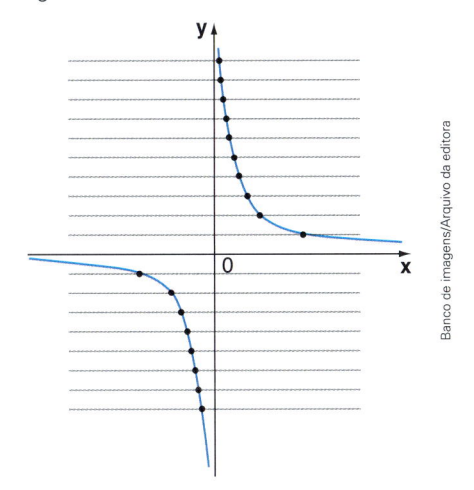

Essas três funções são exemplos de funções sobrejetoras.

> Uma função f: A → B é **sobrejetora** quando, para todo **y** pertencente a **B**, existe ao menos um **x** pertencente a **A** tal que f(x) = y.
>
> Se f: A → B é sobrejetora, ocorre Im (f) = B.

Funções injetoras

Vamos observar as três funções a seguir.
- Função **f** de A = {0, 1, 2, 3} em B = {1, 3, 5, 7, 9}, definida pela lei f(x) = 2x + 1. Dois elementos distintos de **A** têm como imagem dois elementos distintos de **B**.

Não existem dois elementos distintos de **A** com a mesma imagem em **B**.

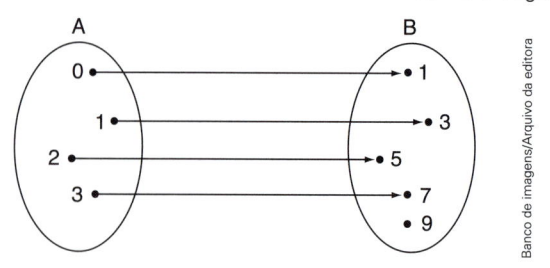

- Função **f** de ℝ em ℝ, definida pela lei f(x) = 3x.

  Quaisquer que sejam **x**₁ e **x**₂ de ℝ, se $x_1 \neq x_2$, temos $3x_1 \neq 3x_2$, ou seja, $f(x_1) \neq f(x_2)$.

  Para todo elemento **y** de ℝ, a reta paralela ao eixo das abscissas traçada por (0, y) intersecta o gráfico de **f** uma única vez.

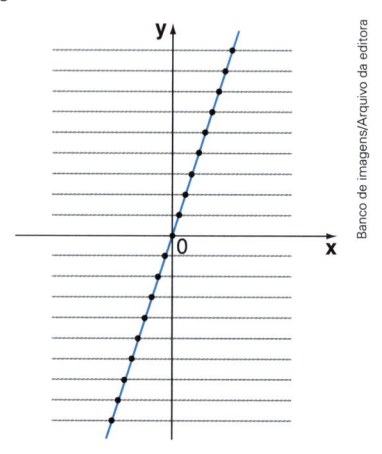

- Função **f** de ℝ* em ℝ*, definida pela lei $f(x) = \frac{1}{x}$.

  Quaisquer que sejam **x**₁ e **x**₂ de ℝ*, se $x_1 \neq x_2$, temos $\frac{1}{x_1} \neq \frac{1}{x_2}$, ou seja, $f(x_1) \neq f(x_2)$.

  Para todo elemento **y** de ℝ*, a reta paralela ao eixo das abscissas traçada por (0, y) intersecta o gráfico de **f** uma única vez.

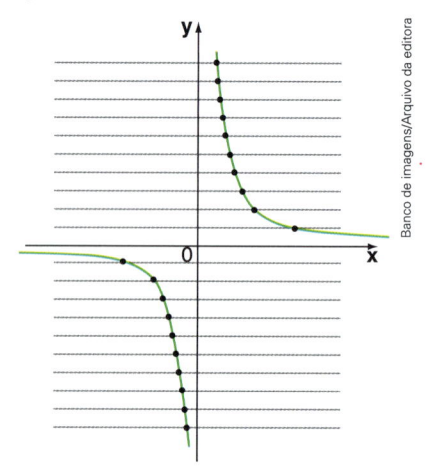

Essas três funções são exemplos de funções injetoras.

> Uma função f: A → B é **injetora** se, para todo **x**₁ e **x**₂ pertencentes a **A**, se $x_1 \neq x_2$, então $f(x_1) \neq f(x_2)$.

Funções bijetoras

Neste capítulo, estudamos até aqui funções injetoras e funções sobrejetoras. Agora, vamos estudar funções bijetoras.

> Uma função f: A → B é **bijetora** se **f** é sobrejetora e injetora.

São exemplos de funções bijetoras:

- f: A → B dada por f(x) = x + 2, sendo A = {−1, 0, 1, 2} e B = {1, 2, 3, 4};

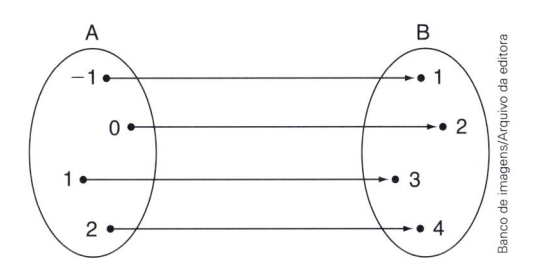

- f: $\mathbb{R}$ → $\mathbb{R}$ tal que f(x) = 2x;

- f: $\mathbb{R}^*$ → $\mathbb{R}^*$ definida por f(x) = $\frac{1}{x}$ (reveja o 3º exemplo dos itens anteriores).

OBSERVAÇÃO

Há funções que não se enquadram em nenhuma dessas três categorias (injetora, sobrejetora ou bijetora). Um exemplo é a função f: $\mathbb{R}$ → $\mathbb{R}$, definida por f(x) = $x^2 - 2x$, cujo gráfico está representado abaixo:

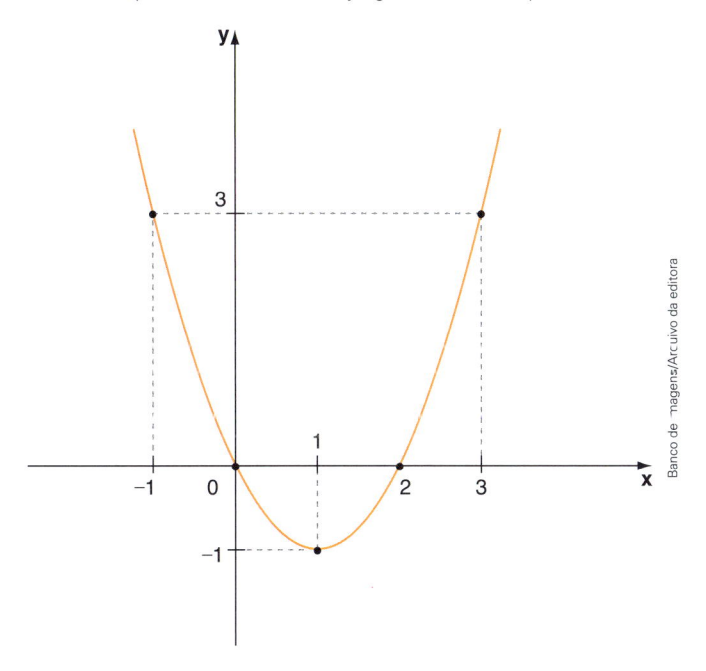

Note que:
- **f** não é injetora (por exemplo, y = 3 é imagem de x = −1 e de x = 3; em geral, todo y > −1 é imagem de dois valores distintos do domínio);
- **f** não é sobrejetora, pois Im (f) = [−1, +∞[e o contradomínio de **f** é $\mathbb{R}$; se y < −1, não existe x ∈ $\mathbb{R}$ tal que y = f(x).

Exercícios

Responda aos exercícios 1 a 9 conforme o código seguinte:
- S: se a função for somente sobrejetora;
- I: se a função for somente injetora;
- B: se a função for bijetora;
- O: se a função não for injetora nem sobrejetora.

1. $f: \{-2, -1, 0, 1, 2\} \to \{0, 1, 4\}$, definida por $f(x) = x^2$.

2. $f: \{0, 1, 2, 3\} \to \{5, 3, 1, 7\}$, definida por $f(x) = 2x + 1$.

3. $f: \{-1, 0, 1, 2\} \to \{0, 1, 2, 3, 4, 5\}$, definida por $f(x) = x + 1$.

4. $f: \{-1, 0, 1, 2\} \to \{-1, 0, 1, 2\}$, definida por $f(x) = |x|$.

5. $f: \mathbb{R} \to \mathbb{R}$, definida por $f(x) = -3x + 5$.

6. $f: \mathbb{R} \to \mathbb{R}_+$, definida por $f(x) = x^2$.

7. $f: \mathbb{N} \to \mathbb{N}$, definida por $f(x) = 3x + 5$.

8. $f: \mathbb{Z} \to \mathbb{Z}$, definida por $f(x) = x - 5$.

9. $f: \mathbb{R} \to \mathbb{R}$, definida por $f(x) = x^2 - 2x + 4$.

10. Em cada caso, seja $f: \mathbb{R} \to \mathbb{R}$. Dos gráficos a seguir, quais representam funções injetoras?

a)

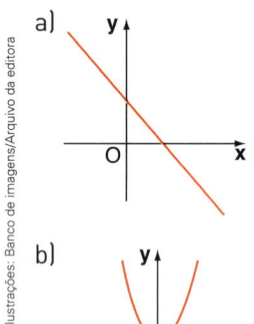

b)

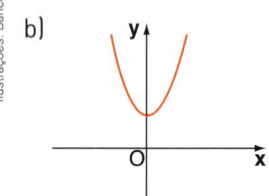

c)

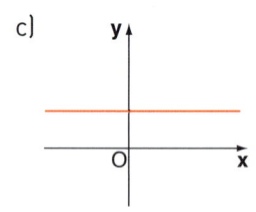

d)

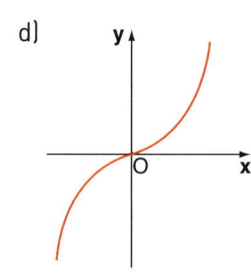

e)

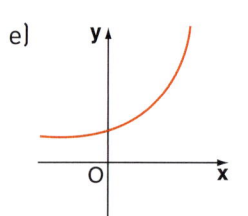

f)

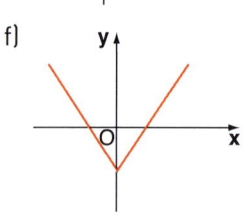

11. Verifique, em cada caso, se a função representada pelo gráfico é sobrejetora. Em caso afirmativo, verifique se ela também é bijetora.

a) $f: \mathbb{R} \to \mathbb{R}_+$

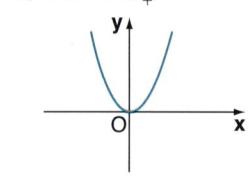

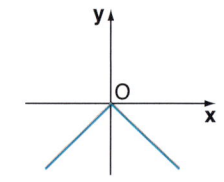

b) $f: \mathbb{R} \to \mathbb{R}$

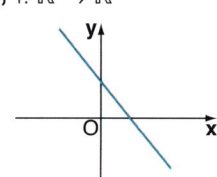

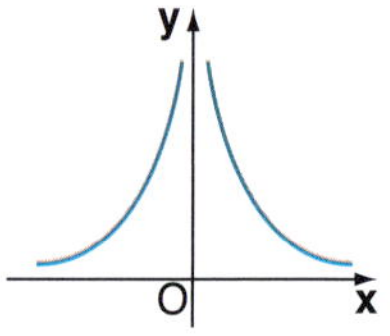

c) $f: \mathbb{R}_+ \to \mathbb{R}_+$

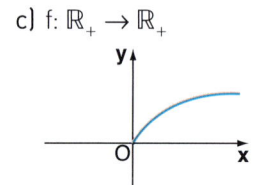

d) $f: \mathbb{R} \to \mathbb{R}_-$

e) $f: \mathbb{R}^* \to \mathbb{R}^*$

f) $f: \mathbb{R} \to \mathbb{R}_+$

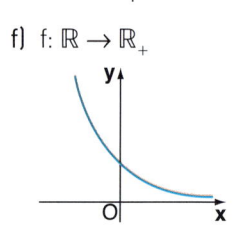

12. Seja $f: \mathbb{N} \to \mathbb{N}$ a função que associa a cada número natural o seu sucessor.
   a) **f** é injetora?
   b) **f** é sobrejetora?
   c) **f** é bijetora?

13. Seja $f: [-1, 2] \to B \subset \mathbb{R}$ uma função definida pela lei $f(x) = 2x + 1$.
   a) Construa o gráfico de **f**.
   b) Determine $B \subset \mathbb{R}$ de modo que **f** seja bijetora.

14. Seja $f: \mathbb{R} \to [-1, +\infty[$ definida por
$$f(x) = \begin{cases} 1 - x, & \text{se } x \leq 2 \\ 2x - 5, & \text{se } x > 2 \end{cases}.$$
   a) Construa o gráfico de **f**.
   b) **f** é injetora? **f** é sobrejetora? **f** é bijetora?

Função inversa
Introdução

- Observemos ao lado a representação da função **f** de A = {1, 2, 3, 4} em B = {1, 3, 5, 7}, definida pela lei y = 2x − 1. Notemos que **f** é bijetora, pois é injetora e também sobrejetora.

  Como todo elemento de **B** é o correspondente de um único elemento de **A**, vamos "trocar os conjuntos de posição" e associar cada elemento de **B** ao seu correspondente de **A**. Teremos, dessa forma, construído uma função denominada **função inversa de f**, indicada pelo símbolo f^{-1}.

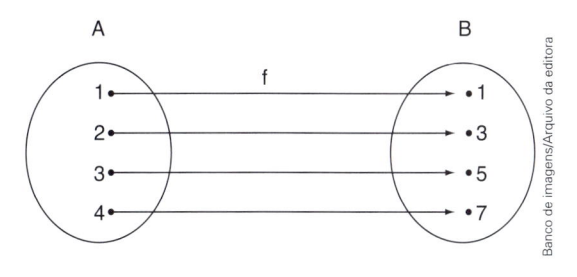

  Veja a seguir a representação dessa função.

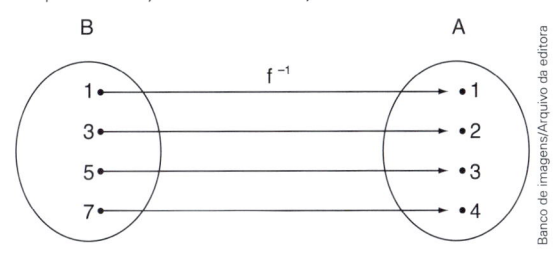

  A lei que define a inversa da função **f** é $f^{-1}(x) = \dfrac{x+1}{2}$. (Logo adiante veremos um processo que nos permite encontrar a lei de f^{-1}.)

  Observe que:

  $f^{-1}(1) = \dfrac{1+1}{2} = 1$; $f^{-1}(3) = \dfrac{3+1}{2} = 2$; $f^{-1}(5) = \dfrac{5+1}{2} = 3$ e $f^{-1}(7) = \dfrac{7+1}{2} = 4$.

  Notemos que f^{-1} também é bijetora, Dm (f^{-1}) = B e Im (f^{-1}) = A.

- Considere agora a função g: $\mathbb{R} \to \mathbb{R}_+^*$ definida por $g(x) = 2^x$; **g** é bijetora, pois é injetora ($x_1 \neq x_2 \Rightarrow 2^{x_1} \neq 2^{x_2}$) e sobrejetora (Im (g) = $\mathbb{R}_+^*$).

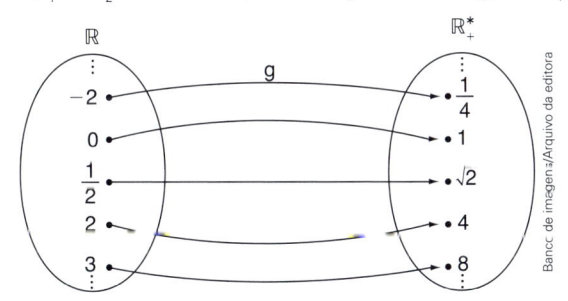

Vamos "construir" a função inversa de **g**. "Invertendo" a posição dos conjuntos, temos:

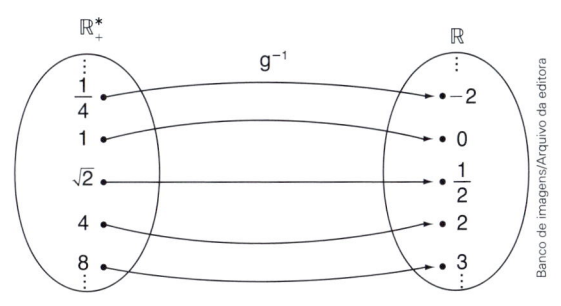

Como vimos no capítulo anterior, se um par ordenado (a, b) pertence à função exponencial, o par ordenado (b, a) pertence à função logarítmica de mesma base da exponencial. Desse modo, temos:

$$g^{-1}(x) = \log_2 x$$

Observe que:

$$g^{-1}\left(\frac{1}{4}\right) = \log_2 \frac{1}{4} = -2;\ g^{-1}(1) = \log_2 1 = 0;\ g^{-1}(\sqrt{2}) = \log_2 \sqrt{2} = \frac{1}{2};$$

$g^{-1}(8) = \log_2 8 = 3$, e assim por diante.

Notemos que g^{-1} também é bijetora, com Dm $(g^{-1}) = \mathbb{R}_+^*$ e Im $(g^{-1}) = \mathbb{R}$.

Definição

> Seja f: A → B uma função bijetora.
> A função f^{-1}: B → A tal que f(a) = b ⇔ f^{-1}(b) = a, com a ∈ A e b ∈ B, é chamada **inversa de f**.
> Nesse caso, dizemos que **f** é inversível.

Nos exemplos seguintes, vamos analisar se uma função é ou não inversível. Em caso afirmativo, apresentaremos um processo para determinar a lei que define a inversa e também vamos estudar a relação existente entre os gráficos de **f** e de f^{-1}.

Para a construção de gráficos é importante notarmos que, se **f** é inversível e um par (a, b) pertence à função **f**, então o par (b, a) pertence a f^{-1}. Consequentemente, cada ponto (b, a) do gráfico de f^{-1} é simétrico de um ponto (a, b) do gráfico de **f** em relação à bissetriz do 1º e do 3º quadrantes do plano cartesiano. Acompanhe a seguir uma justificativa para esse fato, considerando, sem perda de generalidade, um ponto P(a, b) do 1º quadrante, isto é, a > 0 e b > 0, com a > b.

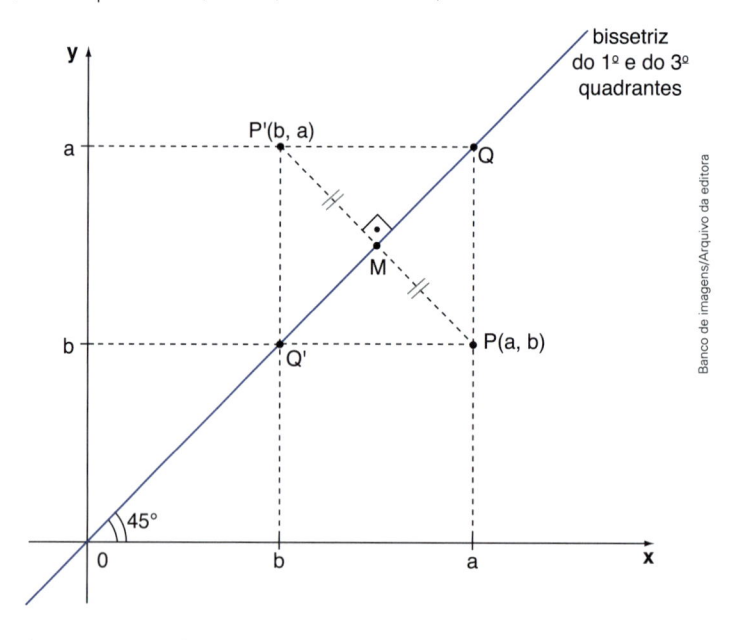

O quadrilátero PQP'Q' é um quadrado cujo lado mede a − b. Como sabemos, as diagonais de um quadrado são perpendiculares e intersectam-se em seus pontos médios (veja o ponto **M** da figura). Assim PM = P'M e P' é o simétrico de **P** em relação à bissetriz.

Desse modo, o gráfico de f^{-1} é simétrico do gráfico de **f** em relação à bissetriz do 1º e do 3º quadrantes.

Inversas de algumas funções

EXEMPLO 1

Vejamos agora como verificar se a função f: ℝ → ℝ dada pela fórmula y = 3x + 4 é inversível, como determinar a inversa de **f** e como construir os gráficos de ambas as funções.

Sendo **f** uma função afim, o seu gráfico é uma reta $\overrightarrow{PQ}$ cujos pontos podem ser obtidos atribuindo-se valores a **x** e calculando-se os correspondentes valores de **y**. Por exemplo:

x	y	(x, y)
0	4	P(0, 4)
−1	1	A(−1, 1)
$-\frac{4}{3}$	0	$Q\left(-\frac{4}{3}, 0\right)$
−2	−2	B(−2, −2)

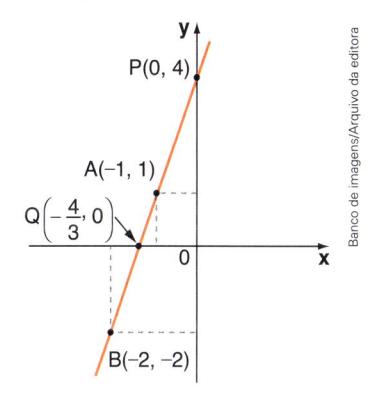

Podemos notar nesse gráfico que, para cada valor real de **y**, existe em correspondência um único valor de **x**. Observe que, para todo y ∈ ℝ, a reta paralela ao eixo **x** traçada pelo ponto (0, y) intersecta o gráfico de **f** uma única vez (**f** é injetora); além disso, Im (f) = ℝ (**f** é sobrejetora). Assim, **f** é bijetora e, portanto, **f** é inversível.

Agora vamos determinar a fórmula que define f^{-1}. A partir da fórmula y = 3x + 4, que define **f**, vamos expressar **x** em função de **y**:

$$y = 3x + 4 \Rightarrow 3x = y - 4 \Rightarrow x = \frac{y - 4}{3} \quad \text{✱}$$

Em geral, quando se vai representar no plano cartesiano o gráfico de uma função, a variável **x** é indicada no eixo das abscissas e a variável **y** (cujos valores variam de acordo com **x**), no eixo das ordenadas.

Assim, vamos permutar as variáveis **x** e **y** em ✱, para obter a lei de f^{-1}:

$$y = \frac{x - 4}{3} \text{ ou } f^{-1}(x) = \frac{x - 4}{3}$$

Vamos construir o gráfico de f^{-1}.

Se um par (a, b) pertence a **f**, o par (b, a) pertence a f^{-1}. Assim, na tabela de f^{-1}, temos:

x	y	(x, y)
4	0	P'(4, 0)
1	−1	A'(1, −1)
0	$-\frac{4}{3}$	$Q'\left(0, -\frac{4}{3}\right)$
−2	−2	B'(−2, −2)

Esse gráfico é simétrico ao gráfico de **f**, em relação à bissetriz do 1º e do 3º quadrantes. Dessa forma, o gráfico de f^{-1} é a reta verde representada ao lado.

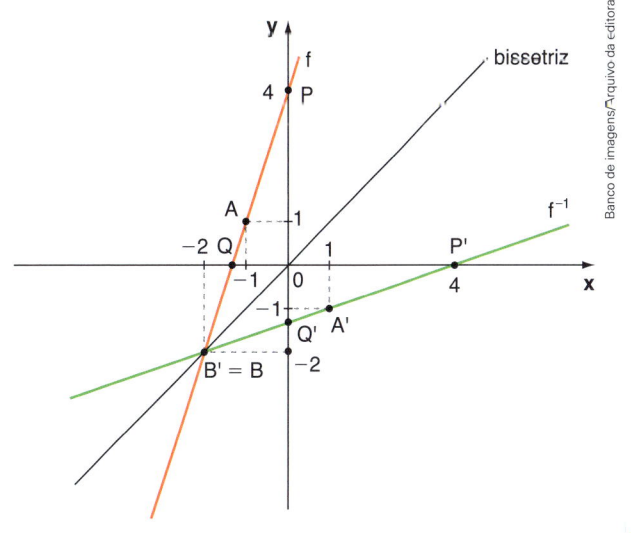

EXEMPLO 2

Vejamos como verificar se a função f: $\mathbb{R}_+ \to \mathbb{R}_+$ dada pela fórmula $y = x^2$ é bijetora, como obter sua inversa f^{-1} e como construir os gráficos de **f** e f^{-1}. Sendo **f** uma função quadrática com domínio restrito a $\mathbb{R}_+$, seu gráfico é um arco de parábola cujos pontos podem ser obtidos atribuindo-se valores a **x** e calculando os correspondentes valores de **y**.

x	y	(x, y)
0	0	A(0, 0)
1	1	B(1, 1)
2	4	C(2, 4)
3	9	D(3, 9)

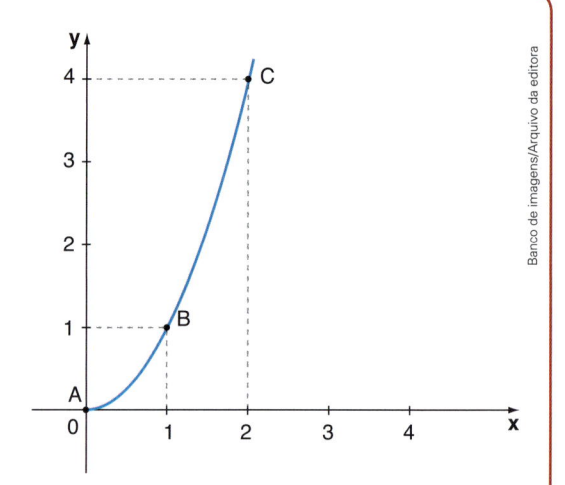

Podemos notar nesse gráfico que, para cada valor não negativo de **y**, existe um único valor correspondente de **x**, então **f** é injetora. Além disso, Im (f) = $\mathbb{R}_+$; então **f** é sobrejetora. Assim, **f** é bijetora e, portanto, **f** é inversível.

Partindo da lei usada para definir **f**, temos:

$$y = x^2 \stackrel{x \geq 0}{\Rightarrow} \sqrt{y} = x$$

Permutando as variáveis **x** e **y** nessa última igualdade, resulta $\sqrt{x} = y$. Dessa forma, a lei que define f^{-1} é $y = \sqrt{x}$ ou $f^{-1}(x) = \sqrt{x}$.

Vamos agora construir o gráfico de f^{-1}.

Se um par (a, b) pertence ao gráfico de **f**, o par (b, a) pertence ao gráfico de f^{-1}. Assim, na tabela de f^{-1}, temos:

x	y	(x, y)
0	0	A'(0, 0)
1	1	B'(1, 1)
4	2	C'(4, 2)
9	3	D'(9, 3)

O gráfico de f^{-1} é simétrico do gráfico de **f** em relação à bissetriz do 1º e do 3º quadrantes.

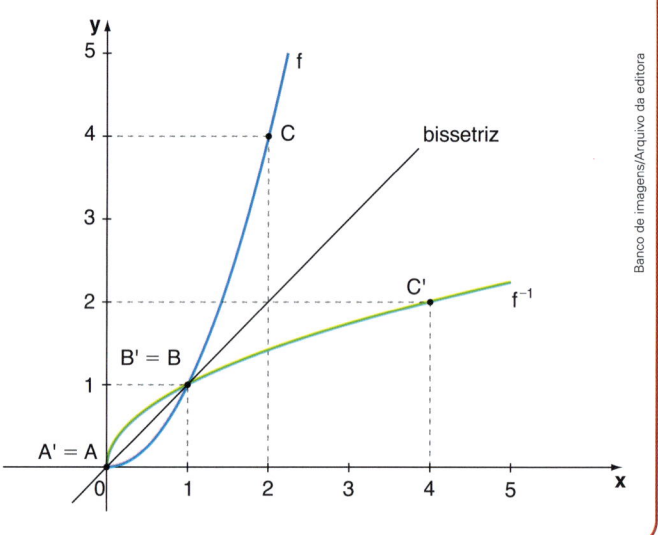

Exercícios

15. Sejam A = {0, 1, 2, 3} e B = {3, 5, 7, 9} e f: A → B, definida por f(x) = 2x + 3. Verifique se **f** é inversível e, em caso afirmativo, encontre a lei que define f^{-1}.

16. Sejam A = {−1, 0, 1} e B = {0, 1} e f: A → B, definida por $f(x) = x^2$.
   a) **f** é sobrejetora?   b) **f** é injetora?   c) **f** é inversível?

17. Sejam A = $\left\{1, \dfrac{1}{2}, \dfrac{1}{3}, \dfrac{1}{4}\right\}$ e B = {1, 2, 3, 4} e f: A → B, definida por $f(x) = \dfrac{1}{x}$. Verifique se **f** é inversível e, em caso afirmativo, encontre a lei que define f^{-1}.

18. Seja f: A → B a função que associa a cada x ∈ A o seu triplo em B, isto é, f(x) = 3x.
Verifique, em cada caso, se **f** é inversível:
a) A = B = ℕ
b) A = B = ℤ
c) A = B = ℚ

19. Seja f: ℝ → ℝ definida por f(x) = −3x + 6. Essa função é inversível? Em caso afirmativo, determine a lei que define f^{-1}.

20. O gráfico da função **f** e o de sua inversa **g** estão representados ao lado. Sabendo que **f** é definida pela lei f(x) = 1 + 2^x, determine:
a) o domínio e o conjunto imagem de **f**;
b) a lei da função **g**;
c) o domínio e o conjunto imagem de **g**;
d) o valor de g(5).

21. Seja f: ℝ → ℝ, definida por f(x) = −2x + 1.
a) Qual é a lei que define f^{-1}?
b) Represente, no mesmo plano cartesiano, os gráficos de **f** e f^{-1}.

22. Seja f: ℝ → ℝ uma função de 1º grau dada pela lei f(x) = 2x + a, sendo **a** uma constante real. Qual é o valor de f(3) sabendo-se que $f^{-1}(9) = 7$?

23. Em cada caso, **f** é uma função definida de ℝ em ℝ. Obtenha a lei que define f^{-1}:

a) $f(x) = \dfrac{4x - 3}{5}$ b) $f(x) = x^3$ c) $f(x) = \dfrac{1 - 2x}{3}$

24. No gráfico seguinte estão representadas as funções **f** e f^{-1}, definidas de ℝ em ℝ.

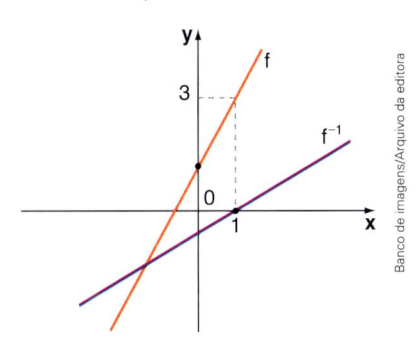

a) Qual é a lei que define cada uma dessas funções?
b) Em que ponto as retas se intersectam?

25. Seja f: A → B, definida pela lei f(x) = 10^x. Em cada caso, verifique se **f** é inversível; se não, explique o porquê.
a) A = ℝ e B = ℝ
b) A = ℝ e B = $ℝ_+^*$

26. Seja f: $ℝ_+$ → [2, +∞[a função definida por y = x^2 + 2.
a) Explique por que **f** é inversível e obtenha a lei que define sua inversa f^{-1}.
b) Qual é o domínio de f^{-1}?
c) Determine a ∈ ℝ, sabendo que $f^{-1}(a) = \dfrac{1}{2}$.
d) Represente **f** e f^{-1} em um mesmo plano cartesiano.

Composição de funções
Introdução

EXEMPLO 3

Sejam f: A = {−1, 0, 1, 2} → B = {−1, 0, 1, 2, 3, 4} dada por f(x) = x^2 e
g: C = {−1, 0, 1, 3, 4} → D = {0, 1, 2, 3, 4, 5} dada por g(x) = x + 1.

Vejamos o esquema:

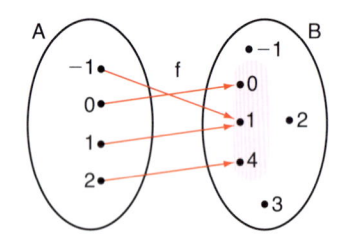

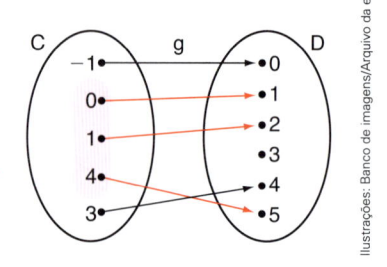

Observe que o conjunto imagem de **f** é {0, 1, 4}, que está contido no domínio da função **g**, que é {−1, 0, 1, 3, 4}. Seguindo as flechas em vermelho a partir de **A**, temos:

$$-1 \xrightarrow{f} 1 \xrightarrow{g} 2$$
$$0 \xrightarrow{f} 0 \xrightarrow{g} 1$$
$$1 \xrightarrow{f} 1 \xrightarrow{g} 2$$
$$2 \xrightarrow{f} 4 \xrightarrow{g} 5$$

elementos de **A** — elementos de **D**

Assim, para cada elemento de **A** existe um único correspondente em **D**; podemos definir, então, uma função **h** de **A** em **D** tal que

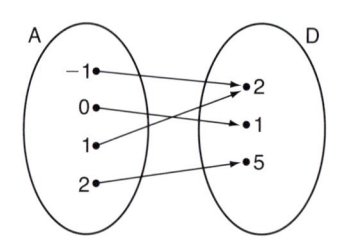

h(−1) = 2; h(0) = 1; h(1) = 2 e h(2) = 5.

Essa função **h** é denominada função composta de **g** com **f**, nesta ordem, e indicada com a notação g ∘ f, que se lê: "**g** composta com **f**" ou "**g** círculo **f**" ou "**g** bola **f**".

Note que, se h = g ∘ f, então h(x) = (g ∘ f)(x) = g(f(x)). Confira nos exemplos dados:

- h(−1) = g(f(−1)) = g(1) = 2
- h(0) = g(f(0)) = g(0) = 1
- h(1) = g(f(1)) = g(1) = 2
- h(2) = g(f(2)) = g(4) = 5

Também é possível estabelecer a lei que define **h**:

$$h(x) = g(f(x)) = g(x^2) = x^2 + 1$$

EXEMPLO 4

Sejam os conjuntos A = {−1, 0, 1, 2}, B = {0, 1, 2, 3, 4} e C = {1, 3, 5, 7, 9, 10}. f: A → B, definida pela lei f(x) = x^2, e g: B → C, definida pela lei g(x) = 2x + 1. Observemos o esquema abaixo:

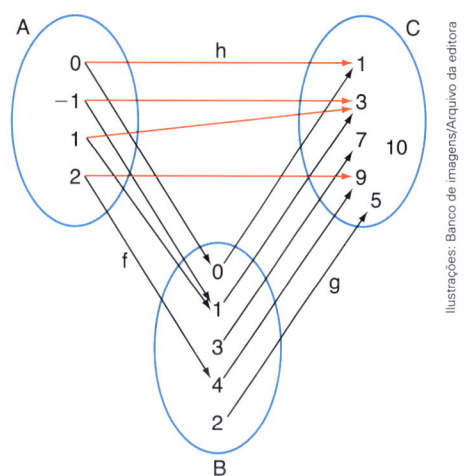

Observe que Im (f) = {0, 1, 4} ⊂ B, que é o domínio da função **g**.
Seguindo as flechas em preto a partir de **A**, temos:

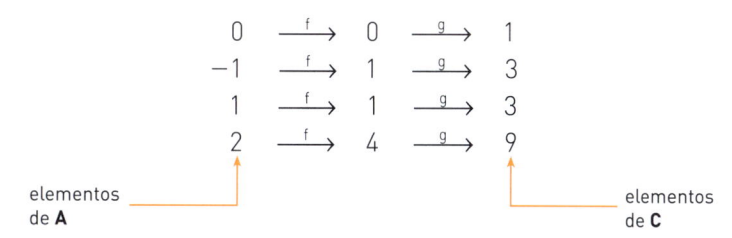

$$0 \xrightarrow{f} 0 \xrightarrow{g} 1$$
$$-1 \xrightarrow{f} 1 \xrightarrow{g} 3$$
$$1 \xrightarrow{f} 1 \xrightarrow{g} 3$$
$$2 \xrightarrow{f} 4 \xrightarrow{g} 9$$

elementos de **A**   elementos de **C**

Assim, para cada elemento de **A** existe um único correspondente em **C**; portanto, fica definida uma função **h** de **A** em **C** (veja as flechas em vermelho). Temos: h: A → C, h = g ∘ f, isto é, h(x) = g(f(x)). Assim:

- h(0) = g(f(0)) = g(0) = 1
- h(1) = g(f(1)) = g(1) = 3
- h(−1) = g(f(−1)) = g(1) = 3
- h(2) = g(f(2)) = g(4) = 9

Observe, nesse caso, que a lei da função h = g ∘ f é (g ∘ f)(x) = g(f(x)) = g(x^2) = $2x^2$ + 1.

Definição

Sejam f: A → B e g: C → D duas funções tais que o conjunto imagem de **f** está contido em **C** (domínio da função **g**). Chama-se **função composta de g com f** a função de **A** em **D** indicada por g ∘ f e definida por (g ∘ f)(x) = g(f(x)), para todo x ∈ A.

Observe que a imagem de cada x ∈ A é obtida pelo seguinte procedimento:

1º) aplica-se a **x** a função **f**, obtendo-se f(x);

2º) aplica-se a f(x) a função **g**, obtendo-se g(f(x)).

Note que só podemos definir g ∘ f quando o conjunto imagem de **f** está contido no domínio de **g**. Em particular, pode ocorrer que o conjunto imagem de **f** e o domínio de **g** sejam iguais, como ilustra o diagrama ao lado.

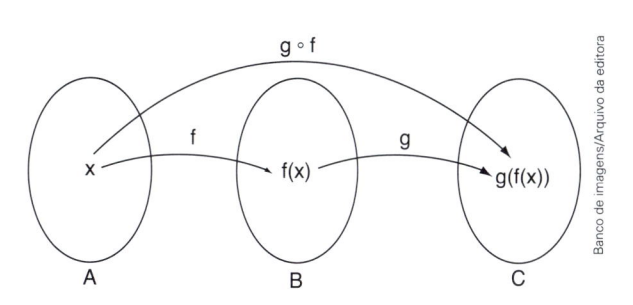

CAPÍTULO 9 | COMPLEMENTO SOBRE FUNÇÕES

EXEMPLO 5

Se **f** e **g** são funções de $\mathbb{R}$ em $\mathbb{R}$ definidas por $f(x) = 2x$ e $g(x) = -3x$, então a composta de **g** com **f** é dada pela lei:

$$g(f(x)) = g(2x) = -3 \cdot (2x) = -6x \text{ ou } (g \circ f)(x) = -6x$$

Observe, por exemplo, que:

- $(g \circ f)(-1) = g(f(-1)) = g(-2) = -3 \cdot (-2) = 6$; ou, usando diretamente a lei obtida acima, temos
$$(g \circ f)(-1) = -6 \cdot (-1) = 6$$

- $(g \circ f)\left(\dfrac{1}{2}\right) = g\left(f\left(\dfrac{1}{2}\right)\right) = g(1) = -3 \cdot 1 = -3$; ou, usando diretamente a lei, temos
$$(g \circ f)\left(\dfrac{1}{2}\right) = -6 \cdot \dfrac{1}{2} = -3$$

Nesse exemplo, note que Im (f) = $\mathbb{R}$ = Dm (g).

EXEMPLO 6

Se **f** e **g** são funções de $\mathbb{R}$ em $\mathbb{R}$ definidas por $f(x) = x^2$ e $g(x) = 3x$, então a composta de **g** com **f** é dada pela lei:

$$g(f(x)) = g(x^2) = 3 \cdot x^2$$

Observe, nesse caso, que:
Im (f) = $\mathbb{R}_+$ \qquad Dm (g) = $\mathbb{R}$ \qquad Im (f) $\subset$ Dm (g)

EXEMPLO 7

Se $f: \mathbb{R} \to \mathbb{R}$ é tal que $f(x) = x + 2$ e $g: \mathbb{R} \to \mathbb{R}$ é definida por $g(x) = x^2$, as leis que definem as funções $g \circ f$ e $f \circ g$ são:
$g(f(x)) = g(x + 2) = (x + 2)^2 = x^2 + 4x + 4$ \quad e \quad $f(g(x)) = f(x^2) = x^2 + 2$
Note que as leis das funções $g \circ f$ e $f \circ g$ são diferentes.

Exercícios

27. Em cada item, verifique se é possível definir a função $g \circ f$; em caso afirmativo, obtenha a lei que a define:
 a) $f: \{-2, -1, 0, 1, 2\} \to \{0, 1, 2, 3\}$ tal que $f(x) = |x|$
    $g: \{-1, 0, 1, 2\} \to \{1, 3, 5, 7, 9\}$ tal que $g(x) = 2x + 3$
 b) $f: \{-2, 0, 1, 2\} \to \{-1, 0, \dfrac{1}{2}, 1, 2\}$ tal que $f(x) = \dfrac{x}{2}$
    $g: \{-1, 0, 1, 2\} \to \{-3, 0, 3, 4, 6, 7\}$ tal que $g(x) = 3x$
 c) $f: \{1, 2, 3, 4, 5\} \to \{-2, -1, 0, 1, 2, 3, 4\}$ tal que $f(x) = x - 2$
    $g: \{-2, -1, 0, 1, 2, 3, 4\} \to \{1, 2, 3, 4, 5, 6, 7, 8\}$ tal que $g(x) = x + 3$
 d) $f: \{-1, 0, 1, 2\} \to \{-1, 0, 3\}$ tal que $f(x) = x^2 - 2x$
    $g: \{-1, 0, 3\} \to \{1, 2, 3, 4, 5\}$ tal que $g(x) = x + 2$

28. Sejam **f** e **g** funções de $\mathbb{R}$ em $\mathbb{R}$ definidas por $f(x) = 4x + 3$ e $g(x) = x - 1$. Determine o valor de:
 a) $f(g(3))$ \qquad b) $g(f(3))$ \qquad c) $g(f(0))$ \qquad d) $f(f(1))$

29. Sejam f: ℝ → ℝ e g: ℝ → ℝ definidas pelas leis:
$f(x) = x^2 - 5x - 3$ e $g(x) = -2x + 4$. Qual é o valor de:
a) $f(g(2))$
b) $(f \circ g)(-2)$
c) $(g \circ f)(2)$
d) $g(g(5))$

30. Sejam **f** e **g** funções de ℝ em ℝ, dadas por $f(x) = 1 - 2x$ e $g(x) = 3x^2 - x + 4$. Determine a lei que define as funções:
a) $f \circ g$
b) $g \circ f$
c) $f \circ f$

31. Sejam **f** e **g** funções de ℝ em ℝ, dadas por $f(x) = 4$ e $g(x) = 3x - 1$. Determine a lei que define as funções:
a) $f \circ g$
b) $g \circ f$
c) $g \circ g$

32. Sejam **f** e **g** funções de ℝ em ℝ, dadas por $f(x) = 3x + k$ e $g(x) = -2x + 5$, sendo **k** uma constante real. Determine o valor de **k** de modo que $(f \circ g)(x) = (g \circ f)(x)$ $\forall x \in \mathbb{R}$.

33. Sejam **f** e **g** funções de ℝ em ℝ, dadas por $f(x) = 4x - 4$ e $g(x) = -2x^2 + x - 1$. Resolva as seguintes equações:
a) $f(g(x)) = -8$
b) $f(x) = g(3)$
c) $g(f(x)) = 0$

34. Sejam **f** e **g** funções de ℝ em ℝ tais que, $\forall x \in \mathbb{R}$, $f(x) = -10x + 2$ e $(f \circ g)(x) = -30x - 48$. Qual é a lei que define **g**?

35. Seja f: ℝ → ℝ definida pela lei $f(x) = -7x + a$, sendo **a** uma constante real. Sabendo que $\forall x \in \mathbb{R}$ tem-se $f(f(x)) = 49x - 120$, determine:
a) o valor de **a**
b) $f(f(3))$

36. Sejam **f** e **g** as funções afim de ℝ em ℝ tais que, $\forall x \in \mathbb{R}$, $(f \circ g)(x) = -10x + 13$ e $g(x) = -2x + 3$. Qual é a lei que define **f**?

Enem e vestibulares resolvidos

(UFRN) No ano de 1986, o município de João Câmara – RN foi atingido por uma sequência de tremores sísmicos, todos com magnitude maior do que ou igual a 4,0 na escala Richter. Tal escala segue a fórmula empírica $M = \frac{2}{3}\log_{10}\left(\frac{E}{E_0}\right)$, em que **M** é a magnitude, **E** é a energia liberada em kWh e $E_0 = 7 \times 10^{-3}$ kWh.

Recentemente, em março de 2011, o Japão foi atingido por uma inundação provocada por um terremoto. A magnitude desse terremoto foi de 8,9 na escala Richter. Considerando um terremoto de João Câmara com magnitude 4,0, pode-se dizer que a energia liberada no terremoto do Japão foi

a) $10^{7,35}$ vezes maior do que a do terremoto de João Câmara.
b) cerca de duas vezes maior do que a do terremoto de João Câmara.
c) cerca de três vezes maior do que a do terremoto de João Câmara.
d) $10^{13,35}$ vezes maior do que a do terremoto de João Câmara.

Resolução comentada

Precisamos comparar a energia liberada pelo terremoto ocorrido em João Câmara com a energia liberada pelo terremoto do Japão. Para isso, podemos usar a definição $\log_b a = c \Leftrightarrow b^c = a$ para isolar a variável **E** da fórmula fornecida pelo problema:

$$M = \frac{2}{3}\log_{10}\left(\frac{E}{E_0}\right) \Leftrightarrow \frac{3M}{2} = \log_{10}\left(\frac{E}{E_0}\right) \Leftrightarrow 10^{\frac{3M}{2}} = \frac{E}{E_0} \Leftrightarrow E = E_0 \cdot 10^{\frac{3M}{2}}$$

Assim, no terremoto de magnitude M = 4 de João Câmara, a energia liberada foi: $E_C = E_0 \cdot 10^{\frac{3 \cdot 4}{2}} = 10^6 \cdot E_0$

No terremoto do Japão, de magnitude M = 8,9, a energia liberada foi: $E_J = E_0 \cdot 10^{\frac{3 \cdot (8,9)}{2}} = 10^{13,35} \cdot E_0$

Observe que:

$$E = 10^{13,35} \cdot E_0 = 10^{7,35} \cdot \underbrace{10^6 \cdot E_0}_{E_C}$$

Podemos concluir, então, que a energia liberada no terremoto do Japão foi $10^{7,35}$ vezes maior do que a do terremoto de João Câmara.

Alternativa *a*.

Exercícios complementares

1. (UFPR) Responda às seguintes perguntas a respeito da função $g(x) = \dfrac{3x - 4}{1 - 4x}$:

  a) Qual é o domínio de **g**?

  b) Qual é a inversa de **g**?

2. (Ufes) Sejam **f** e **g** as funções definidas por $f(x) = x^2 + 3x$ e $g(x) = |x + 2|$, para todo $x \in \mathbb{R}$.

  a) Resolva a equação $f(x) = g(x)$.

  b) Determine $f \circ g\,(x) = f(g(x))$ e $g \circ f\,(x) = g(f(x))$. Esboce os gráficos de $f \circ g$ e de $g \circ f$.

  c) Verifique se a função **h**, definida por $h(x) = 2x + g(x)$, é invertível. Caso seja, se $y = h(x)$, obtenha $x = h^{-1}(y)$.

3. (UFSC) Em relação às proposições abaixo, é **CORRETO** afirmar que: [Indique a soma correspondente às alternativas corretas]

  (01) A função $f: \mathbb{R} - \{2\} \to \mathbb{R} - \{2\}$ definida por $f(x) = \dfrac{2x + 3}{x - 2}$ satisfaz $(f \circ f)\,(x) = x$ para todo $x \in \mathbb{R} - \{2\}$. Se f^{-1} é a função inversa de **f**, então f^{-1} coincide com a **f**.

  (02) Considere a função $g(x) = \begin{cases} 3x - 2, & \text{se } x < 0 \\ 5x, & \text{se } x \geq 0 \end{cases}$.

  O domínio da função **g** é $\mathbb{R}$ e o conjunto imagem é $\mathbb{R}$.

  (04) Se a função $f: \mathbb{R} \to \mathbb{R}$ é definida por $f(x) = \left(\dfrac{1}{2}\right)^x$, então **f** é decrescente e sobrejetiva.

  (08) Seja $A \subset \mathbb{R}$ com $A \neq \emptyset$. Se $f: A \to \mathbb{R}$ é uma função estritamente crescente em **A**, então **f** é injetiva.

  (16) Considere a função definida por $f(x) = \sqrt{x + a^2}$, sendo $a \in \mathbb{R}_+^*$. Então, $f(81) = 9 + a$.

4. (Fuvest-SP) A função **f** está definida da seguinte maneira: para cada inteiro ímpar **n**.

$$f(x) = \begin{cases} x - (n - 1), & \text{se } n - 1 \leq x \leq n \\ n + 1 - x, & \text{se } n \leq x \leq n + 1 \end{cases}$$

  a) Esboce o gráfico de **f** para $0 \leq x \leq 6$.

  b) Encontre os valores de **x**, $0 \leq x \leq 6$, tais que $f(x) = \dfrac{1}{5}$.

5. (Unicamp-SP) A altura (em metros) de um arbusto em uma dada fase de seu desenvolvimento pode ser expressa pela função

$$h(t) = 0{,}5 + \log_3(t + 1),$$

onde o tempo $t \geq 0$ é dado em anos.

  a) Qual é o tempo necessário para que a altura aumente de 0,5 m para 1,5 m?

  b) Suponha que outro arbusto, nessa mesma fase de desenvolvimento, tem sua altura expressa pela função composta $g(t) = h(3t + 2)$. Verifique que a diferença $g(t) - h(t)$ é uma constante, isto é, não depende de **t**.

6. (Unicamp-SP) Seja **a** um número real positivo e considere as funções afim $f(x) = ax + 3a$ e $g(x) = 9 - 2x$, definidas para todo número real **x**.

  a) Encontre o número de soluções inteiras da inequação $f(x) \cdot g(x) > 0$.

  b) Encontre o valor de **a** tal que $f(g(x)) = g(f(x))$ para todo número real **x**.

7. (UEPG-PR) Considerando as funções $f(x)$ e $g(x)$, tais que $f(x) = \dfrac{x + 3}{4}$ e $f(g(x)) = \dfrac{5x}{4x + 4}$, assinale o que for correto [Indique a soma correspondente às alternativas corretas].

  (01) O domínio de $g(x)$ é $\{x \in \mathbb{R} \mid x \neq -1\}$.

  (02) $g^{-1}(0) = \dfrac{3}{2}$.

  (04) $g(1) = -\dfrac{1}{2}$.

  (08) $g(f(5)) = \dfrac{1}{3}$.

  (16) O domínio de $f(x)$ é $\{x \in \mathbb{R} \mid x \neq -3\}$.

8. Classifique em injetora, sobrejetora ou bijetora a função $f: \mathbb{N} \to \mathbb{N}$ definida por

$$f(n) = \begin{cases} \dfrac{n}{2}, & \text{se } n \text{ é par} \\ \dfrac{n + 1}{2}, & \text{se } n \text{ é ímpar} \end{cases}$$

9. Seja $f: [-5, 2[\to B \subset \mathbb{R}$ uma função definida pela lei $f(x) = |x + 3| - 2$. Determine **B** de modo que **f** seja sobrejetora. A função **f** é injetora?

10. Seja f: $\mathbb{R} - \{-2\} \to \mathbb{R} - \{4\}$ definida por

$$f(x) = \frac{4x - 3}{x + 2}.$$

   a) Qual é o elemento do domínio de f^{-1} que possui imagem igual a 5?
   b) Obtenha a lei que define f^{-1}; comprove que o domínio f^{-1} é $\mathbb{R} - \{4\}$ e comprove também a resposta do item *a*.

11. Seja f: $\mathbb{R} \to \mathbb{R}$ uma função afim. Sabendo que, para todo $x \in \mathbb{R}$, tem-se $f(f(x)) = x + 1$, determine:
   a) a lei que define **f**;
   b) $f(f(2)) + f(f(-3))$.

12. Sejam **f** e **g** funções de $\mathbb{R}$ em $\mathbb{R}$ tais que $g(x) = 2x - 3$ e $(f \circ g)(x) = 2x^2 - 4x + 1$.
   a) Obtenha a lei da função **f**.
   b) Obtenha a lei da função $g \circ f$.

13. (Fuvest-SP) Uma função **f** satisfaz a identidade $f(ax) = af(x)$ para todos os números reais **a** e **x**. Além disso, sabe-se que $f(4) = 2$. Considere ainda a função $g(x) = f(x - 1) + 1$ para todo número real **x**.
   a) Calcule $g(3)$.
   b) Determine $f(x)$, para todo **x** real.
   c) Resolva a equação $g(x) = 8$.

14. Seja f: $\mathbb{R} \to \mathbb{R}$ definida por $f(x) = \begin{cases} 2x + 3, \text{ se } x \geq 2 \\ 3x + 1, \text{ se } x < 2 \end{cases}$.

   a) Mostre que **f** é inversível.
   b) Determine a lei que define f^{-1}.
   c) Esboce o gráfico de **f** e f^{-1} no mesmo plano cartesiano.

15. (Unicamp-SP) Suponha que f: $\mathbb{R} \to \mathbb{R}$ seja uma função ímpar (isto é, $f(-x) = -f(x)$) e periódica, com período 10 (isto é, $f(x) = f(x + 10)$). O gráfico da função no intervalo $[0, 5]$ é apresentado abaixo.

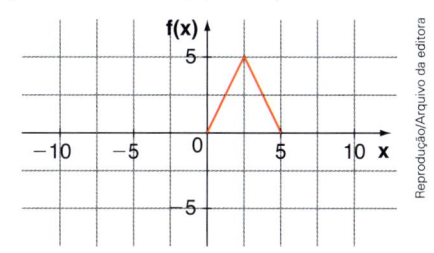

   a) Complete o gráfico, mostrando a função no intervalo $[-10, 10]$, e calcule o valor de $f(99)$.
   b) Dadas as funções $g(y) = y^2 - 4y$ e $h(x) = g(f(x))$, calcule $h(3)$ e determine a expressão de $h(x)$ para $2{,}5 \leq x \leq 5$.

16. (Fuvest-SP) Seja $f(x) = |x| - 1$, $\forall x \in \mathbb{R}$, e considere também a função composta $g(x) = f(f(x))$, $\forall x \in \mathbb{R}$.
   a) Esboce o gráfico da função **f**, [...] indicando seus pontos de interseção com os eixos coordenados.
   b) Esboce o gráfico da função **g**, [...] indicando seus pontos de interseção com os eixos coordenados.
   c) Determine os valores de **x** para os quais $g(x) = 5$.

17. (Fuvest-SP) Considere a função $f_a: [0,1] \to [0,1]$ que depende de um parâmetro $a \in]1,2]$, dada por

$$f_a(x) = \begin{cases} ax, & \text{se } 0 \leq x \leq \frac{1}{2} \\ a(1 - x), & \text{se } \frac{1}{2} \leq x \leq 1 \end{cases}.$$

Sabe-se que existe um único ponto $p_a \in \left]\frac{1}{2}, 1\right[$ tal que $f_a(p_a) = p_a$. Na figura a seguir, estão esboçados o gráfico de f_a e a reta de equação $y = x$.

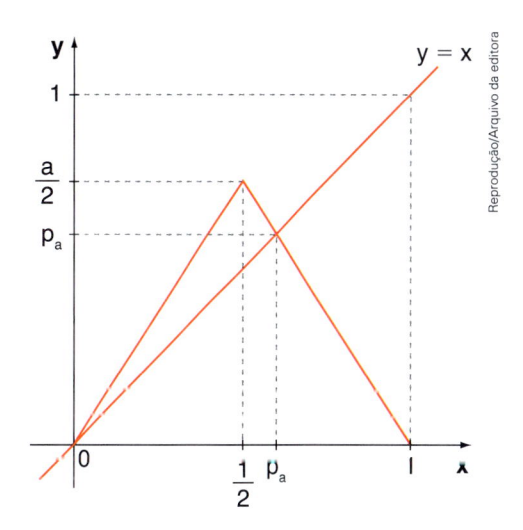

   a) Encontre uma expressão para o ponto p_a em função de **a**.
   b) Mostre que $f_a\left(f_a\left(\frac{1}{2}\right)\right) < \frac{1}{2}$ para todo $a \in]1, 2]$.
   c) Utilizando a desigualdade do item *b*), encontre $a \in]1, 2]$ tal que $f_a\left(f_a\left(f_a\left(\frac{1}{2}\right)\right)\right) = p_a$, em que p_a, é o ponto encontrado no item *a*).

Testes

1. (Mack-SP) Sejam as funções **f** e **g** de $\mathbb{R}$ em $\mathbb{R}$ definidas por $f(x) = x^2 - 4x + 10$ e $g(x) = -5x + 20$. O valor de $\dfrac{(f(4))^2 - g(f(4))}{f(0) - g(f(0))}$ é:

a) $\dfrac{13}{4}$ b) $\dfrac{13}{2}$ c) $\dfrac{11}{4}$ d) $\dfrac{11}{2}$ e) 11

2. (Uern) Sejam as funções $f(x) = x - 3$ e $g(x) = x^2 - 2x + 4$. Para qual valor de **x** tem $f(g(x)) = g(f(x))$?

a) 2
b) 3
c) 4
d) 5

3. (FICSAE-SP) A função **f** tem lei de formação $f(x) = 3 - x$ e a função **g** tem lei de formação $g(x) = 3x^2$.

Um esboço do gráfico da função $f(g(x))$ é dado por

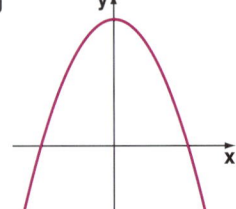

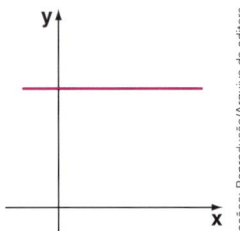

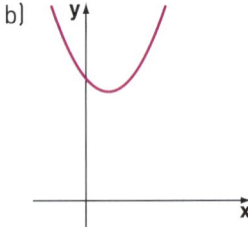

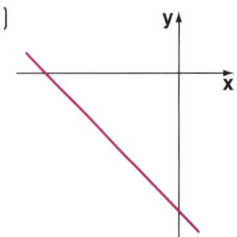

a) [gráfico de parábola com concavidade para baixo]
b) [gráfico de parábola com concavidade para cima]
c) [gráfico de reta horizontal]
d) [gráfico de reta decrescente]

4. (PUC-RJ) Sejam $f(x) = 2x + 1$ e $g(x) = 3x + 1$. Então $f(g(3)) - g(f(3))$ é igual a:

a) −1
b) 0
c) 1
d) 2
e) 3

5. (UEPB) Dada $f(x) = x^2 + 2x + 5$, o valor de $f(f(-1))$ é:

a) −56 c) −29 e) −85
b) 85   d) 29

6. (PUC-MG) Considere as funções $f(x) = \dfrac{1-x}{1+x}$ e $g(x) = \dfrac{1}{f[f(x)]}$, definidas para $x \neq -1$. Assim, o valor de $g(0,5)$ é:

a) 2
b) 3
c) 4
d) 5

7. (Uece) Se **f** e **g** são funções de variável real tais que para $x \neq 0$ tem-se $g(x) = x + \dfrac{1}{x}$ e $f(g(x)) = x^2 + \dfrac{1}{x^2}$, então o valor de $f\left(\dfrac{8}{3}\right)$ é:

a) $\dfrac{73}{576}$ b) $\dfrac{46}{9}$ c) $\dfrac{73}{24}$ d) $\dfrac{41}{12}$

8. (Epcar-MG) O gráfico abaixo descreve uma função $f: A \to B$.

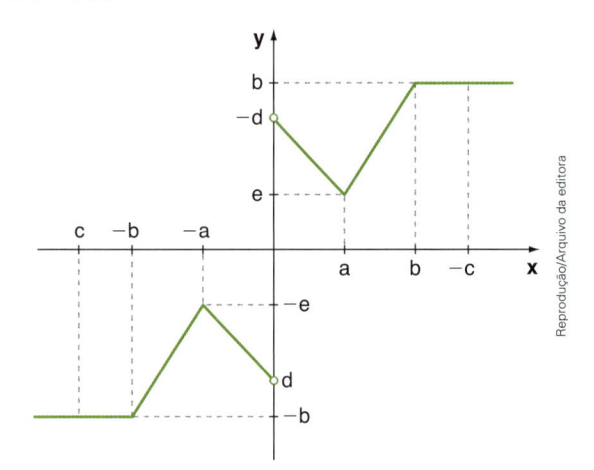

[gráfico da função f]

Analise as proposições que seguem:

I. $A = \mathbb{R}^*$
II. **f** é sobrejetora se $B = \mathbb{R} - [-e, e]$.
III. Para infinitos valores de $x \in A$, tem-se $f(x) = -b$.
IV. $f(-c) - f(c) + f(-b) + f(b) = 2b$
V. **f** é função par.
VI. $\nexists\, x \in \mathbb{R} \mid f(x) = -d$

São verdadeiras apenas as proposições:

a) I, III e IV
b) I, II e VI
c) III, IV e V
d) I, II e IV

9. (Fatec-SP) Sejam as funções **f** e **g**, de $\mathbb{R}$ em $\mathbb{R}$, definidas, respectivamente, por $f(x) = 2 - x$ e $g(x) = x^2 - 1$. Com relação à função $g \circ f$, definida por $(g \circ f)(x) = g(f(x))$, é verdade que:

a) A soma dos quadrados de suas raízes é igual a 16.
b) O eixo de simetria de seu gráfico é $y = 2$.
c) O seu valor mínimo é −1.
d) O seu conjunto imagem está contido em $[0, +\infty[$.
e) $(g \circ f)(x) < 0$ se, e somente se, $0 < x < 3$.

10. (EsPCEx-SP) Sejam as funções reais $f(x) = \sqrt{x^2 + 4x}$ e $g(x) = x - 1$.
O domínio da função $f(g(x))$ é:
a) $D = \{x \in \mathbb{R} \mid x \leq -3 \text{ ou } x \geq 1\}$
b) $D = \{x \in \mathbb{R} \mid -3 \leq x \leq 1\}$
c) $D = \{x \in \mathbb{R} \mid x \leq 1\}$
d) $D = \{x \in \mathbb{R} \mid 0 \leq x \leq 4\}$
e) $D = \{x \in \mathbb{R} \mid x \leq 0 \text{ ou } x \geq 4\}$

11. (IFCE) Seja $f: \;]1, +\infty[\subset \mathbb{R} \to \mathbb{R}$ uma função dada por $f(x) = \dfrac{x}{x-1}$. A expressão da função composta $g(x) = f(f(x+1))$ é:

a) $g(x) = \dfrac{1}{x-1}$
b) $g(x) = \dfrac{x}{x-1}$
c) $g(x) = x + 1$
d) $g(x) = x - 1$
e) $g(x) = \dfrac{x+1}{x-1}$

12. (UEPB) Uma função inversível **f**, definida em $\mathbb{R} - \{-3\}$ por $f(x) = \dfrac{x+5}{x+3}$, tem contradomínio $\mathbb{R} - \{y_0\}$, onde $\mathbb{R}$ é o conjunto dos números reais. O valor de y_0 é:
a) -1
b) 3
c) 2
d) 1
e) zero

13. (Fuvest-SP) A função $f: \mathbb{R} \to \mathbb{R}$ tem como gráfico uma parábola e satisfaz $f(x+1) - f(x) = 6x - 2$, para todo número real **x**. Então, o menor valor de $f(x)$ ocorre quando **x** é igual a:
a) $\dfrac{11}{6}$ b) $\dfrac{7}{6}$ c) $\dfrac{5}{6}$ d) 0   e) $-\dfrac{5}{6}$

14. (Aman-RJ) Na figura abaixo está representado o gráfico de uma função real do 1º grau $f(x)$.

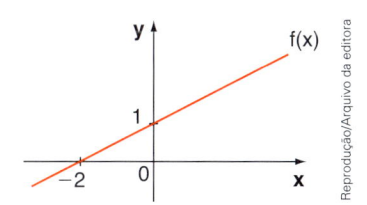

A expressão algébrica que define a função inversa de $f(x)$ é
a) $y = \dfrac{x}{2} + 1$
b) $y = x + \dfrac{1}{2}$
c) $y = 2x - 2$
d) $y = -2x + 2$
e) $y = 2x + 2$

15. (Uece) A função real de variável real definida por $f(x) = \dfrac{2x+3}{4x+1}$, para $x \neq -\dfrac{1}{4}$ é invertível.
Sua inversa **g** pode ser expressa na forma $g(x) = \dfrac{ax+b}{cx+d}$, onde **a**, **b**, **c** e **d** são números inteiros. Nessas condições, a soma $a + b + c + d$ é um número inteiro múltiplo de
a) 6.
b) 5.
c) 4.
d) 3.

16. (Uece) Seja $f: \mathbb{R} - \{1\} \to \mathbb{R}$ a função definida por $f(x) = \dfrac{x+2}{x-1}$ e seja $g(x) = f(f(x))$. A figura que melhor representa o gráfico da função **g** é:

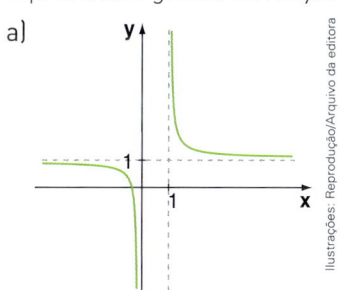

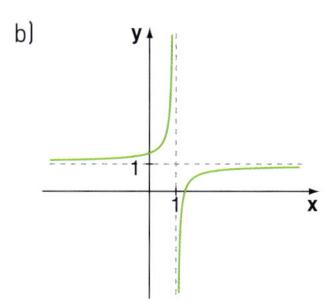

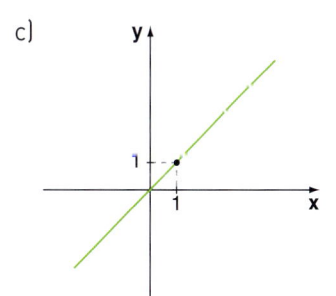

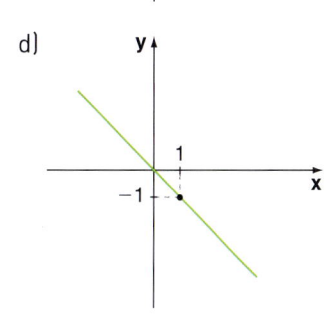

a)
b)
c)
d)

17. (Fuvest-SP) Considere as funções $f(x) = x^2 + 4$ e $g(x) = 1 + \log_{\frac{1}{2}} x$, em que o domínio de **f** é o conjunto dos números reais e o domínio de **g** é o conjunto dos números reais maiores do que 0. Seja

$$h(x) = 3f(g(x)) + 2g(f(x)),$$

em que $x > 0$. Então, $h(2)$ é igual a

a) 4
b) 8
c) 12
d) 16
e) 20

18. (EsPCEx-SP) Considere a função bijetora $f: [1, +\infty) \to (-\infty, 3]$, definida por $f(x) = -x^2 + 2x + 2$, e seja (a, b) o ponto de interseção de **f** com sua inversa. O valor numérico da expressão $a + b$ é:

a) 2
b) 4
c) 6
d) 8
e) 10

19. (Mack-SP) Se $f: \mathbb{R} \to \mathbb{R}$ é definida por $f(x) = 1 - x^2 - |x^2 - 2|$, então

a) o gráfico de **f** é uma parábola.
b) o conjunto imagem de **f** é $]-\infty, -1]$.
c) **f** é uma função injetora.
d) **f** é uma função sobrejetora.
e) **f** é crescente para $x \leq 0$, e, decrescente para $x > 0$.

20. (FEI-SP) Dadas as funções $f, g: \mathbb{R} \to \mathbb{R}$ definidas por $f(x) = mx + 3$ (com **m** constante real) e $g(x) = 4x - 1$, se $(f \circ g)(x) = (g \circ f)(x)$, então os gráficos de **f** e de **g** se interceptam no ponto de abcissa:

a) $x = 2$
b) $x = -3$
c) $x = \dfrac{3}{8}$
d) $x = \dfrac{1}{4}$
e) $x = \dfrac{1}{3}$

21. (UEG-GO) O gráfico das funções $y = f(x)$ e $y = g(x)$ é mostrado na figura a seguir.

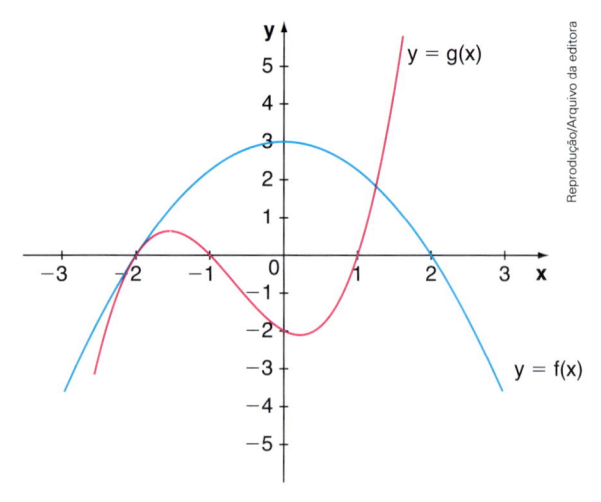

De acordo com o gráfico, verifica-se que o valor de $g(f(2)) + f(g(0))$ é

a) -2
b) 0
c) 1
d) 3

22. (FGV-SP) A figura indica o gráfico da função **f**, de domínio $[-7, 5]$, no plano cartesiano octogonal.

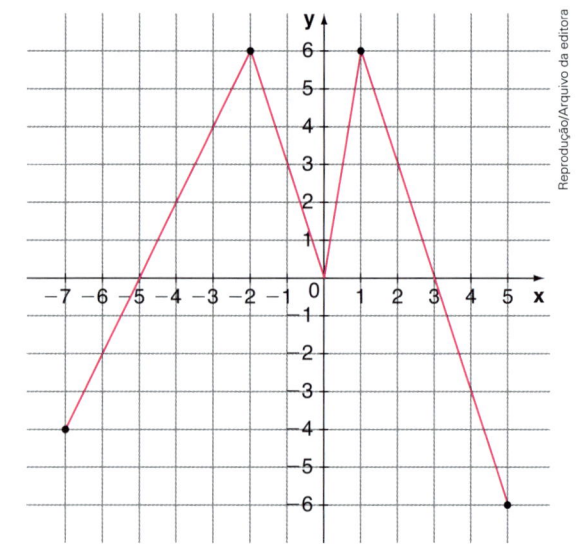

O número de soluções da equação $f(f(x)) = 6$ é:

a) 2
b) 4
c) 5
d) 6
e) 7

23. (Fuvest-SP) Sejam $f(x) = 2x - 9$ e $g(x) = x^2 + 5x + 3$.
A soma dos valores absolutos das raízes da equação $f(g(x)) = g(x)$ é igual a

a) 4
b) 5
c) 6
d) 7
e) 8

24. (UFRGS-RS) Considere a função y = f(x) representada no sistema de coordenadas cartesianas abaixo.

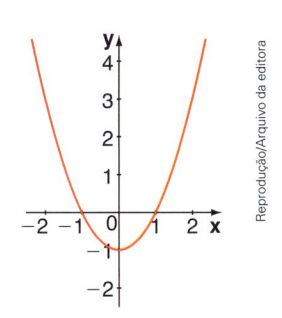

O gráfico que pode representar a função y = |f(x + 2)| + 1 é

a)

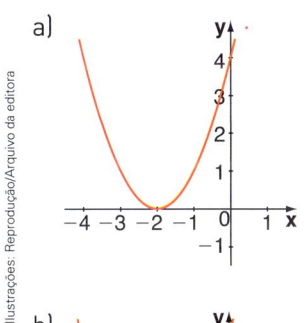

b)

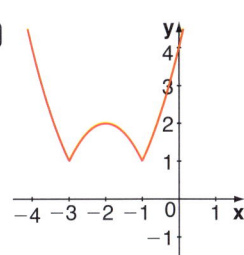

c)

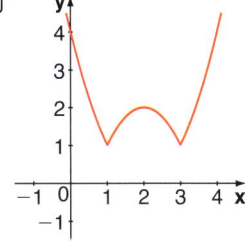

d)

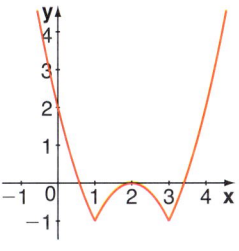

e)

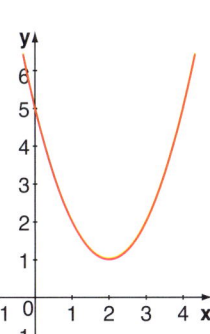

25. (Unicamp-SP) Considere as funções **f** e **g**, cujos gráficos estão representados na figura abaixo.

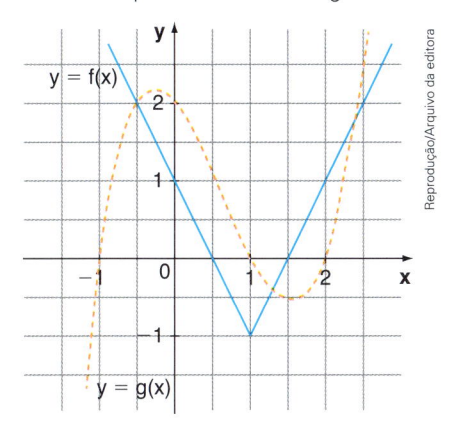

O valor de f(g(1)) − g(f(1)) é igual a:
a) 0
b) −1
c) 2
d) 1

26. (Unicamp-SP) Considere o gráfico da função y = f(x) exibido na figura a seguir.

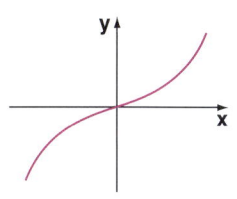

O gráfico da função inversa y = f^{-1}(x) é dado por

a)

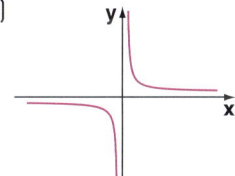

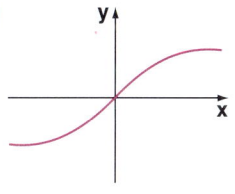

b)

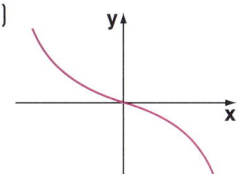

c)

d)

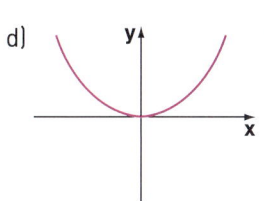

27. (Epcar-MG) Considere as funções reais f: $\mathbb{R} \to \mathbb{R}$ e g: $\mathbb{R} \to \mathbb{R}$ cujos gráficos estão representados abaixo.

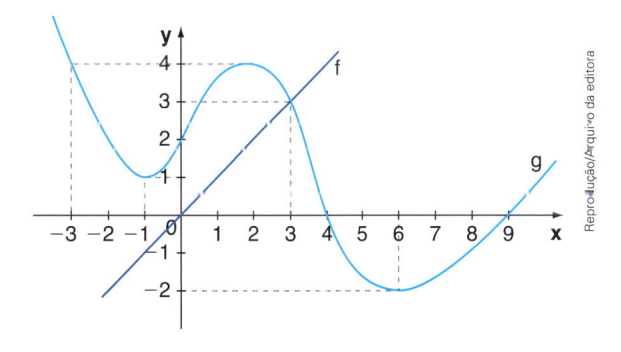

Sobre essas funções, é correto afirmar que

a) $\forall x \in [0, 4]$, $g(x) - f(x) > 0$

b) $f(g(0)) - g(f(0)) > 0$

c) $\dfrac{g(x) \cdot f(x)}{[f(x)]^2} \leq 0 \ \forall \ x \in \ ]-\infty, 0[\cup [4, 9]$

d) $\forall x \in [0, 3]$ tem-se $g(x) \in [2, 3]$

CAPÍTULO 10
Progressões

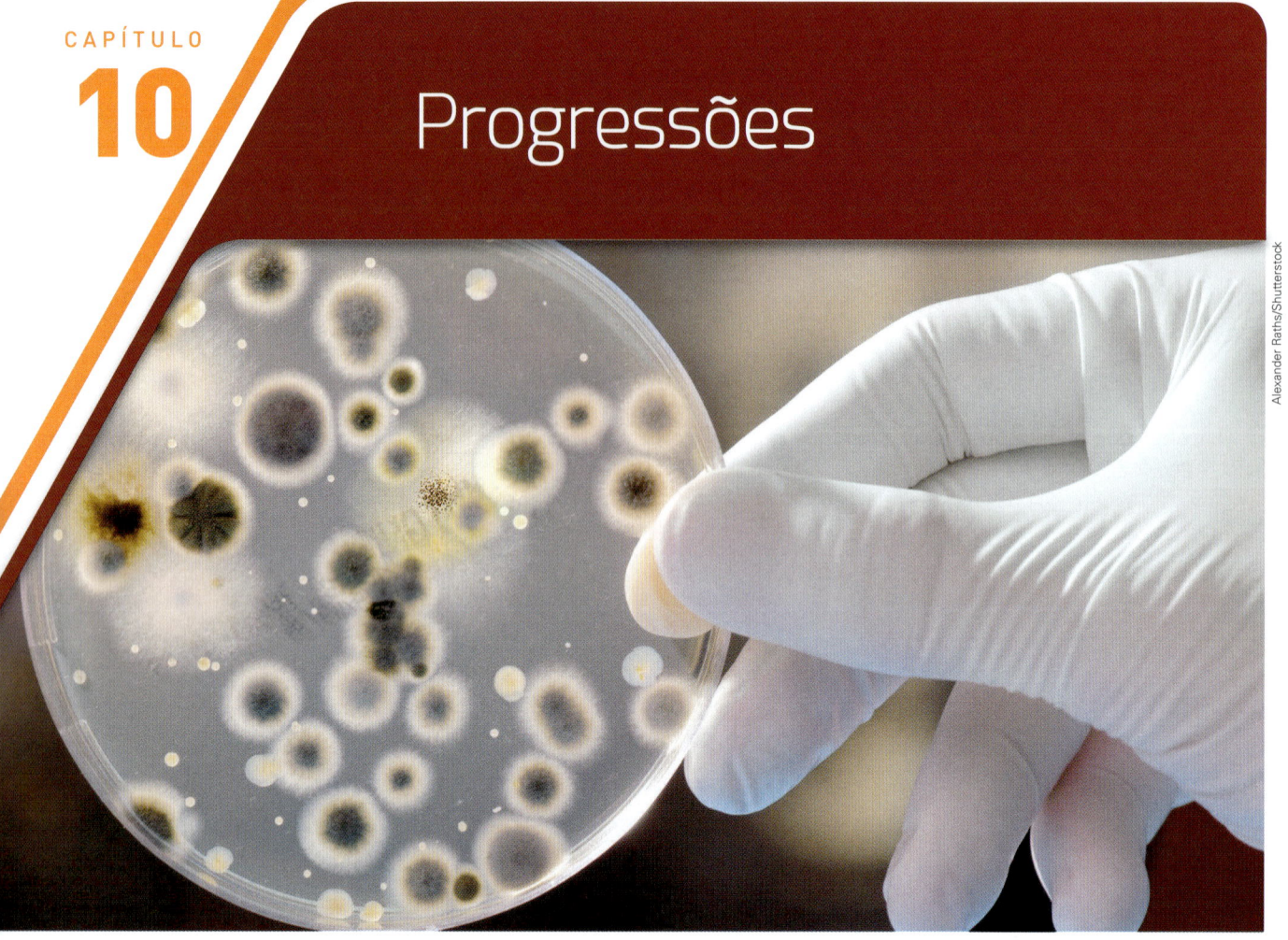

// Em meio líquido, o crescimento populacional bacteriano pode ser dividido em quatro fases: fase *lag*, fase exponencial, fase estacionária e fase de morte celular. Durante a fase exponencial, o aumento populacional é proporcional à quantidade de organismos no momento. Isso significa que, em intervalos iguais de tempo, a população cresce em progressão geométrica.

Sequências numéricas

A tabela seguinte relaciona o número de funcionários de uma empresa nos seus dez primeiros anos de existência:

// Dia de trabalho em uma editora digital da Europa.

Ano	Número de funcionários
1	52
2	58
3	60
4	61
5	67
6	65
7	69
8	72
9	76
10	78

Observe que a relação entre essas duas variáveis define uma função: a cada ano de existência da empresa corresponde um único número de funcionários.

Note que o domínio dessa função é {1, 2, 3, ..., 10}.

De modo geral, uma função cujo domínio é $\mathbb{N}^* = \{1, 2, 3, ...\}$ é chamada **sequência numérica infinita**. Se o domínio de **f** é {1, 2, 3, ..., n}, em que $n \in \mathbb{N}^*$, temos uma **sequência numérica finita**.

É usual representar uma sequência numérica por meio de seu conjunto imagem, colocando seus elementos entre parênteses.

No exemplo anterior, (52, 58, 60, 61, 67, 65, 69, 72, 76, 78) representa a sequência da quantidade de funcionários da empresa ano a ano.

Em geral, sendo a_1, a_2, a_3, ..., a_n, ... números reais, a função f: $\mathbb{N}^* \to \mathbb{R}$ tal que $f(1) = a_1$, $f(2) = a_2$, $f(3) = a_3$, ..., $f(n) = a_n$, ... é representada por: $(a_1, a_2, a_3, ..., a_n, ...)$.

Observe que o índice **n** indica a posição do elemento na sequência. Assim, o primeiro termo é indicado por a_1, o segundo é indicado por a_2 e assim por diante.

Formação dos elementos de uma sequência

Termo geral

Vamos considerar a função f: $\mathbb{N}^* \to \mathbb{N}^*$ que associa a cada número natural não nulo o seu quadrado:

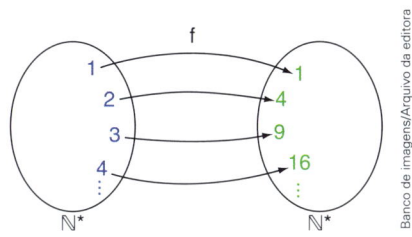

Podemos representá-la por (1, 4, 9, 16, ...), em que:

$$a_1 = 1 = 1^2$$
$$a_2 = 4 = 2^2$$
$$a_3 = 9 = 3^2$$
$$a_4 = 16 = 4^2$$
$$\vdots \quad \vdots$$
$$a_n = n^2$$

A expressão $a_n = n^2$ é a **lei de formação** ou **termo geral** dessa sequência, pois permite o cálculo de qualquer termo da sequência, por meio da atribuição dos valores possíveis para **n** (n = 1, 2, 3, ...).

Exercícios resolvidos

1. Encontre os cinco primeiros termos da sequência cujo termo geral é $a_n = 1{,}5 \cdot n + 8$; $n \in \mathbb{N}^*$.

Solução:

Para conhecer os termos dessa sequência, é preciso atribuir sucessivamente valores para **n** (n = 1, 2, 3, 4, 5):

$n = 1 \Rightarrow a_1 = 1{,}5 \cdot 1 + 8 = 9{,}5$ $\qquad$ $n = 4 \Rightarrow a_4 = 1{,}5 \cdot 4 + 8 = 14$
$n = 2 \Rightarrow a_2 = 1{,}5 \cdot 2 + 8 = 11$ $\qquad$ $n = 5 \Rightarrow a_5 = 1{,}5 \cdot 5 + 8 = 15{,}5$
$n = 3 \Rightarrow a_3 = 1{,}5 \cdot 3 + 8 = 12{,}5$

2. A lei de formação dos elementos de uma sequência é $a_n = 3n - 16$, $n \in \mathbb{N}^*$. O número 113 pertence a essa sequência?

Solução:

Se quisermos saber se o número 113 pertence à sequência, devemos substituir a_n por 113 e verificar se a equação obtida tem solução em $\mathbb{N}^*$:

$$113 = 3n - 16 \Rightarrow 3n = 129 \Rightarrow n = 43 \in \mathbb{N}^*$$

Concluímos, então, que o número 113 pertence à sequência e ocupa a 43ª posição.

Lei de recorrência

Muitas vezes conhecemos o primeiro termo de uma sequência e uma lei que permite calcular cada termo a_n a partir de seus anteriores: $a_{n-1}, a_{n-2}, \ldots, a_1$.

Quando isso ocorre, dizemos que a sequência é determinada por uma **lei de recorrência**.

EXEMPLO 1

Vamos construir a sequência definida pela relação de recorrência:

$$\begin{cases} a_1 = 1 \\ a_{n+1} = 2 \cdot a_n, \text{ para } n \in \mathbb{N}, n \geq 1 \end{cases}$$

A segunda sentença indica como obter a_2 a partir de a_1, a_3 a partir de a_2, a_4 a partir de a_3, etc. Para isso, é preciso atribuir valores a **n**:

$n = 1 \Rightarrow a_2 = 2 \cdot a_1 = 2 \cdot 1 = 2$ $\qquad$ $n = 3 \Rightarrow a_4 = 2 \cdot a_3 = 2 \cdot 4 = 8$

$n = 2 \Rightarrow a_3 = 2 \cdot a_2 = 2 \cdot 2 = 4$ $\qquad$ $n = 4 \Rightarrow a_5 = 2 \cdot a_4 = 2 \cdot 8 = 16$

Assim, a sequência procurada é (1, 2, 4, 8, 16, ...).

Exercícios

1. Seja a sequência definida por $a_n = -3 + 5n$, $n \in \mathbb{N}^*$. Determine:
a) a_2 b) a_4 c) a_{11}

2. Escreva os quatro primeiros termos da sequência definida por $a_n = 2 \cdot 3^n$, $n \in \mathbb{N}^*$.

3. Para cada função definida a seguir, represente a sequência associada:
a) $f: \mathbb{N}^* \to \mathbb{N}$ que associa a cada número natural não nulo o triplo de seu sucessor.
b) $g: \mathbb{N}^* \to \mathbb{N}$ tal que $g(x) = x^2 - 2x + 4$.

4. O termo geral de uma sequência é $a_n = 143 - 4n$, com $n \in \mathbb{N}^*$.
a) Qual é a soma de seus 3 primeiros termos?
b) Os números 71, -345 e -195 pertencem à sequência? Em caso afirmativo, determine suas posições.

5. Construa a sequência definida pela relação:

$$\begin{cases} a_1 = -5 \\ a_{n+1} = 2 \cdot a_n + 3, n \in \mathbb{N}^* \end{cases}$$

6. Determine o sexto termo da sequência definida pela lei de recorrência:

$$\begin{cases} a_1 = 2 \\ a_{n+1} = 3 \cdot a_n, n \in \mathbb{N}^* \end{cases}$$

7. Seja $f: \mathbb{N}^* \to \mathbb{N}$ definida por $f(n) = n^3 + n^2 + 1$. Ao representar a sequência associada a **f**, um estudante apresentou a seguinte resolução:

(3, 13, ♠, 81, 151, ♠, ...)

Por algum motivo, dois números da sequência saíram borrados. Determine-os, reescrevendo a sequência.

8. Os termos gerais de duas sequências (a_n) e (b_n) são, respectivamente, $a_n = -193 + 3n$ e $b_n = 220 - 4n$, para todo $n \in \mathbb{N}$, $n \geq 1$.
  a) Escreva os cinco primeiros termos de (a_n) e de (b_n).
  b) Qual é o primeiro termo positivo de (a_n)? Que posição ele ocupa na sequência?
  c) Qual é o primeiro termo negativo de (b_n)? Que posição ele ocupa na sequência?
  d) As duas sequências apresentam algum termo em comum? Em caso afirmativo, determine-o.

9. Observe a sequência de figuras a seguir.

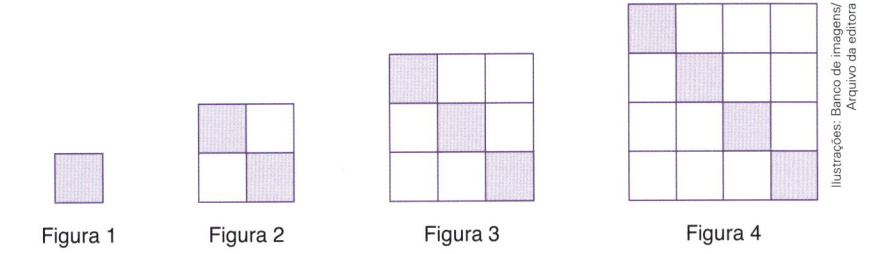

Figura 1   Figura 2   Figura 3   Figura 4

Determine:
  a) para a 5ª e a 6ª figuras da sequência, o número total de quadradinhos, o número de quadradinhos em branco e o número de quadradinhos coloridos.
  b) o termo geral da sequência correspondente ao número total de quadradinhos de cada figura.
  c) o termo geral da sequência correspondente ao número total de quadradinhos em branco de uma figura.
  d) a posição do termo que representa a figura que contém 90 quadradinhos em branco.

Progressões aritméticas

Troque ideias

Observação de regularidades

As figuras seguintes mostram a construção de quadrados justapostos usando palitos.

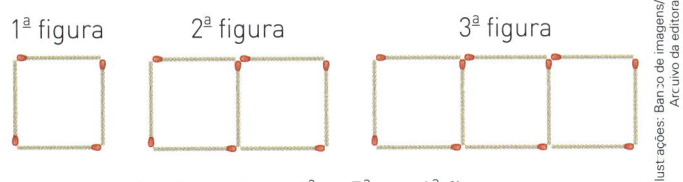

1ª figura   2ª figura   3ª figura

  a) Mantendo o padrão apresentado, desenhe a 4ª, a 5ª e a 6ª figuras.
  b) Construa a sequência correspondente à quantidade de palitos usados na construção de cada figura. Qual é a regularidade que você observa?
  c) Obtenha o termo geral dessa sequência.
  d) Quantos palitos são usados na construção da 25ª figura?
  e) Qual é a posição da figura feita com 493 palitos?

Progressão aritmética (P.A.) é uma sequência numérica em que cada termo, a partir do segundo, é igual à soma do termo anterior com uma constante. Essa constante é chamada **razão da P.A.** e é indicada por **r**.

EXEMPLO 2

a) $(-6, -1, 4, 9, 14, 19, 24, 29, 34, 39, 44)$ é uma P.A. de razão $r = 5$.
b) $(2; 2,3; 2,6; 2,9; ...)$ é uma P.A. de razão $r = 0,3$.
c) $(150, 140, 130, 120, 110, 100, 90)$ é uma P.A. de razão $r = -10$.
d) $(\sqrt{3}, 1 + \sqrt{3}, 2 + \sqrt{3}, 3 + \sqrt{3}, ...)$ é uma P.A. de razão $r = 1$.
e) $\left(0, -\dfrac{1}{3}, -\dfrac{2}{3}, -1, ...\right)$ é uma P.A. de razão $r = -\dfrac{1}{3}$.
f) $(7, 7, 7, 7, ...)$ é uma P.A. de razão $r = 0$.

OBSERVAÇÕES

- Uma P.A. cujo primeiro termo é a_1 e a razão é r pode ser definida por uma lei de recorrência: $a_n = a_{n-1} + r$; $n \in \mathbb{N}$ e $n \geq 2$
- Note que a razão r de uma P.A. cujo primeiro termo é a_1 pode ser obtida calculando-se a diferença entre um termo qualquer, a partir do segundo, e o termo que o antecede, isto é:

$$r = a_2 - a_1 = a_3 - a_2 = a_4 - a_3 = ... = a_n - a_{n-1}$$

Classificação

De acordo com a razão, podemos classificar as progressões aritméticas da seguinte forma:

- Se $r > 0$, cada termo é maior que o anterior, isto é, $a_n > a_{n-1}$, $\forall n \in \mathbb{N}$, $n \geq 2$. Dizemos, então, que a P.A. é **crescente** (veja os itens *a*, *b* e *d* do exemplo 2).
- Se $r < 0$, cada termo é menor que o anterior, isto é, $a_n < a_{n-1}$, $\forall n \in \mathbb{N}$, $n \geq 2$. Dizemos, então, que a P.A. é **decrescente** (veja os itens *c* e *e* do exemplo 2).
- Se $r = 0$, todos os termos da P.A. são iguais. Dizemos, então, que ela é **constante** (veja o item *f* do exemplo 2).

Termo geral da P.A.

Vamos agora encontrar uma expressão que nos permita obter um termo qualquer da P.A., conhecendo apenas o 1º termo e a razão.

Seja uma P.A. $(a_1, a_2, a_3, ..., a_n, ...)$ de razão **r**. Temos:

$$a_2 - a_1 = r \Rightarrow \boxed{a_2 = a_1 + r}$$

$$a_3 - a_2 = r \Rightarrow a_3 = a_2 + r \Rightarrow \boxed{a_3 = a_1 + 2r}$$

$$a_4 - a_3 = r \Rightarrow a_4 = a_3 + r \Rightarrow \boxed{a_4 = a_1 + 3r}$$

$$\vdots \qquad \vdots \qquad \vdots$$

De modo geral, o termo a_n, que ocupa a n-ésima posição na sequência, é dado por:

$$\boxed{a_n = a_1 + (n-1) \cdot r}$$

Essa expressão, conhecida como **fórmula do termo geral da P.A.**, permite-nos expressar qualquer termo da P.A. em função de a_1 e **r**. Assim, por exemplo, podemos escrever:

- $a_4 = a_1 + 3r$
- $a_{12} = a_1 + 11r$
- $a_{32} = a_1 + 31r$

Exercícios resolvidos

3. Calcule o 20º termo da P.A. (26, 31, 36, 41, 46, ...).

Solução:

Sabemos que $a_1 = 26$ e $r = 31 - 26 = 5$.

Utilizando a expressão do termo geral, podemos escrever:

$a_{20} = a_1 + 19r \Rightarrow a_{20} = 26 + 19 \cdot 5 \Rightarrow a_{20} = 121$

4. Determine a P.A. cujo sétimo termo vale 1 e cujo décimo termo vale 16.

Solução:

Temos: $\begin{cases} a_7 = 1 \Rightarrow a_1 + 6r = 1 \\ a_{10} = 16 \Rightarrow a_1 + 9r = 16 \end{cases}$

Subtraindo a 2ª equação da 1ª, temos:

$-3r = -15 \Rightarrow r = 5$

Substituindo esse valor em qualquer uma das equações, obtém-se: $a_1 = -29$

A P.A. é, portanto, $(-29, -24, -19, -14, ...)$.

5. Determine $x \in \mathbb{R}$ de modo que a sequência

$$(x + 5, 4x - 1, x^2 - 1)$$

seja uma P.A.

Solução:

Como $r = a_2 - a_1 = a_3 - a_2$, podemos escrever:

$(4x - 1) - (x + 5) = (x^2 - 1) - (4x - 1) \Rightarrow$

$\Rightarrow 3x - 6 = x^2 - 4x \Rightarrow$

$\Rightarrow x^2 - 7x + 6 = 0$

As raízes dessa equação são $x = 1$ e $x = 6$.

Podemos verificar que, para $x = 1$, a P.A. é $(6, 3, 0)$ e, para $x = 6$, a P.A. é $(11, 23, 35)$.

6. Interpole oito meios aritméticos entre 2 e 47.

Solução:

Interpolar ou inserir oito meios aritméticos entre 2 e 47 significa determinar oito números reais de modo que se tenha uma P.A. em que $a_1 = 2$ e $a_{10} = 47$ e os oito números sejam **a**$_2$, **a**$_3$, ..., **a**$_9$, como mostra o esquema abaixo:

$$\underset{a_1}{2} \quad a_2 \; a_3 \underbrace{\;-\;-\;-\;-\;}_{\text{oito termos}} \overline{a_9} \quad \underset{a_{10}}{47}$$

Temos:

$a_{10} = a_1 + 9r \Rightarrow 47 = 2 + 9r \Rightarrow$

$\Rightarrow 9r = 45 \Rightarrow r = 5$

Assim, a sequência procurada é $\{2, 7, 12, 17, 22, 27, 32, 37, 42, 47\}$.

7. A soma (**S**) de três números reais é 21 e o produto (**P**) é 280. Determine os três números, sabendo que são os termos de uma P.A.

Solução:

Uma forma conveniente para representar três números em P.A. é: $(x - r, x, x + r)$, sendo **x** o termo central e **r** a razão da P.A.

Do enunciado, temos:

$$\begin{cases} S = 21 \Rightarrow (x-r) + x + (x+r) = 21 \Rightarrow 3x = 21 \Rightarrow x = 7 \\ P = 280 \xrightarrow{x=7} (7-r) \cdot 7 \cdot (7+r) = 280 \Rightarrow (7-r) \cdot (7+r) = 40 \Rightarrow \\ \Rightarrow 49 - r^2 = 40 \Rightarrow r = -3 \text{ ou } r = 3 \end{cases}$$

Para r = 3, a P.A. é (4, 7, 10).
Para r = −3, a P.A. é (10, 7, 4).

8. Determine quantos múltiplos de 3 há entre 100 e 500.

Solução:
A sequência dos múltiplos de 3 (0, 3, 6, 9, ...) é uma P.A. de razão 3, mas o que nos interessa é estudar essa sequência entre 100 e 500.

Para isso, temos:

- o primeiro múltiplo de 3 maior que 100 é $a_1 = 102$;
- o último múltiplo de 3 pertencente ao intervalo dado é 498, que indicaremos por a_n, pois não conhecemos sua posição na sequência. Assim, $a_n = 498$.

Retomando o problema, queremos determinar o número de termos (**n**) da P.A. (102, 105, ..., 498).
Pela fórmula do termo geral da P.A., temos:
$a_n = a_1 + (n-1) \cdot r \Rightarrow 498 = 102 + (n-1) \cdot 3 \Rightarrow n = 133$
Portanto, há 133 múltiplos de 3 entre 100 e 500.

OBSERVAÇÃO

A análise restrita unicamente aos primeiros termos de uma sequência pode, algumas vezes, levar a conclusões precipitadas.
Por exemplo, ao analisarmos a sequência (−1, 3, 7, ...) poderíamos concluir que se trata de uma P.A. de razão 4, cujo termo geral é $a_n = -1 + (n-1) \cdot 4 = 4n - 5$; $n \in \mathbb{N}^*$; a P.A. é (−1, 3, 7, 11, 15, 19, ...).
No entanto, essa sequência também pode ser descrita por outra lei geral, a saber $b_n = n^3 - 6n^2 + 15n - 11$; $n \in \mathbb{N}^*$.
De fato, $b_1 = -1$, $b_2 = 3$ e $b_3 = 7$ (faça as verificações).
Mas $b_4 = 4^3 - 6 \cdot 4^2 + 15 \cdot 4 - 11 = 17$; $b_5 = 5^3 - 6 \cdot 5^2 + 15 \cdot 5 - 11 = 39$;
$b_6 = 6^3 - 6 \cdot 6^2 + 15 \cdot 6 - 11 = 79$, etc., e a sequência é (−1, 3, 7, 17, 39, 79, ...), que não é uma P.A.

Exercícios

10. Quais das sequências seguintes podem representar progressões aritméticas?
a) (21, 25, 29, 33, 37, ...)
b) (0, −7, 7, −14, 14, ...)
c) (−8, 0, 8, 16, 24, 32, ...)
d) $\left(\dfrac{1}{3}, \dfrac{2}{3}, 1, \dfrac{4}{3}, \dfrac{5}{3}, 2, ...\right)$
e) (−30, −36, −41, −45, ...)
f) $(\sqrt{2}, 2\sqrt{2}, 3\sqrt{2}, 4\sqrt{2}, ...)$

11. Determine a razão de cada uma das progressões aritméticas seguintes, classificando-as em crescente, decrescente ou constante.

a) (38, 35, 32, 29, 26, ...)
b) (−40, −34, −28, −22, −16, ...)
c) $\left(\dfrac{1}{7}, \dfrac{1}{7}, \dfrac{1}{7}, \dfrac{1}{7}, ...\right)$
d) (90, 80, 70, 60, 50, ...)
e) $\left(\dfrac{1}{3}, 1, \dfrac{5}{3}, \dfrac{7}{3}, 3, ...\right)$
f) $(\sqrt{3} - 2, \sqrt{3} - 1, \sqrt{3}, \sqrt{3} + 1, ...)$

12. Dada a P.A. (28, 36, 44, 52, ...), determine seu:
a) oitavo termo;
b) décimo nono termo.

13. Em relação à P.A. $(-31, -35, -39, -43, ...)$, determine:
   a) a_{15}
   b) a_{31}

14. Em uma P.A. de razão 9, o 10º termo vale 98.
   a) Qual é seu 2º termo?
   b) Qual é seu termo geral?

15. Preparando-se para uma competição, um atleta corre sempre 400 metros a mais que a distância percorrida no dia anterior. Sabe-se que no 6º dia ele correu 3,2 km. Qual foi a distância percorrida pelo atleta no 2º dia?

16. Faça o que se pede:
   a) Escreva a P.A. em que o 4º termo vale 24 e o 9º termo vale 79.
   b) Considerando a sequência formada pelos termos de ordem par (2º, 4º, 6º, ...) da P.A. do item *a*, determine seu 20º termo.

17. Determine o termo geral de cada uma das progressões aritméticas seguintes:
   a) $(2, 4, 6, 8, 10, ...)$
   b) $(-1, 4, 9, 14, 19, ...)$
   c) $(33, 30, 27, 24, ...)$
   d) $(7, 14, 21, 28, ...)$

18. Uma loja de tecidos tinha, em janeiro de 2017, um estoque de 5 300 metros de certo tecido. A cada mês, o estoque diminui exatamente 300 metros.
   a) Em que mês e ano o estoque desse tecido era igual a 1 400 metros?
   b) Em que mês e ano acabou todo o estoque?
   c) Se cada metro do tecido é vendido a R$ 25,00, determine o faturamento obtido com a venda desse tecido no mês de junho de 2017.

19. Escreva a P.A. em que $a_1 + a_3 + a_4 = 0$ e $a_6 = 40$.

20. Qual é a razão da P.A. dada pelo termo geral $a_n = 310 - 8n$, $n \in \mathbb{N}^*$?

21. Sabendo que cada sequência a seguir é uma P.A., determine o valor de **x**.
   a) $(3x - 5, 3x + 1, 25)$
   b) $(-6 - x, x + 2, 4x)$
   c) $(x + 3, x^2, 6x + 1)$

22. Uma empresa de TV por assinatura planejou sua expansão no biênio 2017-2018 estabelecendo a meta de conseguir, a cada mês, 450 contratos a mais que o número de contratos comercializados no mês anterior. Supondo que isso realmente tenha ocorrido e sabendo que no último bimestre de 2017 o número total de contratos fechados foi de 12 000, determine a quantidade de contratos comercializados em:
   a) março de 2017;
   b) abril de 2018;
   c) dezembro de 2018.

23. Considere a sequência dos números naturais que, divididos por 7, deixam resto igual a 4.
   a) Qual é o termo geral dessa sequência?
   b) Qual é o 50º termo dessa sequência?

24. Com relação à P.A. $(131, 138, 145, ..., 565)$:
   a) obtenha seu termo geral;
   b) determine seu número de termos.

25. Em relação à P.A. $\left(2, \dfrac{7}{3}, \dfrac{8}{3}, ..., 18\right)$, determine:
   a) o 8º termo;
   b) o número de termos dessa sequência.

26. Interpole 6 meios aritméticos entre 62 e 97.

27. Interpolando-se 17 meios aritméticos entre 117 e 333, determine:
   a) a razão da P.A. obtida;
   b) o 10º termo da P.A. obtida.

28. Quantos números ímpares existem entre 72 e 468?

29. Quantos números inteiros **x**, com $23 \leq x \leq 432$, não são múltiplos de 3?

30. A soma de três números que compõem uma P.A. é 72 e o produto dos termos extremos é 560. Qual é a P.A.?

31. Em um triângulo, a medida do maior ângulo interno é 105°. Determine as medidas de seus ângulos internos, sabendo que elas estão em P.A.

32. As medidas dos lados de um triângulo retângulo são numericamente iguais aos termos de uma P.A. de razão 4. Qual é a medida da hipotenusa?

33. Encontre cinco números que estão em P.A. cuja soma seja igual a 30 e o produto do primeiro pelo terceiro seja igual a 18.

34. Em uma P.A. de quatro termos, a soma dos extremos é 24 e o produto dos outros dois é -81. Qual é a razão dessa P.A.?

35. Seja $f: \mathbb{N}^* \to \mathbb{N}$ definida por $f(x) = -2 + 3x$.
   a) Represente o conjunto imagem de **f**.
   b) Faça a representação gráfica dessa função.

36. Mostre que a sequência (log 80, log 20, log 5) é uma P.A. Qual é a razão dessa P.A.?

37. Dado um quadrado Q_1 de lado $\ell = 1$ cm, considere a sequência de quadrados $(Q_1, Q_2, Q_3, ...)$, em que o lado de cada quadrado é 2 cm maior que o lado do quadrado anterior.
Determine:

a) o perímetro de Q_{20};

b) a área de Q_{31};

c) a diagonal de Q_{10}.

38. Em uma maratona, os organizadores decidiram, devido ao forte calor, colocar mesas de apoio com garrafas de água para os corredores, a cada 800 metros, a partir do quilômetro 5 da prova, onde foi instalada a primeira mesa.

a) Sabendo que a maratona é uma prova com 42,195 km de extensão, determine o número total de mesas de apoio que foram colocadas pela organização da prova.

b) Quantos metros um atleta precisa percorrer da última mesa de apoio até a linha de chegada?

c) Um atleta sentiu-se mal no quilômetro 30 e decidiu abandonar a prova. Ele lembrava que havia pouco tempo que cruzara uma mesa de apoio. Qual era a opção mais curta: voltar a essa última mesa ou andar até a próxima?

39. Os números que expressam as medidas do perímetro, da diagonal e da área de um quadrado, nesta ordem, podem ser os termos de uma P.A.? Em caso afirmativo, quanto mede o lado desse quadrado?

40. A Copa do Mundo de Futebol é um evento que ocorre de quatro em quatro anos. A 1ª Copa foi realizada em 1930, no Uruguai. De lá para cá, apenas nos anos de 1942 e 1946 a Copa não foi realizada, devido à Segunda Guerra Mundial.

a) A Copa de 2018 foi realizada na Rússia. Qual é a ordem desse evento na sequência de anos em que foi realizado?

b) Considerando que os próximos eventos ocorram seguindo o mesmo padrão e que não existam imprevistos que impeçam a realização desse evento, responda: haverá Copa em 2100? E em 2150?

Soma dos n primeiros termos de uma P.A.

Muitas foram as contribuições do alemão Carl F. Gauss (1777-1855) à ciência e, em particular, à Matemática. Sua incrível vocação para a Matemática se manifestou desde cedo, perto dos 10 anos de idade. Conta-se que Gauss surpreendeu seu professor ao responder, em pouquíssimo tempo, o valor da soma

$$1 + 2 + 3 + ... + 99 + 100$$

Que ideia Gauss teria tido? Provavelmente, ele notou que na P.A. (1, 2, 3, ..., 98, 99, 100) vale a seguinte propriedade:

$$\begin{cases} a_1 + a_{100} = 1 + 100 = 101 \\ a_2 + a_{99} = 2 + 99 = 101 \\ a_3 + a_{98} = 3 + 98 = 101 \\ \vdots \quad \vdots \quad \vdots \quad \vdots \quad \vdots \\ a_{50} + a_{51} = 50 + 51 = 101 \end{cases}$$

Assim, Gauss teria agrupado as 100 parcelas da soma em 50 pares de números cuja soma é 101, obtendo como resultado 50 · 101 = 5 050.

// Retrato (óleo sobre tela) de Carl Friedrich Gauss, 1840. Museu Estatal Pushkin de Belas Artes em Moscou, Rússia.

Um raciocínio equivalente a esse consiste em escrever, de "trás para a frente", a soma S = 1 + 2 + 3 + ... + 99 + 100 ①:

$$S = 100 + 99 + 98 + ... + 3 + 2 + 1 \quad ②$$

Adicionando ① e ②, de acordo com o esquema a seguir, temos:

$$
\begin{array}{rcccccccccccc}
S & = & 1 & + & 2 & + & 3 & + & ... & + & 98 & + & 99 & + & 100 & ① \\
+ & & & & & & & & & & & & & & & \\
S & = & 100 & + & 99 & + & 98 & + & ... & + & 3 & + & 2 & + & 1 & ② \\
\hline
2 \cdot S & = & 101 & + & 101 & + & 101 & + & ... & + & 101 & + & 101 & + & 101 &
\end{array}
$$

$$\underbrace{}_{\text{100 parcelas}}$$

$$2 \cdot S = 100 \cdot 101 \Rightarrow S = \frac{100 \cdot 101}{2} = 5050$$

Observe que 100 corresponde ao número de termos da P.A., e 101 é a soma dos termos extremos dessa P.A. ($a_1 + a_{100} = 1 + 100 = 101$).

Vamos agora generalizar esse raciocínio para uma P.A. qualquer, mostrando a seguinte propriedade:

> A soma dos **n** primeiros termos da P.A. $(a_1, a_2, ..., a_n, ...)$ é dada por:
> $$S_n = \frac{(a_1 + a_n) \cdot n}{2}$$

De fato, como a sequência $(a_1, a_2, a_3, ..., a_{n-2}, a_{n-1}, a_n)$ é uma P.A. de razão **r**, podemos escrevê-la na forma:

$$(a_1, \underbrace{a_1 + r}_{a_2}, \underbrace{a_1 + 2r}_{a_3}, ..., \underbrace{a_n - 2r}_{a_{n-2}}, \underbrace{a_n - r}_{a_{n-1}}, a_n)$$

Vamos calcular a soma dos **n** primeiros termos dessa P.A., que indicaremos por S_n. Repetindo o raciocínio anterior, temos:

$$
\begin{array}{rcccccccccccc}
S_n & = & a_1 & + & (a_1 + \cancel{r}) & + & (a_1 + \cancel{2r}) & + & ... & + & (a_n - \cancel{2r}) & + & (a_n - \cancel{r}) & + & a_n & ① \\
+ & & & & & & & & & & & & & & & \\
S_n & = & a_n & + & (a_n - \cancel{r}) & + & (a_n - \cancel{2r}) & + & ... & + & (a_1 + \cancel{2r}) & + & (a_1 + \cancel{r}) & + & a_1 & ② \\
\hline
2 \cdot S_n & = & (a_1 + a_n) & + & (a_1 + a_n) & + & (a_1 + a_n) & + & ... & + & (a_1 + a_n) & + & (a_1 + a_n) & + & (a_1 + a_n) &
\end{array}
$$

$$\underbrace{}_{\text{n parcelas}}$$

$$2 \cdot S_n = (a_1 + a_n) \cdot n \Rightarrow \boxed{S_n = \frac{(a_1 + a_n) \cdot n}{2}}$$

OBSERVAÇÃO

Note que, em uma P.A. finita, a soma de dois termos equidistantes dos extremos é igual à soma dos termos extremos.

$(a_1, a_2, a_3, ..., a_{n-2}, a_{n-1}, a_n)$

Soma dos termos extremos: $a_1 + a_n$

$\begin{cases} a_2 \text{ e } a_{n-1} \text{ equidistam dos termos extremos:} \\ a_2 + a_{n-1} = a_1 + \cancel{r} + a_n - \cancel{r} = a_1 + a_n \\ a_3 \text{ e } a_{n-2} \text{ equidistam dos termos extremos:} \\ a_3 + a_{n-2} = a_1 + \cancel{2r} + a_n - \cancel{2r} = a_1 + a_n \\ \vdots \qquad \vdots \qquad \vdots \qquad \vdots \qquad \vdots \end{cases}$

EXEMPLO 3

Considerando a atividade desenvolvida na seção *Troque ideias* na página 345, vamos determinar a quantidade total de palitos usada para construir as 20 primeiras figuras:

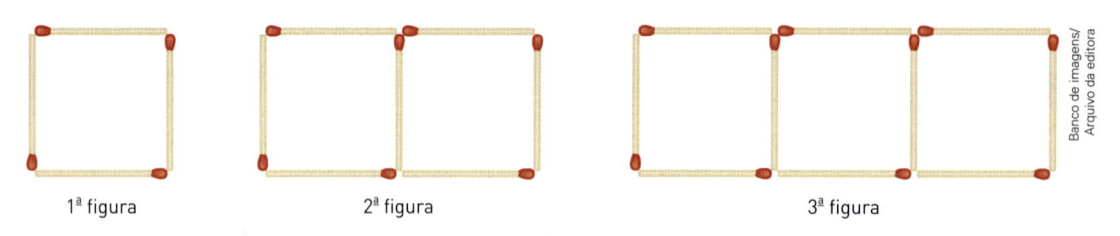

1ª figura   2ª figura   3ª figura

Temos a P.A. (4, 7, 10, 13, ...). Seu 20º termo é $a_{20} = a_1 + 19r \Rightarrow a_{20} = 4 + 19 \cdot 3 = 61$

Assim, é preciso determinar $S_{20} = \dfrac{(a_1 + a_{20}) \cdot 20}{2} = \dfrac{(4 + 61) \cdot 20}{2} = 650$

Precisamos, então, de 650 palitos.

Exercícios resolvidos

9. Determine a soma dos termos da P.A. (−61, −54, −47, ..., 303).

Solução:

A sequência (−61, −54, −47,..., 303) é uma P.A. de razão 7, da qual conhecemos o primeiro termo, $a_1 = -61$, e o último termo, que é $a_n = 303$.

$$a_n = a_1 + (n - 1) \cdot r \Rightarrow 303 = -61 + (n - 1) \cdot 7 \Rightarrow n = 53$$

Assim, a P.A. possui 53 termos. Daí, a soma pedida é:

$$\frac{(a_1 + a_n) \cdot n}{2} = \frac{(-61 + 303) \cdot 53}{2} = 6413$$

10. Em relação à sequência dos números naturais ímpares, calcule:

a) a soma dos 50 primeiros termos;   b) a soma dos **n** primeiros termos.

Solução:

A sequência é (1, 3, 5, 7, ...), com r = 2.

a) $a_{50} = a_1 + 49r \Rightarrow a_{50} = 1 + 49 \cdot 2 \Rightarrow a_{50} = 99$

Assim:

$$S_{50} = \frac{(a_1 + a_{50}) \cdot 50}{2} \Rightarrow S_{50} = \frac{(1 + 99) \cdot 50}{2} \Rightarrow S_{50} = 2500$$

b) $a_n = a_1 + (n - 1) \cdot r \Rightarrow a_n = 1 + (n - 1) \cdot 2 \Rightarrow a_n = -1 + 2n$

Daí:

$$S_n = \frac{(a_1 + a_n) \cdot n}{2} \Rightarrow S_n = \frac{(1 - 1 + 2n) \cdot n}{2} \Rightarrow S_n = n^2$$

Podemos verificar a resposta encontrada no item *b* atribuindo valores para **n** (n ∈ ℕ, n ⩾ 1):

- n = 1: a sequência é (1), e a soma é $S_1 = 1 = 1^2$
- n = 2: a sequência é (1, 3), e a soma é $S_2 = 1 + 3 = 4 = 2^2$
- n = 3: a sequência é (1, 3, 5), e a soma é $S_3 = 1 + 3 + 5 = 9 = 3^2$
- n = 4: a sequência é (1, 3, 5, 7), e a soma é $S_4 = 1 + 3 + 5 + 7 = 16 = 4^2$

Exercícios

41. Calcule a soma dos quinze primeiros termos da P.A. (−45, −41, −37, −33, ...).

42. Calcule a soma dos vinte primeiros termos da P.A. (0,15; 0,40; 0,65; 0,9; ...).

43. Para a compra de uma TV pode-se optar por um dos planos seguintes:
- plano alfa: entrada de R$ 400,00 e mais 13 prestações mensais crescentes, sendo a primeira de R$ 35,00, a segunda de R$ 50,00, a terceira de R$ 65,00 e assim por diante;
- plano beta: 15 prestações mensais iguais de R$ 130,00 cada uma.

a) Em qual dos planos o desembolso total é maior?

b) Qual deveria ser o valor da entrada do plano alfa para que, mantidas as demais condições, os desembolsos totais fossem iguais?

44. Sabendo que as parcelas formam uma P.A., calcule cada item:

a) 0,5 + 0,8 + 1,1 + ... + 9,2

b) 6,8 + 6,4 + 6,0 + ... + (−14)

45. O voo 3 742 de uma companhia aérea será operado com uma aeronave com capacidade para 264 passageiros. Nos doze dias que antecedem o voo, verificou-se que o número de assentos vendidos aumentou segundo uma P.A. de razão 2 até o 7º dia antes da viagem e, nos seis dias mais próximos da viagem, aumentou segundo uma P.A. de razão 5.

Na tabela seguinte aparecem alguns dados sobre o número de assentos vendidos.

Nº de dias de antecedência	Nº de assentos vendidos no dia
12	4
11	
10	
9	
8	
7	

Nº de dias de antecedência	Nº de assentos vendidos no dia
6	
5	
4	
3	36
2	
1	

Supondo que todos os compradores compareçam ao embarque na data e que não haja venda alguma de passagem no dia do embarque, determine o número de assentos vagos na aeronave durante o voo.

46. Suponha que, em certo mês (com 30 dias), o número de queixas diárias registradas em um órgão de defesa do consumidor aumente segundo uma P.A.

Sabendo que nos dez primeiros dias houve 245 reclamações, e nos dez dias seguintes houve mais 745 reclamações, represente a sequência do número de queixas naquele mês.

47. A soma dos **n** primeiros termos de uma P.A. é dada por $S_n = 18n - 3n^2$, sendo $n \in \mathbb{N}^*$. Determine:

a) o 1º termo da P.A.

b) a razão da P.A.

c) o 10º termo da P.A.

48. Uma criança organizou suas 1 378 figurinhas, colocando 3 na primeira fileira, 7 na segunda fileira, 11 na terceira fileira, 15 na quarta e assim por diante, até esgotá-las. Quantas fileiras a criança conseguiu formar?

49. Utilizando-se um fio de comprimento **L** é possível construir uma sequência de 16 quadrados em que a medida do lado de cada quadrado, a partir do segundo, é 2 cm maior que a medida do lado do quadrado anterior. Sabendo que para a construção do sétimo quadrado são necessários 68 cm, determine o valor de **L**.

50. No esquema seguinte, os números naturais não nulos aparecem dispostos em blocos de três linhas e três colunas, conforme indicado abaixo: **B₁**, **B₂**, **B₃**, ...

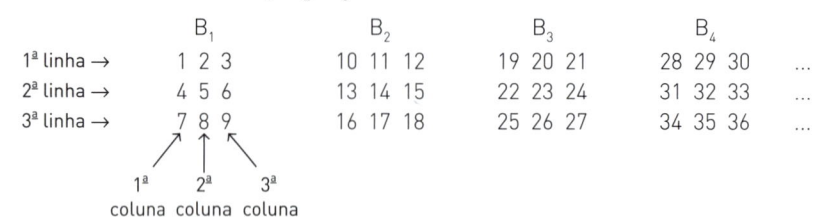

	B_1	B_2	B_3	B_4	
1ª linha →	1 2 3	10 11 12	19 20 21	28 29 30	...
2ª linha →	4 5 6	13 14 15	22 23 24	31 32 33	...
3ª linha →	7 8 9	16 17 18	25 26 27	34 35 36	...

↑ ↑ ↑
1ª 2ª 3ª
coluna coluna coluna

a) Em que linha e coluna encontra-se o elemento 787? A qual bloco ele pertence?
b) Determine o elemento que está na 3ª linha e 1ª coluna do bloco B_{100}.
c) Determine o elemento que está na 2ª linha e 3ª coluna do bloco B_{500}.
d) Qual é a soma de todos os elementos que se encontram na 2ª linha e 2ª coluna dos 500 primeiros blocos?
e) Qual é a soma de todos os elementos escritos nos 200 primeiros blocos?

Progressão aritmética e função afim

Vamos estabelecer uma importante conexão entre P.A. e função afim.

Já vimos que a P.A. (1, 4, 7, 10, 13, 16, ...) é uma função **f** de domínio em ℕ*, como mostra o diagrama ao lado.

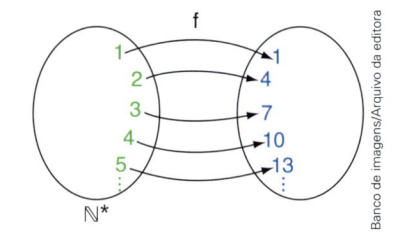

No gráfico ao lado, podemos observar parte do conjunto dos pontos que representam **f**.

Lembre que, embora os pontos estejam alinhados, não traçamos uma reta, pois **f** está definida apenas para valores naturais positivos.

O termo geral dessa P.A. é:
$$a_n = a_1 + (n - 1) \cdot r =$$
$$= 1 + (n - 1) \cdot 3 =$$
$$= -2 + 3n$$

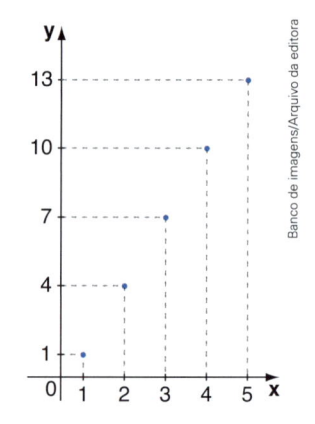

Podemos, desse modo, associar **f** à função dada por $y = -2 + 3x$, restrita aos valores naturais não nulos que a variável **x** assume.

Observe agora o gráfico da função afim dada por $y = -2 + 3x$, representado ao lado, com domínio ℝ, e compare-o com o gráfico anterior.

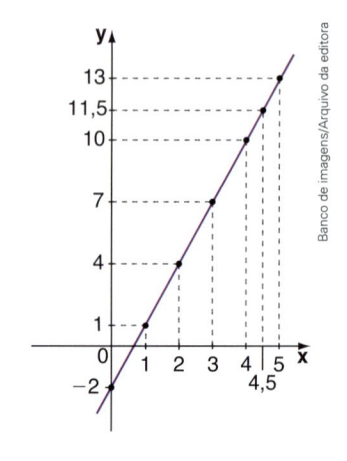

Exercício

51. Seja $f: \mathbb{N}^* \to \mathbb{R}$ a função cujo gráfico está abaixo representado.

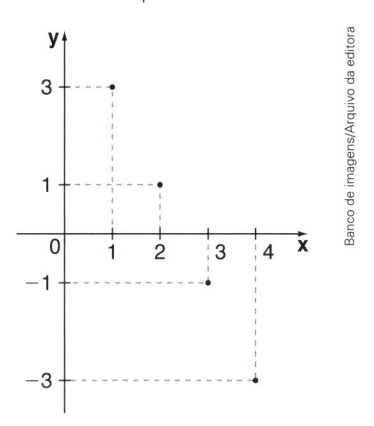

a) Determine a lei de **f**.
b) Qual é a progressão aritmética associada à função **f**? Obtenha seu termo geral.

Progressões geométricas

Troque ideias

A propagação de uma notícia

Você já imaginou a velocidade com que uma notícia, corrente, foto, vídeo ou boato podem ser multiplicados pelas redes sociais?

Suponha que, em certo dia, dois amigos criaram um blogue sobre saúde e bem-estar, com dicas, receitas de comidas saudáveis, relatos de experiências pessoais, etc.

No dia seguinte, cada um desses amigos convidou três novos amigos para visitar o blogue. Cada um desses três novos amigos convidou, no outro dia, três outros amigos para visitar o blogue e assim sucessivamente.

Faça o que se pede a seguir.

Suponha que esse padrão seja mantido e que ninguém seja convidado a visitar o blogue por mais de um amigo.

a) Começando pelo dia em que o blogue foi criado, escreva a sequência que representa o número diário de novos visitantes do blogue.
b) Responda: qual é a regularidade que você observa nessa sequência?
c) Obtenha um termo geral dessa sequência.
d) Responda: em quantos dias (considere o dia 1 o dia da criação do blogue) o número de visitas diárias ao blogue terá superado 1 milhão? Use uma calculadora.

Progressão geométrica (P.G.) é a sequência em que cada termo, a partir do segundo, é igual ao produto do termo anterior por uma constante real. Essa constante é chamada **razão da P.G.** e é indicada por **q**.

EXEMPLO 4

a) (4, 12, 36, 108, 324, 972, 2916, 8748) é uma P.G. de razão q = 3.

b) (−3, −15, −75, −375, ...) é uma P.G. de razão q = 5.

c) $\left(2, 1, \frac{1}{2}, \frac{1}{4}, \frac{1}{8}, ...\right)$ é uma P.G. de razão $q = \frac{1}{2}$.

d) (2, −8, 32, −128, 512, ...) é uma P.G. de razão q = −4.

e) (−1000, −100, −10, −1, ...) é uma P.G. de razão $q = \frac{1}{10} = 0{,}1$.

f) (−4, −4, −4, −4, −4, −4, −4, −4) é uma P.G. de razão q = 1.

g) $\left(-\frac{3}{2}, \frac{3}{2}, -\frac{3}{2}, \frac{3}{2}, ...\right)$ é uma P.G. de razão q = −1.

h) $(\sqrt{3}, 0, 0, 0, ...)$ é uma P.G. de razão q = 0.

OBSERVAÇÕES

- Uma P.G. cujo primeiro termo é a_1 e a razão é **q** pode ser definida por meio da lei de recorrência $a_n = a_{n-1} \cdot q$; $n \in \mathbb{N}$ e $n \geq 2$
- Note que a razão da P.G. (0, 0, 0, ...) é indeterminada, pois $0 \cdot a = 0, \forall a \in \mathbb{R}$. Assim, qualquer número real pode ser a razão.
- Nos itens do exemplo anterior, é possível notar que, se a P.G. não possui termos nulos, sua razão corresponde ao quociente entre um termo qualquer (a partir do segundo) e o termo antecedente, isto é:

$$q = \frac{a_2}{a_1} = \frac{a_3}{a_2} = \frac{a_4}{a_3} = ... = \frac{a_{p+1}}{a_p}$$

Classificação

Há cinco categorias de P.G. Vejamos quais são, retomando os itens do exemplo 4.

1. **Crescente:** cada termo é maior que o termo antecedente. Isso ocorre quando:
   - $a_1 > 0$ e $q > 0$, como no item *a*; ou
   - $a_1 < 0$ e $0 < q < 1$, como no item *e*.

2. **Decrescente:** cada termo é menor que o termo antecedente. Isso ocorre quando:
   - $a_1 > 0$ e $0 < q < 1$, como no item *c*; ou
   - $a_1 < 0$ e $q > 1$, como no item *b*.

3. **Constante:** cada termo é igual ao termo antecedente. Isso ocorre quando:
   - $q = 1$, como no item *f*; ou
   - $a_1 = 0$ e **q** é qualquer número real, como em (0, 0, 0, ...).

4. **Alternada ou oscilante:** os termos são alternadamente positivos e negativos. Isso ocorre quando $q < 0$, como nos itens *d* e *g*.

5. **Estacionária:** é uma P.G. constante a partir do segundo termo. Isso ocorre quando $a_1 \neq 0$ e $q = 0$, como no item *h*.

Termo geral da P.G.

Vamos agora encontrar uma expressão que nos permita obter um termo qualquer da P.G. conhecendo apenas o 1º termo (a_1) e a razão (q).

Seja ($a_1, a_2, a_3, ..., a_n$) uma P.G.
De acordo com a definição de P.G., podemos escrever:

$$a_2 = a_1 \cdot q$$

$$a_3 = a_2 \cdot q \Rightarrow a_3 = a_1 \cdot q^2$$

$$a_4 = a_3 \cdot q \Rightarrow a_4 = a_1 \cdot q^3$$

$$\vdots \quad \vdots \quad \vdots$$

De modo geral, o termo a_n, que ocupa a n-ésima posição na sequência, é dado por:

$$a_n = a_1 \cdot q^{n-1}$$

Essa expressão, conhecida como **fórmula do termo geral da P.G.**, permite-nos conhecer qualquer termo da P.G. em função do 1º termo (a_1) e da razão (q).

Assim, temos:
- $a_6 = a_1 \cdot q^5$
- $a_{11} = a_1 \cdot q^{10}$
- $a_{29} = a_1 \cdot q^{28}$

e assim por diante.

Exercícios resolvidos

11. Determine o 10º termo da P.G. $\left(\dfrac{1}{3}, 1, 3, 9, ...\right)$.

Solução:

Sabemos que $a_1 = \dfrac{1}{3}$ e $q = 3$.

Assim, pela expressão do termo geral, podemos escrever: $a_{10} = a_1 \cdot q^9 \Rightarrow a_{10} = \dfrac{1}{3} \cdot 3^9 = 3^8 = 6\,561$

12. Em uma P.G., o quarto e o sétimo termos são, respectivamente, 32 e 2 048. Qual é seu primeiro termo?

Solução:

Temos: $\begin{cases} a_4 = 32 \\ a_7 = 2\,048 \end{cases}$

Usando a expressão do termo geral, podemos escrever: $\begin{cases} a_1 \cdot q^3 = 32 \quad ① \\ a_1 \cdot q^6 = 2\,048 \quad ② \end{cases}$

Dividindo, membro a membro, ① por ②, obtemos:

$\dfrac{a_1 \cdot q^3}{a_1 \cdot q^6} = \dfrac{32}{2\,048} \Rightarrow \dfrac{1}{q^3} = \dfrac{1}{64} \Rightarrow q^3 = 64 \Rightarrow q = 4$

Substituindo em ①, temos: $a_1 \cdot 4^3 = 32 \Rightarrow a_1 = \dfrac{1}{2}$

13. Determine $x \in \mathbb{R}$ a fim de que a sequência $(5x + 1, x + 1, x - 2)$ seja uma P.G.

    Solução:

    $\dfrac{x + 1}{5x + 1} = \dfrac{x - 2}{x + 1} \Rightarrow (x + 1)^2 = (x - 2) \cdot (5x + 1) \Rightarrow 4x^2 - 11x - 3 = 0$

    As raízes dessa equação são $x_1 = 3$ e $x_2 = -\dfrac{1}{4}$.

    Verificando, para $x = 3$, a P.G. é $(16, 4, 1)$ e, para $x = -\dfrac{1}{4}$, a P.G. é $\left(-\dfrac{1}{4}, \dfrac{3}{4}, -\dfrac{9}{4}\right)$.

14. Determine três números de uma P.G. cujo produto seja 1 000 e a soma do 1º com o 3º termo seja igual a 52.

    Solução:

    Quando queremos encontrar três termos em P.G. e conhecemos algumas informações sobre eles, é interessante escrevê-los na forma $\left(\dfrac{x}{q}, x, x \cdot q\right)$.

    Do enunciado, temos:

    $\begin{cases} \dfrac{x}{q} \cdot x \cdot xq = 1\,000 \text{ (I)} \\ \dfrac{x}{q} + x \cdot q = 52 \text{ (II)} \end{cases}$

    Da equação (I), temos:

    $x^3 = 1\,000 \Rightarrow x = 10$

    Substituindo $x = 10$ na equação (II), temos:

    $\dfrac{10}{q} + 10q = 52 \Rightarrow 10q^2 - 52q + 10 = 0$

    Resolvendo essa equação do 2º grau, obtemos: $q = \dfrac{1}{5}$ ou $q = 5$

    - Para $q = \dfrac{1}{5}$, temos a P.G. $(50, 10, 2)$.

    - Para $q = 5$, temos a P.G. $(2, 10, 50)$.

15. Interpole cinco meios aritméticos entre $\dfrac{2}{3}$ e 486.

    Solução:

    Devemos formar uma P.G. de sete termos na qual $a_1 = \dfrac{2}{3}$ e $a_7 = 486$.

    $$\underset{a_1}{\dfrac{2}{3}} \quad \underbrace{\overline{a_2} \ \overline{a_3} \ \overline{a_4} \ \overline{a_5} \ \overline{a_6}}_{\text{cinco termos}} \quad \underset{a_7}{486}$$

    Temos:

    $a_7 = a_1 \cdot q^6 \Rightarrow 486 = \dfrac{2}{3} \cdot q^6 \Rightarrow q^6 = 729 \Rightarrow q = \pm 3$

    - Para $q = 3$, a P.G. é $\left(\dfrac{2}{3}, 2, 6, 18, 54, 162, 486\right)$.

    - Para $q = -3$, a P.G. é $\left(\dfrac{2}{3}, -2, 6, -18, 54, -162, 486\right)$.

16. Em uma P.A. não constante, o 1º termo é 10; sabe-se que o 3º, o 5º e o 8º termos dessa P.A. são, sucessivamente, os três primeiros termos de uma P.G. Descreva essa P.G.

Solução:

Usando a fórmula do termo geral da P.A., em que $a_1 = 10$, temos:
$a_3 = 10 + 2r$; $a_5 = 10 + 4r$ e $a_8 = 10 + 7r$
Da hipótese, $(a_3, a_5, a_8, ...)$ é P.G., isto é, $(10 + 2r, 10 + 4r, 10 + 7r, ...)$ é P.G.
Devemos ter:
$$\frac{10 + 4r}{10 + 2r} = \frac{10 + 7r}{10 + 4r} \Rightarrow (10 + 4r)^2 = (10 + 7r) \cdot (10 + 2r) \Rightarrow 100 + 80r + 16r^2 = 100 + 90r + 14r^2 \Rightarrow$$
$$\Rightarrow 2r^2 - 10r = 0$$
$$\Rightarrow \begin{cases} r = 0 \text{ (não convém, pois a P.A. é não constante)} \\ \text{ou} \\ r = 5 \end{cases}$$
Os três primeiros termos da P.G. são: $10 + 2 \cdot 5$, $10 + 4 \cdot 5$, $10 + 7 \cdot 5$. Então, a P.G. é $(20, 30, 45, ...)$. Observe que a razão dessa P.G. é 1,5.

Exercícios

52. Identifique as sequências que representam progressões geométricas:
   a) $(3, 12, 48, 192, ...)$
   b) $(-3, 6, -12, 24, -48, ...)$
   c) $(5, 15, 75, 375, ...)$
   d) $(\sqrt{2}, 2, 2\sqrt{2}, 4, ...)$
   e) $\left(-\frac{1}{3}, -\frac{1}{6}, -\frac{1}{12}, -\frac{1}{24}, ...\right)$
   f) $(\sqrt{3}, 2\sqrt{3}, 3\sqrt{3}, 4\sqrt{3}, ...)$

53. Calcule a razão de cada uma das seguintes progressões geométricas:
   a) $(1, 2, 4, 8, 16, ...)$
   b) $(10^{40}, 10^{42}, 10^{44}, 10^{46}, ...)$
   c) $(-2, 6, -18, 54, ...)$
   d) $(5, -5, 5, -5, 5, ...)$
   e) $(80, 40, 20, 10, 5, ...)$
   f) $(10^{-1}, 10^{-2}, 10^{-3}, 10^{-4}, ...)$

54. Qual é o 8º termo da P.G. $(-1, 4, -16, 64, ...)$?

55. Qual é o 6º termo da P.G. $(-240, -120, -60, ...)$?

56. Em uma P.G. crescente, o 3º termo vale -80, e o 7º termo, -5. Qual é seu 1º termo?

57. O número de consultas a um *site* de comércio eletrônico aumenta semanalmente (desde a data em que o portal ficou acessível), segundo uma P.G. de razão 3. Sabendo que na 6ª semana foram registradas 1 458 visitas, determine o número de visitas ao *site* registrado na 3ª semana.

58. Em uma colônia de bactérias, o número de elementos dobra a cada hora. Sabendo que, na 5ª hora de observação, o número de bactérias era igual a 4^{19}, determine:
   a) o número de bactérias na colônia na 1ª hora de observação;
   b) o número de bactérias esperado para a 10ª hora de observação.

59. Determine, para cada P.G. seguinte, a expressão de seu termo geral:
   a) $(2, 6, 18, 54, ...)$ c) $(-2, 8, -32, 128, ...)$
   b) $(3^{27}, 3^{24}, 3^{21}, 3^{18}, ...)$

60. Em uma reunião de condomínio, os moradores analisaram os valores das taxas mensais de obras cobradas em alguns meses de 2017:
   março: R$ 120,00   maio: R$ 172,80
   abril: R$ 144,00   junho: R$ 207,36

   Um dos moradores percebeu que havia uma regularidade nesses valores.
   a) Classifique a sequência de valores cobrados, determinando sua razão.
   b) Sabe-se que o padrão na cobrança teve início em janeiro de 2017 e se estendeu até janeiro de 2018. Determine a diferença entre os valores cobrados em janeiro desses 2 anos, arredondando, em todos os cálculos, para valores inteiros.
   Use $1,2^{12} \simeq 8,9$.

61. Uma sequência de quadrados $(Q_1, Q_2, Q_3, ...)$ é construída de modo que a medida do lado de cada quadrado é $\frac{3}{2}$ da medida do lado do quadrado anterior.

Sabendo que o perímetro do quadrado Q_2 mede 24 cm, determine:
a) a área de Q_4;
b) a medida do perímetro de Q_{10}.

62. Em cada item a seguir, a sequência é uma P.G. Determine o valor de **x**:
a) $(4, x, 9)$
b) $(x^2 - 4, 2x + 4, 6)$
c) $(-2, x + 1, -4x + 2)$
d) $\left(\dfrac{1}{2}, \log_{0,25} x, 8\right)$

63. As idades da senhora Beatriz, de sua filha e de sua neta formam, nessa ordem, uma P.G. de razão $\dfrac{2}{3}$. Determine as três idades, sabendo que a neta tem cinquenta anos a menos que a avó.

64. Subtraindo-se um mesmo número de cada um dos termos da sequência $(2, 5, 6)$, ela se transforma em uma P.G.
a) Que número é esse?
b) Qual é a razão da P.G.?

65. Uma dívida deverá ser paga em sete parcelas, de modo que elas constituam termos de uma P.G. Sabe-se que os valores da 3ª e da 6ª parcelas são, respectivamente, R$ 144,00 e R$ 486,00. Determine:
a) o valor da 1ª parcela;
b) o valor da última parcela.

66. Para cada P.G. seguinte, encontre o número de termos:
a) $(2^{31}, 2^{35}, 2^{39}, ..., 2^{111})$
b) $\left(-\dfrac{1}{120}, \dfrac{1}{60}, -\dfrac{1}{30}, ..., \dfrac{64}{15}\right)$

67. Interpole quatro meios geométricos entre -4 e 972.

68. Interpolando seis meios geométricos entre 20 000 e $\dfrac{1}{500}$, determine:
a) a razão da P.G. obtida;
b) o 4º termo da P.G.

69. Os números que expressam as medidas do lado, o perímetro e a área de um quadrado podem estar, nessa ordem, em P.G.? Em caso afirmativo, qual deve ser a medida do lado do quadrado?

70. Em uma P.G. de 3 termos positivos, o produto dos termos extremos vale 625, e a soma dos dois últimos termos é igual a 30. Qual é o 1º termo?

71. Escreva três números em P.G. cujo produto seja 216 e a soma dos dois primeiros termos seja 9.

72. A sequência $(13, 4x + 1, 21)$ é uma P.A. e a sequência $\left(\dfrac{x}{8}, y, 32\right)$ é uma P.G. Quais são os valores de **x** e **y**?

73. Sendo $(40, x, y, 5, ...)$ uma progressão geométrica de razão **q** e $\left(q, 8 - a, \dfrac{7}{2}\right)$ uma progressão aritmética, determine:
a) o valor de **a**;
b) o 10º termo da P.A.

74. Sejam **f** e **g** duas funções definidas de $\mathbb{N}^*$ em $\mathbb{N}^*$ dadas pelos termos gerais $a_n = 3n + 4$ e $b_n = 2^{a_n}$, respectivamente. Verifique se **f** é uma P.A. e **g** é uma P.G., e, em caso afirmativo, determine suas respectivas razões.

75. Em uma P.A. crescente, o 2º, o 5º e o 14º termos formam, nessa ordem, uma P.G., e o primeiro termo vale 2. Obtenha a razão dessa P.G.

76. Qual é a condição sobre os números reais **a**, **b** e **c** de modo que a sequência (a, b, c) seja, simultaneamente, uma P.A. e uma P.G.?

Soma dos n primeiros termos de uma P.G.

Seja $(a_1, a_2, ..., a_n, ...)$ uma P.G.
Queremos encontrar uma expressão para a soma de seus **n** primeiros termos, a saber:

$$S_n = a_1 + a_2 + a_3 + ... + a_{n-1} + a_n \quad \text{①}$$

Multiplicando por **q** (com $q \neq 0$) os dois membros da igualdade anterior e lembrando a formação dos elementos de uma P.G., segue que:

$$q \cdot S_n = q(a_1 + a_2 + a_3 + ... + a_{n-1} + a_n) =$$
$$= \underbrace{a_1 \cdot q}_{a_2} + \underbrace{a_2 \cdot q}_{a_3} + \underbrace{a_3 \cdot q}_{a_4} + ... + \underbrace{a_{n-1} \cdot q}_{a_n} + a_n \cdot q$$

$$q \cdot S_n = a_2 + a_3 + a_4 + ... + a_n + a_n \cdot q \quad \text{②}$$

Subtraindo ①de ②, membro a membro, obtemos:

$$q \cdot S_n - S_n = (\cancel{a_2} + \cancel{a_3} + \ldots + \cancel{a_{n-1}} + \cancel{a_n} + a_n \cdot q) - (a_1 + \cancel{a_2} + \cancel{a_3} + \ldots + \cancel{a_{n-1}} + \cancel{a_n})$$

$$S_n \cdot (q - 1) = a_n \cdot q - a_1$$

Como $a_n = a_1 \cdot q^{n-1}$, temos:

$$S_n \cdot (q - 1) = a_1 q^{n-1} \cdot q - a_1, \text{ isto é,}$$

$$S_n \cdot (q - 1) = a_1 q^n - a_1 \xRightarrow{q \neq 1} \boxed{S_n = \frac{a_1(q^n - 1)}{q - 1}}$$

Observe que, se q = 1, a fórmula deduzida não pode ser aplicada, pois anula o denominador. Nesse caso, todos os termos da P.G. são iguais e, para calcular a soma de seus **n** primeiros termos, basta fazer:

$$S_n = a_1 + a_2 + \ldots + a_n = \underbrace{a_1 + a_1 + \ldots + a_1}_{n \text{ parcelas}} \Rightarrow S_n = n \cdot a_1$$

EXEMPLO 5

Vamos calcular a soma dos 10 primeiros termos da P.G. $\left(20, 10, 5, \frac{5}{2}, \ldots\right)$.

Observe que $q = \frac{1}{2}$, então:

$$S_{10} = \frac{a_1 \cdot (q^{10} - 1)}{q - 1} = \frac{20 \cdot \left[\left(\frac{1}{2}\right)^{10} - 1\right]}{\frac{1}{2} - 1}$$

$$S_{10} = \frac{20 \cdot \left(-\frac{1023}{1024}\right)}{-\frac{1}{2}} = \frac{-\frac{5115}{256}}{-\frac{1}{2}} = \frac{5115}{128} \approx 39,96$$

Exercício resolvido

17. Um indivíduo pediu a um amigo um empréstimo e combinou de pagá-lo em oito prestações, sendo a primeira de R$ 60,00, a segunda de R$ 90,00, a terceira de R$ 135,00, e assim por diante, pagando, em cada prestação, 150% do valor da prestação anterior.
Qual é o valor total a ser pago?

Solução:
A sequência de valores das prestações (60; 90; 135; 202,50; ...) é uma P.G. de razão $q = \frac{90}{60} = 1,5$.

O valor total a ser pago corresponde à soma dos oito primeiros termos dessa P.G., a saber:

$$S_8 = \frac{a_1 \cdot (q^8 - 1)}{q - 1} = \frac{60 \cdot (1,5^8 - 1)}{1,5 - 1}$$

Com uma calculadora, obtemos o valor aproximado de $1,5^8 \approx 25,63$ e $S_8 \approx \frac{60 \cdot 24,63}{0,5} = 2\,955,6$.

O valor total pago é, aproximadamente, R$ 2 955,60.

Exercícios

77. Calcule a soma dos seis primeiros termos da P.G. (−2, 4, −8, ...).

78. Calcule a soma dos oito primeiros termos da P.G. (320, 160, 80, ...).

79. A tabela seguinte informa a projeção do número de livros vendidos em uma livraria nos primeiros anos de atividade:

Ano	Número de livros
1	50 000
2	60 000
3	72 000
4	86 400

Se for mantido esse padrão, qual será o total de livros vendidos nessa livraria nos seus dez primeiros anos de atividade? Considere $1{,}2^5 \simeq 2{,}5$.

80. Um projeto paisagístico em um parque prevê que 16 376 mudas de certa espécie vegetal sejam plantadas nas regiões R_1, R_2, R_3, ..., R_n representadas ao lado, de modo que o número de mudas plantadas na região R_n ($n \geq 2$) seja o dobro do número de mudas plantadas na região R_{n-1}. Na região R_3 foram plantadas 32 mudas.
Quantas mudas serão plantadas na última região?

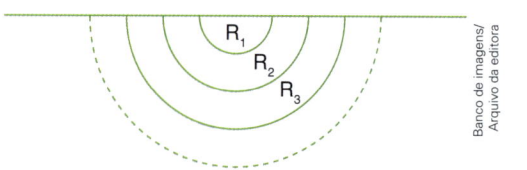

81. No financiamento de uma moto, foi acordado que o proprietário faria o pagamento em vinte prestações mensais que formam uma P.G. de razão 1,02.
Sabendo que o valor da quarta prestação era de R$ 318,00, determine o valor total pago pela moto.
Considere: $1{,}02^3 \simeq 1{,}06$ e $1{,}02^{20} \simeq 1{,}5$.

82. Seja a sequência definida pelo termo geral $a_n = \dfrac{3^n}{6}$, $n \in \mathbb{N}^*$.

a) Calcule a soma de seus três primeiros termos.
b) Quantos termos devemos somar na sequência, a partir do primeiro, a fim de obter soma igual a 14 762?

83. Na sequência abaixo, todos os triângulos são equiláteros e o perímetro de determinado triângulo, a partir do 2º, é $\dfrac{5}{4}$ do perímetro do triângulo anterior:

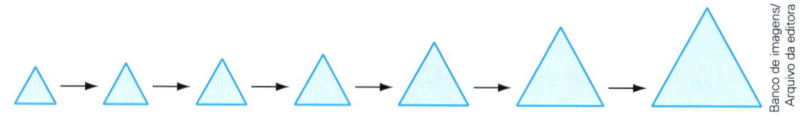

Sabendo que o lado do 2º triângulo mede 1 m, determine:
a) a medida do perímetro do 1º triângulo;
b) a medida do lado do 4º triângulo;
c) o número inteiro mínimo de metros necessários para a construção da sequência acima. Considere $1{,}25^7 \simeq 4{,}8$.

84. Certo dia, em uma pequena cidade, 5 pessoas ficam sabendo que um casal do colégio começou a namorar. No dia seguinte, cada uma delas contou essa notícia para outras duas pessoas. Cada uma dessas pessoas repassou, no dia seguinte, essa notícia para outras duas pessoas e assim sucessivamente. Passados oito dias, quantas pessoas já estarão sabendo da notícia? Admita que ninguém fique sabendo da notícia por mais de uma pessoa.

Soma dos termos de uma P.G. infinita

Seja (a_n) uma sequência dada pelo termo geral: $a_n = \left(\dfrac{1}{10}\right)^n$, para $n \in \mathbb{N}^*$. Vamos atribuir valores para **n** (n = 1, 2, 3, ...) para caracterizar essa sequência:

$$n = 1 \Rightarrow a_1 = \frac{1}{10} = 0{,}1$$

$$n = 2 \Rightarrow a_2 = \frac{1}{100} = 0{,}01$$

$$n = 3 \Rightarrow a_3 = \frac{1}{1\,000} = 0{,}001$$

$$n = 4 \Rightarrow a_4 = \frac{1}{10\,000} = 0{,}0001$$

$$\vdots \quad \vdots \quad \vdots$$

$$n = 10 \Rightarrow a_{10} = \frac{1}{10^{10}} = 0{,}0000000001$$

$$\vdots \quad \vdots \quad \vdots$$

Trata-se da P.G. (0,1; 0,01; 0,001; 0,0001; ...) de razão $q = \dfrac{1}{10}$. Podemos perceber que, à medida que o valor do expoente **n** aumenta, o valor do termo a_n fica cada vez mais próximo de zero.

Dizemos, então, que o limite de $a_n = \left(\dfrac{1}{10}\right)^n$, quando **n** tende ao infinito (isto é, quando **n** se torna "arbitrariamente grande"), vale zero e representamos esse fato da seguinte maneira: $\lim\limits_{n \to \infty} a_n = 0 \left(\text{ou } \lim\limits_{n \to \infty} \left(\dfrac{1}{10}\right)^n = 0\right)$.

Faça as contas com algumas outras sequências desse tipo, como, por exemplo, $a_n = \left(\dfrac{1}{2}\right)^n$, $b_n = -\left(\dfrac{1}{3}\right)^n$ ou $c_n = 0{,}75^n$, e verifique se chega à mesma conclusão. Use uma calculadora.

De modo geral, pode-se mostrar que, se $q \in \mathbb{R}$, com $|q| < 1$, isto é, $-1 < q < 1$, então $\lim\limits_{n \to \infty} q^n = 0$.

Nosso objetivo é calcular a soma dos infinitos termos de uma P.G. cuja razão **q** é tal que $-1 < q < 1$.

Para isso, precisamos analisar o que ocorre com a soma de seus **n** primeiros termos quando **n** tende ao infinito, isto é, quando **n** se torna "arbitrariamente grande". Temos:

$$\lim\limits_{n \to \infty} S_n = \lim\limits_{n \to \infty} \left(\frac{a_1 \cdot (q^n - 1)}{q - 1}\right), \text{ com } -1 < q < 1$$

Levando em conta as considerações anteriores, temos que:

$$\lim\limits_{n \to \infty} q^n = 0$$

Assim, segue que:

$$\lim\limits_{n \to \infty} S_n = \frac{a_1 \cdot (0 - 1)}{q - 1} = \frac{-a_1}{q - 1} = \frac{a_1}{1 - q}$$

> Na P.G. ($a_1, a_2, a_3, ..., a_n, ...$) de razão **q**, com $-1 < q < 1$, temos:
> $$\lim\limits_{n \to \infty} S_n = \frac{a_1}{1 - q}$$
> Dizemos, então, que a soma dos termos da P.G. infinita é igual a $\dfrac{a_1}{1 - q}$.

OBSERVAÇÃO

Essa propriedade não vale para sequências do tipo $a_n = 2^n$ ou $b_n = 10^n$ ou $c_n = -(4^n)$.

Considere a sequência dada por $a_n = 2^n$, $n > 1$. Atribuindo-se valores para **n** obtemos: ($2, 2^2, 2^3, 2^4, ...$). Quando **n** tende ao infinito, 2^n é um número arbitrariamente grande, de modo que $\lim\limits_{n \to \infty} 2^n = \infty$. O mesmo raciocínio se aplica às demais sequências.

EXEMPLO 6

Vamos calcular a soma dos termos da P.G. infinita $\left(\dfrac{1}{2}, \dfrac{1}{4}, \dfrac{1}{8}, \ldots\right)$.

Inicialmente, note que $q = \dfrac{1}{2}$ e $-1 < \dfrac{1}{2} < 1$.

Assim: $\dfrac{1}{2} + \dfrac{1}{4} + \dfrac{1}{8} + \ldots = \dfrac{a_1}{1-q} = \dfrac{\frac{1}{2}}{1-\frac{1}{2}} = \dfrac{\frac{1}{2}}{\frac{1}{2}} = 1$

Podemos interpretar geometricamente esse fato.

Vamos considerar o seguinte experimento:

Seja um quadrado de lado unitário. Vamos dividi-lo em duas partes iguais, hachurar uma delas e, na outra, repetir o procedimento, isto é, dividir essa parte em duas partes iguais, hachurando uma delas e dividindo a outra em duas partes iguais.

Vamos continuar, em cada etapa, dividindo a parte não hachurada em duas até que não seja mais possível fazê-lo, devido ao tamanho reduzido da parte. A operação pode ser repetida indefinidamente usando, por exemplo, um programa computacional.

A figura ao lado ilustra esse procedimento.

A soma das áreas dos "infinitos" retângulos assim construídos deve ser igual à área do quadrado original, isto é:

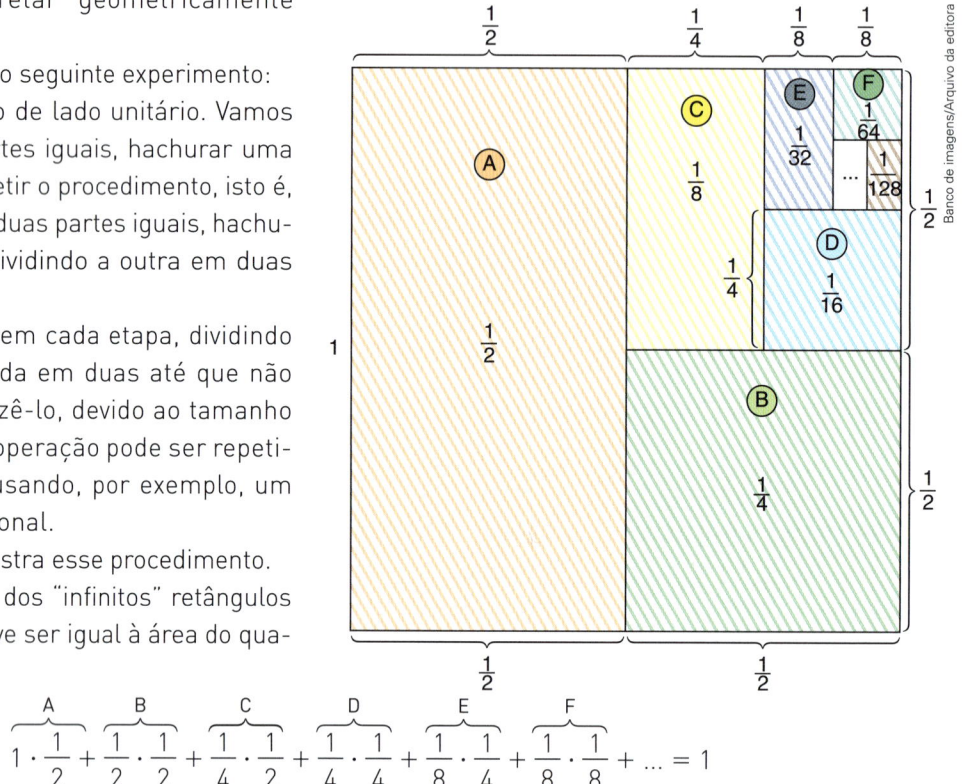

$$\underbrace{1 \cdot \dfrac{1}{2}}_{A} + \underbrace{\dfrac{1}{2} \cdot \dfrac{1}{2}}_{B} + \underbrace{\dfrac{1}{4} \cdot \dfrac{1}{2}}_{C} + \underbrace{\dfrac{1}{4} \cdot \dfrac{1}{4}}_{D} + \underbrace{\dfrac{1}{8} \cdot \dfrac{1}{4}}_{E} + \underbrace{\dfrac{1}{8} \cdot \dfrac{1}{8}}_{F} + \ldots = 1$$

ou, melhor:

$$\dfrac{1}{2} + \dfrac{1}{4} + \dfrac{1}{8} + \dfrac{1}{16} + \dfrac{1}{32} + \dfrac{1}{64} + \ldots = 1$$

Exercícios resolvidos

18. Obtenha a fração geratriz da dízima 0,2222…

Solução:

Seja $x = 0{,}2222\ldots$. Podemos escrever **x** na forma:

$$x = 0{,}2 + 0{,}02 + 0{,}002 + 0{,}0002 + \ldots$$

Observe que **x** representa a soma dos termos de uma P.G. infinita cujo 1º termo é $a_1 = 0{,}2$ e a razão é $q = \dfrac{0{,}02}{0{,}2} = 0{,}1$.

Assim: $x = \dfrac{a_1}{1-q} = \dfrac{0{,}2}{1-0{,}1} \Rightarrow x = \dfrac{2}{9}$

19. Calcule o valor de: $\dfrac{1}{3} - \dfrac{1}{9} + \dfrac{1}{27} - \dfrac{1}{81} + \ldots$

Solução:

Precisamos calcular a soma dos infinitos termos da P.G. $\left(\dfrac{1}{3}, -\dfrac{1}{9}, +\dfrac{1}{27}, -\dfrac{1}{81}, +\ldots\right)$.

Observe que $q = -\dfrac{1}{3}$ e $\left(-1 < -\dfrac{1}{3} < 1\right)$.

Assim,

$$\dfrac{1}{3} - \dfrac{1}{9} + \dfrac{1}{27} - \dfrac{1}{81} + \ldots = \dfrac{a}{1-q} = \dfrac{\dfrac{1}{3}}{1-\left(-\dfrac{1}{3}\right)} = \dfrac{\dfrac{1}{3}}{\dfrac{4}{3}} = \dfrac{1}{4}$$

20. Resolva, em $\mathbb{R}$, a equação $x - \dfrac{x^2}{4} + \dfrac{x^3}{16} - \dfrac{x^4}{64} + \ldots = \dfrac{4}{3}$

Solução:

O 1º membro da equação representa a soma dos termos da P.G. infinita $\left(x, -\dfrac{x^2}{4}, \dfrac{x^3}{16}, -\dfrac{x^4}{64}, \ldots\right)$, cujo valor é:

$$\dfrac{a_1}{1-q} = \dfrac{x}{1-\left(-\dfrac{x}{4}\right)}$$

Daí:

$$\dfrac{x}{1+\dfrac{x}{4}} = \dfrac{4}{3} \Rightarrow 3x = 4 + x \Rightarrow x = 2$$

Note que, para $x = 2$, temos $q = -\dfrac{x}{4} = -\dfrac{1}{2}$ e $-1 < q < 1$.

Exercícios

85. Determine o valor de:

a) $20 + 10 + 5 + 2{,}5 + \ldots$

b) $90 + 9 + \dfrac{9}{10} + \dfrac{9}{100} + \ldots$

c) $10^{-3} + 10^{-4} + 10^{-5} + \ldots$

d) $-25 - 5 - 1 - \dfrac{1}{5} - \dfrac{1}{25} - \ldots$

e) $9 - 3 + 1 - \dfrac{1}{3} + \dfrac{1}{9} - \ldots$

f) $2\sqrt{2} + \sqrt{2} + \dfrac{\sqrt{2}}{2} + \dfrac{\sqrt{2}}{4} + \ldots$

86. Seja a sequência (a_n) dada pelo termo geral $a_n = \dfrac{9}{2 \cdot 3^n}$, em que $n \in \mathbb{N}^*$.

Qual é o valor de $a_2 + a_4 + a_6 + a_8 + \ldots$?

87. Encontre a fração geratriz de cada uma das seguintes dízimas periódicas:

a) $0{,}444\ldots$

b) $1{,}777\ldots$

c) $0{,}\overline{27}$

d) $2{,}3\overline{6}$

88. Considere uma sequência infinita de quadrados (Q_1, Q_2, Q_3, ...), em que, a partir de Q_2, a medida do lado de cada quadrado é a décima parte da medida do lado do quadrado anterior. Sabendo que o lado de Q_1 mede 10 cm, determine:
a) a soma dos perímetros de todos os quadrados da sequência;
b) a soma das áreas de todos os quadrados da sequência.

89. Resolva, em $\mathbb{R}$, as seguintes equações:

a) $x^2 + \dfrac{x^3}{2} + \dfrac{x^4}{4} + \dfrac{x^5}{8} + ... = \dfrac{1}{3}$

b) $(1 + x) + (1 + x)^2 + (1 + x)^3 + ... = 3$

c) $x + \dfrac{x^2}{4} + \dfrac{x^3}{16} + \dfrac{x^4}{64} + ... = \dfrac{4}{3}$

d) $2^x + 2^{x-1} + 2^{x-2} + ... = 0{,}25$

90. Seja um triângulo equilátero de lado 12 cm. Unindo-se os pontos médios dos lados desse triângulo, obtém-se outro triângulo equilátero no centro da figura. Unindo-se os pontos médios dos lados desse último triângulo, constrói-se outro triângulo no centro da figura, e assim indefinidamente.
a) Qual é a soma dos perímetros de todos os triângulos assim construídos?
b) Qual é a soma das áreas de todos os triângulos assim construídos?

91. Uma bola é atirada ao chão de uma altura de 200 cm. Ao atingir o solo pela primeira vez, ela sobe até uma altura de 100 cm, cai e atinge o solo pela segunda vez, subindo até uma altura de 50 cm, e assim por diante, subindo sempre metade da altura anterior, até perder energia e cessar o movimento. Quantos metros a bola percorre ao todo?

Produto dos n primeiros termos de uma P.G.

Uma interessante aplicação da soma dos termos de uma P.A. é na obtenção da expressão que define o produto dos **n** primeiros termos de uma P.G.

Seja a P.G. (a_1, a_2, a_3, ..., a_n, ...).

Vamos mostrar que o produto de seus **n** primeiros termos, $P_n = a_1 \cdot a_2 \cdot ... \cdot a_n$, pode ser expresso por:

$$P_n = a_1^n \cdot q^{\frac{n(n-1)}{2}}$$

De fato, sendo $P_n = a_1 \cdot a_2 \cdot a_3 \cdot ... \cdot a_n$, usamos a fórmula do termo geral da P.G.:

$$P_n = a_1 \cdot \underbrace{a_1 \cdot q}_{a_2} \cdot \underbrace{a_1 \cdot q^2}_{a_3} \cdot ... \cdot \underbrace{a_1 \cdot q^{n-1}}_{a_n}$$

$$P_n = \underbrace{a_1 \cdot a_1 \cdot a_1 \cdot ... \cdot a_1}_{n \text{ fatores}} \cdot q \cdot q^2 \cdot ... \cdot q^{n-1}$$

$$P_n = a_1^n \cdot q^{1+2+...+(n-1)}$$

O expoente de **q** na expressão anterior corresponde à soma dos n − 1 primeiros termos da P.A.:

(1, 2, 3, ..., n − 1), que é igual a $\dfrac{[1 + (n-1)] \cdot (n-1)}{2} = \dfrac{n \cdot (n-1)}{2}$.

Assim, $\boxed{P_n = a_1^n \cdot q^{\frac{n \cdot (n-1)}{2}}}$.

Exercício resolvido

21. Calcule o produto dos dez primeiros termos da P.G. $\left(2, 1, \dfrac{1}{2}, \dfrac{1}{4}, ...\right)$.

Solução:

Temos que $q = \dfrac{1}{2}$. Então: $P_{10} = 2^{10} \cdot \left(\dfrac{1}{2}\right)^{\frac{10 \cdot 9}{2}} = 2^{10} \cdot \left(\dfrac{1}{2}\right)^{45} = \dfrac{1}{2^{35}}$

Exercícios

92. Resolva, em ℝ, a equação $\sqrt[3]{x} \cdot \sqrt[9]{x} \cdot \sqrt[27]{x} \cdot ... = 9$.

93. Calcule o produto dos seis primeiros termos da P.G. (3, 6, 12, ...).

94. Obtenha o produto dos oito primeiros termos da P.G. (100, 10, 1, ...) expressando o resultado em notação científica.

95. O produto dos **n** primeiros termos da P.G. $(\sqrt{2}, 2, 2\sqrt{2}, 4, ...)$ é igual a 2^{39}. Qual é o valor de **n**?

96. Calcule o produto dos **n** primeiros termos da P.G. (3, −3, 3, −3, ...), sendo:
a) n = 5
b) n = 10

Progressão geométrica e função exponencial

Vamos estabelecer uma interessante conexão entre a P.G. e a função exponencial.

Seja a P.G. (1, 2, 4, 8, 16, 32, ...); já vimos que essa sequência é uma função **f** com domínio em ℕ*, como mostra o diagrama abaixo.

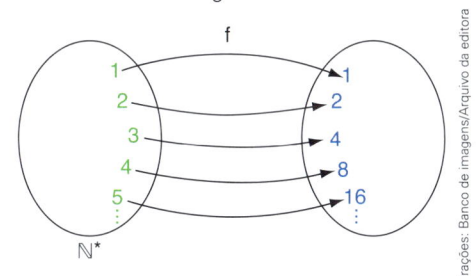

A representação gráfica de **f** é dada a seguir:

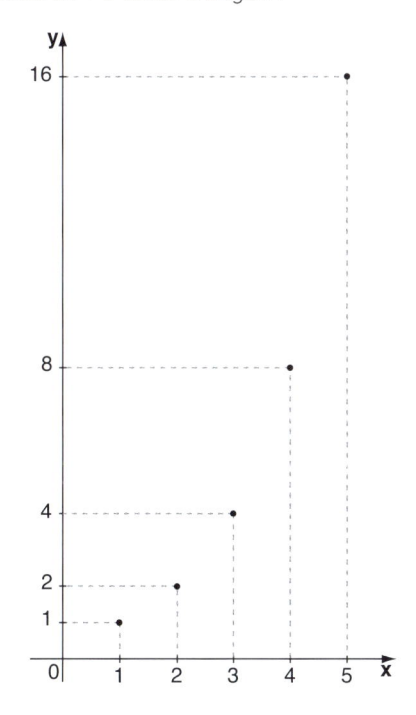

O termo geral dessa P.G. é:

$$a_n = a_1 \cdot q^{n-1} \Rightarrow a_n = 1 \cdot 2^{n-1} = \frac{2^n}{2^1} \Rightarrow a_n = \frac{1}{2} \cdot 2^n$$

Desse modo, podemos associar **f** à função exponencial dada por $y = \frac{1}{2} \cdot 2^x$, restrita aos valores naturais não nulos que a variável **x** assume.

Veja agora o gráfico da função exponencial representado abaixo, dada por $y = \dfrac{1}{2} \cdot 2^x$, com domínio em $\mathbb{R}$, e compare-o com o gráfico anterior.

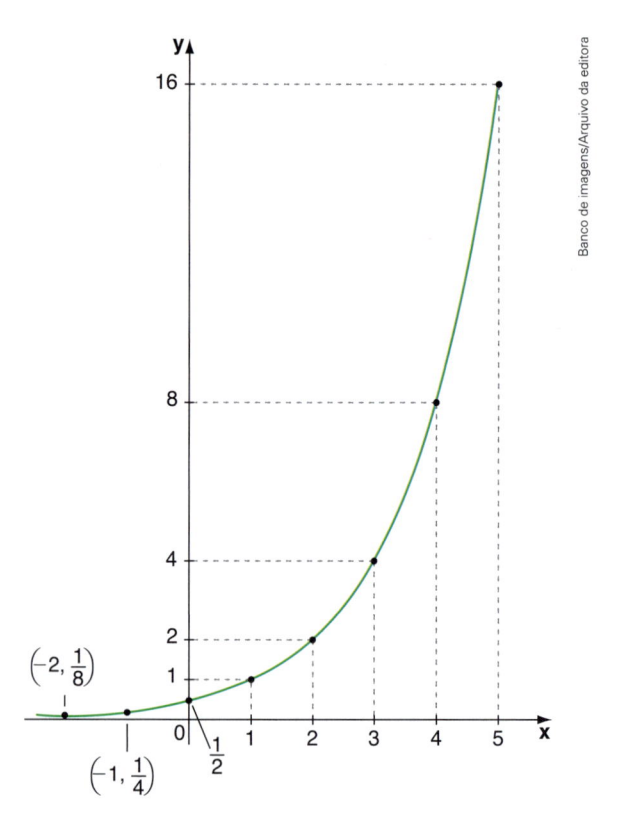

Exercícios

97. Seja $f: \mathbb{N}^* \to \mathbb{R}$ uma função definida por $f(x) = 4 \cdot (0,5)^x$.
   a) Represente o conjunto imagem de **f**.
   b) Esboce o gráfico de **f**.

98. O gráfico abaixo representa a função **f**, de domínio $\mathbb{N}^*$, definida por $y = \dfrac{1}{6} \cdot 3^{x+k}$, sendo **k** uma constante real.

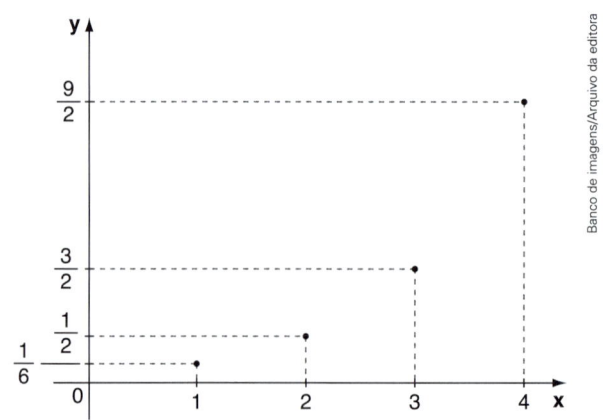

   a) Determine o valor de **k**.
   b) Qual é a progressão geométrica associada à função **f**? Obtenha seu termo geral e sua razão.

Um pouco de história

A sequência de Fibonacci

Uma sequência muito conhecida na Matemática é a sequência de Fibonacci, nome pelo qual ficou conhecido o italiano Leonardo de Pisa (c. 1180-1250). Em 1202, Fibonacci apresentou em seu livro *Liber Abaci* o problema que o consagrou.

Fibonacci considerou, no período de um ano, um cenário hipotético para a reprodução de coelhos. Veja:
- No início, há apenas um casal que acabou de nascer.
- Os casais atingem a maturidade sexual e se reproduzem ao final de um mês.
- Um mês é o período de gestação dos coelhos.
- Todos os meses, cada casal maduro dá à luz um novo casal.
- Os coelhos nunca morrem.

// Retrato de Leonardo Fibonacci. Gravura de Pelle, sem data.

Acompanhe, a seguir, a quantidade de pares de coelhos, ao final de cada mês:
- Início: um único casal.
- Ao final de um mês, o casal acasala. Continuamos com um par.
- Ao final de dois meses, a fêmea dá à luz um novo par. Agora são dois pares.
- Ao final de três meses o "primeiro casal" dá à luz outro par, e o "segundo casal" acasala. São 3 pares.
- Ao final de quatro meses, o "primeiro casal" dá à luz outro par; o "segundo casal" dá à luz pela primeira vez e o terceiro par acasala. São 5 pares.

e assim por diante...

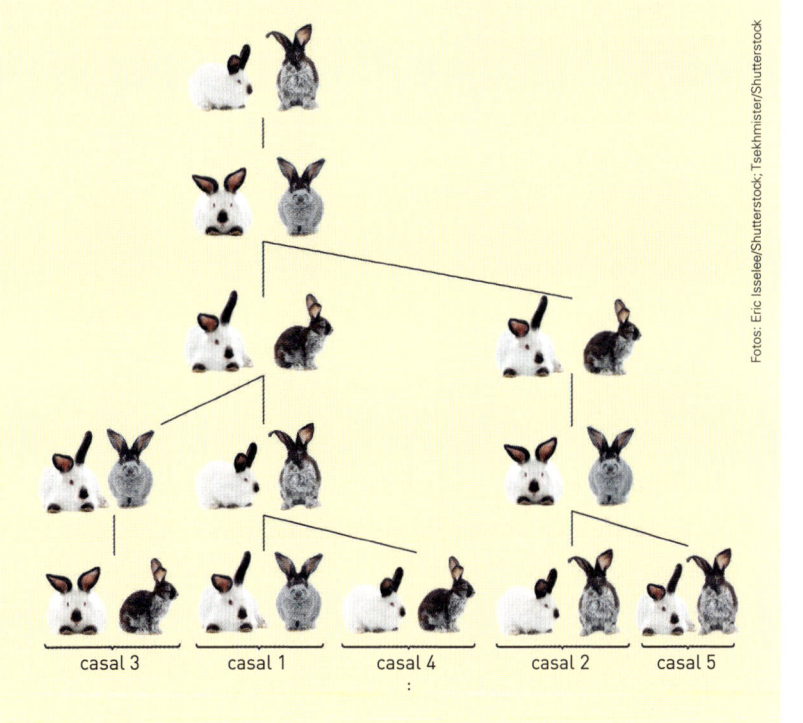

A sequência de pares de coelhos existentes, ao final de cada mês, evolui segundo os termos da sequência:

$$(1, 1, 2, 3, 5, 8, 13, 21, 34, 55, ...)$$

Note que, a partir do terceiro, cada termo dessa sequência é igual à soma dos dois termos anteriores. Assim, essa sequência pode ser definida pela lei de recorrência:

$$\begin{cases} f_1 = 1 \\ f_2 = 1 \\ f_n = f_{n-1} + f_{n-2}, \forall n \in \mathbb{N}, n \geq 3 \end{cases}$$

Mais de quinhentos anos mais tarde, o escocês Robert Simson provou a seguinte propriedade dessa sequência: à medida que consideramos cada vez mais termos, o quociente entre um termo qualquer e o termo antecedente aproxima-se de 1,61803398..., que é o número de ouro, apresentado no capítulo 2.

Vejamos alguns exemplos:

$$\frac{f_{10}}{f_9} = \frac{55}{34} \simeq 1{,}61765; \quad \frac{f_{13}}{f_{12}} = \frac{233}{144} \simeq 1{,}61806; \quad \frac{f_{20}}{f_{19}} = \frac{6\,765}{4\,181} \simeq 1{,}61803$$

Outros estudos mostram uma ligação entre os números de Fibonacci e a natureza, como a quantidade de arranjos das folhas de algumas plantas em torno do caule, a organização das sementes na coroa de um girassol, etc.

Fontes de pesquisa: BOYER, Carl B. *História da Matemática*. 3. ed. São Paulo: Edgard Blucher, 2010.; *Eu acho que vi um coelhinho*. Unicamp – M3. Disponível em:<m3.ime.unicamp.br/recursos/1044>. Acesso em: 25 jun. 2018.; *O número de ouro e a sequência de Fibonacci*. Disponível em: <www.uff.br/cdme/rza/rza-html/rza-fibonacci-br.html>. Acesso: 25 jun. 2018.

Enem e vestibulares resolvidos

(Enem) Um ciclista participará de uma competição e treinará alguns dias da seguinte maneira: no primeiro dia, pedalará 60 km; no segundo dia, a mesma distância do primeiro mais **r** km; no terceiro dia, a mesma distância do segundo mais **r** km; e, assim, sucessivamente, sempre pedalando a mesma distância do dia anterior mais **r** km. No último dia, ele deverá percorrer 180 km, completando o treinamento com um total de 1 560 km.

A distância **r** que o ciclista deverá pedalar a mais a cada dia, em km, é

a) 3.
b) 7.
c) 10.
d) 13.
e) 20.

Resolução comentada

Precisamos determinar a distância **r** que o ciclista deverá pedalar a mais a cada dia em seu treinamento.

Do enunciado, sabemos que:

- no 1º dia o ciclista vai pedalar 60 km,
- no 2º dia o ciclista vai pedalar 60 km mais **r** km,
- no 3º dia o ciclista vai pedalar 60 km mais 2r km,

e assim sucessivamente, formando uma P.A. de razão **r**.

Sabemos também que no último dia ele vai pedalar 180 km, percorrendo assim uma distância total de 1 560 km.

Como as distâncias a pedalar nos percursos diários formam uma P.A., o total de 1 560 km corresponde à soma dos termos da P.A. em questão.

Sendo **n** o número de dias de treinamento, temos:

$$S_n = \frac{(a_1 + a_n) \cdot n}{2}$$

$$1\,560 = \frac{(60 + 180) \cdot n}{2}$$

$$3\,120 = 240 \cdot n$$

$$n = \frac{3\,120}{240} = 13$$

Portanto, o treinamento será realizado durante 13 dias.

Como $a_n = a_1 + (n - 1)r$, $a_1 = 60$ e $a_{13} = 180$, temos:

$180 = 60 + (13 - 1)r \Rightarrow 120 = 12r \Rightarrow r = 10$ km

Alternativa *c*.

Exercícios complementares

1. (UEL-PR) *Amalio shchams* é o nome científico de uma espécie rara de planta, típica do noroeste do continente africano. O caule dessa planta é composto por colmos, cujas características são semelhantes ao caule da cana-de-açúcar. Curiosamente, seu caule é composto por colmos claros e escuros, intercalados. À medida que a planta cresce e se desenvolve, a quantidade de colmos claros e escuros aumenta, obedecendo a um determinado padrão de desenvolvimento que dura, geralmente, 8 meses.

- No final da primeira etapa, a planta apresenta um colmo claro.
- Durante a segunda etapa, desenvolve-se um colmo escuro no meio do colmo claro, de modo que, ao final da segunda etapa, o caule apresenta um colmo escuro e dois colmos claros.
- Na terceira etapa, o processo se repete, ou seja, um colmo escuro se desenvolve em cada colmo claro, como ilustra o esquema a seguir.

1ª Etapa	2ª Etapa	3ª Etapa	4ª Etapa	
1 colmo claro.	1 colmo escuro e 2 colmos claros.	3 colmos escuros e 4 colmos claros.	7 colmos escuros e 8 colmos claros.	E assim sucessivamente.

a) Represente algebricamente a lei de formação de uma função que expresse a quantidade total de colmos dessa planta ao final de **n** etapas. Apresente os cálculos realizados na resolução desse item.

b) Ao final de 15 etapas, quais serão as quantidades de colmos claros e escuros dessa planta? Apresente os cálculos realizados na resolução desse item.

2. (FGV-SP)

a) Um sábio da Antiguidade propôs o seguinte problema aos seus discípulos:

"Uma rã parte da borda de uma lagoa circular de 7,5 metros de raio e se movimenta saltando em linha reta até o centro. Em cada salto, avança a metade do que avançou no salto anterior. No primeiro salto avança 4 metros. Em quantos saltos chega ao centro?"

b) O mesmo sábio faz a seguinte afirmação em relação à situação do item *a*:

"Se o primeiro salto da rã é de 3 metros, ela não chega ao centro." Justifique a afirmação.

3. Em um trapézio isósceles, cada lado oblíquo mede $\frac{10}{3}$ cm, e a altura mede $\frac{8}{3}$ cm. Se os números que expressam a medida da base menor, a medida da base maior e a área do trapézio são termos de uma P.G., determine as medidas das bases do trapézio.

4. Os números que expressam a medida do raio de um círculo, a medida de seu perímetro e a sua área, podem formar, nessa ordem, uma P.G? Em caso afirmativo, qual é a medida do diâmetro desse círculo?

5. Sejam as sequências:

I. $(-36, -28, -20, ...)$

II. $(-3, 1, 5, 9, ...)$

Qual é o número mínimo de termos que devem ser somados (a partir do 1º termo) em cada sequência a fim de que a soma em I supere a soma em II?

6. Em uma P.A. cujo 3º termo vale 15, o 2º, o 5º e o 14º termos, nessa ordem, constituem uma P.G. Qual é a razão dessa P.G?

7. (Unesp-SP) Para cada **n** natural, seja o número

$$K_n = \underbrace{\sqrt{3 \cdot \sqrt{3 \cdot \sqrt{3 \cdot (...) \cdot \sqrt{3}}}}}_{n \text{ vezes}} - \underbrace{\sqrt{2 \cdot \sqrt{2 \cdot \sqrt{2 \cdot (...) \cdot \sqrt{2}}}}}_{n \text{ vezes}}$$

Se $n \to +\infty$, para que valor se aproxima K_n?

8. Determine $x \in \mathbb{R}$ para que a soma dos 21 primeiros termos da sequência $(e^x, e^x + 1, e^x + 2, ...)$ seja igual a 420.
Use $\ln 2 \simeq 0{,}69$ e $\ln 5 \simeq 1{,}61$.

9. (FGV-SP)
  a) Determine a soma dos 20 primeiros termos da sequência $(a_1, a_2, ..., a_n, ...)$ definida por $a_n = 2 + 4n$ se **n** é ímpar e $a_n = 4 + 6n$ se **n** é par.
  b) Considere a sequência $(1, 10, 11, ..., 19, 100, 101, ..., 199, ...)$ formada por todos os números naturais que têm 1 como primeiro algarismo no sistema decimal de numeração, tomados em ordem crescente. Se a soma dos seus **n** primeiros termos é 347, qual é o valor de **n** e o valor numérico de a_n?

10. (UEL-PR) Um estandarte é um tipo de bandeira que pode representar um país, uma instituição civil ou religiosa, um clube de futebol, uma escola de samba. Uma artesã fez um estandarte e o enfeitou, em sua parte inferior, com pedaços de fita de tamanhos diferentes. Sabendo que o menor pedaço de fita mede 8 cm e que o comprimento dos pedaços de fita aumenta de 2,5 em 2,5 centímetros, responda aos itens a seguir, desconsiderando possíveis perdas.
  a) Considerando que o maior pedaço de fita mede 125,5 cm, quantos pedaços de fita foram utilizados para confeccionar o estandarte? Justifique sua resposta apresentando os cálculos realizados na resolução deste item.
  b) Supondo que a artesã tenha utilizado 60 pedaços de fita, qual será o comprimento total dos pedaços de fita utilizados? Justifique sua resposta apresentando os cálculos realizados na resolução deste item.

11. Determine **x** a fim de que a sequência
$$\left(\left(\frac{1}{2}\right)^{-3x}, 2^x, 4^{3x+7} \right)$$
seja uma P.G. Qual é a razão dessa P.G.?

12. Os números reais positivos **a**, **b**, **c** formam, nessa ordem, uma P.G. cuja soma dos termos é 21.
Sabendo que $\log_{\frac{1}{2}} a + \log_{\frac{1}{2}} b + \log_{\frac{1}{2}} c = -6$, determine o valor da razão da P.G.

13. (Unicamp-SP) Dizemos que uma sequência de números reais não nulos $(a_1, a_2, a_3, a_4, ...)$ é uma progressão harmônica se a sequência dos inversos $\left(\frac{1}{a_1}, \frac{1}{a_2}, \frac{1}{a_3}, \frac{1}{a_4}, ...\right)$ é uma progressão aritmética (P.A.).
  a) Dada a progressão harmônica $\left(\frac{2}{5}, \frac{4}{9}, \frac{1}{2}, ...\right)$, encontre o seu sexto termo.
  b) Sejam **a**, **b** e **c** termos consecutivos de uma progressão harmônica. Verifique que $b = \frac{2ac}{(a+c)}$.

14. Calcule o valor de:
$S = 200^2 - 199^2 + 198^2 - 197^2 + ... + 2^2 - 1^2$
Sugestão:
use a identidade $a^2 - b^2 = (a+b) \cdot (a-b)$.

15. Para todo $n \in \mathbb{N}^*$, considere as sequências (a_n) e (b_n) definidas por $a_n = 3 \cdot 2^n$ e $b_n = \log_2(a_n)$.
  a) Mostre que (a_n) é uma P.G. e (b_n) é uma P.A., calculando suas razões.
  b) Obtenha o valor da soma dos dez primeiros termos de (a_n).
  c) Obtenha o valor da soma dos cinco primeiros termos de (b_n).
  Considere $\log_2 6 \simeq 2{,}6$.

16. Determine **x** real, de modo que a sequência $(\log_2(x-2), \log_2 4x, \log_2 32x)$ seja uma P.A.

17. Considere o conjunto **A** das frações positivas e menores que 6, irredutíveis e com denominador igual a 7. Obtenha a soma dos elementos de **A**.

18. Em um congresso havia 600 profissionais da área de saúde. Suponha que, na cerimônia de encerramento, todos os participantes resolveram cumprimentar-se (uma única vez), com um aperto de mão. Quantos apertos de mão foram dados ao todo?

19. Em uma P.A. de vinte termos, a soma de todos os termos é 2 780. Calcule a soma dos últimos cinco termos, sabendo que a soma dos cinco primeiros é 170.

20. Em uma P.G., a soma do 3º com o 4º termo é −24 e a soma do 4º com o 5º termo vale 48. Determine:
  a) a razão da P.G.;
  b) a soma de seus quatro primeiros termos.

21. (Uerj) Um jogo com dois participantes, **A** e **B**, obedece às seguintes regras:
- antes de **A** jogar uma moeda para o alto, **B** deve adivinhar a face que, ao cair, ficará voltada para cima, dizendo "cara" ou "coroa";
- quando **B** errar pela primeira vez, deverá escrever, em uma folha de papel, a sigla UERJ uma única vez; ao errar pela segunda vez, escreverá UERJUERJ, e assim sucessivamente;
- em seu enésimo erro, **B** escreverá **n** vezes a mesma sigla.

Veja o quadro que ilustra o jogo:

Ordem de erro	Letras escritas
1º	UERJ
2º	UERJUERJ
3º	UERJUERJUERJ
4º	UERJUERJUERJUERJ
⋮	⋮
nº	UERJUERJUERJ UERJ...UERJ

O jogo terminará quando o número total de letras escritas por **B**, do primeiro ao enésimo erro, for igual a dez vezes o número de letras escritas, considerando apenas o enésimo erro.

Determine o número total de letras que foram escritas até o final do jogo.

22. (Uerj) Na figura, está representada uma torre de quatro andares construída com cubos congruentes empilhados, sendo sua base formada por dez cubos.

Calcule o número de cubos que formam a base de outra torre, com 100 andares, construída com cubos iguais e procedimento idêntico.

23. (UEL-PR) João publicou na internet um vídeo muito engraçado que fez com sua filha caçula. Ele observou e registrou a quantidade de visualizações do vídeo em cada dia, de acordo com o seguinte quadro.

Dias	Quantidade de visualizações do vídeo em cada dia
1	7x
2	21x
3	63x
...	...

Na tentativa de testar os conhecimentos matemáticos de seu filho mais velho, João o desafiou a descobrir qual era a quantidade **x**, expressa no quadro, para que a quantidade total de visualizações ao final dos 5 primeiros dias fosse 12 705.

a) Sabendo que o filho de João resolveu corretamente o desafio, qual resposta ele deve fornecer ao pai para informar a quantidade exata de visualizações representada pela incógnita **x**? Apresente os cálculos realizados na resolução deste item.

b) Nos demais dias, a quantidade de visualizações continuou aumentando, seguindo o mesmo padrão dos primeiros dias. Em um único dia houve exatamente 2 066 715 visualizações registradas desse vídeo. Que dia foi este? Apresente os cálculos realizados na resolução desse item.

24. Em uma P.G. alternada, o 1º termo vale 2 e a soma dos dois termos seguintes é 12.
a) Escreva os três primeiros termos da P.G.
b) Que número deve ser somado ao 2º termo para que os três primeiros termos constituam, nessa ordem, uma P.A.?

25. (FGV-SP) Considere a sequência 2013, 2014, 2015, ... em que cada termo a_n, a partir do 4º termo, é calculado pela fórmula $a_n = a_{n-3} + a_{n-2} - a_{n-1}$. Por exemplo, o 4º termo é 2013 + 2014 − 2015 = 2012. Determine o 2014º termo dessa sequência.

26. Resolva, em $\mathbb{R}$, as equações:

a) $\log x + \log x^2 + \log x^3 + \ldots + \log x^{500} = 5{,}01 \cdot 10^5$

b) $3^x + 3^{x-1} + 3^{x-2} + 3^{x-3} + \ldots = 40{,}5$

c) $\log_5 \sqrt{x} - \log_5 \sqrt[4]{x} + \log_5 \sqrt[8]{x} - \log_5 \sqrt[16]{x} + \ldots = -\dfrac{2}{3}$

27. (Fuvest-SP) Considere uma progressão aritmética cujos três primeiros termos são dados por $a_1 = 1 + x$, $a_2 = 6x$, $a_3 = 2x^2 + 4$, em que **x** é um número real.

a) Determine os possíveis valores de **x**.

b) Calcule a soma dos 100 primeiros termos da progressão aritmética correspondente ao menor valor de **x** encontrado no item *a*.

28. (UEPG-PR) Uma P.A. e uma P.G., crescentes, cada uma com três termos, têm a mesma razão. Sabe-se que a soma dos termos da P.A. adicionada à soma dos termos da P.G. é igual a 31, o primeiro termo da P.G. é igual a 1 e as razões são iguais ao primeiro termo da P.A. Nessas condições, assinale o que for correto [e indique a soma correspondente às alternativas corretas].

(01) O termo médio da P.A. é um número ímpar.

(02) A soma dos termos da P.A. é 18.

(04) O último termo da P.G. é 9.

(08) A soma dos termos da P.G. é 16.

(16) A razão vale 3.

29. (UEM-PR) Seja **r** um número inteiro positivo fixado. Considere a sequência numérica definida por

$$\begin{cases} a_1 = r \\ a_{n+1} = a_n + a_1 \end{cases}$$

e assinale o que for correto [indique a soma correspondente às alternativas corretas].

(01) A soma dos 50 primeiros termos da sequência $(a_1, a_2, a_3, a_4, a_5, \ldots)$ é $2\,500\,r$.

(02) A sequência $(a_1, a_2, a_4, a_8, a_{16}, \ldots)$ é uma progressão geométrica.

(04) A sequência $(a_1, a_3, a_5, a_7, a_9, \ldots)$ é uma progressão aritmética.

(08) O vigésimo termo da sequência $(a_1, a_2, a_4, a_8, a_{16}, \ldots)$ é $2^{20}r$.

(16) A soma dos 30 primeiros termos da sequência $(a_2, a_4, a_6, a_8, a_{10}, \ldots)$ é $930r$.

30. (Unicamp-SP) Dois *sites* de relacionamento desejam aumentar o número de integrantes usando estratégias agressivas de propaganda.

O *site* **A**, que tem 150 participantes atualmente, espera conseguir 100 novos integrantes em um período de uma semana e dobrar o número de novos participantes a cada semana subsequente. Assim, entrarão 100 internautas novos na primeira semana, 200 na segunda, 400 na terceira, e assim por diante.

Por sua vez, o *site* **B**, que já tem 2 200 membros, acredita que conseguirá mais 100 associados na primeira semana e que, a cada semana subsequente, aumentará o número de internautas novos em 100 pessoas. Ou seja, 100 novos membros entrarão no *site* **B** na primeira semana, 200 entrarão na segunda, 300 na terceira, etc.

a) Quantos membros novos o *site* **A** espera atrair daqui a 6 semanas? Quantos associados o *site* **A** espera ter daqui a 6 semanas?

b) Em quantas semanas o *site* **B** espera chegar à marca dos 10 000 membros?

31. (Fuvest-SP) A soma dos cinco primeiros termos de uma P.G., de razão negativa, é $\dfrac{1}{2}$. Além disso, a diferença entre o sétimo termo e o segundo termo da P.G. é igual a 3.

Nessas condições, determine:

a) A razão da P.G.

b) A soma dos três primeiros termos da P.G.

32. (UFPR) Considere a seguinte tabela de números naturais. Observe a regra de formação das linhas e considere que as linhas seguintes sejam obtidas seguindo a mesma regra.

```
1
2  3  4
3  4  5  6  7
4  5  6  7  8  9  10
5  6  7  8  9  10 11 12 13
⋮  ⋮  ⋮  ⋮  ⋮  ⋮  ⋮  ⋮
```

a) Qual é a soma dos elementos da décima linha dessa tabela?

b) Use a fórmula da soma dos termos de uma progressão aritmética para mostrar que a soma dos elementos da linha **n** dessa tabela é $S_n = (2n - 1)^2$.

33. (UFSC) Classifique cada uma das proposições adiante como **V** (verdadeira) ou **F** (falsa). Assinale a soma correspondente às alternativas verdadeiras.

(01) Se os raios de uma sequência de círculos formam uma P.G. de razão **q**, então suas áreas também formam uma P.G. de razão **q**.

(02) Uma empresa, que teve no mês de novembro de 2002 uma receita de 300 mil reais e uma despesa de 350 mil reais, tem perspectiva de aumentar mensalmente sua receita segundo uma P.G. de razão $\frac{6}{5}$ e prevê que a despesa mensal crescerá segundo uma P.A. de razão igual a 55 mil. Nesse caso, o primeiro mês em que a receita será maior do que a despesa é fevereiro de 2003.

(04) Suponha que um jovem ao completar 16 anos pesava 60 kg e ao completar 17 anos pesava 64 kg. Se o aumento anual de sua massa, a partir dos 16 anos, se der segundo uma progressão geométrica de razão $\frac{1}{2}$, então ele nunca atingirá 68 kg.

(08) Uma P.A. e uma P.G., ambas crescentes, têm o primeiro e o terceiro termos respectivamente iguais. Sabendo que o segundo termo da P.A. é 5 e o segundo termo da P.G. é 4, a soma dos 10 primeiros termos da P.A. é 155.

34. Seja ABC o triângulo (T_1) da figura. Por **M** e **N**, pontos médios de $\overline{AB}$ e $\overline{AC}$, respectivamente, construímos o retângulo (R_1) AMPN. Unindo **M** e **N**, construímos o triângulo retângulo (T_2) AMN; por **R** e **S**, pontos médios de $\overline{AM}$ e $\overline{AN}$, respectivamente, construímos o retângulo (R_2) ARTS e assim indefinidamente.

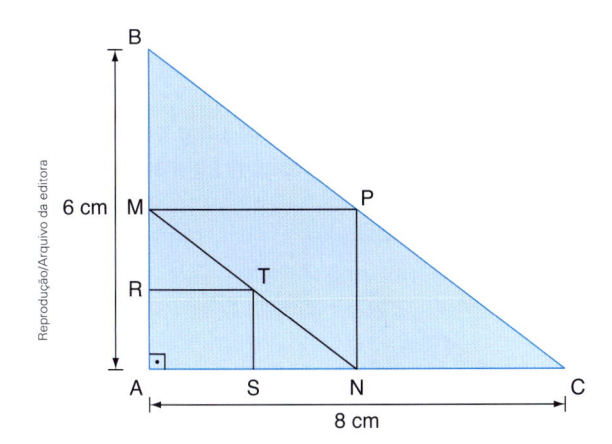

Considerando a sequência dos triângulos (T_1, T_2, T_3, ...) e a sequência dos retângulos (R_1, R_2, R_3, ...) assim construídos, determine:

a) o perímetro de R_4;
b) o perímetro de T_4;
c) a soma das áreas dos infinitos triângulos;
d) a soma das áreas dos infinitos retângulos.

35. (UFG-GO) A figura a seguir ilustra as três primeiras etapas da divisão de um quadrado de lado **L** em quadrados menores, com um círculo inscrito em cada um deles.

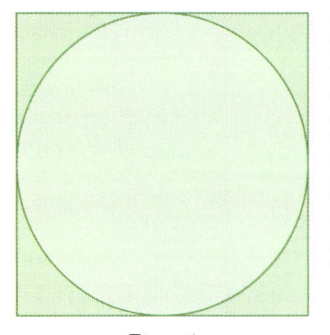

Etapa 1

Etapa 2

Etapa 3

Sabendo-se que o número de círculos em cada etapa cresce exponencialmente, determine:

a) a área de cada círculo inscrito na n-ésima etapa dessa divisão;
b) a soma das áreas dos círculos inscritos na n-ésima etapa dessa divisão.

36. (Uerj) Os anos do calendário chinês, um dos mais antigos que a história registra, começam sempre em uma lua nova, entre 21 de janeiro e 20 de fevereiro do calendário gregoriano. Eles recebem nomes de animais, que se repetem em ciclos de doze anos. A tabela abaixo apresenta o ciclo mais recente desse calendário.

Ano do calendário chinês	
Início no calendário gregoriano	Nome
31 – janeiro – 1995	Porco
19 – fevereiro – 1996	Rato
08 – fevereiro – 1997	Boi
28 – janeiro – 1998	Tigre
16 – fevereiro – 1999	Coelho
05 – fevereiro – 2000	Dragão
24 – janeiro – 2001	Serpente
12 – fevereiro – 2002	Cavalo
01 – fevereiro – 2003	Cabra
22 – janeiro – 2004	Macaco
09 – fevereiro – 2005	Galo
29 – janeiro – 2006	Cão

Admita que, pelo calendário gregoriano, uma determinada cidade chinesa tenha sido fundada em 21 de junho de 1089 d.C., ano da serpente no calendário chinês. Desde então, a cada 15 anos, seus habitantes promovem uma grande festa de comemoração. Portanto, houve festa em 1104, 1119, 1134, e assim por diante.

Determine, no calendário gregoriano, o ano do século XXI em que a fundação dessa cidade será comemorada novamente no ano da serpente.

37. (Ufes) Uma tartaruga se desloca em linha reta, sempre no mesmo sentido. Inicialmente, ela percorre 2 metros em 1 minuto e, a cada minuto seguinte, ela percorre $\frac{4}{5}$ da distância percorrida no minuto anterior.

a) Calcule a distância percorrida pela tartaruga após 3 minutos.
b) Determine uma expressão para a distância percorrida pela tartaruga após um número inteiro **n** de minutos.
c) A tartaruga chega a percorrer 10 metros? Justifique sua resposta.
d) Determine o menor valor inteiro de **n** tal que, após **n** minutos, a tartaruga terá percorrido uma distância superior a 9 metros. (Se necessário, use $\log 2 \simeq 0{,}30$.)

38. (UFG-GO) Um detalhe arquitetônico, ocupando a base de um muro, é formado por uma sequência de 30 triângulos retângulos, todos apoiados sobre um dos catetos e sem sobreposição. A figura a seguir representa os três primeiros triângulos dessa sequência.

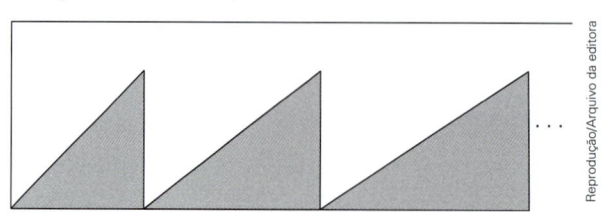

Todos os triângulos têm um metro de altura. O primeiro triângulo, da esquerda para a direita, é isósceles e a base de cada triângulo, a partir do segundo, é 10% maior que a do triângulo imediatamente à sua esquerda.

Dado: $11^{30} \simeq 1{,}745 \cdot 10^{31}$

Com base no exposto,

a) qual é o comprimento do muro?

b) quantos litros de tinta são necessários para pintar os triângulos do detalhe, utilizando-se uma tinta que rende 10 m² por litro?

39. Os números 1, 3, 6, 10, 15, ... recebem o nome de números triangulares, pois eles podem ser dispostos na forma de triângulos, como mostram as figuras:

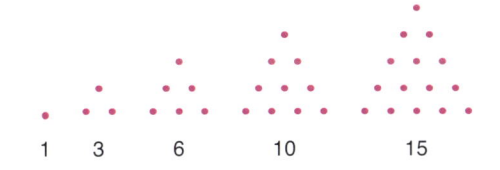

1   3   6   10   15

Considerando a sequência de números triangulares (1, 3, 6, 10, 15, ...) determine:

a) seu décimo termo.

b) seu termo geral.

c) a posição do número triangular 903.

40. (Unesp-SP) A sequência dos números n_1, n_2, n_3, ...n_i,... está definida por

$$\begin{cases} n_1 = 3 \\ n_{i+1} = \dfrac{n_i - 1}{n_i + 2} \end{cases}$$, para cada inteiro positivo i.

Determine o valor de n_{2013}.

41. Em uma P.A., o 8º termo é $\log_2 384$ e o 2º termo é $\log_2 6$

a) Determine o 1º termo e a razão da P.A.

b) Determine a soma dos 15 primeiros termos da P.A. Considere $\log_2 9 \simeq 3{,}2$.

c) Determine o 12º termo da sequência $b_n = 2^{a_n}$, em que a_n é o termo geral dessa P.A.

42. (Uerj) Em uma atividade nas olimpíadas de matemática de uma escola, os alunos largaram, no sentido do solo, uma pequena bola de uma altura de 12 m.

Eles observaram que, cada vez que a bola toca o solo, ela sobe e atinge 50% da altura máxima da queda imediatamente anterior. Calcule a distância total, em metros, percorrida na vertical pela bola ao tocar o solo pela oitava vez.

43. Qual é o valor de:

$$\dfrac{1}{2} + \dfrac{2}{2^2} + \dfrac{3}{2^3} + \dfrac{4}{2^4} + \dfrac{5}{2^5} + \ldots ?$$

Testes

1. (Insper-SP) Admita que ǂxǂ represente a soma dos números inteiros de 1 até x. Sendo assim, ǂ86ǂ − ǂ43ǂ será igual a

a) 2 838.

b) 2 795.

c) 2 730.

d) 1 764.

e) 1 365.

2. (Unicamp-SP) O perímetro de um triângulo é igual a 6,0 m e as medidas dos lados estão em progressão aritmética (P.A.). A área desse triângulo é igual a:

a) 3,0 m²

b) 2,0 m²

c) 1,5 m²

d) 3,5 m²

3. (Uerj)

Na situação apresentada nos quadrinhos, as distâncias, em quilômetros, d_{AB}, d_{BC} e d_{CD} formam, nesta ordem, uma progressão aritmética.

O vigésimo termo dessa progressão corresponde a:
a) −50
b) −40
c) −30
d) −20

4. (FGV-SP) Três números formam uma progressão geométrica. A média aritmética dos dois primeiros é 6, e a do segundo com o terceiro é 18. Sendo assim, a soma dos termos dessa progressão é igual a
a) 18.
b) 36.
c) 39.
d) 42.
e) 48.

5. (Enem) Sob a orientação de um mestre de obras, João e Pedro trabalharam na reforma de um edifício. João efetuou reparos na parte hidráulica nos andares 1, 3, 5, 7, e assim sucessivamente, de dois em dois andares. Pedro trabalhou na parte elétrica nos andares 1, 4, 7, 10, e assim sucessivamente, de três em três andares. Coincidentemente, terminaram seus trabalhos no último andar. Na conclusão da reforma, o mestre de obras informou, em seu relatório, o número de andares do edifício. Sabe-se que, ao longo da execução da obra, em exatamente 20 andares, foram realizados reparos nas partes hidráulica e elétrica por João e Pedro. Qual é o número de andares desse edifício?
a) 40
b) 60
c) 100
d) 115
e) 120

6. (Uerj) Admita a seguinte sequência numérica para o número natural **n**: $a_1 = \frac{1}{3}$ e $a_n = a_{n-1} + 3$

Sendo $2 \leq n \leq 10$, os dez elementos dessa sequência, em que $a_1 = \frac{1}{3}$ e $a_{10} = \frac{82}{3}$, são:

$$\left(\frac{1}{3}, \frac{10}{3}, \frac{19}{3}, \frac{28}{3}, \frac{37}{3}, a_6, a_7, a_8, a_9, \frac{82}{3}\right)$$

A média aritmética dos quatro últimos elementos da sequência é igual a:
a) $\frac{238}{12}$
b) $\frac{137}{6}$
c) $\frac{219}{4}$
d) $\frac{657}{9}$

7. (Enem) Com o objetivo de trabalhar a concentração e a sincronia de movimentos dos alunos de uma de suas turmas, um professor de educação física dividiu essa turma em três grupos (**A**, **B** e **C**) e estipulou a seguinte atividade: os alunos do grupo **A** deveriam bater palmas a cada 2 s, os alunos do grupo **B** deveriam bater palmas a cada 3 s e os alunos do grupo **C** deveriam bater palmas a cada 4 s.

O professor zerou o cronômetro e os três grupos começaram a bater palmas quando ele registrou 1 s. Os movimentos prosseguiram até o cronômetro registrar 60 s.

Um estagiário anotou no papel a sequência formada pelos instantes em que os três grupos bateram palmas simultaneamente.

Qual é o termo geral da sequência anotada?
a) 12n, com **n** um número natural, tal que $1 \leq n \leq 5$.
b) 24n, com **n** um número natural, tal que $1 \leq n \leq 2$.
c) 12(n − 1), com **n** um número natural, tal que $1 \leq n \leq 6$.
d) 12(n − 1) + 1, com **n** um número natural, tal que $1 \leq n \leq 5$.
e) 24(n − 1) + 1, com **n** um número natural, tal que $1 \leq n \leq 3$.

8. (UFRGS-RS) Considere o padrão de construção representado pelos triângulos equiláteros abaixo.

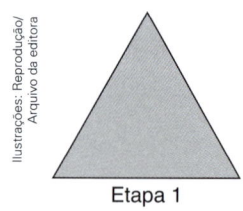

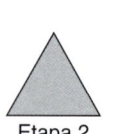

O perímetro do triângulo da etapa 1 é 3 e sua altura é **h**; a altura do triângulo da etapa 2 é metade da altura do triângulo da etapa 1; a altura do triângulo da etapa 3 é metade da altura do triângulo da etapa 2 e, assim, sucessivamente.

Assim, a soma dos perímetros da sequência infinita de triângulos é
a) 2.
b) 3.
c) 4.
d) 5.
e) 6.

9. (PUC-RJ) Dois irmãos começaram juntos a guardar dinheiro para uma viagem. Um deles guardou R$ 50,00 por mês e o outro começou com R$ 5,00 no primeiro mês, depois R$ 10,00 no segundo mês, R$ 15,00 no terceiro e assim por diante, sempre aumentando R$ 5,00 em relação ao mês anterior. Ao final de um certo número de meses, os dois tinham guardado exatamente a mesma quantia. Esse número de meses corresponde a:
a) pouco mais de um ano e meio.
b) pouco menos de um ano e meio.
c) pouco mais de dois anos.
d) pouco menos de um ano.
e) exatamente um ano e dois meses.

10. (Uece) Seja $x_1, x_2, x_3, \ldots$, uma progressão geométrica cuja razão é o número real positivo q. Se $x_5 = 24q$ e $x_5 + x_6 = 90$, então, o termo x_1 desta progressão é um número
a) inteiro.
b) racional maior do que 7,1.
c) irracional maior do que 7,1.
d) racional menor do que 7,0.

11. (Uneb-BA) De um livro com 20 páginas, todas numeradas, retira-se uma folha.
Sabendo-se que a soma dos números das páginas restantes do livro é 171, pode-se afirmar corretamente que a folha retirada foi a
a) décima nona.
b) décima quarta.
c) décima segunda.
d) décima.
e) nona.

12. (Ufam) Considere as progressões geométricas infinitas $\left(\dfrac{1}{2}, \dfrac{1}{4}, \dfrac{1}{8}, \dfrac{1}{16}, \ldots\right)$ e $\left(\dfrac{1}{3}, \dfrac{1}{9}, \dfrac{1}{27}, \dfrac{1}{81}, \ldots\right)$.
Se **a** e **b** são as respectivas somas destas progressões, então o valor de a + b é:
a) $\dfrac{2}{3}$
b) $\dfrac{3}{2}$
c) $\dfrac{4}{3}$
d) $\dfrac{5}{3}$
e) $\dfrac{7}{3}$

13. (PUC-MG) No final do ano de 2005, o número de casos de dengue registrados em certa cidade era de 400 e, no final de 2013, esse número passou para 560. Admitindo-se que o gráfico do número de casos registrados em função do tempo seja formado por pontos situados em uma mesma reta, é **CORRETO** afirmar que, no final de 2015, o número de casos de dengue registrados será igual a:
a) 580
b) 590
c) 600
d) 610

14. (Uece) Se a medida dos comprimentos dos lados de um triângulo retângulo forma uma progressão geométrica crescente, a razão dessa progressão é igual a
a) $\sqrt{\dfrac{1+\sqrt{3}}{2}}$.
b) $\sqrt{\dfrac{1+\sqrt{5}}{2}}$.
c) $\sqrt{\dfrac{\sqrt{3}-1}{2}}$.
d) $\sqrt{\dfrac{\sqrt{5}-1}{2}}$.

15. (PUC-RJ) Seja a sequência $x_1 = \dfrac{1}{1}$, $x_2 = \dfrac{1+1}{2+2}$, $x_3 = \dfrac{1+1+1}{3+3+3}$, $x_4 = \dfrac{1+1+1+1}{4+4+4+4}$, ...
Temos que x_n é igual a:
a) $\dfrac{1}{n}$
b) $\dfrac{1}{n^2}$
c) 1
d) $\dfrac{1}{n \log(n)}$
e) $\dfrac{1}{2}$

16. (UEG-GO) A sequência c_n é definida como $c_n = a_n \cdot b_n$, com $n \in \mathbb{N}^*$, em que a_n e b_n são progressões aritmética e geométrica, respectivamente. Sabendo-se que $a_5 = b_5 = 10$ e as razões a_n e b_n são iguais a 3, o termo c_8 é igual a
a) 100
b) 520
c) 1 350
d) 3 800
e) 5 130

17. (EsPCEx-SP) Um fractal é um objeto geométrico que pode ser dividido em partes, cada uma das quais semelhantes ao objeto original. Em muitos casos, um fractal é gerado pela repetição indefinida de um padrão. A figura abaixo segue esse princípio. Para construí-la, inicia-se com uma faixa de comprimento **m** na primeira linha. Para obter a segunda linha, uma faixa de comprimento **m** é dividida em três partes congruentes, suprimindo-se a parte do meio. Procede-se de maneira análoga para obtenção das demais linhas, conforme indicado na figura.

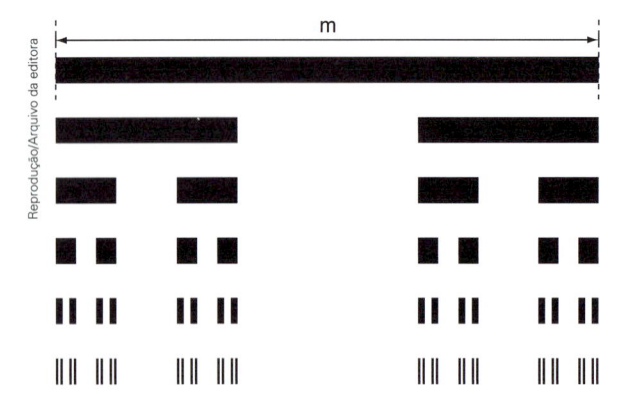

Se, partindo de uma faixa de comprimento **m**, esse procedimento for efetuado infinitas vezes, a soma das medidas dos comprimentos de todas as faixas é:

a) 3 m
b) 4 m
c) 5 m
d) 6 m
e) 7 m

18. (UEG-GO) A figura a seguir representa uma sequência lógica, na qual cada quadrado possui uma quantidade de quadradinhos pintados em seu interior. Se prosseguirmos dessa maneira verificaremos que o 8º quadrado possuirá

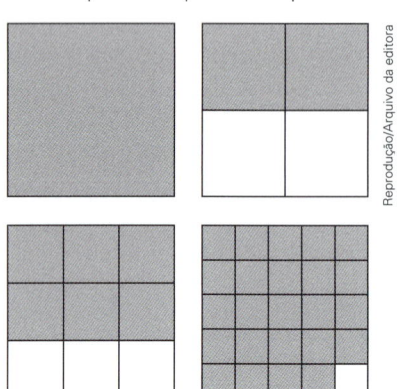

a) abaixo de 1 000 quadradinhos pintados.
b) 6 144 quadradinhos pintados.
c) acima de 60 000 quadradinhos pintados.
d) 40 320 quadradinhos pintados.

19. (Enem) Em um trabalho escolar, João foi convidado a calcular as áreas de vários quadrados diferentes, dispostos em sequência, da esquerda para a direita, como mostra a figura.

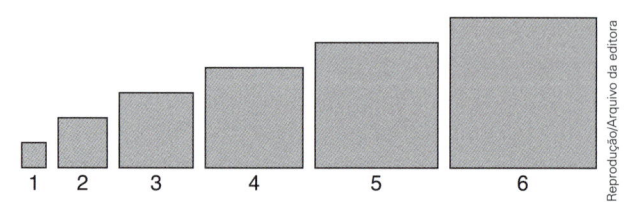

O primeiro quadrado da sequência tem lado medindo 1 cm, o segundo quadrado tem lado medindo 2 cm, o terceiro quadrado tem lado medindo 3 cm e assim por diante. O objetivo do trabalho é identificar em quanto a área de cada quadrado da sequência excede a área do quadrado anterior. A área do quadrado que ocupa a posição **n**, na sequência, foi representada por A_n.

Para $n \geq 2$, o valor da diferença $A_n - A_{n-1}$, em centímetro quadrado, é igual a

a) $2n - 1$
b) $2n + 1$
c) $-2n + 1$
d) $(n - 1)^2$
e) $n^2 - 1$

20. (Uece) Atente à seguinte disposição de números inteiros positivos:

1	2	3	4	5
6	7	8	9	10
11	12	13	14	15
16	17	18	19	20
21	.	.	.	.
.	.	.	.	.

Ao dispormos os números inteiros positivos nessa forma, chamaremos de linha os números dispostos na horizontal. Por exemplo, a terceira linha é formada pelos números 11, 12, 13, 14 e 15. Nessa condição, a soma dos números que estão na linha que contém o número 374 é

a) 1 840.
b) 1 865.
c) 1 885.
d) 1 890.

21. (PUC-RJ) A Copa do Mundo, dividida em cinco fases, é disputada por 32 times. Em cada fase, só metade dos times se mantém na disputa pelo título final. Com o mesmo critério em vigor, uma competição com 64 times iria necessitar de quantas fases?

a) 5
b) 6
c) 7
d) 8
e) 9

22. (PUC-SP) Considere a progressão aritmética $(3, a_2, a_3, ...)$ crescente de razão **r**, e a progressão geométrica $(b_1, b_2, b_3, 3, ...)$ decrescente, de razão **q**, de modo que $a_3 = b_3$ e $r = 3q$. O valor de b_2 é igual a

a) a_6
b) a_7
c) a_8
d) a_9

23. (Unesp-SP) A figura indica o padrão de uma sequência de grades, feitas com vigas idênticas, que estão dispostas em posição horizontal e vertical. Cada viga tem 0,5 m de comprimento. O padrão da sequência se mantém até a última grade, que é feita com o total de 136,5 metros lineares de vigas.

Grade 1   Grade 2   Grade 3

O comprimento do total de vigas necessárias para fazer a sequência completa de grades, em metros, foi de

a) 4 877.
b) 4 640.
c) 4 726.
d) 5 195.
e) 5 162.

24. (UFRGS-RS) Na figura a seguir, encontram-se representados quadrados de maneira que o maior quadrado (Q_1) tem lado 1. O quadrado Q_2 está construído com vértices nos pontos médios dos lados de Q_1; o quadrado Q_3 está construído com vértices nos pontos médios dos lados de Q_2 e, assim, sucessiva e infinitamente.

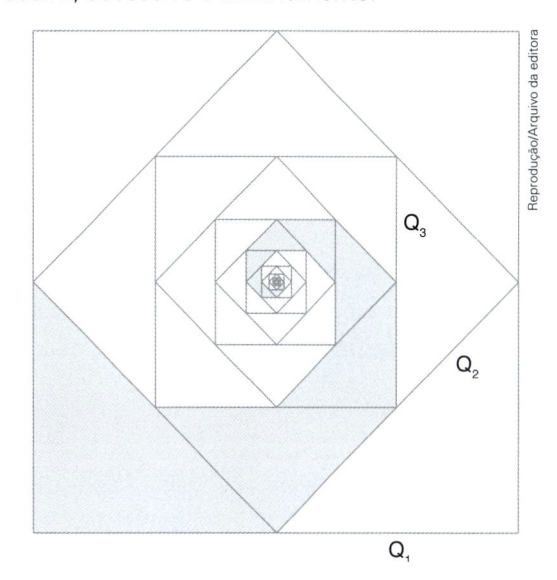

A soma das áreas da sequência infinita de triângulos sombreados na figura é

a) $\dfrac{1}{2}$.
b) $\dfrac{1}{4}$.
c) $\dfrac{1}{8}$.
d) $\dfrac{1}{16}$.
e) $\dfrac{1}{32}$.

25. (Uece) O quadro numérico apresentado a seguir é construído segundo uma lógica estrutural.

1	3	5	7	9	...	101
3	3	5	7	9	...	101
5	5	5	7	9	...	101
7	7	7	7	9	...	101
101	101	101	101	101	...	101

Considerando a lógica estrutural do quadro acima, pode-se afirmar corretamente que a soma dos números que estão na linha de número 41 é

a) 4 443.
b) 4 241.
c) 4 645.
d) 4 847.

26. (Ufam) A soma de todos os múltiplos positivos de 4 com dois algarismos, na base decimal, é:
a) 1 248.
b) 1 188
c) 1 148
d) 1 124
e) 1 024

27. (Efomm-RJ) Numa progressão geométrica crescente, o 3º termo é igual à soma do triplo do 1º termo com o dobro do 2º termo. Sabendo que a soma desses três termos é igual a 26, determine o valor do 2º termo.
a) 6
b) 2
c) 3
d) 1
e) $\dfrac{26}{7}$

28. (ESPM-SP) A partir do quadrado ABCD, de lado 4, constrói-se uma sequência infinita de novos quadrados, cada um com vértices nos pontos médios dos lados do anterior, como mostrado abaixo:

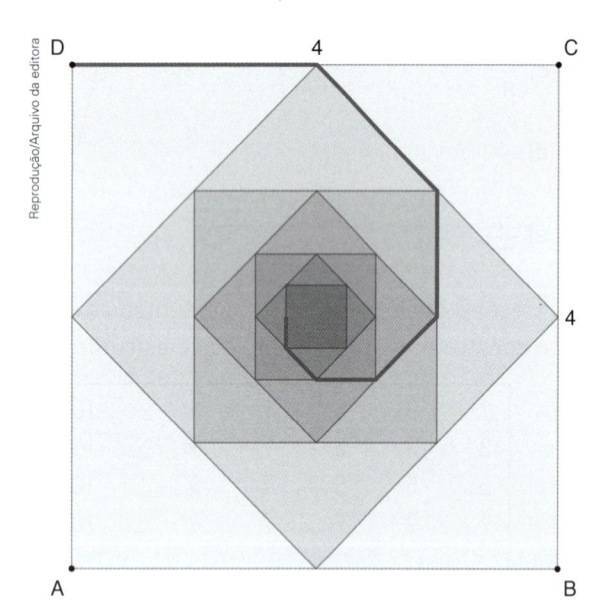

O comprimento da poligonal infinita destacada na figura por linhas mais grossas é igual a:
a) $4\sqrt{2}$
b) $4\sqrt{2} + 1$
c) $8 + \sqrt{2}$
d) $4 + 2\sqrt{2}$
e) 8

29. (Uerj) Um fisioterapeuta elaborou o seguinte plano de treinos diários para o condicionamento de um maratonista que se recupera de uma contusão:
- primeiro dia – corrida de 6 km;
- dias subsequentes – acréscimo de 2 km à corrida de cada dia imediatamente anterior.

O último dia de treino será aquele em que o atleta correr 42 km.

O total percorrido pelo atleta nesse treinamento, do primeiro ao último dia, em quilômetros, corresponde a:
a) 414
b) 438
c) 456
d) 484

30. (UFRGS-RS) Considere a sequência de números binários 101, 1010101, 10101010101, 101010101010101... .
A soma de todos os algarismos dos 20 primeiros termos dessa sequência é
a) 52.
b) 105.
c) 210.
d) 420.
e) 840.

31. (UPE) As medidas dos lados $\overline{AB}$, $\overline{BC}$ e $\overline{CA}$ de um triângulo ABC formam, nessa ordem, uma progressão aritmética.

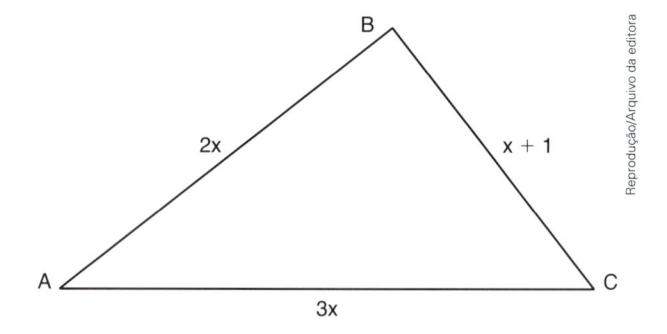

Qual é a medida do perímetro desse triângulo?
a) 5
b) 6
c) 7
d) 8
e) 9

32. (PUC-RJ) Considere a P.A.:
$a_0 = 1$, $a_1 = 3$, ..., $a_n = 2n - 1$, ...
Quanto vale a soma: $a_0 + a_1 + ... + a_8 + a_9$?

a) 9
b) 10
c) 19
d) 81
e) 100

33. (Cefet-MG) Na figura a seguir, o triângulo ABC é equilátero de lado igual a 1 cm. Os pontos **D**, **E** e **F** são respectivos pontos médios dos lados $\overline{AC}$, $\overline{BC}$ e $\overline{AB}$; os pontos **G**, **H** e **I** são respectivos pontos médios dos lados $\overline{DE}$, $\overline{DF}$ e $\overline{EF}$ e os pontos **J**, **K** e **L** são os respectivos pontos médios dos lados $\overline{GH}$, $\overline{HI}$ e $\overline{GI}$.

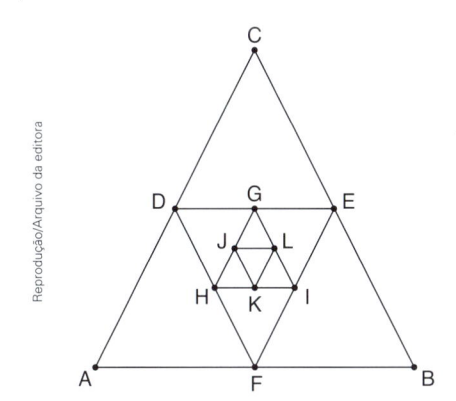

A área do triângulo JKL, em cm², é

a) $\dfrac{\sqrt{3}}{256}$.

b) $\dfrac{\sqrt{3}}{512}$.

c) $\dfrac{\sqrt{3}}{768}$.

d) $\dfrac{\sqrt{3}}{1\,024}$.

34. (UFRGS-RS) Quadrados iguais de lado 1 são justapostos, segundo padrão representado nas figuras das etapas abaixo.

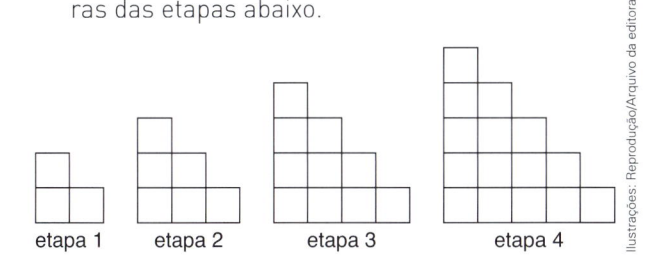

etapa 1   etapa 2   etapa 3   etapa 4

Mantido esse padrão de construção, o número de quadrados de lado 1, existentes na figura da etapa 100, é

a) 1 331.
b) 3 050.
c) 5 050.
d) 5 100.
e) 5 151.

35. (Unicamp-SP) No centro de um mosaico formado apenas por pequenos ladrilhos, um artista colocou 4 ladrilhos cinza. Em torno dos ladrilhos centrais, o artista colocou uma camada de ladrilhos brancos, seguida por uma camada de ladrilhos cinza, e assim sucessivamente, alternando camadas de ladrilhos brancos e cinza, como ilustra a figura abaixo, que mostra apenas a parte central do mosaico.

Observando a figura, podemos concluir que a 10ª camada de ladrilhos cinza contém:

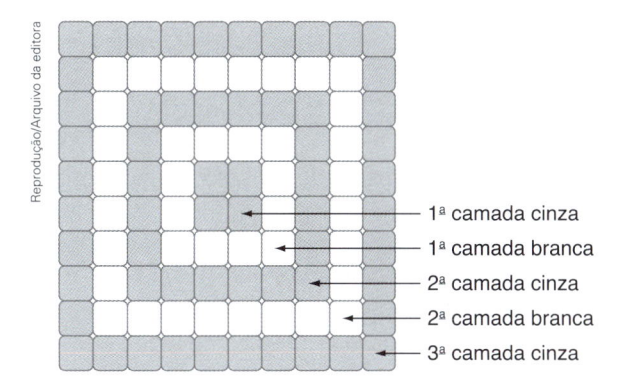

a) 76 ladrilhos
b) 156 ladrilhos
c) 112 ladrilhos
d) 148 ladrilhos

36. (UPE) Brincando de construir sequências numéricas, Marta descobriu que em uma determinada progressão aritmética, a soma dos cinquenta primeiros termos é $S_{50} = 2\,550$. Se o primeiro termo dessa progressão é $a_1 = 2$, qual o valor que ela irá encontrar fazendo a soma $S_{27} + S_{12}$?

a) 312
b) 356
c) 410
d) 756
e) 912

37. (Mack-SP) Se $\log 2$, $\log(2^x - 1)$ e $\log(2^x + 3)$, nessa ordem, estão em progressão aritmética crescente, então o valor de **x** é

a) 2   b) $\log_2 3$ c) $\log_2 5$ d) 2^3 e) 2^5

38. (UFJF-MG) Uma artesã fabricou um tapete bicolor formado por quadrados concêntricos. Ela começou com um quadrado preto de lado **a** centímetros. Em seguida, costurou tecido branco em volta do preto de forma a ter um quadrado de lado 2a concêntrico ao inicial. Continuou o processo alternando tecido preto e branco conforme a figura abaixo:

Sabendo que ela terminou o tapete na 50ª etapa, qual foi a área, em centímetros quadrados, de tecido preto utilizada?

a) $625a^2$ b) $750a^2$ c) $1\,225a^2$ d) $1\,250a^2$ e) $2\,500a^2$

39. (EsPCEx-SP) Os números naturais ímpares são dispostos como mostra o quadro

1ª linha	1				
2ª linha	3	5			
3ª linha	7	9	11		
4ª linha	13	15	17	19	
5ª linha	21	23	25	27	29
...	...	...	...	...	...

O primeiro elemento da 43ª linha, na horizontal, é:

a) 807   b) 1 007   c) 1 307   d) 1 507   e) 1 807

40. (EsPCEx-SP) Se **x** é um número real positivo, então a sequência ($\log_3 x$, $\log_3 3x$, $\log_3 9x$) é:

a) uma progressão aritmética de razão 1.
b) uma progressão aritmética de razão 3.
c) uma progressão geométrica de razão 3.
d) uma progressão aritmética de razão $\log_3 x$.
e) uma progressão geométrica de razão $\log_3 x$.

41. (Uerj) Uma farmácia recebeu 15 frascos de um remédio. De acordo com os rótulos, cada frasco contém 200 comprimidos, e cada comprimido tem massa igual a 20 mg.

Admita que um dos frascos contenha a quantidade indicada de comprimidos, mas que cada um destes comprimidos tenha 30 mg. Para identificar esse frasco, cujo rótulo está errado, são utilizados os seguintes procedimentos:

- numeram-se os frascos de 1 a 15;
- retira-se de cada frasco a quantidade de comprimidos correspondente à sua numeração;
- verifica-se, usando uma balança, que a massa total dos comprimidos retirados é igual a 2 540 mg.

A numeração do frasco que contém os comprimidos mais pesados é:

a) 12   b) 13   c) 14   d) 15

42. (Unicamp-SP) Seja (a, b, c) uma progressão geométrica de números reais com a ≠ 0. Definido S = a + b + c, o menor valor possível para $\dfrac{S}{a}$ é igual a:

a) $\dfrac{1}{2}$ b) $\dfrac{2}{3}$ c) $\dfrac{3}{4}$ d) $\dfrac{4}{5}$

CAPÍTULO 11

Matemática comercial e financeira

Matemática comercial

Damos o nome de **Matemática comercial** à matemática do dia a dia da vida em sociedade e que diz respeito à relação das pessoas com o dinheiro: no comércio em geral, nas transações financeiras, na organização do orçamento doméstico, no equilíbrio entre a renda familiar e os gastos, na importância de se construir uma poupança, no planejamento para o futuro, etc.

Diariamente, entramos em contato com informações numéricas diversas, algumas das quais de grande relevância social. Saber compreendê-las e interpretá-las corretamente é fundamental ao pleno exercício da cidadania. Vejamos, a seguir, algumas das muitas situações a que nos referimos:

- quando nos informam, no trabalho, que a empresa dará um aumento de 6,5% nos salários, é importante que saibamos calcular o novo salário para nos planejarmos;
- quando lemos na vitrine de uma loja: "Tudo com 35% de desconto sobre o preço da etiqueta", é importante saber calcular o novo preço da mercadoria exposta;
- quando compramos um chocolate por R$ 3,60 em um supermercado **A**, sabendo que o mesmo chocolate custa R$ 2,80 no supermercado **B**, é importante ter em mente que, apesar de estarmos pagando "apenas" R$ 0,80 a mais, a diferença percentual é de quase 30% em relação ao preço do supermercado **B**;

// A taxa Selic, que normalmente aparece como referência de rendimento-padrão em investimentos, é uma média ponderada das taxas de juros aplicadas nos títulos públicos leiloados pelo Tesouro Nacional.
Como esses títulos são considerados investimento de baixíssimo risco e alta liquidez, a taxa Selic é usada como um parâmetro de valor mínimo para as taxas de juros no Brasil.

- quando o vendedor da loja nos diz que pode parcelar o valor da compra em 3 vezes sem juros, é importante saber se há algum desconto para pagamento à vista, a fim de que possamos decidir, em cada caso, a melhor opção de pagamento;
- quando temos uma reserva de dinheiro, é possível investir em uma aplicação financeira oferecida pelos bancos. É fundamental sabermos calcular o valor resultante dessa aplicação. Além dos riscos inerentes a toda aplicação, é preciso considerar o prazo de aplicação, as taxas cobradas pelo banco e os impostos que incidirão.

Porcentagem

A tabela seguinte mostra a evolução dos salários, em reais, dos irmãos Marta e Caio nos anos de 2017 e 2018.

	Salário em 2017	Salário em 2018	Aumento salarial
Marta	3 000,00	3 750,00	750,00
Caio	2 375,00	3 087,50	712,50

// Irmãos estudando seus ganhos e gastos.

Vamos calcular, para cada irmão, a razão entre o aumento salarial e o salário em 2017:

Marta: $\dfrac{750}{3\,000}$

Caio: $\dfrac{712{,}50}{2\,375}$

Quem obteve o maior aumento salarial relativo?

Uma das maneiras de comparar essas razões consiste em expressá-las com o mesmo denominador (100, por exemplo):

Marta: $\dfrac{750}{3\,000} = \dfrac{25}{100} = 25\%$

Caio: $\dfrac{712{,}50}{2\,375} = \dfrac{3}{10} = \dfrac{30}{100} = 30\%$

Concluímos que Caio obteve maior aumento salarial relativo, tendo como referência o salário de 2017.

As razões de denominador 100 são chamadas **razões centesimais** ou **taxas percentuais** ou **porcentagens**.

As porcentagens podem ser expressas de duas maneiras: na forma de fração com denominador 100 ou na forma decimal (dividindo-se o numerador pelo denominador).

Veja alguns exemplos:

- $30\% = \dfrac{30}{100} = 0{,}30$
- $27{,}9\% = \dfrac{27{,}9}{100} = 0{,}279$
- $4\% = \dfrac{4}{100} = 0{,}04$
- $0{,}5\% = \dfrac{0{,}5}{100} = 0{,}005$
- $135\% = \dfrac{135}{100} = 1{,}35$
- $18\% = \dfrac{18}{100} = 0{,}18$

EXEMPLO 1

Em um exame para habilitação de motoristas participaram 380 candidatos. Sabe-se que a taxa de reprovação foi de 15%. Qual foi o número de reprovados?

Para calcular o número **x** de reprovados, devemos lembrar que a taxa de 15% significa que, de cada 100 candidatos, 15 foram reprovados. Assim, podemos escrever:

$$\frac{15}{100} = \frac{x}{380} \Rightarrow x = 57 \text{ reprovados}$$

O cálculo de **x** poderia ser simplificado, calculando-se diretamente 15% de 380:

$$\left(\frac{15}{100}\right) \cdot 380 = 0{,}15 \cdot 380 = 57$$

Com uma calculadora simples, podemos fazer rapidamente cálculos de porcentagens de certo valor usando a tecla %.

Para calcular 15% de 380, pressionamos as teclas:

3 8 0 × 1 5 % =   57

O cálculo mental também pode ser usado no cálculo de porcentagens. Acompanhe o raciocínio:
Como 10% (décima parte) de 380 vale 38, então 5%, metade de 10%, vale 19.
Assim, 15% de 380 corresponde a 38 + 19 = 57.

EXEMPLO 2

Dos 240 alunos do 1º ano do Ensino Médio de um colégio, 90 são moças. Qual é a porcentagem de moças no 1º ano desse colégio?

A razão entre o número de moças e o número total de alunos é $\frac{90}{240}$.

Podemos fazer:

$$\frac{90}{240} = \frac{x}{100} \Rightarrow 240 \cdot x = 90 \cdot 100 \Rightarrow x = 37{,}5$$

A porcentagem é 37,5%.

Podemos, também, simplesmente dividir 90 por 240:

$$\frac{90}{240} = 0{,}375 = \frac{375}{1\,000} = \frac{37{,}5}{100} \text{ ou } 37{,}5\%$$

Exercícios

1. Calcule mentalmente, quando possível, e comprove a resposta com uma calculadora:

a) 20% de 600
b) 15% de 840
c) 60% de 60
d) 50% de 120
e) 10% de 123,5
f) 35% de 400
g) 27% de 2 500
h) 42% de 750
i) 7,5% de 400
j) 0,2% de 12
k) 200% de 800
l) 350% de 75
m) 15,4% de 350
n) 3% de 90
o) 0,5% de 2 100
p) 2,5% de 5 000

2. Uma espécie de fruta contém de 65% a 75% de água; o resto é polpa. Se a massa de uma fruta dessa espécie é 60 g, determine a massa máxima de polpa que ela pode conter.

3. Calcule o valor de **x** em cada caso.

a) 10 é x% de 40.
b) 3,6 é x% de 72.
c) 120 é x% de 150.
d) 136 é x% de 400.
e) 150 é x% de 120.

4. Do salário mensal de Vítor, $\frac{1}{8}$ é reservado para o pagamento de seu plano de saúde, 30% são usados para pagamento do aluguel e 35% são gastos com alimentação. Descontadas essas despesas, sobram R$ 540,00 a Vítor. Qual é o seu salário?

5. Em um supermercado trabalham 120 pessoas, sendo 70% mulheres. Entre as mulheres, $\frac{2}{7}$ são solteiras e, entre os homens, 25% não são solteiros. Determine:

a) o número de homens solteiros;

b) o percentual de funcionários que não são solteiros.

6. O gráfico a seguir mostra os resultados de uma pesquisa realizada com moradores de uma cidade, sobre a avaliação da gestão do atual prefeito.

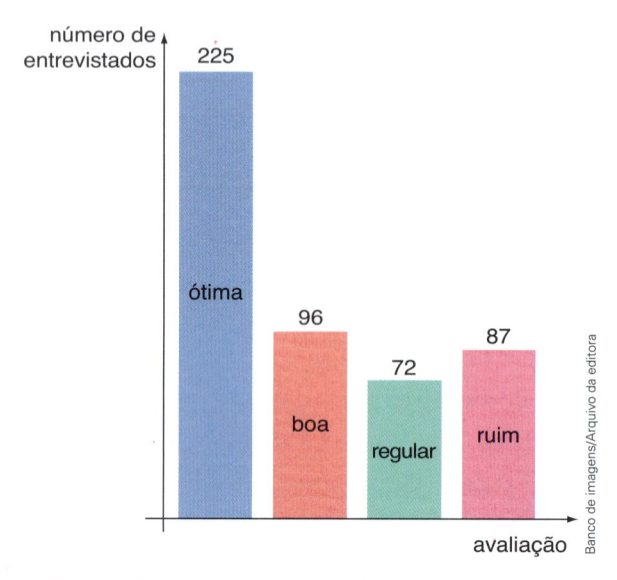

Determine a porcentagem de entrevistados que aprovam a atual gestão, isto é, consideram-na boa ou ótima.

7. De um grupo de 120 universitários que participaram de um congresso, 48 são alunos do curso de Farmácia, 36 são alunos do curso de Química e os demais são do curso de Biologia. Determine:

a) a porcentagem de alunos que cursam Biologia em relação ao total de universitários que participaram do congresso;

b) quantos alunos a mais do curso de Química deveriam ter no congresso para que o percentual de alunos desse curso passasse a ser 40% do total.

8. Uma empresa pretende adquirir certo equipamento eletrônico. Cinco fabricantes participam de um teste para determinar o percentual de peças defeituosas em um lote. Os resultados do teste são dados a seguir:

Fabricante	Número de peças analisadas	Número de peças com defeito
A	150	15
B	250	10
C	180	11
D	200	10
E	230	13

A empresa decidiu recusar os fabricantes cujo percentual de peças boas (não defeituosas) estivesse abaixo de 95%. Qual(is) fabricante(s) teve (tiveram) seu lote aprovado?

9. Monique começou a ler um livro em um fim de semana. No sábado conseguiu ler 40% do livro. No domingo, leu mais 76 páginas e, na sequência, percebeu que já havia lido $\frac{2}{3}$ do livro.

a) Quantas páginas tem esse livro?

b) Quantas páginas Monique leu no sábado?

10. No mês de janeiro, o índice de pontualidade dos voos de uma companhia aérea foi de 95% e, no mês seguinte, caiu para 90%. Sabendo que em janeiro a companhia operou 1 800 voos e em fevereiro 1 350, determine o índice de pontualidade dos voos nesse bimestre.

11. Em uma região do Brasil, um vírus atingiu 2,5% dos animais de um rebanho. Entre os que contraíram o vírus, o índice de mortalidade foi de 28%.

Considerando todo o rebanho, qual o percentual de mortalidade desse vírus?

12. Em um curso de enfermagem, a razão entre o número de homens e o de mulheres é 3 : 17.

a) Qual é a porcentagem de mulheres no curso?

b) Quantos são os homens do curso se há 360 alunos no total?

13. Em uma liga metálica de 1,2 kg, o teor de ouro é de 48%; o restante é prata. Quantos gramas de prata devem ser retirados dessa liga a fim de que o teor de ouro passe a ser de 60%?

14. Em um treino, um jogador de basquete arremessou 80 lances livres, dos quais 65 foram convertidos em cesta.

a) Qual foi o percentual de acerto desse jogador no treino?
b) Quantos arremessos a mais ele deveria ter feito e convertido em cesta para que seu percentual de acerto passasse a ser 90%?

15. Uma mistura de 120 litros continha apenas etanol e gasolina, sendo 70% o teor de gasolina. Foram retirados 30 litros dessa mistura, que foram substituídos por 5 litros de água e 25 litros de etanol. Qual é o teor de etanol na nova mistura?

16. Miguel e Mônica aplicaram suas reservas financeiras em dois bancos distintos. A tabela mostra os valores, em reais, inicialmente aplicados por eles e os valores desses investimentos ao final de um ano:

	Valor inicial (R$)	Valor final (R$)
Miguel	5 000,00	5 800,00
Mônica	1 200,00	1 440,00

a) Calcule, para cada um, a razão entre os valores finais e o valor inicialmente aplicado.
b) Expresse os valores obtidos no item a em razões centesimais e responda: Quem obteve o maior rendimento percentual?

17. Uma imobiliária oferece a seus funcionários duas opções de remuneração:
1ª opção: ajuda de custo de R$ 1 200,00 e um adicional de 4% sobre o total de vendas no mês.
2ª opção: ajuda de custo de R$ 500,00 e um adicional de 4,5% sobre o total de vendas no mês.

a) Calcule, para cada opção, o salário de um corretor que vender no mês imóveis no valor total de R$ 200 000,00.
b) Para que valor mensal de vendas as duas opções oferecem o mesmo salário?

18. Uma sala comercial retangular terá, depois de construída, 12 m × 5 m. Ela foi representada em uma planta usando-se uma escala de 1 : 250.

a) Qual é, em centímetros quadrados, a área da sala na planta?
b) Pretende-se produzir folhetos promocionais de venda dessa sala, usando-se uma escala 20% maior que a usada na planta. Quais serão as dimensões da sala nesse folheto?

19. Em um navio usado para cruzeiros de passageiros, a alimentação dos passageiros e tripulantes é de responsabilidade de chefes de cozinha, cozinheiros e auxiliares de cozinha. Sabe-se que: para cada 2 chefes de cozinha, há 8 cozinheiros e, para cada 3 cozinheiros, há 5 auxiliares de cozinha.

a) Determine o percentual de auxiliares de cozinha no navio, considerando o número total de funcionários responsáveis pela alimentação a bordo.
b) Determine o número total de chefes de cozinha, sabendo que o número total de funcionários do setor é de 245.

20. A prefeitura de uma cidade deseja asfaltar todas as suas vias. Atualmente, a taxa percentual de vias asfaltadas é de 84%. Quando forem asfaltadas mais 30 vias, essa taxa se elevará a 90%. Quantas vias ainda precisarão ser asfaltadas, considerando a situação atual, para que o objetivo seja atingido?

21. O diretor de uma empresa devia assinar 160 cheques. Num dado momento, cumprindo a tarefa, distraído, notou que já havia assinado $\frac{1}{n}$ do total dos cheques ($n \in \mathbb{N}^*$), e que, curiosamente, se tivesse assinado 8 cheques a menos, os cheques assinados seriam $\frac{1}{n+1}$ do total.
A partir do momento da reflexão do diretor, que porcentagem do total de cheques ainda deveria ser assinada?

Aumentos e descontos

Certa loja vende uma máquina de lavar roupas por R$ 750,00. Se a loja promover um aumento de 6% em seus preços, quanto a máquina passará a custar?

// A compra à vista pode ser mais vantajosa quando é oferecido um desconto em seu preço.

- O aumento será 6% de 750 reais: 0,06 · (750 reais) = 45 reais.
- O novo preço da máquina será: 750 reais + 45 reais = 795 reais.
Poderíamos fazer:

$$750 + 0{,}06 \cdot 750 = 750 \cdot (1 + 0{,}06) = 1{,}06 \cdot 750 = 795$$

Observe que o preço inicial da máquina ficou multiplicado por 1,06. Dispondo de uma calculadora simples, obtemos o resultado acima pressionando:

[7][5][0][+][6][%][=]   795

Seguindo o mesmo raciocínio, podemos concluir que:
- se o aumento fosse de 30%, multiplicaríamos o preço original por (1 + 0,30) e obteríamos 1,30;
- se o aumento fosse de 16%, multiplicaríamos o preço original por (1 + 0,16) e obteríamos 1,16;

    ⋮   ⋮   ⋮

- se o aumento fosse de i%, multiplicaríamos o preço original por: $1 + \dfrac{i}{100}$

Se, por outro lado, em uma liquidação, fosse anunciado um desconto de 20% no preço da máquina de lavar, quanto ela passaria a custar?
- O desconto seria 20% de 750 reais: 0,2 · (750 reais) = 150 reais.
- O novo preço da máquina seria: 750 reais − 150 reais = 600 reais.
Poderíamos fazer diretamente:

$$750 - 0{,}2 \cdot 750 = 750 \cdot (1 - 0{,}2) = 0{,}8 \cdot 750 = 600$$

Note que o preço original da máquina ficou multiplicado por 0,8.

Isso significa que, nessa liquidação, pagaremos 80% do valor original da máquina.

Para fazermos os cálculos acima com uma calculadora simples, basta pressionar:

[7][5][0][−][2][0][%][=]   600

Seguindo o mesmo raciocínio, podemos concluir que:
- se o desconto fosse de 8%, multiplicaríamos o preço original por (1 − 0,08) e obteríamos 0,92;
- se o desconto fosse de 15%, multiplicaríamos o preço original por (1 − 0,15) e obteríamos 0,85;
- ⋮
- se o desconto fosse de i%, multiplicaríamos o preço original da máquina por: $1 - \dfrac{i}{100}$

Variação percentual

No início do mês, o preço do quilograma do salmão, em um mercado municipal, era de R$ 50,00. No fim do mês, o mesmo tipo de salmão era vendido a R$ 56,00 o quilograma.

De que maneira podemos expressar esse aumento?
- Em valores absolutos, o aumento foi de R$ 6,00.
- Calculando a razão entre esse aumento e o valor inicial, encontramos $\dfrac{6}{50} = 0{,}12 = 12\%$.

Dizemos que 12% é a **variação percentual** do preço do quilograma do salmão.

// Apesar de ser um alimento rico em proteínas, vitaminas e minerais, o peixe ainda é pouco consumido pelos brasileiros.

Outra possibilidade é fazer:

$$\dfrac{56}{50} = 1{,}12 = 1 + \underbrace{0{,}12}_{\text{aumento de 12\%}}$$

Temos a seguinte relação que expressa a variação percentual:

$$p = \dfrac{V_1 - V_0}{V_0} = \dfrac{V_1}{V_0} - 1$$

em que:
- V_0 é o valor inicial de um produto;
- V_1 é o valor desse produto em uma data futura;
- **p** é a variação percentual do preço desse produto no período considerado, expressa na forma decimal.
- Se p > 0, dizemos que **p** representa a **taxa percentual de crescimento** (ou acréscimo), conforme vimos acima, no preço do salmão.
- Se p < 0, dizemos que **p** representa a **taxa percentual de decrescimento** (ou decréscimo).

EXEMPLO 3

Se, em um mês, o preço do quilograma do salmão tivesse diminuído de R$ 50,00 para R$ 48,00, teríamos:

$$p = \dfrac{48 - 50}{50} = \dfrac{-2}{50} = \dfrac{-1}{25} = -0{,}04$$

Isso significa um decréscimo de 4% no valor inicial do quilograma do salmão.

EXEMPLO 4

Na introdução deste capítulo, página 385, levantamos a questão da diferença de preços de um mesmo produto nos supermercados **A** e **B**.

No supermercado **A**, pagava-se R$ 3,60; no supermercado **B**, R$ 2,80.

- A diferença absoluta, em reais, é de R$ 0,80.
- A diferença percentual (relativa), em relação ao supermercado mais barato, é:

$$\frac{R\$\ 0,80}{R\$\ 2,80} \approx 0,2857 = 28,57\%$$

Exercícios resolvidos

1. O PIB (Produto Interno Bruto) de um país aumentou 3% em um ano, passando a ser de 412 bilhões de dólares. Qual era o PIB antes deste aumento?

Solução:

1º modo

Podemos fazer:

$$p = \frac{V_1 - V_0}{V_0} \Rightarrow 0,03 = \frac{412 - V_0}{V_0} \Rightarrow 0,03\,V_0 = 412 - V_0 \Rightarrow 1,03 \cdot V_0 = 412 \Rightarrow V_0 = \frac{412}{1,03} = 400 \text{ (bilhões de dólares)}$$

2º modo

Podemos montar a seguinte regra de três:

$$\begin{cases} 412 \text{ bilhões} & - & 103\% \\ x & - & 100\% \end{cases} \Rightarrow x = 400 \text{ (bilhões de dólares)}$$

2. Após uma redução de 8% em seu valor, um produto passou a custar R$ 110,40. Qual era o preço original do produto?

Solução:

1º modo

Temos: $V_1 = 110,40 \qquad p = -0,08 \qquad V_0 = (?)$

Daí obtemos:

$$-0,08 = \frac{110,40 - V_0}{V_0} \Rightarrow -0,08\,V_0 = 110,40 - V_0 \Rightarrow 0,92\,V_0 = 110,40 \Rightarrow V_0 = \frac{110,40}{0,92} = 120 \text{ (reais)}$$

2º modo

Podemos montar a seguinte regra de três:

$$\begin{cases} R\$\ 110,40 & - & 92\% \\ x & - & 100\% \end{cases} \Rightarrow x = R\$\ 120,00$$

3. Um produto sofreu dois reajustes mensais e consecutivos de 5% e 10%, respectivamente.

a) Qual será o preço do produto após os aumentos, se antes custava R$ 400,00?
b) Qual será o aumento percentual acumulado?

Solução:

a) Após o 1º aumento, o preço em reais passará a ser: $1,05 \cdot 400 = 420$

Após o 2º aumento, o preço em reais passará a ser: $1,10 \cdot 420 = 462$

b) $p_{acum.} = \dfrac{462 - 400}{400} = \dfrac{62}{400} = 0,155$, isto é, 15,5% de aumento acumulado.

Exercícios

22. O preço de um par de sapatos era R$ 68,00. Em uma liquidação, ele foi vendido com 15% de desconto. Quanto passou a custar?

23. Se uma loja aumentar em 12% o preço de todos os produtos, quanto passará a custar um artigo cujo preço antes do aumento era:
a) R$ 40,00?
b) R$ 150,00?

24. O preço de um produto aumentou de R$ 320,00 para R$ 360,00.
a) Qual é a taxa percentual desse aumento?
b) Qual seria o novo preço do produto se o aumento tivesse sido de 35%?

25. Pesquisando em um *site* de reserva de hotéis, Jurandir encontrou uma promoção na diária de um hotel na praia, de R$ 250,00 por R$ 210,00.
a) Qual é o percentual de desconto oferecido?
b) Jurandir aproveitou a promoção e fez uma reserva de uma semana no hotel, pelo *site*. Sabendo que serão cobradas taxas de 1,5% sobre o total da reserva e R$ 15,00 pela emissão do *voucher*, qual será o total a ser pago por Jurandir?

26. Usando uma calculadora simples, responda às perguntas a seguir.
a) O preço do quilograma do tomate em um sacolão é R$ 1,28 e sofrerá uma redução de 7,8%. Qual será o novo preço?
b) O aluguel de uma sala comercial é R$ 1 480,00 ao mês. Foi autorizado um aumento de 11,3% no aluguel de imóveis comerciais. Qual será o novo valor do aluguel dessa sala?
c) Sobre o salário bruto de R$ 2 850,00 de um trabalhador incidem 17,5% de impostos. Qual o salário líquido desse trabalhador?

27. Três produtos, **A**, **B** e **C**, sofreram reajustes em um supermercado, como mostrado a seguir.

Produto	Preço anterior (R$)	Preço atual (R$)
A	0,40	0,50
B	1,50	1,80
C	0,60	0,75

Compare os aumentos percentuais dos preços dos três produtos.

28. Após um aumento de 24%, o salário bruto de Raul passou a ser de R$ 4 340,00.
a) Qual era o salário bruto de Raul?
b) Supondo que sobre o salário bruto incidam impostos de 16%, determine quanto Raul passará a pagar a mais de impostos por mês.

29. Uma companhia aérea promoveu uma redução de R$ 150,00 no preço de uma passagem, o que corresponde a 12% de desconto. Determine o preço da passagem:
a) sem a redução;
b) com a redução.

30. Por meio de uma campanha de redução do consumo de água, um edifício residencial, em um certo mês, reduziu o consumo em 14%, passando a gastar 1 075 m^3 de água.
a) Qual foi o consumo de água do condomínio no mês anterior?
b) Para o mês seguinte, os moradores comprometeram-se a reduzir o consumo para 1000 m^3 de água. Para atingir essa meta, qual deverá ser a nova redução percentual no consumo de água?

31. Seja **p** o preço de um produto. Determine, em função de **p**, o novo valor desse produto se ele tiver:
a) aumento de 38%;
b) aumento de 10,5%;
c) desconto de 3%;
d) desconto de 12,4%;
e) dois aumentos sucessivos de 10% e 20%, respectivamente;
f) dois descontos sucessivos de 20% e 15%, respectivamente;
g) um aumento de 30% seguido de um desconto de 20%;
h) três aumentos sucessivos de 10% cada um.

32. O preço de um produto é R$ 50,00, e um comerciante decide aumentá-lo em 20%. Diante da insistência de um cliente, o comerciante concede, então, um desconto de 20% sobre o novo preço do produto.

a) Ao final dessas "transações", haveria alteração no preço original do produto? Quem "levaria vantagem": o comerciante ou o cliente?

b) Que taxa de desconto deveria ser aplicada diretamente sobre o preço original do produto para que fosse obtido o mesmo valor que seria pago pelo cliente, em caso de compra?

33. Atualmente, o pagamento da prestação do apartamento consome 30% do salário bruto de Cláudio. Se a prestação aumentar 10%, que porcentagem do salário de Cláudio ela passará a representar, caso:
a) não haja aumento de salário;
b) o salário aumente 5%;
c) o salário aumente 30%.

34. Um supermercado promoveu, em meses distintos, três promoções para certo produto, a saber:
I. Compre 1 e ganhe 50% de desconto na aquisição da 2ª unidade.
II. Compre 2 e leve 3.
III. Compre 4 e leve 5.

Considerando que o preço do produto não sofreu alteração, qual é a opção mais vantajosa para o consumidor? E a menos vantajosa?

35. Um sabonete, cujo preço normal de venda é R$ 1,40, é vendido em três supermercados distintos, **X**, **Y** e **Z**, com as seguintes promoções:
- supermercado **X**: leve 4, pague 3;
- supermercado **Y**: desconto de 15% sobre o preço de cada unidade;
- supermercado **Z**: leve 6, pague 5.

Determine a opção mais vantajosa para um consumidor que comprar:
a) 12 unidades do sabonete;
b) 7 unidades do sabonete.

36. O dono de um restaurante "por quilo" costuma, semanalmente, encomendar de um fornecedor 12 kg de arroz, 8 kg de feijão e 15 kg de batata.
a) Sabendo que os preços do quilograma do arroz, do feijão e da batata, em certa semana, são de R$ 4,00, R$ 3,40 e R$ 2,00, respectivamente, determine o gasto correspondente a esse pedido.
b) Na semana seguinte, os preços do quilograma do arroz, do feijão e da batata sofreram as seguintes variações, respectivamente: +3%, −5%, +6%. Qual foi a variação percentual do gasto do mesmo pedido?

37. O reajuste anual autorizado para certo plano de saúde foi de 28%. Enquanto aguardava o resultado das negociações sobre os reajustes, a seguradora do plano já havia aumentado a mensalidade em 10%.
Determine o percentual que deve ser aplicado ao valor vigente da mensalidade a fim de se cumprir o reajuste autorizado.

38. Quatro amigos foram a uma lanchonete e fizeram exatamente o mesmo pedido. O valor da conta, a ser dividido igualmente entre eles, foi R$ 70,40, já incluídos os 10% de serviço. Quanto cada um pagaria se não fosse cobrada a taxa de serviço?

39. Cecília comprou um apartamento por R$ 120 000,00 e o revendeu, dez anos depois, por R$ 450 000,00. Qual o percentual de valorização desse imóvel no período?

40. Expresse na forma percentual:
a) um aumento de R$ 15,00 sobre uma mercadoria que custava R$ 60,00.
b) um desconto de R$ 28,00 em uma mercadoria que custava R$ 168,00.
c) um desconto de R$ 0,27 em um produto que custava R$ 0,90.
d) um aumento de R$ 208,00 em um produto que custava R$ 200,00.

41. Um usuário recebeu uma conta telefônica com um valor 120% maior que a última conta, já paga. Assustado, recorreu à concessionária, que informou ter havido engano na cobrança, anunciando redução do valor apresentado à metade. Ainda assim, qual foi o acréscimo percentual do valor a pagar em relação ao da conta anterior?

42. O número de reclamações registradas no SAC (Serviço de Atendimento ao Cliente) de uma empresa aumentou 28% em maio, em comparação com abril, e 5% em junho, em comparação com maio. Em julho foi realizada uma campanha que conseguiu reduzir o número em 10%, em comparação com junho, resultando em 9 072 reclamações.

Determine:
a) o percentual acumulado de aumento do número de reclamações nesses três meses;
b) o número de reclamações recebidas em maio.

43. Uma dona de casa costuma comprar 5,5 kg no açougue de um supermercado, entre frango e lombo. O quilograma do frango é R$ 12,00 e o do lombo é R$ 9,00. Sua despesa no açougue fica em R$ 60,00.
a) Quantos quilogramas de frango e quantos quilogramas de lombo ela compra?
b) Numa ocasião, em virtude do aniversário do supermercado, o preço do quilograma do frango foi reduzido em $\frac{100}{6}$ % e o do lombo em 20%. Desse modo, com R$ 60,00 ela pode comprar 500 g a mais de lombo e **x** gramas a mais de frango. Qual é o valor de **x**?

44. Um espetáculo musical aumentou o preço do ingresso em 5%. Verificou-se então, a partir desse aumento, uma queda de 10% no número de ingressos vendidos.
a) A receita obtida pelo espetáculo aumentou ou diminuiu? Qual foi a variação percentual?
b) Se o número de ingressos vendidos tivesse diminuído x% no lugar de 10%, a receita permaneceria a mesma. Qual é o valor de **x**?

Juros

A palavra "juro" é bem familiar ao nosso cotidiano e está amplamente difundida nos mais variados veículos de comunicação (rádio, TV, jornal, internet, etc.).

Veja a seguir algumas situações em que aparecem juros no nosso dia a dia.

- Ao fazer um empréstimo em um banco, o cliente deverá, ao final do prazo estabelecido, devolver ao banco a quantia emprestada acrescida de juros, devido ao "aluguel" do dinheiro.
- Se uma pessoa atrasa o pagamento de uma conta de consumo (por exemplo, luz, telefone, internet, etc.), ela é obrigada a pagar, além do valor da conta, uma multa acrescida de juros diários sobre esse valor.
- Ao abrir uma caderneta de poupança, o poupador deposita uma quantia no banco. A cada mês serão incorporados juros ao saldo dessa poupança.
- Quando um correntista de banco ultrapassa o limite de sua conta-corrente, o banco cobra juros diários sobre o valor excedido até o correntista repor o dinheiro para zerar sua conta.

// Muitas pessoas recorrem ao empréstimo bancário quando querem abrir um negócio próprio, por exemplo.

Normalmente, quando se realiza alguma dessas operações fica estabelecida uma taxa de juros (**x** por cento) por período (dia, mês, ano, etc.) que incide sobre o valor da transação.

Veja, a seguir, alguns termos de uso frequente em Matemática financeira.

U.M. — Unidade monetária: real, dólar, euro ou qualquer outra moeda.

C — Capital. O valor inicial de um empréstimo, dívida ou investimento.

i — Taxa de juros. A letra **i** vem do inglês *interest* ("juros"), e a taxa é expressa na forma percentual por período. Por exemplo, 5% ao mês (a.m.); 0,2% ao dia (a.d.); 10% ao ano (a.a.), etc.

J — Juros. Os juros correspondem ao valor obtido quando aplicamos a taxa sobre o capital ou sobre algum outro valor da transação. Os juros são expressos em U.M.

M — Montante. Corresponde ao capital acrescido dos juros obtidos na transação, isto é, $M = C + J$.

Em Matemática financeira, costuma-se adotar, para o período de um mês, o chamado **mês comercial** com 30 dias.

Juros simples

INTERTV
Valor: R$ 160,50

Valores em R$
TV por assinatura: **110,00**
Internet 10 Mb: **50,50**

Valor total: **R$ 160,50**

AVISO: Após o vencimento serão cobrados juros de mora de 0,033% ao dia (ou 1% ao mês) e multa de 2%, a serem incluídos na próxima fatura

VENCIMENTO: 15/12/2018

8589300028 039938484 93939302 29292 344

Considere a seguinte situação: todo dia 15, Luís Henrique paga a conta mensal do pacote de TV por assinatura e internet de sua residência, a qual vence nesse dia. Em certo mês, porém, ele se esqueceu de pagá-la e lembrou-se apenas no dia 28 do mesmo mês que deixara de fazer o pagamento, dirigindo-se imediatamente ao banco.

Quando pegou a fatura, viu que o valor a ser pago na data de vencimento (dia 15) era de R$ 160,50. Um pouco mais abaixo, leu a seguinte orientação: Após o vencimento serão cobrados juros de mora de 0,033% ao dia (ou 1% ao mês) e multa de 2%, a serem incluídos na próxima fatura.

O termo "juros de mora", comum no dia a dia, diz respeito à penalização imposta a um consumidor pelo atraso no cumprimento de sua obrigação.

Rapidamente, com uma calculadora, Luís Henrique chegou à conclusão de que, na fatura seguinte, seria cobrado, aproximadamente, um total de R$ 3,90 de encargos provenientes do atraso no pagamento.

Como ele chegou a esse valor?

- Inicialmente, ele calculou 2% de R$ 160,50, que é o valor correspondente à multa e que independe do número de dias de atraso:

$$2\% \cdot R\$\ 160{,}50 = 0{,}02 \cdot R\$\ 160{,}50 = R\$\ 3{,}21 \quad \textcircled{1}$$

- Em seguida, calculou o juro diário cobrado:

$$0{,}033\% \cdot R\$\ 160{,}50 = \frac{0{,}033}{100} \cdot R\$\ 160{,}50 \simeq R\$\ 0{,}053$$

Aqui vale lembrar que nosso sistema monetário não dispõe de moedas com valores inferiores a R$ 0,01. Desse modo, R$ 0,053 é um valor teórico compreendido entre R$ 0,05 e R$ 0,06 e será arredondado mais adiante.

Multiplicando esse valor por 13 (do dia 15 ao dia 28 foram 13 dias de atraso), ele obteve:

$$13 \cdot R\$\ 0{,}053 \simeq R\$\ 0{,}69 \quad \textcircled{2}$$

- Somando ① e ②, chega-se aos encargos de:

$$R\$\ 3{,}21 + R\$\ 0{,}69 = R\$\ 3{,}90$$

Conceito

Observe que, nessa transação, a taxa de juros sempre incide sobre o mesmo valor (isto é, sobre o valor original da conta), gerando, desse modo, o mesmo juro por período considerado (no exemplo, o juro por dia é o mesmo).

Esse mecanismo de cálculo de juros é conhecido como **regime de juros simples**.

Vamos construir uma tabela para representar o juro total devido em função do número de dias de atraso, considerando os dados do exemplo anterior:

Número de dias de atraso	1	2	3	4	5	...	13
Juros (R$)	0,053	0,106	0,159	0,212	0,265	...	0,689

Para qualquer par de valores da tabela, notamos que a razão $\frac{\text{juros}}{\text{número de dias}}$ é constante:

$$\frac{0,053}{1} = \frac{0,106}{2} = \frac{0,159}{3} = \ldots = \frac{0,689}{13}$$

Desse modo, as grandezas "juros" e "número de dias de atraso" são diretamente proporcionais e a constante de proporcionalidade vale 0,053, que é aproximadamente igual a 0,033% de R$ 160,50 — a taxa de juros aplicada sobre o capital (valor da conta).

Vamos generalizar essa ideia: aplicando-se juros simples a um capital **C**, à taxa **i** por período (com **i** expresso na forma decimal), durante **n** períodos, obtemos juros totais **J** tais que:

$$\frac{J}{n} = \text{constante}$$

A constante é dada pelo produto da taxa de juros (**i**) pelo capital (**C**).

$$\frac{J}{n} = i \cdot C \Rightarrow \boxed{J = C \cdot i \cdot n}$$

O montante obtido será:

$$M = C + J \Rightarrow M = C + C \cdot i \cdot n \Rightarrow \boxed{M = C \cdot (1 + i \cdot n)}$$

A principal aplicação do regime de juros simples é o cálculo de juros cobrados por atraso de pagamento de contas de consumo (telefone, gás, água, luz, TV por assinatura, etc.). Como veremos adiante, a maioria das transações comerciais e financeiras (aplicações, financiamentos, empréstimos, etc.) obedece ao regime de juros compostos.

> **OBSERVAÇÃO**
>
> Na conta mensal do pacote de TV, constava a informação "juros de mora de 0,033% ao dia (ou 1% ao mês". Como se trata de juros simples, os juros de 0,033% ao dia equivalem a juros de 30 · (0,033%) ao mês, isto é, 0,99% ao mês, que, na conta, aparece arredondado para 1% ao mês.

Exercícios resolvidos

4. Um capital de R$ 1 200,00 é aplicado em regime de juros simples, por 3 anos, à taxa de 1% ao mês. Calcule os juros dessa operação.

Solução:

1º modo
- Em um mês, os juros, em reais, serão de 0,01 · 1 200 = 12,00.
- Em três anos (ou 36 meses), o total dos juros, em reais, será 36 · 12,00 = 432.

2º modo

Podemos calcular diretamente 36% de 1200, pois a taxa de 1% incide sempre sobre o capital, e os juros, em qualquer mês, são de 1% de 1 200. Assim, para um período de 36 meses, o total dos juros, em reais, é:

$$36 \cdot (1\% \cdot 1\,200) = 36 \cdot 0,01 \cdot 1\,200 = 0,36 \cdot 1\,200 = 36\% \cdot 1\,200 = 432$$

3º modo

Podemos aplicar a fórmula dos juros, lembrando que a taxa deve ser compatível com a unidade de tempo considerada. Assim: $C = 1\,200$; $i = \frac{1}{100} = 0,01$ e $n = 36$ meses

Logo, o total dos juros, em reais, é:

$$J = C \cdot i \cdot n = 1\,200 \cdot 0,01 \cdot 36 \Rightarrow J = 432$$

5. Um capital de R$ 2 100,00, aplicado em regime de juros simples durante quatro meses, gerou um montante de R$ 2 604,00. Calcule a taxa mensal de juros dessa aplicação.

Solução:

1º modo

$M = C(1 + i \cdot n) \Rightarrow 2604 = 2100(1 + i \cdot 4) \Rightarrow \dfrac{2604}{2100} = 1 + 4i \Rightarrow 1,24 = 1 + 4i \Rightarrow 0,24 = 4i \Rightarrow i = 0,06$

Logo, a taxa de juros é 6% ao mês.

2º modo

Os juros dessa aplicação, em reais, são de $2604 - 2100 = 504$. Em relação ao capital, eles correspondem a:

$$\dfrac{504}{2100} = 0,24 = 24\%$$

Como os juros mensais são iguais, a taxa por mês será $\dfrac{24\%}{4} = 6\%$.

6. Um aparelho de TV custa à vista R$ 880,00. A loja também oferece a seguinte opção de pagamento: R$ 450,00 no ato da compra e uma parcela de R$ 450,00 a ser paga um mês após a compra. Qual é a taxa mensal de juros simples cobrada nesse financiamento?

Solução:

1º modo

O saldo devedor no momento da compra é:

$C = \underbrace{R\$\ 880,00}_{\text{valor da TV à vista}} - \underbrace{R\$\ 450,00}_{\text{entrada}} = R\$\ 430,00$

Após um mês, com a incorporação de juros, esse valor se converte num montante **M** tal que:

$$M = R\$\ 450,00$$

Desse modo, são cobrados juros de R$ 20,00 (R$ 450,00 − R$ 430,00 = R$ 20,00) em relação ao saldo devedor de R$ 430,00.

Percentualmente temos: $\dfrac{20}{430} \approx 0,0465 = 4,65\%$.

2º modo

Podemos aplicar a fórmula $M = C(1 + i \cdot n)$, com $C = 430$, $M = 450$, $n = 1$ (1 mês); é preciso determinar o valor de **i**:

$450 = 430(1 + i \cdot 1) \Rightarrow \dfrac{450}{430} = 1 + i \Rightarrow i \approx 1,0465 - 1 = 0,0465 = 4,65\%$

Logo, a taxa de juros é 4,65% ao mês.

Exercícios

45. Calcule os juros simples obtidos nas seguintes condições:

a) Um capital de R$ 220,00, aplicado por três meses, à taxa de 4% a.m.

b) Um capital de R$ 540,00, aplicado por um ano, à taxa de 5% a.m.

c) Uma dívida de R$ 80,00, paga em oito meses, à taxa de 12% a.m.

d) Uma dívida de R$ 490,00, paga em dois anos, à taxa de 2% a.m.

46. Bira fez um empréstimo de R$ 250,00 com um amigo e combinou de pagá-lo ao final de quatro meses, acrescido de juros simples de 6% a.m. Qual será o total que deverá ser desembolsado por Bira após esse período?

47. Um capital de R$ 200,00 é empregado em regime de juros simples. Passados quatro meses, o montante era R$ 240,00. Qual é a taxa mensal de juros simples dessa operação?

48. Obtenha o montante de uma dívida, contraída a juros simples, nas seguintes condições:
a) capital: R$ 400,00; taxa: 48% ao ano; prazo: 5 meses;
b) capital: R$ 180,00; taxa: 72% ao semestre; prazo: 8 meses;
c) capital: R$ 5 000,00; taxa: 0,25% ao dia; prazo: 3 meses.

49. Uma conta de gás, no valor de R$ 48,00, com vencimento para 13 de abril, trazia a seguinte informação: "Se a conta for paga após o vencimento, incidirão sobre o seu valor multa de 2% e juros de 0,033% ao dia, que serão incluídos na conta futura".
Qual será o acréscimo a ser pago sobre o valor da próxima conta por um consumidor que quitou o débito em 17 de abril? E se ele tivesse atrasado o dobro do número de dias para efetuar o pagamento?

50. Uma conta telefônica trazia a seguinte informação: "Contas pagas após o vencimento terão multa de 2% e juros de mora de 0,04% ao dia, a serem incluídos na próxima conta".
Sabe-se que Elisa se esqueceu de pagar a conta do mês de agosto, no valor de R$ 255,00. Na conta do mês de setembro foram incluídos R$ 7,14 referentes ao atraso de pagamento do mês anterior.
Com quantos dias de atraso Elisa pagou a conta do mês de agosto?

51. Um capital é aplicado, a juros simples, à taxa de 5% a.m. Quanto tempo, no mínimo, ele deverá ficar aplicado, a fim de que seja possível resgatar:
a) o dobro da quantia aplicada?
b) o triplo da quantia aplicada?
c) dez vezes a quantia aplicada?
d) a quantia aplicada acrescida de 80% de juros?

52. O preço à vista de uma TV é R$ 900,00. Pode-se, entretanto, optar pelo pagamento de R$ 500,00 de entrada e mais R$ 500,00 um mês após a compra.
a) Qual é a taxa mensal de juros simples desse financiamento?
b) Qual seria a taxa mensal de juros simples do financiamento, se a 2ª parcela fosse paga dois meses após a compra?

53. Uma loja oferece a seus clientes duas opções de pagamento conforme mostrado abaixo:

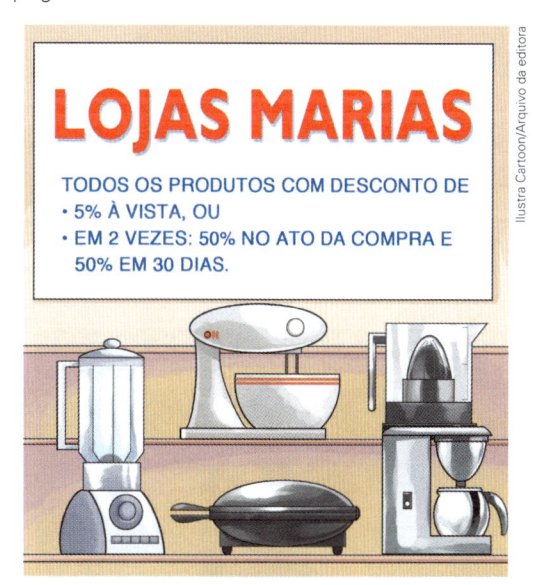

LOJAS MARIAS
TODOS OS PRODUTOS COM DESCONTO DE
• 5% À VISTA, OU
• EM 2 VEZES: 50% NO ATO DA COMPRA E 50% EM 30 DIAS.

Lia fez compras nessa loja no valor total de R$ 2 400,00.
a) Que valor Lia pagará se optar pelo pagamento à vista?
b) Qual é a taxa mensal de juros simples embutidos no pagamento parcelado, levando em conta que é oferecido um desconto para pagamento à vista?

54. Fábio tomou **x** reais emprestados de um amigo e comprometeu-se a devolver essa quantia, acrescida de juros simples, no prazo de dez meses. No prazo combinado, Fábio quitou a dívida com um pagamento de 1,35x. Qual foi a taxa mensal de juros combinada?

55. Sabe-se que 70% de um capital foi aplicado a juros simples, por 1,5 ano, à taxa de 2% a.m.; o restante foi aplicado no mesmo regime de juros, por 2 anos, à taxa de 18% a.s. (ao semestre). Sabendo que os juros totais recebidos foram de R$ 14 040,00, determine o valor do capital.

56. Mariana recebeu uma herança de R$ 22 000,00. Foram usados $\frac{3}{11}$ desse valor para quitar uma dívida de 2 anos, contraída de um amigo, no regime de juros simples, à taxa de 2,5% a.m. Do valor que sobrou, 75% será usado para a reforma de sua casa e o restante Mariana pretende emprestar a uma prima, em regime de juros simples, à taxa de 10% ao ano (a.a.).
Determine:

a) o capital da dívida de Mariana com o amigo;

b) o valor que será usado na reforma da casa de Mariana;

c) o valor que a prima pagará a Mariana se quitar a dívida em 3 anos.

57. Ariel dispunha de um capital de R$ 4 000,00. Parte desse valor ele emprestou a Rafael, por um ano, à taxa de juros simples de 1,5% a.m. O restante foi emprestado (na mesma data) a Gabriel, pelo mesmo período, à taxa de 36% a.a.

Sabendo que, um ano depois, Ariel recebeu o montante de R$ 5 116,00 referentes aos dois empréstimos, determine o valor emprestado a cada um dos amigos.

Juros compostos

Considere a seguinte situação:

Miguel juntou R$ 500,00 e abriu uma caderneta de poupança para seu filho, como presente pelo 10º aniversário do menino.

Vamos supor que o rendimento dessa caderneta de poupança seja de 0,6% ao mês e que não será feita nenhuma retirada de dinheiro nem depósito nos próximos anos.

Quando o filho de Miguel completar 18 anos, que valor ele terá disponível em sua caderneta?

O mecanismo pelo qual o saldo dessa poupança vai crescer, mês a mês, é conhecido como regime de **capitalização acumulada** ou regime de **juros compostos**.

Qual é o princípio básico desse sistema de capitalização?

- Ao final do 1º mês, os juros de 0,6% incidem sobre os R$ 500,00; os juros obtidos (R$ 3,00) são incorporados ao capital, produzindo o primeiro montante (R$ 3,00 + R$ 500,00 = R$ 503,00).
- Ao final do 2º mês, os juros de 0,6% incidem sobre o primeiro montante (R$ 503,00) e os juros obtidos (R$ 3,02) são incorporados ao primeiro montante, produzindo o segundo montante (R$ 3,02 + R$ 503,00 = R$ 506,02).
- Ao final do 3º mês, os juros de 0,6% incidem sobre o segundo montante (R$ 506,02) e os juros obtidos (R$ 3,04) são incorporados ao segundo montante, produzindo o terceiro montante (R$ 3,04 + R$ 506,02 = R$ 509,06), e assim sucessivamente.

Vamos agora generalizar esse raciocínio.

Consideremos um capital **C**, aplicado a juros compostos, a uma taxa de juros **i** (expressa na forma decimal) fixa por período, durante **n** períodos. O período considerado deve ser compatível com a unidade de tempo da taxa.

Pais e filhos podem conversar sobre a importância de poupar, a necessidade de consumir conscientemente e outros temas de educação financeira.

Temos:
- Ao final do primeiro período, o primeiro montante será igual a:
$$M_1 = C + C \cdot i \Rightarrow M_1 = C \cdot (1 + i) \quad \boxed{1}$$
- Ao final do segundo período, o segundo montante será igual a:
$$M_2 = M_1 + i \cdot M_1 = M_1 \cdot (1 + i) \underset{1}{\Rightarrow} M_2 = C \cdot (1 + i)^2 \quad \boxed{2}$$
- Ao final do terceiro período, o terceiro montante será igual a:
$$M_3 = M_2 + i \cdot M_2 = M_2 \cdot (1 + i) \underset{2}{\Rightarrow} M_3 = C \cdot (1 + i)^3 \quad \boxed{3}$$
- Ao final do quarto período, o quarto montante será igual a:
$$M_4 = M_3 + i \cdot M_3 = M_3 \cdot (1 + i) \underset{3}{\Rightarrow} M_4 = C \cdot (1 + i)^4$$
$$\vdots \quad \vdots \quad \vdots \quad \vdots \quad \vdots \quad \vdots$$
- Ao final do n-ésimo período, o n-ésimo montante será igual a:
$$M_n = C \cdot (1 + i)^n$$

É importante lembrar, mais uma vez, que o regime de juros compostos é utilizado na maioria das transações comerciais e aplicações financeiras.

EXEMPLO 5

Um capital de R$ 300,00 é aplicado à taxa de 2% ao mês, no regime de juros compostos. Qual será o montante obtido após três meses?

1º modo
- Ao final do 1º mês, o 1º montante, em reais, será: $300 + 0,02 \cdot 300 = 306$
- Ao final do 2º mês, o 2º montante, em reais, será: $306 + 0,02 \cdot 306 = 312,12$
- Ao final do 3º mês, o montante, em reais, será: $312,12 + 0,02 \cdot 312,12 \approx 318,36$

2º modo
Aplicando a fórmula deduzida, obteremos diretamente o montante após três meses. Basta fazer:
$$M_3 = 300 \cdot (1 + 0,02)^3 \Rightarrow M_3 = 300 \cdot 1,02^3 \approx 318,36$$
Logo, o montante após 3 meses será de 318,36 reais.

EXEMPLO 6

Voltando ao problema da caderneta de poupança do filho de Miguel, vamos determinar o valor que o menino terá ao completar 18 anos. Temos: $C = 500$; $i = 0,6\% = \dfrac{0,6}{100} = 0,006$ e $n = 96$ meses (8 anos).

Precisamos calcular: $M_{96} = 500 \cdot (1 + 0,006)^{96} = 500 \cdot 1,006^{96}$

Na calculadora científica, a potência $1,006^{96}$ pode ser obtida utilizando-se a tecla x^y ou ^. Inicialmente, digitamos a base (1,006), seguida dessa tecla e depois o expoente (96).

Assim, $M_{96} \approx 500 \cdot 1,77585 \Rightarrow M_{96} \approx 887,93$.

Logo, Miguel terá 887,93 reais na caderneta de poupança.

Exercícios resolvidos

7. Um investidor aplicou R$ 10 000,00 em um fundo de investimento que rende 12% ao ano, a juros compostos. Qual é o menor número inteiro de meses necessário para que o montante dessa aplicação seja R$ 50 000,00?

Solução:

Temos: $\begin{cases} C = 10\ 000 \\ M = 50\ 000 \\ i = 0{,}12 \\ n = ? \end{cases} \Rightarrow 50\ 000 = 10\ 000 \cdot (1 + 0{,}12)^n \Rightarrow 5 = 1{,}12^n$

Para resolver a equação $1{,}12^n = 5$, podemos proceder de duas maneiras:

1º modo

$$1{,}12^n = 5 \Rightarrow \log_{1,12} 5 = n;$$

Escrevendo esse logaritmo em base 10, temos:

$$n = \frac{\log_{10} 5}{\log_{10} 1{,}12}$$

Com o auxílio de uma calculadora científica, obtemos os valores desses logaritmos:

$$n \approx \frac{0{,}69897}{0{,}049218} \Rightarrow n \approx 14{,}2$$

2º modo

De $1{,}12^n = 5$, podemos obter outra igualdade "aplicando" logaritmo decimal aos dois membros, isto é:

$1{,}12^n = 5 \Rightarrow \log 1{,}12^n = \log 5 \Rightarrow n \cdot \log 1{,}12 = \log 5 \Rightarrow n = \dfrac{\log 5}{\log 1{,}12} \approx 14{,}2$

Assim, o menor número inteiro de meses é 15.

8. Uma dívida de R$ 500,00, contraída a juros compostos e a uma taxa mensal fixa, aumenta para R$ 680,00 após quatro meses. Qual é a taxa mensal aproximada de juros?

Solução:

$$M = C \cdot (1 + i)^n \Rightarrow 680 = 500 \cdot (1 + i)^4 \Rightarrow 1{,}36 = (1 + i)^4 \Rightarrow$$

$$\Rightarrow 1 + i = \sqrt[4]{1{,}36} \Rightarrow 1 + i \approx 1{,}0799 \Rightarrow i \approx 0{,}0799$$

Assim, a taxa mensal aproximada é de 8% ao mês.

Juros compostos com taxa variável

No estudo dos juros compostos deduzimos a fórmula do montante, admitindo a taxa de juros constante em cada um dos períodos. No entanto, muitas vezes, as taxas de rentabilidade de um fundo de investimento, por exemplo, variam de um mês para o outro. Quando isso ocorre, podemos calcular os montantes mês a mês, lembrando que o princípio de capitalização acumulado é o mesmo.

EXEMPLO 7

No começo do ano, o lote padrão de ações de uma empresa valia R$ 80,00. Nos meses de janeiro e fevereiro, as ações dessa empresa valorizaram 30% e 20%, respectivamente. Qual será o valor desse lote no final de fevereiro?

- No final de janeiro, o lote passará a valer, em reais:

$$80 + 30\% \cdot 80 = 80 + 0{,}3 \cdot 80 = 80 + 24 = 104$$

- No final de fevereiro, com a valorização de 20%, o lote passará a valer, em reais:
$$104 + 20\% \cdot 104 = 104 + 20,8 = 124,80$$

Observe que:
- O valor do lote, em reais, no final de janeiro é $1,3 \cdot 80$.
- O valor do lote, em reais, ao final de fevereiro é: $1,2 \cdot \underbrace{1,3 \cdot 80}_{\text{valor de janeiro}} = 1,56 \cdot 80 = 124,80$

Observe que a valorização acumulada nesses dois primeiros meses é: $(1,2 \cdot 1,3) - 1 = 1,56 - 1 = 0,56 = 56\%$.

Exercícios

58. Calcule os juros e o montante de uma transação financeira a juros compostos, nas seguintes condições:
a) capital de R$ 300,00 à taxa de 2% a.m. por 4 meses;
b) capital de R$ 2 500,00 à taxa de 5% a.m. por 1 ano;
c) capital de R$ 100,00 à taxa de 16% a.a. por 3 anos;
d) capital de R$ 900,00 à taxa de 27% a.a. por 6 meses.

59. Bete dispõe de R$ 2 000,00 para investir por três meses. Ela pretende escolher uma das opções: caderneta de poupança ou um fundo de renda fixa. As condições de cada investimento são apresentadas abaixo.

	Rendimento	Imposto
Poupança	0,5% a.m.	—
Fundo de renda fixa	0,8 % a.m.	25% sobre o ganho

Qual é a opção mais vantajosa para Bete, levando em conta exclusivamente o critério financeiro? Nos seus cálculos, considere $1,005^3 \simeq 1,015$ e $1,008^3 \simeq 1,024$.

60. Um investimento financeiro rende 1% ao mês, em regime de juros compostos. Décio aplicou R$ 1 200,00 nesse investimento. No momento do resgate, são cobrados 15% de imposto de renda sobre o rendimento obtido.
Considerando $1,01^{10} \simeq 1,105$, determine o valor líquido (já descontado o imposto de renda) que caberá a Décio, se ele fizer o resgate:
a) após 10 meses;
b) após 20 meses.

61. A caderneta de poupança é o investimento mais popular entre os brasileiros. Seu rendimento gira em torno de 0,5% ao mês e não há cobrança de Imposto sobre os ganhos. Marlene investiu R$ 2 000,00 na caderneta de poupança.
Neste exercício, admita que, no período considerado, Marlene não fez depósitos nem saques nessa caderneta de poupança e use:
$1,005^{12} \simeq 1,06$; $1,005^{60} \simeq 1,35$;
$\log 1,005 \simeq 0,002$ e $\log 2 \simeq 0,301$.
a) Determine o montante obtido por Marlene, se ela deixar o recurso investido por: 1 ano, 2 anos, 5 anos e 10 anos.
b) Qual é o menor número inteiro de meses que o valor investido deverá ficar aplicado para que ela possa resgatar R$ 4 000,00? E R$ 10 000,00?

62. Um capital foi aplicado a juros compostos à taxa de 20% a.a., durante 3 anos. Se, decorrido esse período, o montante produzido foi de R$ 864,00, qual foi o valor do capital aplicado?

63. Um capital de R$ 5 000,00 é aplicado à taxa de juros compostos de 10% ao ano.
   a) Qual é o montante da aplicação após 5 anos? Considere $1,1^5 \simeq 1,6$.
   b) Qual é o rendimento percentual dessa aplicação considerando o período de 5 anos?
   c) Qual é o tempo mínimo necessário para que o montante dessa aplicação seja R$ 20 000,00? Considere $\log 2 \simeq 0,30$ e $\log 11 \simeq 1,04$.

64. Um capital foi aplicado a juros compostos, à taxa de 10% ao ano, durante 3 anos, gerando um montante de R$ 66 550,00.
   a) Qual foi o capital aplicado?
   b) Qual seria a diferença entre os juros recebidos por essa aplicação e por uma aplicação com mesmo capital, prazo e taxa, porém no regime de juros simples?

65. Um capital de R$ 5 000,00, aplicado a uma taxa fixa mensal de juros compostos, gerou, em quatro meses, um montante de R$ 10 368,00. Qual foi a taxa praticada?

66. Suponha que o valor de um terreno em uma área nobre de uma cidade venha aumentando à taxa de 100% ao ano. Qual é o número mínimo inteiro de anos necessários para que o valor do terreno seja correspondente a cem vezes seu valor atual?

67. Uma dívida do cartão de crédito passou, no regime de juros compostos, de R$ 2 000,00 para R$ 5 120,00 em dois anos. Sabendo que a administradora do cartão opera com uma taxa percentual de juros fixa por ano, determine:
   a) o valor dessa taxa ao ano;
   b) o montante aproximado dessa dívida meio ano após a data na qual ela foi contraída. Considere: $\sqrt{10} \simeq 3,16$.

68. Um terreno adquirido por R$ 10 000,00 valoriza-se à taxa de 8% ao ano. Determine o tempo mínimo necessário para que o terreno passe a valer R$ 30 000,00.
Considere: $\log 2 \simeq 0,30$ e $\log 3 \simeq 0,48$.

69. No quadro abaixo consta a variação (valorização ou desvalorização) percentual mensal do valor da ação de uma empresa comercializada na Bolsa de Valores:

Mês	Variação
Março	+8%
Abril	+2,5%
Maio	−3,0%

   a) Sabendo que, no início de março, a ação valia R$ 25,00, determine o seu valor ao final de maio.
   b) Qual a variação percentual do valor da ação nesse período?

70. Em seu primeiro ano, um fundo de investimento em ações valorizou 25%. No segundo ano, o fundo desvalorizou 30% e, no terceiro ano, o fundo recuperou 35% das perdas do ano anterior.
   a) Quem aplicou R$ 4 800,00 nesse fundo, desde a sua criação, saiu com lucro ou prejuízo ao final dos três anos? Expresse esse valor em reais e em termos percentuais, levando em conta o valor investido.
   b) Qual o rendimento percentual desse fundo no 3º ano?

71. Um capital é aplicado a juros compostos à taxa de 20% ao ano. Qual é o menor número inteiro de anos necessários para que o montante dessa operação seja:
   a) o dobro do capital?
   b) o triplo do capital?
   c) o quíntuplo do capital?
   d) 800% a mais que o capital?

Considere: $\log 2 \simeq 0,3$ e $\log 3 \simeq 0,48$.

72. Marcelo emprestou a Júlio 5 figurinhas da coleção da Copa do Mundo para ajudá-lo a montar seu álbum. Três semanas depois, Júlio, que é craque em "bater figurinhas", quitou sua dívida com Marcelo, devolvendo-lhe 35 figurinhas a mais que a quantia emprestada.
Considerando que o "regime de juros" combinado entre os dois seja o de juros compostos, determine a taxa semanal de juros desse empréstimo.

73. Fernanda aplicou R$ 200,00 em um fundo de ações. No primeiro ano, as ações valorizaram 25% e, no segundo ano, a valorização foi de 8%.
a) Qual é o rendimento percentual bruto do fundo nesses dois anos?
b) Qual o valor líquido resgatado por Fernanda após esses dois anos, se, nesse fundo, é cobrado imposto de 20% sobre o ganho?

74. Uma empresa foi multada em R$ 80 000,00 por irregularidades trabalhistas, comprometendo-se a pagar a multa ao final de um período de dez anos, acrescentando a ela juros compostos de 10% ao ano. Passados esses dez anos, a empresa conseguiu pagar apenas o valor da multa, sem os juros devidos, e renegociou a nova dívida, a uma taxa anual de juros compostos de 4% ao ano, com prazo de 5 anos. Qual será o montante a ser pago nessa nova negociação?
Use os valores aproximados do quadro abaixo para fazer os cálculos.

x	1,01	1,02	1,03	1,04	1,05	1,06	1,07	1,08	1,09	1,1
x^5	1,05	1,10	1,16	1,2	1,3	1,34	1,4	1,47	1,54	1,6

75. Um investimento de risco apresentou uma taxa anual de rendimento fixa, gerando um aumento de 44% do capital investido em 2 anos. Qual foi a taxa anual de juros paga por esse investimento?

76. Um capital é empregado a uma taxa anual de 11%, no regime de juros compostos. Determine o menor número inteiro de meses necessários para que o montante obtido seja 47% maior que o capital. Use $\log 147 \approx 2,17$ e $\log 111 \approx 2,05$.

77. Um capital empregado a juros compostos, à taxa de 0,95% a.m., produz juros de R$ 837,00 em um ano e meio. Qual é o valor do capital?
Considere $1,0095^{18} \approx 1,186$.

78. Consultado sobre o futuro das ações de uma empresa, um economista arriscou o palpite de que, durante os próximos 10 anos, o valor de uma ação da empresa, em cada ano, sofrerá uma desvalorização de 5% em relação ao seu valor anterior.
Admita que o valor atual de uma ação seja V_0.
a) Encontre a fórmula que prevê o valor V dessa ação daqui a t anos ($t \leq 10$).
b) Ao final de 10 anos, o valor da ação poderá ser igual à metade de seu valor atual?
Considere $\log 19 \approx 1,28$ e $\log 5 \approx 0,69$.

79. O gerente de um banco sugeriu a um cliente que investisse em um fundo cujo rendimento bruto é de 0,9% a.m., durante dois anos. Nesse investimento, há imposto de 15% sobre o rendimento na hora do resgate. Ele fez alguns cálculos e informou ao cliente que, com o valor que ele tinha disponível para aplicar, seria possível resgatar, ao final desse prazo, o valor líquido de R$ 9 700,00.
Qual era o valor que o cliente possuía para aplicar?
Considere $1,009^{24} \approx 1,25$.

Troque ideias

Compras à vista ou a prazo (I)

Muitas vezes, o consumidor, ao comprar determinado produto, tem de decidir pela compra à vista ou a prazo. Quando não é possível desembolsar o valor total do produto no ato da compra, resta a opção da compra parcelada. Essa prática é frequente especialmente em compra de eletrodomésticos, eletroeletrônicos, móveis, automóveis, imóveis, etc. Em geral, a compra parcelada embute juros em suas prestações.

Em outras situações, no entanto, o consumidor dispõe de recursos para pagamento à vista. Do ponto de vista financeiro, qual é a melhor opção de pagamento nesse caso?

Vamos considerar o seguinte problema:

Uma agência de turismo, no Rio de Janeiro, vende pacotes turísticos de ano-novo para um *resort* de praia no Nordeste por R$ 2 500,00 à vista por pessoa ou em 5 parcelas mensais de R$ 520,00, sendo a primeira um mês após o fechamento do pacote.

Márcia, ao longo do ano, conseguiu fazer uma reserva de dinheiro que lhe permite pagar a viagem à vista. Ela pode, alternativamente, aplicar esse dinheiro em uma caderneta de poupança e, a cada mês, fazer retiradas (saques) dessa poupança para pagar a prestação da viagem.

Vamos admitir que, em todos os meses, o rendimento da caderneta de poupança seja de 0,6% a.m. Lembre também que não há incidência de impostos sobre esse rendimento.

Vamos simular a situação de uma possível compra a prazo, destacando, em cada mês, o saldo inicial, os juros recebidos pela caderneta de poupança, a retirada para o pagamento da prestação e o saldo final da poupança.

a) Preencha todos os campos da tabela. Use uma calculadora comum.

Tempo	Saldo inicial da poupança	+	Juros recebidos	−	Retirada para pagar a prestação	Saldo final da poupança
Ato da compra						
1 mês depois						
2 meses depois						
3 meses depois						
4 meses depois						
5 meses depois						

b) Analisando a tabela, decida qual é a opção mais vantajosa para Márcia.

É comum, também, encontrarmos, no comércio, situações em que o valor total a ser desembolsado em uma compra a prazo coincide com o seu valor à vista. Nesse caso, se o consumidor aplicar seu recurso e fizer saques mensais para o pagamento das prestações, terá feito a opção que lhe dará um dinheiro extra, que poderá usufruir na viagem.

Imagine que a agência vendesse o mesmo pacote por R$ 2 500,00 à vista ou em 5 parcelas mensais de R$ 500,00, sendo a primeira um mês depois do fechamento do pacote.

c) Determine o dinheiro extra que Márcia poderá usufruir na viagem. Se necessário, faça e preencha uma tabela como a do item *a*.

Aplicações

Compras à vista ou a prazo (II) – Financiamentos

Vamos iniciar o estudo do conceito de **valor atual** (ou **valor presente**) de um conjunto de pagamentos, que nos permite compreender como funcionam alguns financiamentos.

1º problema

Imagine que uma geladeira seja vendida em três prestações mensais de R$ 400,00, sendo a primeira um mês após a compra. Sabendo que a loja cobra juros (compostos) no financiamento de 5% ao mês, como podemos determinar o preço à vista dessa geladeira?

O esquema seguinte mostra os valores das prestações a serem pagas em cada data (mês):

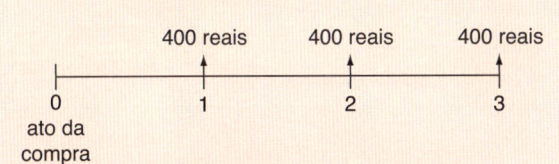

// No momento da compra, o consumidor deve analisar com cautela as diferentes formas de pagamento.

- O pagamento de R$ 400,00 daqui a um mês (data 1) equivale a um pagamento atual (data 0) de x_1 reais, tal que:

$$x_1 \cdot 1{,}05 = 400 \Rightarrow x_1 = \frac{400}{1{,}05}$$

Isto é, aplicando 5% de juros sobre x_1 e somando com x_1, obtemos o valor de R$ 400,00, a ser pago na data 1.

x_1 é o valor atual do pagamento a ser feito na data 1.

- O pagamento de R$ 400,00 daqui a dois meses (data 2) equivale a um pagamento atual (data 0) de x_2 reais, tal que:

$$x_2 \cdot 1{,}05^2 = 400 \Rightarrow x_2 = \frac{400}{1{,}05^2}$$

Ou seja, aplicamos, sobre x_2, juros compostos de 5% ao mês por dois meses seguidos, para obter o valor de R$ 400,00, a ser pago na data 2.

x_2 é o valor atual do pagamento a ser feito na data 2.

- O pagamento de R$ 400,00 daqui a três meses (data 3) equivale a um pagamento atual (data 0) de x_3 reais, tal que:

$$x_3 \cdot 1{,}05^3 = 400 \Rightarrow x_3 = \frac{400}{1{,}05^3}$$

Aplicamos, sobre x_3, juros compostos de 5% ao mês por três meses consecutivos para obter o valor de R$ 400,00, que será pago na data 3.

x_3 é o valor atual do pagamento a ser feito na data 3.

Assim, calculamos o valor atual de cada prestação. O preço à vista dessa geladeira é:

$$x = x_1 + x_2 + x_3 = \frac{400}{1{,}05} + \frac{400}{1{,}05^2} + \frac{400}{1{,}05^3}$$

$$x \approx 380{,}95 + 362{,}81 + 345{,}54$$

$$x \approx 1\,089{,}30$$

Logo, o preço à vista da geladeira é 1 089,30 reais.

A partir do preço à vista da geladeira, podemos compreender, sob outro ponto de vista, o mecanismo do financiamento. Vamos atualizar, mês a mês, o saldo devedor do cliente, considerando a taxa de juros de 5% ao mês:

- Saldo devedor no ato da compra: R$ 1 089,30.
- Saldo devedor, em reais, um mês após a compra: $\underbrace{1,05}_{\text{acréscimo de 5% ao saldo devedor}} \cdot 1\,089,30 \approx 1\,143,77$.

Com o pagamento da 1ª parcela, o saldo devedor diminui para: 1 143,77 reais − 400 reais, isto é, 743,77 reais.

- Saldo devedor, em reais, dois meses após a compra: $1,05 \cdot 743,77 \approx 780,96$. Com o pagamento da 2ª parcela, o saldo devedor diminui para: 780,96 reais − 400 reais, isto é, 380,96 reais.
- Saldo devedor, em reais, três meses após a compra: $1,05 \cdot 380,96 \approx 400$ reais, que é igual ao valor da última prestação, a ser paga nessa data.

2º problema

Um automóvel popular é vendido por R$ 35 000,00 à vista ou em 12 prestações mensais iguais, sem entrada.

Qual é o valor de cada parcela, se a concessionária opera, no financiamento, com uma taxa de juros compostos de 2% ao mês?

Vamos denominar **p** o valor de cada parcela. No esquema seguinte, estão representados os pagamentos futuros desse financiamento com as respectivas datas (meses) de vencimento:

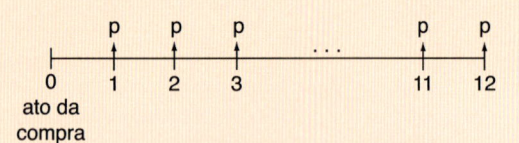

- O valor atual da prestação a ser paga no mês 1 é: $v_1 = \dfrac{p}{1,02}$

- O valor atual da prestação a ser paga no mês 2 é: $v_2 = \dfrac{p}{1,02^2}$

- O valor atual da prestação a ser paga no mês 3 é: $v_3 = \dfrac{p}{1,02^3}$

⋮

- O valor atual da prestação a ser paga no mês 12 é: $v_{12} = \dfrac{p}{1,02^{12}}$

Como o preço à vista do automóvel é de R$ 35 000,00, devemos ter:

$$v_1 + v_2 + v_3 + ... + v_{12} = 35\,000$$

$$\frac{p}{1,02} + \frac{p}{1,02^2} + \frac{p}{1,02^3} + ... + \frac{p}{1,02^{12}} = 35\,000$$

$$p \cdot \left(\frac{1}{1,02} + \frac{1}{1,02^2} + \frac{1}{1,02^3} + ... + \frac{1}{1,02^{12}} \right) = 35\,000 \;\;(*)$$

Para fazer o cálculo em (*) podemos, com auxílio de uma calculadora científica, calcular cada parcela acima separadamente e depois adicioná-las.

Outra opção é observar que a sequência $\left(\dfrac{1}{1{,}02}; \dfrac{1}{1{,}02^2}; \dfrac{1}{1{,}02^3}; ...; \dfrac{1}{1{,}02^{12}}\right)$ é uma P.G., em que $a_1 = \dfrac{1}{1{,}02}$; $q = \dfrac{1}{1{,}02}$ e n = 12.

Assim, como $S_n = \dfrac{a_1 \cdot (q^n - 1)}{q - 1}$ (soma dos **n** primeiros termos de uma P.G.), temos:

$$S_{12} = \dfrac{\dfrac{1}{1{,}02} \cdot \left[\left(\dfrac{1}{1{,}02}\right)^{12} - 1\right]}{\dfrac{1}{1{,}02} - 1} = \dfrac{\dfrac{1}{1{,}02} \cdot \left(\dfrac{1}{1{,}02^{12}} - 1\right)}{\dfrac{-0{,}02}{1{,}02}} = -\dfrac{1}{0{,}02} \cdot \left(\dfrac{1 - 1{,}02^{12}}{1{,}02^{12}}\right)$$

Como $1{,}02^{12} \simeq 1{,}2682$, temos:

$$S_{12} = -\dfrac{1}{0{,}02} \cdot \left(\dfrac{1 - 1{,}2682}{1{,}2682}\right) = -\dfrac{1}{0{,}02} \cdot \dfrac{-0{,}2682}{1{,}2682} \simeq 10{,}574$$

Em ✱, temos:

$$p \cdot 10{,}574 = 35\,000 \Rightarrow p \simeq 3310$$

Assim, o valor de cada parcela é R$ 3 310,00.

Observe que, ao efetuar a compra financiada, o consumidor pagará pelo carro o valor total de 12 · 3 310 = 39 720, ou seja, 39 720 reais. Com relação ao preço à vista do veículo, é uma diferença de 39 720 reais − 35 000 reais = 4 720 reais.

Note que $\dfrac{39\,720}{35\,000} \simeq 1{,}135 = 1 + 0{,}135$. Isso significa que, na compra financiada, o consumidor pagará "1 carro e mais 13,5% de seu valor de compra".

É notório que, mesmo sem fazer todos esses cálculos, na compra financiada, o valor total desembolsado é maior, em relação ao preço à vista.

Quando a compra financiada é a única opção, é importante que o consumidor não veja apenas se a prestação cabe no orçamento mensal. É preciso pesquisar as melhores condições, negociar e procurar por taxas de juros menores até encontrar a opção mais vantajosa.

Exercícios

80. Um conjunto de sofás pode ser adquirido em 3 prestações mensais iguais de R$ 900,00, sendo a primeira um mês após a compra. A taxa de juros no financiamento é de 5% a.m. Qual seria o preço à vista desse conjunto de sofás?

81. Um *smartphone* é vendido por R$ 3 000,00 à vista ou em 5 prestações mensais iguais sem entrada, sendo a primeira 30 dias após a compra. Qual é o valor de cada prestação, se a loja cobra juros de 4% a.m. no financiamento? Lembre que a soma dos **n** primeiros termos de uma P.G. é $S_n = \dfrac{a_1 \cdot (q^n - 1)}{q - 1}$ e considere $1{,}04^5 \simeq 1{,}22$.

82. Um automóvel de luxo importado pode ser comprado por 504 mil reais à vista ou em duas parcelas anuais de 350 mil cada, sendo a primeira um ano após a compra. Qual é a taxa anual de juros cobrada nesse financiamento?

Juros e funções

Uma dívida de R$ 1 000,00 será paga com juros de 50% ao ano. Ela deverá ser quitada após um número inteiro de anos.

Vamos calcular, ano a ano, os montantes dessa dívida nos dois regimes de capitalização (simples e composto) e comparar os valores obtidos.

Juros simples

Os juros, por ano, são de 50% de 1 000:

$$0{,}5 \cdot 1\,000 = 500, \text{ isto é, R\$ 500,00}$$

Para uma dívida de R$ 1 000,00, temos:

Ano	1	2	3	4	5	6	...
Montante	1 500	2 000	2 500	3 000	3 500	4 000	...

A sequência de montantes (1 500, 2 000, 2 500, 3 000, 3 500, ...) é uma progressão aritmética (P.A.) de razão 500 e cujo termo geral é:

$$a_n = a_1 + (n-1) \cdot r \Rightarrow a_n = 1\,500 + (n-1) \cdot 500 \Rightarrow a_n = \underbrace{500}_{\text{acréscimo anual}} \cdot n + \underbrace{1\,000}_{\text{capital}}$$

Lembremos que toda progressão aritmética (P.A.) é uma função **f** de domínio em $\mathbb{N}^*$. Desse modo, a P.A. (1 500, 2 000, 2 500, 3 000, ...) é uma função **f** cujo domínio é $\mathbb{N}^* = \{1, 2, 3, ...\}$, como sugere a associação seguinte:

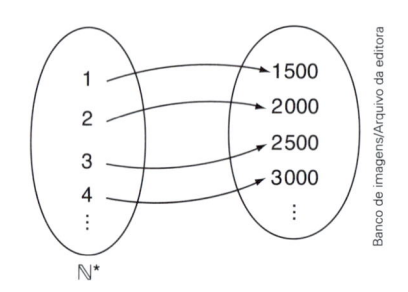

Podemos associar essa função **f** à função definida por y = 500x + 1 000 (**função afim** ou **do 1º grau**), restrita aos valores naturais não nulos que a variável **x** assume.

Juros compostos

Vamos montar a tabela, lembrando que o montante da dívida em determinado ano é 50% maior que o montante relativo ao ano anterior (ou 1,5 vez o montante anterior).

Para uma dívida de R$ 1 000,00, temos:

Ano	1	2	3	4	5	6	...
Montante	1 500	2 250	3 375	5 062,50	7 593,75	11 390,62	...

A sequência de montantes (1 500; 2 250; 3 375; 5 062,50; ...) é uma progressão geométrica (P.G.) de razão 1,5 cujo termo geral é:

$$a_n = a_1 \cdot q^{n-1} \Rightarrow a_n = 1\,500 \cdot 1{,}5^{n-1} \Rightarrow a_n = 1\,500 \cdot \frac{1{,}5^n}{1{,}5} \Rightarrow$$

$$\Rightarrow a_n = \underbrace{1\,000}_{\text{capital}} \cdot 1{,}5^n$$

Lembremos que toda progressão geométrica (P.G.) é uma função **f** de domínio em $\mathbb{N}^*$. Desse modo, a P.G. (1 500; 2 250; 3 375; 5 062,50; ...) é uma função **f** cujo
$\quad\quad\quad\quad\quad\quad\quad\quad\quad\quad\quad\uparrow\quad\uparrow\quad\uparrow\quad\quad\uparrow$
$\quad\quad\quad\quad\quad\quad\quad\quad\quad\quad\quad a_1\quad a_2\quad a_3\quad\quad a_4$

domínio é $\mathbb{N}^* = \{1, 2, 3, ...\}$. Veja a associação seguinte:

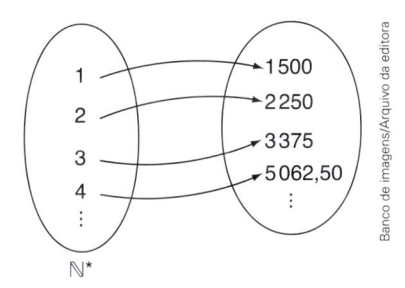

```
        1  ———→ 1 500
        2  ———→ 2 250
        3  ———→ 3 375
        4  ———→ 5 062,50
        ⋮            ⋮
       ℕ*
```

Observe que essa função **f** pode ser associada à função definida por $y = 1\,000 \cdot 1{,}5^x$ (**função exponencial**), restrita aos valores naturais não nulos que **x** assume.

Representando graficamente as duas sequências, obtemos o gráfico abaixo.

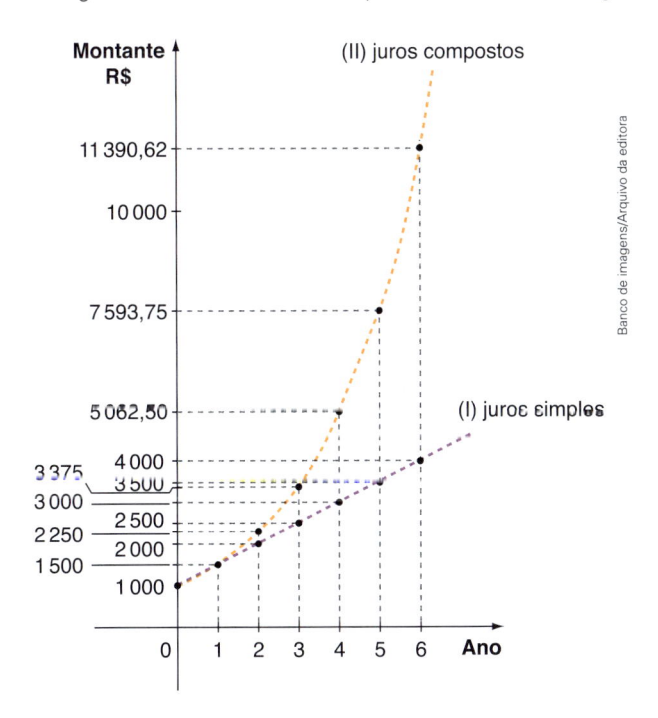

[Gráfico: Montante R$ × Ano, mostrando (I) juros simples e (II) juros compostos, com valores 1 000, 1 500, 2 000, 2 250, 2 500, 3 000, 3 375, 3 500, 4 000, 5 062,50, 7 593,75, 10 000, 11 390,62]

Os pontos do gráfico I correspondem aos pontos da reta que representa a função afim dada por $y = 500 \cdot x + 1\,000$, quando a variável **x** assume valores naturais. Observe que, se $x = 0$, então $y = 1\,000$ corresponde ao capital da dívida.

Os pontos do gráfico II correspondem aos pontos da curva exponencial dada por $y = 1\,000 \cdot 1{,}5^x$, quando a variável **x** assume valores naturais. Se $x = 0$, então $y = 1\,000$ é o capital da dívida.

Observe que no caso I não traçamos uma reta e no caso II não traçamos uma curva exponencial contínua, pois, em ambos os casos, temos funções cujo domínio é $\mathbb{N}^*$ (e não $\mathbb{R}$).

Os gráficos I e II intersectam-se em (1, 1 500), isto é, decorrido exatamente um ano da aquisição da dívida, os montantes a juros simples e a juros compostos se equivalem. A partir daí, o gráfico II está sempre acima do gráfico I, mostrando que, para qualquer valor de **x** (ano), $x > 1$, o montante da dívida a juros compostos é maior que o montante da dívida de mesmo capital e taxa de juros, calculado a juros simples.

Exercícios

83. Um capital de R$ 600,00 é aplicado a uma taxa anual de 10% ao ano, por cinco anos.
   a) Construa as sequências referentes aos montantes anuais dessa aplicação, considerando o regime de juros simples e o de juros compostos.
   b) Associe cada sequência anterior a uma P.A. ou uma P.G., determinando sua razão.
   c) Qual é, em reais, a diferença entre os montantes obtidos ao final dos cinco anos, considerando os dois regimes de juros?

84. Carlos solicitou um empréstimo a um amigo. A sequência (a_n), com $n \in \mathbb{N}^*$, cujo termo geral é dado por $a_n = 400 + 20n$, representa o montante desse empréstimo, em reais, após **n** meses (n = 1, 2, 3, ...), contados a partir da data em que o empréstimo foi concedido por seu amigo. Determine:
   a) o capital do empréstimo;
   b) o regime de juros combinado e a taxa mensal de juros;
   c) o valor necessário para quitar o empréstimo depois de um ano.

85. A função f: $\mathbb{N}^* \to \mathbb{R}_+^*$, definida por $f(x) = 6000 \cdot 1,2^x$, representa o valor de uma dívida, em reais, **x** anos após a data em que ela foi contraída (x = 0).
   a) Qual é o valor original da dívida?
   b) A dívida cresce segundo o regime de juros simples ou de juros compostos? Qual é a taxa anual de juros dessa dívida?
   c) Em quatro anos, a dívida já terá dobrado de valor?

86. O gráfico abaixo mostra, ano a ano, o aumento de um capital aplicado em certo regime de juros.

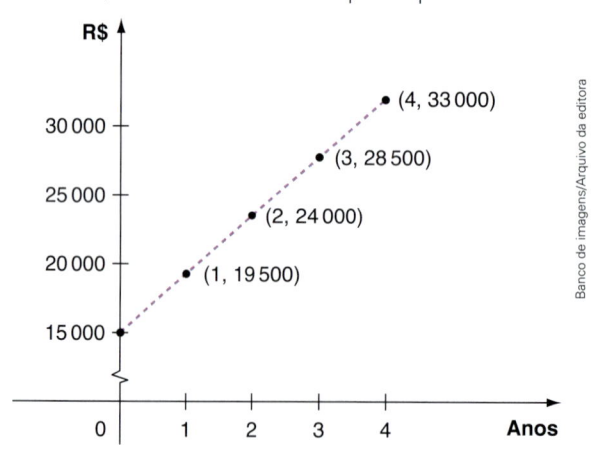

a) O capital cresce segundo o regime de juros simples ou compostos?
b) Qual é a taxa anual de juros utilizada?
c) Qual o montante obtido após 8 anos?

Aplicações

Trabalhando, poupando e planejando o futuro

Um jovem casal sem filhos, cuja renda mensal conjunta é R$ 4 800,00, decide organizar uma planilha de custos para equilibrar o orçamento doméstico. A análise dessa planilha nos primeiros meses revelou ao casal que, descontados os custos fixos, como pagamento da prestação do apartamento e de contas de consumo, transporte e alimentação, sobram ainda R$ 600,00.

// O controle das despesas é o primeiro passo para o equilíbrio do orçamento doméstico.

O casal tomou, então, uma importante decisão: reservar R$ 250,00 desse excedente para gastos eventuais e aplicar, mensalmente, a quantia de R$ 350,00 em um fundo de investimento pelos próximos dois anos, a fim de construir uma reserva financeira. Vamos admitir que o rendimento mensal líquido desse fundo seja de 0,7% ao mês nesse período.

Qual será o valor da reserva financeira disponível do casal imediatamente após o 24º depósito?

Vamos construir uma tabela para acompanhar a evolução dos rendimentos de cada parcela. Note que:

- o 1º depósito renderá juros compostos de 0,7% ao mês por 23 meses;
- o 2º depósito renderá juros compostos de 0,7% ao mês por 22 meses;
- o 3º depósito renderá juros compostos de 0,7% ao mês por 21 meses;

  ⋮

- o 23º depósito renderá juros compostos de 0,7% ao mês por 1 mês;
- o 24º depósito não renderá juros.

No corpo da tabela a seguir, você encontrará valores da forma $350 \cdot 1{,}007^n$, com $n \in \{0,1,...,23\}$, em que **n** é o número de meses de acúmulo de juros. Tais valores foram obtidos a partir da fórmula $M = C \cdot (1 + i)^n$.

Mês	1	2	3	4	...	23	24
1º depósito	350	$350 \cdot 1{,}007$	$350 \cdot 1{,}007^2$	$350 \cdot 1{,}007^3$	...	$350 \cdot 1{,}007^{22}$	$350 \cdot 1{,}007^{23}$
2º depósito	–	350	$350 \cdot 1{,}007$	$350 \cdot 1{,}007^2$	...	$350 \cdot 1{,}007^{21}$	$350 \cdot 1{,}007^{22}$
3º depósito	–	–	350	$350 \cdot 1{,}007$	...	$350 \cdot 1{,}007^{20}$	$350 \cdot 1{,}007^{21}$
⋮	⋮	⋮	⋮	⋮	⋮	⋮	⋮
23º depósito	–	–	–	–	...	350	$350 \cdot 1{,}007$
24º depósito	–	–	–	–	...	–	350

Para responder à pergunta sobre o valor da reserva financeira do casal, é preciso somar os valores da última coluna da tabela:

$$350 \cdot 1{,}007^{23} + 350 \cdot 1{,}007^{22} + 350 \cdot 1{,}007^{21} + ... + 350 \cdot 1{,}007 + 350$$

Uma opção é obter, com auxílio da calculadora científica, o valor de cada parcela da adição acima e, em seguida, adicionar os resultados encontrados.

Outra opção é notar que a expressão acima representa a soma dos termos de uma P.G. Invertendo a ordem dos termos, podemos reescrevê-la assim:

$$350 + 350 \cdot 1{,}007 + 350 \cdot 1{,}007^2 + ... + 350 \cdot 1{,}007^{22} + 350 \cdot 1{,}007^{23}$$

Temos:

$$a_1 = 350;\ q = 1{,}007;\ n = 24$$

Lembrando que $S_n = \dfrac{a_1 \cdot (q^n - 1)}{q - 1}$, obtemos:

$$S_{24} = \frac{350 \cdot (1{,}007^{24} - 1)}{1{,}007 - 1} \simeq \frac{350 \cdot 0{,}182244}{0{,}007} = 9\,112{,}2$$

Ao final de dois anos, o casal terá construído uma reserva financeira aproximada de R$ 9 100,00. Essa reserva poderá ser útil em diversos contextos: para quitar, abater ou renegociar a dívida do financiamento da casa própria, ou em uma eventual perda de emprego; além disso essa reserva poderá dar ao casal suporte na chegada do primeiro filho.

Observe ainda que, se o casal optasse por manter esse padrão de aplicação por mais um ano, o montante acumulado seria igual a:

$$\frac{350 \cdot (1{,}007^{36} - 1)}{1{,}007 - 1} \simeq 14\,273,\ \text{ou seja, R\$ 14\,273{,}00}$$

Se o compromisso assumido for cumprido, o casal poderá usufruir desse montante, com melhores condições de negociação em uma compra, quitar ou abater uma eventual dívida, além de assegurar maior tranquilidade financeira.

Enem e vestibulares resolvidos

(Enem) Um trabalhador possui um cartão de crédito que, em determinado mês, apresenta o saldo devedor a pagar no vencimento do cartão, mas não contém parcelamentos a acrescentar em futuras faturas. Nesse mesmo mês, o trabalhador é demitido. Durante o período de desemprego, o trabalhador deixa de utilizar o cartão de crédito e também não tem como pagar as faturas, nem a atual nem as próximas, mesmo sabendo que, a cada mês, incidirão taxas de juros e encargos por conta do não pagamento da dívida. Ao conseguir um novo emprego, já completados 6 meses de não pagamento das faturas, o trabalhador procura renegociar sua dívida. O gráfico mostra a evolução do saldo devedor.

Com base no gráfico, podemos constatar que o saldo devedor inicial, a parcela mensal de juros e a taxa de juros são

a) R$ 500,00; constante e inferior a 10% ao mês.
b) R$ 560,00; variável e inferior a 10% ao mês.
c) R$ 500,00; variável e superior a 10% ao mês.
d) R$ 560,00; constante e superior a 10% ao mês.
e) R$ 500,00; variável e inferior a 10% ao mês.

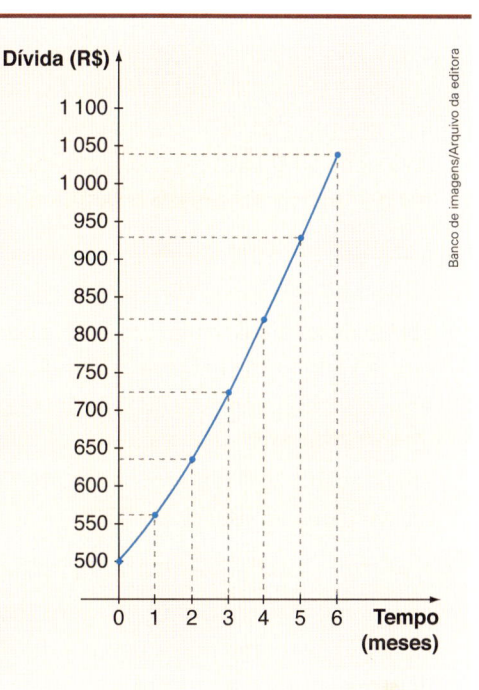

Resolução comentada

Do enunciado, sabemos que taxas de juros e encargos incidiram mensalmente no saldo devedor. Trata-se, então, de capitalização composta, que possui parcela mensal de juros variável.

Com base no gráfico, o saldo devedor inicial era de R$ 500,00.

Note que a taxa de juros utilizada como referência comparativa nas alternativas da questão foi de 10% ao mês. Após 1 mês a uma taxa de 10%, o saldo devedor seria de R$ 550,00. Entretanto, o saldo devedor correspondente a 1 mês no gráfico é maior do que R$ 550,00, o que implica que a taxa mensal de juros sobre o saldo devedor foi maior do que 10% a.m.

Assim, temos: saldo devedor inicial de R$ 500,00; parcela mensal de juros variável e taxa de juros mensal superior a 10%.

Alternativa c.

Exercícios complementares

1. (PUC-RJ)

a) A pessoa **A** aplicou **x** reais em um investimento que rendeu 10% e resgatou R$ 49 500,00. A pessoa **B** aplicou **y** reais em um investimento que deu prejuízo de 10% e resgatou o mesmo valor que a pessoa **A**. Qual é o valor de **x**? Qual é o valor de **y**?

b) Uma pessoa aplicou R$ 5 000,00 em um investimento que rendeu 10%, mas sobre o rendimento foi cobrada uma taxa de 15%. Qual foi o valor líquido do resgate?

c) Uma pessoa aplicou R$ 59 000,00, parte no investimento **A** e parte no investimento **B**, e no final não teve lucro nem prejuízo. O investimento **A** rendeu 8%, mas sobre o rendimento foi cobrada uma taxa de 15%. O investimento **B** deu prejuízo de 5%. Qual foi o valor aplicado no investimento **A**? Qual foi o valor aplicado no investimento **B**?

2. Um capital C_1 de R$ 2 000,00 é aplicado a juros simples à taxa de 2% a.m. Três meses depois, o capital C_2 de R$ 1 200,00 é aplicado no mesmo regime de juros, à taxa de 5% a.m. Determine o número mínimo de meses (contados a partir da aplicação de C_1) necessários para que o montante da 2ª aplicação supere o da 1ª.

3. (UFG-GO) Em 2012, foram apreendidas no estado de Goiás 2 625 armas de fogo. Destas, 16% foram apreendidas em Goiânia. Em 2011, as apreensões em Goiânia representaram 14% das apreensões em Goiás. Sabendo-se que o número de armas apreendidas em Goiânia aumentou 20% em 2012, em relação a 2011, determine o número de armas apreendidas em Goiás em 2011.

4. Uma TV é vendida por R$ 9 000,00 à vista ou através de um financiamento com entrada de R$ 3 000,00 e uma única parcela de R$ 6 900,00 dois meses após a compra.
Determine:
a) a taxa mensal de juros simples do financiamento;
b) a taxa mensal de juros compostos do financiamento.
Use $\sqrt{115} \simeq 10,72$

5. (FGV-SP) Para o consumidor individual, a editora fez esta promoção na compra de certo livro: "Compre o livro com 12% de desconto e economize R$ 10,80 em relação ao preço original". Qual o preço original do livro?

6. (UFJF-MG) Um capital de R$ 1 000,00 aplicado no sistema de juros compostos a uma taxa de 10% ao mês gera, após **n** meses, o montante (juros mais capital inicial) dado pela fórmula abaixo:

$$M(n) = 1000\left(1 + \frac{1}{10}\right)^n$$

a) Qual o valor do montante após 2 meses?
b) Qual o número mínimo de meses necessários para que o valor do montante seja igual a R$ 10 000,00? (Use $\log_{10} 11 = 1,04$)

7. (UFPR) Em uma pesquisa de intenção de voto com 1 075 eleitores, foi constatado que 344 pretendem votar no candidato **A** e 731 no candidato **B**.

a) Qual é a porcentagem de pessoas entrevistadas que pretendem votar no candidato **A**?
b) Sabendo que esse mesmo grupo de 1 075 entrevistados é composto por 571 mulheres e 504 homens, e que 25% dos homens pretendem votar no candidato **A**, quantas mulheres pretendem votar no candidato **B**?

8. (Uerj) Para comprar os produtos **A** e **B** em uma loja, um cliente dispõe da quantia **X**, em reais. O preço do produto **A** corresponde a $\frac{2}{3}$ de **X**, e o do produto **B** corresponde à fração restante.
No momento de efetuar o pagamento, uma promoção reduziu em 10% o preço de **A**.
Sabendo que, com o desconto, foram gastos R$ 350,00 na compra dos produtos **A** e **B**, calcule o valor, em reais, que o cliente deixou de gastar.

9. (Unicamp-SP) Diversas padarias e lanchonetes vendem o "cafezinho com leite". Uma pesquisa realizada na cidade de Campinas registrou uma variação grande de preços entre os dois estabelecimentos, **A** e **B**, que vendem esses produtos com um volume de 60 mL, conforme mostra a tabela abaixo.

Produto	A	B
Cafezinho	R$ 2,00	R$ 3,00
Cafezinho com leite	R$ 2,50	R$ 4,00

a) Determine a variação percentual dos preços do estabelecimento **A** para o estabelecimento **B**, para os dois produtos.
b) Considere a proporção de café e de leite servida nesses dois produtos conforme indica a figura abaixo. Suponha que o preço cobrado se refere apenas às quantidades de café e de leite servidas. Com base nos preços praticados no estabelecimento **B**, calcule o valor que está sendo cobrado por um litro de leite.

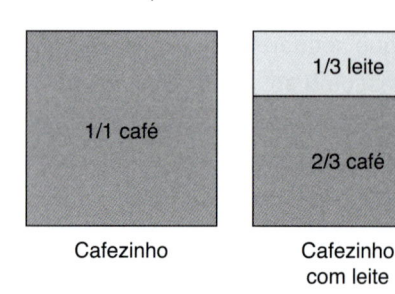

10. (PUC-RJ) Carlinhos tem três caixas de carrinhos, uma grande e duas pequenas: 60% dos carrinhos estão na caixa grande, e cada uma das caixas pequenas tem 20% dos carrinhos.

   a) Metade dos carrinhos da caixa grande é azul, e não há nenhum carrinho azul nas caixas pequenas. Que porcentagem do total de carrinhos é azul?

   b) Metade dos carrinhos em cada caixa pequena é verde. Sabemos, além disso, que a porcentagem de carrinhos verdes na coleção é 40%. Qual é a porcentagem de carrinhos verdes na caixa grande?

11. (Fuvest-SP) O Sistema Cantareira é constituído por represas que fornecem água para a Região Metropolitana de São Paulo. Chama-se de "volume útil" do Sistema os 982 bilhões de litros que ficam acima do nível a partir do qual a água pode ser retirada sem bombeamento. Com o uso de técnicas mais elaboradas, é possível retirar e tratar parte da água armazenada abaixo desse nível. A partir de outubro de 2014, a Sabesp passou a contabilizar uma parcela de 287 bilhões de litros desse volume adicional, denominada "reserva técnica" ou "volume morto", e chamou de "volume total" a soma do volume útil com a reserva técnica. A parte do volume total ainda disponível para consumo foi chamada de "volume armazenado".
O primeiro índice usado pela Sabesp para divulgar o nível do Sistema, após o início do uso da reserva técnica, foi o percentual do volume armazenado em relação ao volume útil (e não ao volume total). Chama-se este percentual de Índice 1.

   a) Calcule o valor que terá o Índice 1 quando as represas estiverem completamente cheias, supondo que a definição de "volume armazenado" não tenha mudado.

A partir de abril de 2015, a Sabesp passou a divulgar outros dois índices, além do Índice 1 (veja o Quadro). Note que o Índice 3 pode assumir valores negativos e valerá 100% quando as represas do Sistema estiverem completamente cheias.

   b) No momento em que o Índice 1 for 50%, que valores terão os Índices 2 e 3?

   c) Qual é o valor do Índice 2 no momento em que o Índice 3 é negativo e vale −10%?

Quadro	
Índice 1 = $\dfrac{\text{volume armazenado}}{\text{volume útil}} \times 100\%$	Índice 2 = $\dfrac{\text{volume armazenado}}{\text{volume total}} \times 100\%$
Índice 3 = $\dfrac{(\text{volume armazenado}) - (\text{volume da reserva técnica})}{\text{volume útil}} \times 100\%$	

12. (Ufes) Em um longínquo país, foi instituído, há alguns anos, o imposto único sobre as operações de compra e venda: o comprador paga um único imposto de 20% sobre o valor do bem; o vendedor fica isento. Insatisfeito com a arrecadação, o Governo anunciou que iria aumentar esse imposto, mas a população, revoltada, não aceitou. Um deputado propôs, então, manter o percentual de 20%, mas mudar a sistemática de cálculo do imposto, que passaria a ser 20% do preço final ao consumidor, isto é, 20% do valor efetivamente desembolsado pelo comprador (valor do bem mais o imposto). A proposta foi aprovada e entrou em vigor hoje. Imagine que um cidadão desse país tenha comprado um automóvel pelo qual tenha pago o preço final de 60 000 marrecos. Determine

   a) o valor do imposto caso a compra tenha sido feita ontem;

   b) o valor do imposto caso a compra tenha sido feita hoje;

   c) o preço final desse automóvel, na data de hoje, caso 60 000 marrecos tenha sido o seu preço final na data de ontem.

13. Determinada fruta fresca contém 80% de água. O processo de desidratação reduz o teor de água para 30%. Quantos quilogramas da fruta fresca são necessários para se obter 400 g da fruta desidratada?

14. Uma editora verificou que, em 2016, as vendas de determinado livro caíram 10% em relação ao total vendido em 2015 e, em 2017, caíram 10% em relação ao total vendido em 2016. Sabe-se que nesses três anos foram vendidos 9 485 livros.
   a) Determine o número de livros vendidos em 2016.
   b) Em 2018 a editora lançou uma nova edição desse livro. Qual deverá ser o aumento percentual das vendas, em relação ao valor de 2017, a fim de que se volte ao nível de vendas de 2015?

15. (FGV-SP) A Secretaria de Transportes de certa cidade autoriza os táxis a fazerem as cobranças a seguir, que são registradas no taxímetro de cada veículo autorizado: bandeirada (valor inicial do taxímetro) = R$ 4,70;
bandeira I = R$ 1,70 por quilômetro rodado (de segunda a sábado, das 6h às 21h);
bandeira II = R$ 2,04 por quilômetro rodado (de segunda a sábado, das 21h às 6h; domingos e feriados em qualquer horário).
   a) Em porcentagem, quanto uma viagem de 6 km, em uma segunda-feira, às 22h, é mais cara do que a mesma viagem de 6 km, também em uma segunda-feira, às 8h?
   b) É possível que uma viagem de **x** km em uma segunda-feira, às 22h, custe 20% a mais do que uma viagem de **x** km, também em uma segunda-feira, às 8h?

16. Dois achocolatados líquidos **A** e **B** possuem teor de gordura de 3% e 7%, respectivamente. Deseja-se obter 4 L de achocolatado com 4% de gordura misturando-se os dois produtos. Qual é a quantidade de cada achocolatado que deve ser usada?

17. Define-se *renda per capita* de um país como a razão entre o produto interno bruto (PIB) e a população economicamente ativa. Em certo país, o governo pretende aumentar a *renda per capita* em 50% no prazo de 20 anos. Se, nesse período, a população economicamente ativa aumentar em 20%, qual deverá ser o acréscimo percentual do PIB?

18. (Unifesp) O carro modelo *flex* de Cláudia, que estava com o tanque vazio, foi totalmente abastecido com 20% de gasolina comum e 80% de etanol. Quando o tanque estava com o combustível em 40% de sua capacidade, Cláudia retornou ao posto para reabastecimento e completou o tanque apenas com gasolina comum.
   a) Após o reabastecimento, qual a porcentagem de gasolina comum no tanque?
   b) No primeiro abastecimento, o preço do litro de gasolina comum no posto superava o de etanol em 50% e, na ocasião do reabastecimento, apenas em 40%. Sabe-se que houve 10% de aumento no preço do litro de etanol, do primeiro para o segundo abastecimento, o que fez com que o preço da gasolina comum superasse o do etanol em R$ 0,704 na ocasião do reabastecimento. Calcule o preço do litro de gasolina comum na ocasião do primeiro abastecimento.

19. Certo modelo de carro bicombustível, que pode rodar indiferentemente com etanol ou com gasolina, apresenta na cidade, em média, o rendimento de 9 km/L, quando abastecido com gasolina, e 6 km/L, quando abastecido com etanol. Em determinado ano, o preço médio do litro da gasolina foi R$ 2,70 e o do etanol foi R$ 1,70. Naquele ano, um motorista rodou 18 000 km, tendo abastecido apenas com etanol.
   a) Se esse motorista gastasse a mesma quantia que gastou, em reais, para abastecer o carro apenas com gasolina, teria rodado mais ou menos quilômetros? Qual seria o acréscimo (ou redução) percentual em relação à distância percorrida naquele ano?
   b) Qual deveria ser a variação percentual (acréscimo ou redução) no preço médio do litro da gasolina naquele ano para que fosse indiferente abastecer com etanol ou com gasolina, mantidas as demais condições?

20. No início do ano, uma empresa anunciou 36% de aumento salarial a seus funcionários naquele ano. Ficou combinado que, em março, eles receberiam 25% de aumento e, em setembro, seria dado o aumento sobre o salário vigente a fim de atingir o valor prometido pela empresa.
   a) Qual deverá ser, em porcentagem, o aumento salarial em setembro?
   b) Qual deveria ser o aumento salarial de setembro caso o aumento em março fosse de 12,5%?

21. (Uerj) Observe o anúncio abaixo, que apresenta descontos promocionais de uma loja.

Adaptado de boaspromoções.com.br.

Admita que essa promoção obedeça à seguinte sequência:
- primeiro desconto de 10% sobre o preço da mercadoria;
- segundo desconto de 10% sobre o valor após o primeiro desconto;
- desconto de R$ 100,00 sobre o valor após o segundo desconto.

Determine o preço inicial de uma mercadoria cujo valor, após os três descontos, é igual a R$ 710,00.

22. Um empresário tomou emprestados R$ 40 000,00 do banco **A** e R$ 60 000,00 do banco **B**, na mesma data, à taxa de juros (compostos) de 20% ao ano e 8% ao ano, respectivamente.
a) Qual será a sua dívida total ao final de dois anos?
b) Daqui a quantos anos as dívidas nos dois bancos serão iguais? Considere log 2 ≃ 0,3 e log 3 ≃ 0,48.

23. Uma empresa fez um empréstimo de longo prazo de 2 milhões de reais em um banco, que cobra juros compostos de 50% ao ano. Três anos depois, a empresa emprestou 100 mil reais a um comerciante, cobrando juros compostos de 80% ao ano. Determine o número inteiro mínimo de anos (contados a partir da data em que a empresa tomou o empréstimo) para que o montante gerado pela dívida a receber seja igual ao montante da dívida a ser paga pela empresa.
Use: log 2 ≃ 0,30; log 3 ≃ 0,48; log 29 ≃ 1,46 e $1,8^3 \simeq 5,8$.

24. Milena deseja aplicar R$ 20 000,00 e pretende resgatar o dinheiro aplicado em 6 anos. Ela está em dúvida entre as três opções a seguir.

Opção **A**: taxa de juros líquida de aplicação de 15% ao ano.

Opção **B**: taxa de juros bruta de aplicação de 20% ao ano, porém no ato do resgate devem ser pagos 22% de imposto sobre o rendimento e 1% de taxas administrativas sobre o montante obtido.

Opção **C**: taxa de juros de aplicação de 1,5% ao mês e impostos de 15% sobre o montante obtido.

Considere que, nas três opções, o regime vigente é o de juros compostos.

Qual é a opção mais vantajosa para Milena? E a menos vantajosa?
Considere $1,15^6 \simeq 2,31$; $1,2^6 \simeq 2,99$ e $1,015^{36} \simeq 1,71$.

25. O gráfico seguinte mostra a evolução, mês a mês, da dívida no cartão de crédito de um cliente, a partir do mês de janeiro de 2018.

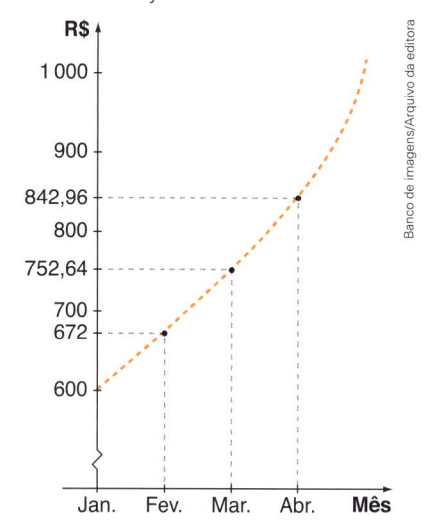

Sabendo que a operadora do cartão de crédito cobra juros mensais cumulativos, a uma taxa percentual fixa por mês, analise cada afirmação seguinte, classificando-a em verdadeira (**V**) ou falsa (**F**), justificando:
a) A dívida do cliente no mês de maio superava R$ 900,00.
b) Os valores mensais da dívida do cliente formam uma progressão geométrica de razão 0,12.
c) A taxa mensal de juros desse cartão é de 12%.
d) O valor, em reais, dessa dívida, em julho de 2018 era de $600 \cdot 1,12^7$.
e) Se o cliente só quitou a dívida em dezembro de 2018, com um único pagamento, ele pagou, considerando todo o período, mais de 240% de juros sobre o valor inicial da dívida.

26. Os preços de custo de dois produtos **A** e **B** são, respectivamente, 150 e 200 reais. Um comerciante vende o produto **A** com margem de lucro de 20% sobre o custo e o produto **B** com margem de lucro de 40%. Em uma transação, ele vendeu, ao todo, **x** unidades desses produtos, das quais 70% eram **A**, lucrando R$ 90 000,00.
a) Qual é o valor de **x**?
b) Qual seria o seu lucro, em reais, na comercialização dessas **x** unidades, se o comerciante oferecesse para ambos os produtos um desconto de 10% no ato da venda?

27. Em uma festa havia 500 pessoas, das quais 19% eram casadas. Quantas pessoas casadas deveriam ir embora da festa a fim de que o percentual de casados na festa se reduza a 10%?

28. Um capital de R$ 14 000,00 é dividido em três partes que formam uma P.G.. A menor parte é aplicada à taxa de 6% ao ano, a parte intermediária é aplicada à taxa de 5% ao ano e a maior parte é aplicada à taxa de 10% ao ano. Sabendo que após um ano a soma dos juros recebidos nas três aplicações é R$ 1 120,00, determine:
a) a razão da P.G.;
b) o montante total obtido.

29. (UFG-GO) Um pecuarista deseja fazer 200 kg de ração com 22% de proteína, utilizando milho triturado, farelo de algodão e farelo de soja. Admitindo-se que o teor de proteína do milho seja 10%, do farelo de algodão seja 28% e do farelo de soja seja 44%, e que o produtor disponha de 120 kg de milho, calcule as quantidades de farelo de soja e farelo de algodão que ele deve adicionar ao milho para obter essa ração.

30. (UFPE) Uma pessoa deve a outra a importância de R$ 17 000,00. Para a liquidação da dívida, propõe os seguintes pagamentos: R$ 9 000,00 passados três meses; R$ 6 580,00 passados sete meses, e um pagamento final em um ano. Se a taxa mensal cumulativa de juros cobrada no empréstimo será de 4%, qual o valor do último pagamento? Indique a soma dos dígitos do valor obtido. Dados: use as aproximações $1,04^3 \simeq 1,125$, $1,04^7 \simeq 1,316$ e $1,04^{12} \simeq 1,601$.

31. Raul emprestou R$ 1 400,00 a seu amigo Fabiano. Sabendo que Raul é craque em Matemática, Fabiano pediu que lhe informasse o valor da quitação da dívida, de acordo com o número de meses que serão transcorridos até a data (ainda não definida) de quitação. Raul responde através de um *e-mail*.

Caro Fabiano, para você saber quanto me deve, substitua, na fórmula seguinte, **x** pelo número de meses transcorridos até a data em que pretende me pagar (os meses devem ser contados a partir de hoje, data em que você recebeu os R$ 1 400,00). A fórmula é:

$$35 \cdot (40 + x)$$

Aí é só fazer as contas indicadas.

Abraço, Raul

a) Qual foi o regime de juros combinado entre os amigos?
b) Qual foi a taxa mensal de juros combinada?

c) Represente, mês a mês, os valores referentes à quitação da dívida de Fabiano, construindo uma sequência cujo primeiro termo é o valor da dívida depois de um mês. Qual é a razão dessa sequência?
d) Se Fabiano quitou a dívida com um pagamento de R$ 2 100,00, determine o número de meses em que ela vigorou.

32. No final do ano, Lucas recebeu da empresa onde trabalha um bônus de R$ 2 400,00. Emprestou parte dessa quantia para Jair e o restante para Joel. Jair ficou de devolver o dinheiro emprestado depois de três meses, com juros simples de 2% ao mês. Joel comprometeu-se a saldar sua dívida depois de cinco meses, a juros simples de 1% ao mês. Admitindo que os prazos foram rigorosamente cumpridos, determine a quantia emprestada a cada um, sabendo que Lucas recebeu de volta, ao todo, R$ 2 530,00.

33. Um lojista deseja obter 30% de lucro em relação ao preço de custo na venda de seus produtos. No entanto, como ele sabe que o cliente gosta de receber um desconto no ato da compra, seus produtos são colocados à venda a um preço que proporciona 48% de lucro sobre o custo.

a) Qual é o desconto percentual que deve ser oferecido ao cliente no ato da compra para o lojista alcançar a meta desejada?
b) Qual é o desconto percentual máximo que o lojista pode oferecer no ato da compra para não ter prejuízo?

34. Roberta recebeu R$ 40 000,00 de uma indenização trabalhista. Aplicou esse dinheiro em um fundo especial de investimento que rende juros compostos de 20% ao ano. Seu objetivo é comprar um apartamento que custa hoje R$ 120 000,00 e se valoriza à taxa de 8% ao ano.

a) Qual é o tempo necessário para que Roberta consiga comprar o apartamento? (Use a aproximação log 3 = 0,48.)
b) Qual será o seu desembolso na aquisição do imóvel?

35. O preço à vista de um produto é R$ 102,00. Os clientes podem optar pelo pagamento de duas parcelas iguais, sendo a 1ª no ato da compra e a 2ª um mês após essa data. Sabendo que a loja opera com uma taxa de juros compostos de 4% ao mês, determine o valor de cada prestação.

36. Certo investimento financeiro remunera seus cotistas a uma taxa percentual anual fixa, no regime de juros compostos. Roseli aplicou um capital nesse investimento e foi informada de que esse capital geraria um montante de R$ 73 205,00 em 4 anos e R$ 88 578,05 em 6 anos.

a) Qual é a taxa percentual anual de juros do investimento?

b) Qual é o capital aplicado por Roseli?

c) Roseli pretende comprar uma obra de arte que custava, na data da aplicação nesse investimento, R$ 280 000,00, mas que, segundo especialistas do mercado, se desvaloriza à taxa de 12% ao ano.

Qual é o menor número inteiro de anos a partir do qual Roseli poderá adquirir a obra apenas com os recursos provenientes desse investimento?

Considere $\log 2 \simeq 0{,}301$ e $\log 7 \simeq 0{,}845$.

37. Leia a tirinha e responda:

Suponha que um amigo de Calvin tenha aceitado sua proposta "genial": pagou 5,00 à vista e o saldo devedor de 5,00 concordou em pagar em três parcelas iguais (30, 60 e 90 dias) com juros (compostos) de 100% ao mês. Qual foi o valor de cada parcela?

38. (Ufes) Um supermercado vende dois tipos de sabão líquido para lavagem de roupas: o sabão **C**, mais concentrado, e o sabão **D**, mais diluído. Para cada lavagem de roupas com o sabão **C**, Sofia gasta 30 ml do produto; usando o sabão **D**, ela gasta 100 ml. O sabão **C** é vendido apenas em vasilhames de 600 ml, custando 12 reais cada vasilhame. O sabão **D** é vendido apenas em vasilhames de 3 litros, custando 24 reais cada vasilhame. Na compra de **n** vasilhames do sabão **D**, o supermercado dá um desconto de 3n% no preço de cada vasilhame desse sabão, quando $1 < n \leq 10$. Quando $n > 10$, esse desconto é de 30%. Sofia resolve comprar **n** vasilhames do sabão **D**. Calcule:

a) quantos centavos de reais Sofia gastaria com o sabão **C** em cada lavagem de roupas, se o comprasse;

b) o valor mínimo de **n** para que Sofia gaste menos reais com o sabão **D** do que com o sabão **C**, em cada lavagem de roupas;

c) o número máximo de vasilhames do sabão **D** que Sofia pode comprar com 128 reais.

39. (UFPR) Bronze é o nome que se dá a uma família de ligas metálicas constituídas predominantemente por cobre e proporções variáveis de outros elementos, como estanho, zinco, fósforo e ferro, entre outros. A tabela a seguir apresenta a composição de três ligas metálicas de bronze.

Liga metálica	Cobre	Estanho	Zinco
A	70%	20%	10%
B	60%	0%	40%
C	50%	30%	20%

Supondo que no processo de mistura dessas ligas não haja perdas, responda às seguintes perguntas.

a) Misturando três partes da liga **A** com duas partes da liga **B**, a liga resultante terá que percentual de cobre, estanho e zinco?

b) Em que proporção as ligas **A**, **B** e **C** devem ser misturadas, de modo que a liga resultante seja composta de 60% de cobre, 20% de estanho e 20% de zinco?

40. (FGV-SP)

a) Escreva um pequeno texto para verificar se a proposição: $|x| > \dfrac{2^x}{x}$, para todo número real $x < 0$, é verdadeira ou falsa.

b) O lucro obtido por uma livraria foi **x** por cento mais em 2014 do que em 2013 e **y** por cento menos em 2015 do que em 2014. É correto afirmar que o lucro da livraria em 2015 foi maior do que em 2013, sabendo que $x - y > \dfrac{xy}{100}$? Justifique a sua resposta.

Testes

1. (Enem) O censo demográfico é um levantamento estatístico que permite a coleta de várias informações. A tabela apresenta os dados obtidos pelo censo demográfico brasileiro nos anos de 1940 e 2000, referentes à concentração da população total, na capital e no interior, nas cinco grandes regiões.

Grandes regiões	População residente					
	Total		Capital		Interior	
	1940	2000	1940	2000	1940	2000
Norte	1 632 917	12 900 704	368 528	3 895 400	1 264 389	9 005 304
Nordeste	14 434 080	47 741 711	1 270 729	10 162 346	13 163 351	37 579 365
Sudeste	18 278 837	72 412 411	3 346 991	18 822 986	14 931 846	53 589 425
Sul	5 735 305	25 107 616	459 659	3 290 220	5 275 646	21 817 396
Centro-Oeste	1 088 182	11 636 728	152 189	4 291 120	935 993	7 345 608

Fonte: IBGE, Censo Demográfico 1940/2000

O valor mais próximo do percentual que descreve o aumento da população nas capitais da Região Nordeste é
a) 125%
b) 231%
c) 331%
d) 700%
e) 800%

2. (Enem) Um paciente necessita de reidratação endovenosa feita por meio de cinco frascos de soro durante 24 h. Cada frasco tem um volume de 800 mL de soro. Nas primeiras quatro horas, deverá receber 40% do total a ser aplicado. Cada mililitro de soro corresponde a 12 gotas.
O número de gotas por minuto que o paciente deverá receber após as quatro primeiras horas será
a) 16.
b) 20.
c) 24.
d) 34.
e) 40.

3. (UPE) O professor Cláudio prestou um serviço de consultoria pedagógica. Sabendo-se que sobre o valor bruto a receber incidiram os descontos de 11% do INSS (Instituto Nacional do Seguro Social) e 7,5% do IRPF (Imposto de Renda Pessoa Física), e que o valor descontado de INSS foi de R$ 105,00 a mais que o IRPF, qual o valor líquido recebido por Cláudio?
a) 2 295 reais
b) 2 445 reais
c) 2 505 reais
d) 2 555 reais
e) 2 895 reais

4. (Uneb-BA) Com a crise financeira, determinado investimento sofreu uma queda de 10%, enquanto o dólar, no mesmo período, valorizou-se 15%.
Uma pessoa que, com essa queda, teve o saldo de seu investimento reduzido para R$ 18 000,00, se tivesse resgatado o seu capital antes da crise e o tivesse aplicado na compra de dólares, teria um acréscimo nesse capital, em reais, igual a
a) 2 600
b) 2 800
c) 3 000
d) 3 200
e) 3 400

5. (Enem) Uma pessoa comercializa picolés. No segundo dia de certo evento ela comprou 4 caixas de picolés, pagando R$ 16,00 a caixa com 20 picolés para revendê-los no evento. No dia anterior, ela havia comprado a mesma quantidade de picolés, pagando a mesma quantia, e obtendo um lucro de R$ 40,00 (obtido exclusivamente pela diferença entre o valor de venda e o de compra dos picolés) com a venda de todos os picolés que possuía.

Pesquisando o perfil do público que estará presente no evento, a pessoa avalia que será possível obter um lucro 20% maior do que o obtido com a venda no primeiro dia do evento.

Para atingir seu objetivo, e supondo que todos os picolés disponíveis foram vendidos no segundo dia, o valor de venda de cada picolé, no segundo dia, deve ser

a) R$ 0,96.
b) R$ 1,00.
c) R$ 1,40.
d) R$ 1,50.
e) R$ 1,56.

6. (Enem) Observe no gráfico alguns dados a respeito da produção e do destino do lixo no Brasil no ano de 2010.

Quanto o Brasil produz de sujeira

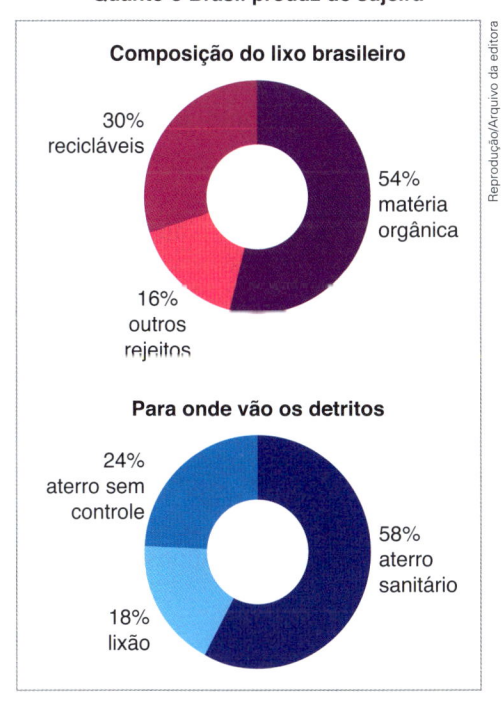

Composição do lixo brasileiro
- 30% recicláveis
- 54% matéria orgânica
- 16% outros rejeitos

Para onde vão os detritos
- 24% aterro sem controle
- 58% aterro sanitário
- 18% lixão

61 milhões de toneladas de lixo produzido no Brasil em 2010 (população urbana)

Veja, São Paulo, dez. 2011 (adaptado).

A partir desses dados, supondo que todo o lixo brasileiro, com exceção dos recicláveis, é destinado aos aterros ou aos lixões, quantos milhões de toneladas de lixo vão para os lixões?

a) 5,9
b) 7,6
c) 10,9
d) 42,7
e) 76,8

7. (UEMG) No mês de outubro do ano de 2014, devido às comemorações natalinas, um comerciante aumentou os preços das mercadorias em 8%. Porém, não vendendo toda a mercadoria, foi feita, em janeiro do ano seguinte, uma liquidação dando um desconto de 6% sobre o preço de venda.

Uma pessoa que comprou um objeto nessa loja, em janeiro de 2015, por R$ 126,90, pagaria em setembro, do ano anterior, uma quantia

a) menor que R$ 110,00.
b) entre R$ 120,00 e R$ 128,00.
c) igual a R$ 110,00.
d) entre R$ 110,00 e R$ 120,00.

8. (Uerj) Na compra de um fogão, os clientes podem optar por uma das seguintes formas de pagamento:

- à vista, no valor de R$ 860,00;
- em duas parcelas fixas de R$ 460,00, sendo a primeira paga no ato da compra e a segunda 30 dias depois.

A taxa de juros mensal para pagamentos não efetuados no ato da compra é de:

a) 10%
b) 12%
c) 15%
d) 18%

9. (Enem) O LIRAa, Levantamento Rápido do Índice de Infestação por *Aedes aegypti*, consiste num mapeamento da infestação do mosquito *Aedes aegypti*. O LIRAa é dado pelo percentual do número de imóveis com focos do mosquito, entre os escolhidos de uma região em avaliação.

O serviço de vigilância sanitária de um município, no mês de outubro do ano corrente, analisou o LIRAa de cinco bairros que apresentaram o maior índice de infestação no ano anterior. Os dados obtidos para cada bairro foram:

I. 14 imóveis com focos de mosquito em 400 imóveis no bairro;
II. 6 imóveis com focos de mosquito em 500 imóveis no bairro;

III. 13 imóveis com focos de mosquito em 520 imóveis no bairro;

IV. 9 imóveis com focos de mosquito em 360 imóveis no bairro;

V. 15 imóveis com focos de mosquito em 500 imóveis no bairro.

O setor de dedetização do município definiu que o direcionamento das ações de controle iniciará pelo bairro que apresentou o maior índice do LIRAa.

Disponível em: http://bvsms.saude.gov.br. Acesso em: 28 out. 2015.

As ações de controle iniciarão pelo bairro

a) I. c) III. e) V.
b) II. d) IV.

10. (Enem) O Brasil é o quarto produtor mundial de alimentos e é também um dos campeões mundiais de desperdício. São produzidas por ano, aproximadamente, 150 milhões de toneladas de alimentos e, desse total, $\frac{2}{3}$ são produtos de plantio. Em relação ao que se planta, 64% são perdidos ao longo da cadeia produtiva (20% perdidos na colheita, 8% no transporte e armazenamento, 15% na indústria de processamento, 1% no varejo e o restante no processamento culinário e hábitos alimentares).

Disponível em: www.bancodealimentos.org.br. Acesso em: 1º ago. 2012.

O desperdício durante o processamento culinário e hábitos alimentares, em milhão de toneladas, é igual a

a) 20. c) 56. e) 96.
b) 30. d) 64.

11. (UEMG) Numa pesquisa de opinião feita para verificar o nível de satisfação com a administração de um certo prefeito, foram entrevistadas 1 200 pessoas, que escolheram uma, e apenas uma, entre as possíveis respostas: excelente, ótima, boa e ruim. O gráfico a seguir mostra o resultado da pesquisa.

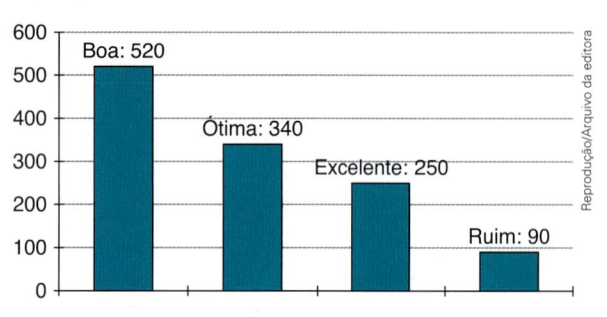

Boa: 520
Ótima: 340
Excelente: 250
Ruim: 90

De acordo com o gráfico, é **CORRETO** afirmar que o percentual de entrevistados que consideram a administração do prefeito ótima ou boa é de, aproximadamente:

a) 62,6%
b) 69,3%
c) 71,6%
d) 82,4%

12. (Enem) Densidade absoluta (**d**) é a razão entre a massa de um corpo e o volume por ele ocupado. Um professor propôs à sua turma que os alunos analisassem a densidade de três corpos: d_A, d_B, d_C. Os alunos verificaram que o corpo **A** possuía 1,5 vez a massa do corpo **B** e esse, por sua vez, tinha $\frac{3}{4}$ massa do corpo **C**. Observaram, ainda, que o volume do corpo **A** era o mesmo do corpo **B** e 20% maior do que o volume do corpo **C**.

Após a análise, os alunos ordenaram corretamente as densidades desses corpos da seguinte maneira

a) $d_B < d_A < d_C$
b) $d_B = d_A < d_C$
c) $d_C < d_B = d_A$
d) $d_B < d_C < d_A$
e) $d_C < d_B < d_A$

13. (Uerj) Considere uma mercadoria que teve seu preço elevado de **x** reais para **y** reais. Para saber o percentual de aumento, um cliente dividiu **y** por **x**, obtendo quociente igual a 2,08 e resto igual a zero.

Em relação ao valor de **x**, o aumento percentual é equivalente a:

a) 10,8%
b) 20,8%
c) 108,0%
d) 208,0%

14. (FGV-RJ) Adotando os valores log 2 ≃ 0,30 e log 3 ≃ 0,48, em que prazo um capital triplica quando aplicado a juros compostos à taxa de juro de 20% ao ano?

a) 5 anos e meio
b) 6 anos
c) 6 anos e meio
d) 7 anos
e) 7 anos e meio

15. (Vunesp) A taxa de analfabetismo representa a porcentagem da população com idade de 15 anos ou mais que é considerada analfabeta. A tabela indica alguns dados estatísticos referentes a um município.

Taxa de analfabetismo	População com menos de 15 anos	População com 15 anos ou mais
8%	2 000	8 000

Do total de pessoas desse município com menos de 15 anos de idade, 250 podem ser consideradas alfabetizadas. Com base nas informações apresentadas, é correto afirmar que, da população total desse município, são alfabetizados

a) 76,1%.
b) 66,5%.
c) 94,5%.
d) 89,0%.
e) 71,1%.

16. (Enem) Em uma empresa de móveis, um cliente encomenda um guarda-roupa nas dimensões 220 cm de altura, 120 cm de largura e 50 cm de profundidade. Alguns dias depois, o projetista, com o desenho elaborado na escala 1 : 8, entra em contato com o cliente para fazer sua apresentação. No momento da impressão, o profissional percebe que o desenho não caberia na folha de papel que costumava usar. Para resolver o problema, configurou a impressora para que a figura fosse reduzida em 20%.

A altura, a largura e a profundidade do desenho impresso para a apresentação serão, respectivamente,

a) 22,00 cm, 12,00 cm e 5,00 cm.
b) 27,50 cm, 15,00 cm e 6,25 cm.
c) 34,37 cm, 18,75 cm e 7,81 cm.
d) 35,20 cm, 19,20 cm e 8,00 cm.
e) 44,00 cm, 24,00 cm e 10,00 cm

17. (Uerj) No ano letivo de 2014, em uma turma de 40 alunos, 60% eram meninas. Nessa turma, ao final do ano, todas as meninas foram aprovadas e alguns meninos foram reprovados. Em 2015, nenhum aluno novo foi matriculado, e todos os aprovados confirmaram suas matrículas. Com essa nova composição, em 2015, a turma passou a ter 20% de meninos.

O número de meninos aprovados em 2014 foi igual a:

a) 4
b) 5
c) 6
d) 8

18. (Enem) Um casal realiza um financiamento imobiliário de R$ 180 000,00, a ser pago em 360 prestações mensais, com taxa de juros efetiva de 1% ao mês. A primeira prestação é paga um mês após liberação dos recursos e o valor da prestação mensal é de R$ 500,00 mais juro de 1% sobre o saldo devedor (valor devido antes do pagamento). Observe que, a cada pagamento, o saldo devedor se reduz em R$ 500,00 e considere que não há prestação em atraso.

Efetuado o pagamento dessa forma, o valor, em reais, a ser pago ao banco na décima prestação é de

a) 2 075,00.
b) 2 093,00.
c) 2 138,00.
d) 2 255,00
e) 2 300,00

19. (UFSJ-MG) Considerando que um produto que custa **x** reais sofreu três reajustes sucessivos de 10% ao longo do período de um ano, é correto afirmar que:

a) a diferença entre o preço inicial do produto e após o 3º reajuste é de 0,3x.
b) a diferença entre o preço do produto após o 1º reajuste e após o 2º reajuste é de 0,1x.
c) a diferença entre o preço do produto após o 2º reajuste e após o 3º reajuste é de 0,11x.
d) a diferença entre o preço do produto após o 1º reajuste e após o 3º reajuste é de 0,231x.

20. (UFRGS-RS) No ano de 2000, para ir da cidade **A** até a cidade **B**, um carro levava 6,5 h. Em 2008, era possível fazer esse trajeto de carro em um tempo 10% menor. Hoje, é possível fazer esse percurso, também de carro, em um tempo 10% menor do que no ano de 2008.

Entre as alternativas abaixo, a melhor aproximação para o tempo que hoje se leva para ir da cidade **A** até a cidade **B** é

a) 5 h 10 min.
b) 5 h 16 min.
c) 5 h 49 min.
d) 6 h 15 min.
e) 6 h 20 min.

21. (Udesc) Um motorista costuma percorrer um trajeto rodoviário com 600 quilômetros, dirigindo sempre a uma velocidade média de 100 km/h, estando ele de acordo com a sinalização de trânsito ao longo de toda a rodovia. Ao saber que trafegar nesta velocidade pode causar maior desgaste ao veículo e não gerar o melhor desempenho de combustível, este motorista passou a reduzir em 20% a velocidade média do veículo. Consequentemente, o tempo gasto para percorrer o mesmo trajeto aumentou em:
a) 40%
b) 20%
c) 4%
d) 25%
e) 1,5%

22. (PUC-RJ) Pedrinho tem duas caixas de brinquedos, uma grande e uma pequena. Sabemos o seguinte:
- 80% dos brinquedos estão na caixa grande,
- 10% dos brinquedos de caixa grande são vermelhos,
- 20% dos brinquedos da caixa pequena são vermelhos.

Dentre os brinquedos de Pedrinho, qual é a porcentagem de brinquedos vermelhos?
a) 10
b) 12
c) 15
d) 20
e) 30

23. (FGV-SP) No início de certo ano, Fábio aplicou sua poupança em dois fundos de investimentos, **A** e **B**, sendo **A** o de ações e **B** o de renda fixa.

O valor aplicado em **B** foi o quádruplo do aplicado em **A**.

Um ano depois, Fábio observou que o fundo **A** rendeu −2% (perda de 2%) e o **B** rendeu 15%.

Considerando o total aplicado, a taxa anual de rentabilidade de Fábio foi:
a) 11,6%
b) 11,8%
c) 11,4%
d) 11,2%
e) 11,0%

24. (UPE) Patrícia aplicou, num investimento bancário, determinado capital que, no regime de juro composto, durante um ano e seis meses, à taxa de 8% ao mês, gerou um juro de R$ 11 960,00. Qual é o capital aplicado por ela nesse investimento? Utilize $(1,08)^{18} = 3,99$.
a) R$ 3 800,00
b) R$ 4 000,00
c) R$ 4 600,00
d) R$ 5 000,00
e) R$ 5 200,00

25. (UFRGS-RS) As estimativas para o uso da água pelo homem, nos anos 1900 e 2000, foram, respectivamente, de 600 km^3 e 4 000 km^3 por ano. Em 2025, a expectativa é que sejam usados 6 000 km^3 por ano de água na Terra.

O gráfico abaixo representa o uso da água em km^3 por ano de 1900 a 2025.

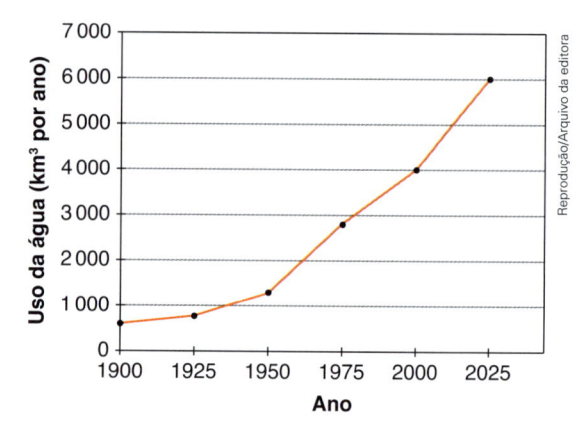

Fonte: http://www.fao.org

Com base nos dados do gráfico, é correto afirmar que,
a) de 1900 a 1925, o uso de água aumentou em 100%.
b) de 1900 a 2000, o uso da água aumentou em mais de 600%.
c) de 2000 a 2025, mantida a expectativa de uso da água, o aumento será de 66,6%.
d) de 1900 a 2025, mantida a expectativa de uso da água, o aumento será de 900%.
e) de 1900 a 2025, mantida a expectativa de uso da água, o aumento será de 1 000%.

26. (UEG-GO) Com a alta da inflação e para não repassar aos clientes o aumento dos gastos na produção de suco de laranja, um empresário decidiu que no próximo mês 10% do volume desse suco será composto por água, volume que

atualmente é de apenas 4%. Se hoje são consumidos 10 000 litros de água no volume de suco de laranja produzido, mantendo-se a mesma quantidade produzida, no próximo mês a quantidade de água consumida no volume desse suco será de
a) 10 000 litros
b) 12 500 litros
c) 16 000 litros
d) 25 000 litros

27. (Enem) Uma organização não governamental divulgou um levantamento de dados realizado em algumas cidades brasileiras sobre saneamento básico. Os resultados indicam que somente 36% do esgoto gerado nessas cidades é tratado, o que mostra que 8 bilhões de litros de esgoto sem nenhum tratamento são lançados todos os dias nas águas.

Uma campanha para melhorar o saneamento básico nessas cidades tem como meta a redução da quantidade de esgoto lançado nas águas diariamente, sem tratamento, para 4 bilhões de litros nos próximos meses.

Se o volume de esgoto gerado permanecer o mesmo e a meta dessa campanha se concretizar, o percentual de esgoto tratado passará a ser:
a) 72%
b) 68%
c) 64%
d) 54%
e) 18%

28. (Enem) Arthur deseja comprar um terreno de Cléber, que lhe oferece as seguintes possibilidades de pagamento:
- Opção 1: Pagar à vista, por R$ 55 000,00.
- Opção 2: Pagar a prazo, dando uma entrada de R$ 30 000,00, e mais uma prestação de R$ 26 000,00 para dali a 6 meses.
- Opção 3: Pagar a prazo, dando uma entrada de R$ 20 000,00, mais uma prestação de R$ 20 000,00, para dali a 6 meses e outra de R$ 18 000,00 para dali a 12 meses da data da compra.
- Opção 4: Pagar a prazo dando uma entrada de R$ 15 000,00 e o restante em 1 ano da data da compra, pagando R$ 39 000,00.
- Opção 5: pagar a prazo, dali a um ano, o valor de R$ 60 000,00.

Arthur tem o dinheiro para pagar à vista, mas avalia se não seria melhor aplicar o dinheiro do valor à vista (ou até um valor menor) em um investimento, com rentabilidade de 10% ao semestre, resgatando os valores à medida que as prestações da opção escolhida fossem vencendo.

Após avaliar a situação do ponto de vista financeiro e das condições apresentadas, Arthur concluiu que era mais vantajoso financeiramente escolher a opção:
a) 1
b) 2
c) 3
d) 4
e) 5

29. (Enem) Os vidros para veículos produzidos por certo fabricante têm transparências entre 70% e 90%, dependendo do lote fabricado. Isso significa que, quando um feixe luminoso incide no vidro, uma parte entre 70% e 90% da luz consegue atravessá-lo. Os veículos equipados com vidros desse fabricante terão instaladas, nos vidros das portas, películas protetoras cuja transparência, dependendo do lote fabricado, estará entre 50% e 70%. Considere que uma porcentagem **P** da intensidade da luz, proveniente de uma fonte externa, atravessa o vidro e a película. De acordo com as informações, o intervalo das porcentagens que representam a variação total possível de **P** é:
a) [35; 63]
b) [40; 63]
c) [50; 70]
d) [50; 90]
e) [70, 90]

30. (Enem) Uma pessoa aplicou certa quantia em ações. No primeiro mês, ela perdeu 30% do total do investimento e, no segundo mês, recuperou 20% do que havia perdido. Depois desses dois meses, resolveu tirar o montante de R$ 3 800,00 gerado pela aplicação.

A quantia inicial que essa pessoa aplicou em ações corresponde ao valor de:
a) R$ 4 222,22.
b) R$ 4 523,80.
c) R$ 5 000,00.
d) R$ 13 300,00.
e) R$ 17 100,00.

(Insper-SP) Texto para as questões 31 e 32.

A figura a seguir exibe um trecho do gráfico da função **f** cuja lei é f(x) = x^3.

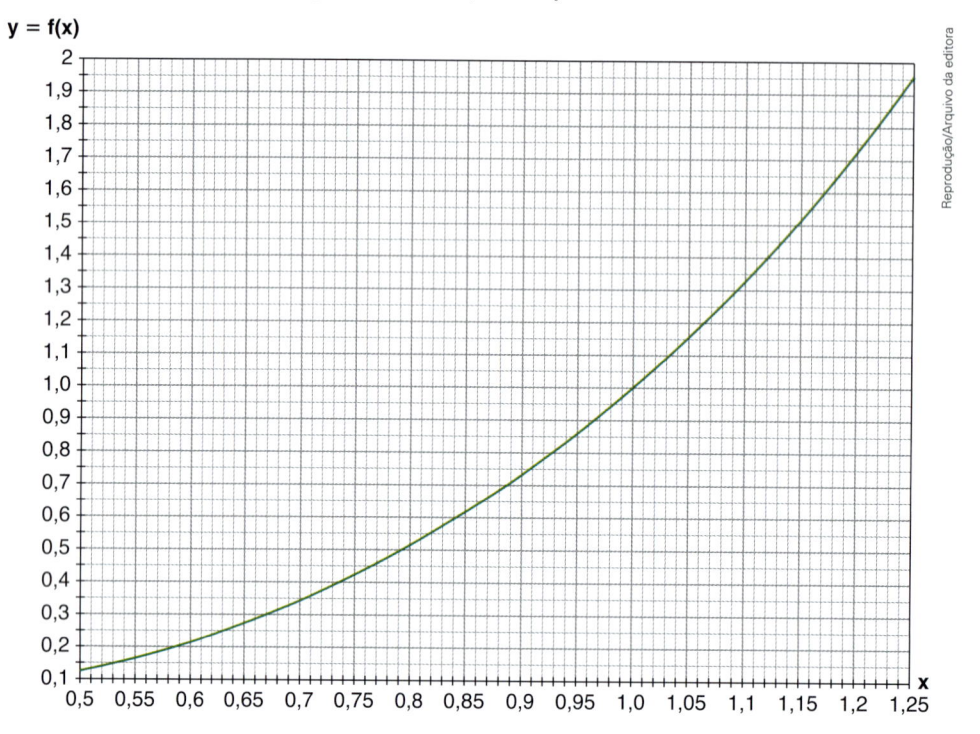

31. Uma mercadoria teve seu valor reajustado, sofrendo um desconto de 20%. Um mês após esse desconto, ela sofreu um aumento de 20% e, após outro mês, outro aumento de 25%.

Caso os reajustes fossem todos de mesmo valor percentual, para que o efeito final sobre o preço da mercadoria fosse o mesmo, seriam necessários três

a) aumentos de, aproximadamente, 20%.
b) aumentos de, aproximadamente, 14%.
c) aumentos de, aproximadamente, 6%.
d) descontos de, aproximadamente, 14%.
e) descontos de, aproximadamente, 5%.

32. Um veículo, após ser retirado da concessionária, passa a sofrer uma desvalorização de 5% ao ano. Dessa forma, 9 anos após a saída da concessionária, a desvalorização total do veículo terá sido de, aproximadamente,

a) 50%
b) 40%
c) 30%
d) 20%
e) 10%

33. (FICSAE-SP) Para um concurso militar, o número de vagas para homens correspondia a 80% do número de vagas para mulheres. Dada a grande procura de candidatos, decidiu-se ampliar o número de vagas, sendo 30 novas vagas para homens e 15 para mulheres. Após a mudança, o número total de vagas para homens passou a ser 84% do número total de vagas para mulheres. Com isso, o total de vagas para ambos os sexos passou a ser

a) 276
b) 552
c) 828
d) 1 104

34. (Vunesp) Uma companhia de engenharia de trânsito divulga o índice de lentidão das ruas por ela monitoradas de duas formas distintas, porém equivalentes. Em uma delas, divulga-se a quantidade de quilômetros congestionados e, na outra, a porcentagem de quilômetros congestionados em relação ao total de quilômetros monitorados. O índice de lentidão divulgado por essa companhia no dia 10 de março foi de 25% e, no mesmo dia e horário de abril, foi de 200 km. Sabe-se que o total de quilômetros monitorados pela companhia aumentou em 10% de março para abril, e que os dois dados divulgados, coincidentemente, representavam uma mesma quantidade de quilômetros congestionados na cidade. Nessas condições, o índice de congestionamento divulgado no dia 10 de abril foi de, aproximadamente,

a) 25%.   c) 27%.   e) 20%.
b) 23%.   d) 29%.

35. (FGV-SP) Ao aplicar hoje 100 mil reais a juros compostos a uma taxa de juros anual positiva, Jaime receberá 60 mil reais daqui a um ano e 55 mil reais daqui a dois anos.

Se a mesma aplicação fosse feita por dois anos a juros compostos e à mesma taxa anterior, Jaime receberia:

a) 127 mil reais.
b) 118 mil reais.
c) 121 mil reais.
d) 115 mil reais.
e) 124 mil reais.

Nota do autor: no lugar de "receberá" considere "resgatará".

36. (FGV-SP) De acordo com matéria da revista *The Economist* divulgada em 2014, o Brasil tem o quinto Big Mac mais caro do mundo, ao preço de US$ 5,86. A mesma matéria aponta o preço do Big Mac nos EUA (US$ 4,80) como o décimo quarto mais caro do mundo. Se usássemos o preço do Big Mac nos EUA (em US$) como referência de preço, então o preço do Big Mac no Brasil (em US$) supera o dos EUA em, aproximadamente,

a) 22%.   d) 12%.
b) 18%.   e) 6%.
c) 16%.

37. (FGV-SP) Em determinado período em que 1 dólar valia R$ 3,20, o custo de produção em reais de um bem exportável era assim constituído: 20% em matéria-prima e 80% em mão de obra.

Se o preço da matéria-prima subir 5% e o da mão de obra subir 10%, ambos em reais, qual deverá ser, aproximadamente, em reais, o valor de 1 dólar para que o custo de produção em dólares permaneça constante?

a) 3,47   d) 3,43
b) 3,41   e) 3,49
c) 3,45

38. (UFG-GO) Uma chácara foi vendida por R$ 2 550 000,00, com prejuízo de 15% em relação ao seu preço de compra. Portanto, o preço de compra da chácara, em reais, foi:

a) 4 717 500,00   d) 2 932 500,00
b) 3 825 000,00   e) 2 167 500,00
c) 3 000 000,00

39. (FGV-SP) Se uma pessoa faz hoje uma aplicação financeira a juros compostos, daqui a 10 anos o montante **M** será o dobro do capital aplicado **C**. Utilize a tabela abaixo.

x	0	0,1	0,2	0,3	0,4
2^x	1	1,0718	1,1487	1,2311	1,3195

Qual é a taxa anual de juros?

a) 6,88%   d) 7,18%
b) 6,98%   e) 7,28%
c) 7,08%

40. (FGV-SP) Um capital de R$ 10 000,00, aplicado a juro composto de 1,5% ao mês, será resgatado ao final de 1 ano e 8 meses no montante, em reais, aproximadamente igual a:
Dado:

x	x^{10}
0,8500	0,197
0,9850	0,860
0,9985	0,985
1,0015	1,015
1,0150	1,160
1,1500	4,045

a) 11 605,00   d) 13 895,00
b) 12 986,00   e) 14 216,00
c) 13 456,00

41. (Epcar-MG) Gabriel aplicou R$ 6 500,00 a juros simples em dois bancos.

No banco **A**, ele aplicou uma parte a 3% ao mês durante $\frac{5}{6}$ de um ano; no banco **B**, aplicou o restante a 3,5% ao mês, durante $\frac{3}{4}$ de um ano.

O total de juros que recebeu nas duas aplicações foi de R$ 2 002,50.

Com base nessas informações, é correto afirmar que:

a) é possível comprar um televisor de R$ 3 100,00 com a quantia aplicada no banco **A**.
b) o juro recebido com a aplicação no banco **A** foi menor que R$ 850,00.
c) é possível comprar uma moto de R$ 4 600,00 com a quantia recebida pela aplicação no banco **B**.
d) o juro recebido com a aplicação no banco **B** foi maior que R$ 1 110,00.

42. (Uerj)

O personagem da tira diz que, quando ameaçado, o comprimento de seu peixe aumenta 50 vezes, ou seja, 5 000%. Admita que, após uma ameaça, o comprimento desse peixe atinge 1,53 metro. O comprimento original do peixe, em centímetros, corresponde a:

a) 2,50
b) 2,75
c) 3,00
d) 3,25

43. (PUC-MG) O preço de venda de certo eletrodoméstico tem a seguinte composição: 50% referentes ao custo, 20% referentes ao lucro e 30% referentes a impostos. Em decorrência de fatores econômicos, houve um aumento de 12% no custo desse produto e, ao mesmo tempo, ocorreu uma redução de 18% no valor dos impostos. Além disso, para manter o volume de vendas desse produto, o fabricante decidiu reduzir seu lucro em 13%. Com base nessas informações, é **CORRETO** afirmar que, depois de todas essas alterações, o preço do produto sofreu uma redução de:

a) 1%   b) 2%   c) 3%   d) 4%

44. (UFU-MG) Juliana participa de um leilão de obras de arte adquirindo uma obra por **D** reais, em que é acordado que ela irá pagar em prestações mensais sem acréscimo de juros. Enquanto o saldo devedor for superior a 25% do valor **D**, ela pagará uma prestação no valor de 20% do saldo devedor, no mês em que o saldo for inferior a 25% do valor **D**, ela pagará o restante de sua dívida. Nessas condições, em quantos pagamentos Juliana quitará sua dívida?

Sugestão: utilize $\log_{10}(2) \simeq 0,301$.

a) 6   b) 9   c) 7   d) 8

45. (FGV-SP) Certa empresa teve seu faturamento anual aumentado de R$ 80 000,00 para R$ 400 000,00 em três anos. Se o faturamento cresceu a uma mesma taxa anual nesse período, essa taxa foi igual a

a) $\left(100 \cdot \log \sqrt[3]{5}\right)\%$
b) $\left(100 \sqrt[3]{4}\right)\%$
c) $\left(100 \sqrt[3]{5} - 100\right)\%$
d) $\left(\frac{200}{3}\right)\%$
e) $\left(\frac{100}{3}\right)\%$

(Insper-SP) O texto a seguir refere-se aos exercícios 46 e 47.

Uma loja de departamentos fez uma grande promoção. Os descontos dos produtos variavam de acordo com a cor da etiqueta com que estavam identificados e com o número de unidades adquiridas do mesmo produto, conforme tabela a seguir.

Percentuais de desconto	Etiqueta amarela	Etiqueta vermelha
1ª unidade adquirida	5%	10%
2ª unidade adquirida	10%	20%
3ª unidade adquirida	20%	35%
A partir da 4ª unidade aquirida	30%	50%

Por exemplo, se alguém comprar apenas duas unidades de um produto de R$ 10,00 marcado com a etiqueta amarela, irá pagar um total de R$ 18,50 pelas duas unidades. Se comprar uma terceira, esta lhe custará R$ 8,00 a mais.

46. Uma pessoa fez uma compra de acordo com a tabela abaixo.

Produto	Preço unitário	Quantidade	Etiqueta
Calças	R$ 80,00	3	Amarela
Camisetas	R$ 40,00	5	Vermelha
Bonés	R$ 50,00	2	Vermelha

Ao passar no caixa, o valor total da compra foi:
a) R$ 372,00
b) R$ 421,50
c) R$ 431,00
d) R$ 520,50
e) R$ 570,00

47. Um cliente encontrou uma jaqueta identificada com duas etiquetas, uma amarela e outra vermelha, ambas indicando o preço de R$ 100,00. Ao conversar com o gerente da loja, foi informado que, nesse caso, os descontos deveriam ser aplicados sucessivamente. Ao passar no caixa, o cliente deveria pagar o valor de:
a) R$ 85,00, independentemente da ordem em que os descontos fossem dados.
b) R$ 85,00, apenas se o desconto maior fosse aplicado primeiro.
c) R$ 85,50, apenas se o desconto maior fosse aplicado primeiro.
d) R$ 85,50, independentemente da ordem em que os descontos fossem dados.
e) R$ 90,00, pois, aplicando os dois descontos sucessivamente, o maior prevalece.

48. (UPE) De acordo com a matéria publicada no Jornal do Commercio, em 14 de abril de 2014, ocorreu uma "explosão de dengue" em Campinas, interior de São Paulo. Lá se identificou a maior epidemia de dengue, com mais de 17 mil casos registrados entre janeiro e abril do referido ano. Sobre essa epidemia de dengue na cidade paulista, analise o gráfico a seguir:

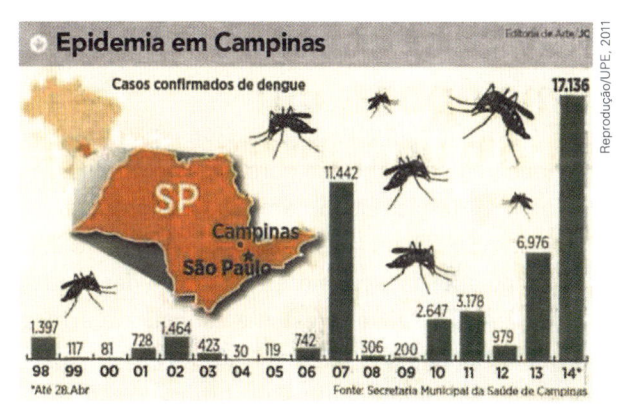

Com base nessas informações, analise as afirmativas a seguir:
I. A média de casos de dengue entre os anos de 2001 e 2005 é superior a 500 casos por ano.
II. Em comparação ao ano de 1998, só houve aumento superior a 50% dos casos nos anos de 2002, 2007, 2010, 2011, 2013 e 2014.
III. De janeiro a abril de 2014, houve um aumento superior a 140% nos casos dessa doença, em comparação ao ano de 2013.

Está **CORRETO** o que se afirma, apenas, em
a) I.
b) II.
c) I e II.
d) I e III.
e) II e III.

49. (FGV-SP) Ronaldo aplicou seu patrimônio em dois fundos de investimentos, **A** e **B**.

No período de um ano ele teve um rendimento de R$ 26 250,00 aplicando 75% de seu patrimônio em **A** e 25% em **B**.

Sabendo que o fundo **B** rendeu uma taxa de juro anual 20% superior à de **A**, então, se tivesse aplicado 100% do patrimônio em **A** teria recebido:
a) R$ 25 200,00
b) R$ 25 000,00
c) R$ 25 600,00
d) R$ 24 800,00
e) R$ 25 400,00

50. (Uerj) Um índice de inflação de 25% em um determinado período de tempo indica que, em média, os preços aumentaram 25% nesse período. Um trabalhador que antes podia comprar uma quantidade **X** de produtos, com a inflação e sem aumento salarial, só poderá comprar agora uma quantidade **Y** dos mesmos produtos, sendo **Y < X**.

Com a inflação de 25%, a perda do poder de compra desse trabalhador é de:

a) 20%
b) 30%
c) 50%
d) 80%

51. (Insper-SP) Uma rede de postos de combustível lançou uma promoção para taxistas. Enquanto o preço do litro do etanol para consumidores comuns é de R$ 2,20, os taxistas pagam apenas R$ 2,05, sendo que, desses valores, R$ 1,80 é destinado a tarifas diversas, e o restante configura a arrecadação do posto.

Antes do lançamento da promoção, a arrecadação diária da rede de postos totalizava, em média, R$ 8 000,00 com a venda de 20 000 litros de etanol. Após a primeira semana da promoção, a arrecadação diária e a quantidade de etanol vendida diariamente aumentaram, em relação aos dados anteriores à promoção, 40% e 100%, respectivamente.

Os números obtidos com as vendas dessa primeira semana de promoção se devem ao fato de o volume de etanol vendido para taxistas ter sido, em relação ao volume vendido para consumidores comuns,

a) 4 vezes maior.
b) 7 vezes maior.
c) 5 vezes maior.
d) 10 vezes maior.
e) 3 vezes maior.

52. (FGV-SP) Uma televisão é vendida em duas formas de pagamento:
- Em uma única prestação de R$ 2 030,00, um mês após a compra.
- Entrada de R$ 400,00 mais uma prestação de R$ 1 600,00, um mês após a compra.

Sabendo que a taxa de juros do financiamento é a mesma nas duas formas de pagamento, pode-se afirmar que ela é igual a

a) 7% ao mês.
b) 7,5% ao mês.
c) 8% ao mês.
d) 8,5% ao mês.
e) 9% ao mês.

53. (FGV-SP) A soma dos montantes de **n** depósitos anuais, de valor **R** cada um, feitos nos anos 1, 2, 3... **n** a juros compostos e à taxa de juros anual **i**, calculados na data **n**, é dada pela fórmula:

$$S = R\frac{\left[(1+i)^n - 1\right]}{i}$$

Se forem feitos depósitos anuais de R$ 20 000,00 à taxa anual de 20%, o número **n** de depósitos para que a soma dos montantes seja R$ 148 832,00 é:

a) $\dfrac{\log 1,48832}{\log 1,2}$

b) $\dfrac{\log 3,48832}{\log 1,2}$

c) $\dfrac{\log 0,48832}{\log 1,2}$

d) $\dfrac{\log 4,48832}{\log 1,2}$

e) $\dfrac{\log 2,48832}{\log 1,2}$

54. (Fuvest-SP) Um apostador ganhou um prêmio de R$ 1 000 000,00 na loteria e decidiu investir parte do valor em caderneta de poupança, que rende 6% ao ano, e o restante em um fundo de investimentos, que rende 7,5% ao ano. Apesar do rendimento mais baixo, a caderneta de poupança oferece algumas vantagens e ele precisa decidir como irá dividir o seu dinheiro entre as duas aplicações.

Para garantir, após um ano, um rendimento total de pelo menos R$ 72 000,00, a parte da quantia a ser aplicada na poupança deve ser de, no máximo,

a) R$ 200 000,00
b) R$ 175 000,00
c) R$ 150 000,00
d) R$ 125 000,00
e) R$ 100 000,00

CAPÍTULO 12

Semelhança e triângulos retângulos

Pirâmides de Gizé, Egito. Tales de Mileto (c. 624 a.C.-c. 546 a.C.) foi o filósofo e matemático grego que obteve, por semelhança de triângulos, a altura de uma das pirâmides de Gizé. Para isso, ele mediu a sombra da pirâmide no mesmo momento em que a sombra de uma vara na vertical tinha a mesma medida de sua altura.

Semelhança

Cada uma das figuras apresenta, em escalas diferentes, um mapa contendo o nome de algumas capitais brasileiras.

figura A

figura B

Fonte: *Atlas geográfico escolar.* 6. ed. Rio de Janeiro: IBGE, 2012. p. 90.

CAPÍTULO 12 | SEMELHANÇA E TRIÂNGULOS RETÂNGULOS **433**

Vamos relacionar elementos da figura **A** com seus correspondentes da figura **B** e apresentar alguns conceitos importantes.

- Medindo a distância entre duas cidades quaisquer na figura **A** e a correspondente distância na figura **B**, observamos que a primeira mede uma vez e meia a segunda, ou seja, 1,5 vez.
- Ao medir um ângulo qualquer em uma das figuras e seu correspondente na outra, obteremos a mesma medida.

Por exemplo, ao medir a distância entre Belo Horizonte e Fortaleza na figura **A**, obtemos aproximadamente $d_1 = 37,5$ mm. Na figura **B**, a distância que separa essas duas capitais é aproximadamente $d'_1 = 25$ mm.

Entre Rio de Janeiro e Salvador, temos, aproximadamente, $d_2 = 24$ mm em **A** e $d'_2 = 16$ mm em **B**.

Generalizando, para essas duas figuras, temos: $d_i = 1{,}5 d'_i$.

Isso nos garante que existe uma constante de proporcionalidade **k** entre as medidas dos comprimentos na figura **A** e seus correspondentes comprimentos na figura **B**; no caso, $k = \dfrac{d_i}{d'_i} = 1{,}5$. Essa constante chama-se **razão de semelhança**.

Vamos estudar agora a parte angular: tanto na figura **A** como na **B**, o ângulo assinalado com vértice em Belém mede 93°. Da mesma maneira que, nas duas figuras, cada ângulo assinalado com vértice na capital federal tem 76°.

Os ângulos indicam a "forma" da figura, que se mantém quando a ampliamos ou reduzimos. O que se modifica nesses casos é apenas as medidas dos segmentos de reta.

Como essas duas condições (medidas lineares proporcionais e medidas angulares congruentes) são satisfeitas, dizemos que as duas figuras são **semelhantes**.

EXEMPLO 1

Dois quadrados quaisquer são semelhantes.

A razão de semelhança entre os quadrados ① e ② é:

$$\dfrac{1\text{ cm}}{3\text{ cm}} = \dfrac{1}{3}$$

Poderíamos também ter calculado a razão de semelhança entre os quadrados ② e ①, nessa ordem, obtendo $\dfrac{3\text{ cm}}{1\text{ cm}} = 3$, que é o inverso de $\dfrac{1}{3}$.

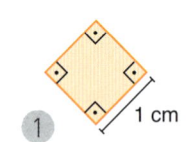

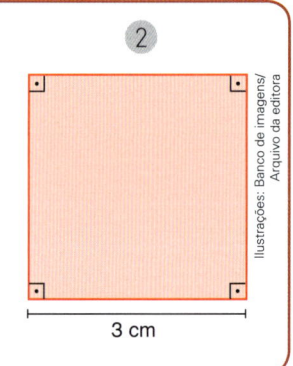

EXEMPLO 2

Dois círculos quaisquer são semelhantes.

A razão de semelhança entre os comprimentos dos círculos ① e ② pode ser determinada pela razão entre as medidas dos raios, que é

$$\dfrac{18\text{ mm}}{12\text{ mm}} = 1{,}5$$

Observe que a razão entre as medidas de seus diâmetros também é 1,5 $\left(\dfrac{36\text{ mm}}{24\text{ mm}} = \dfrac{3}{2} = 1{,}5\right)$.

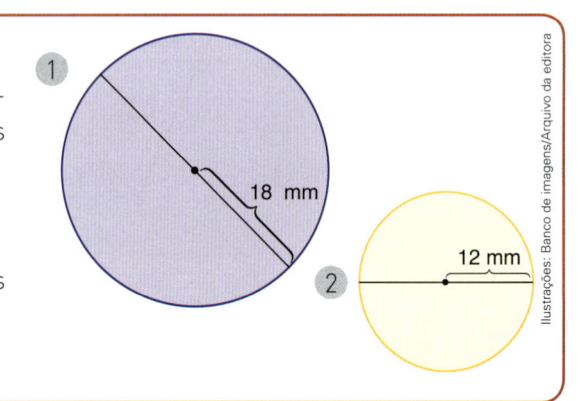

EXEMPLO 3

Dois retângulos serão semelhantes somente se a razão entre as medidas de seus lados maiores for igual à razão entre as medidas de seus lados menores.

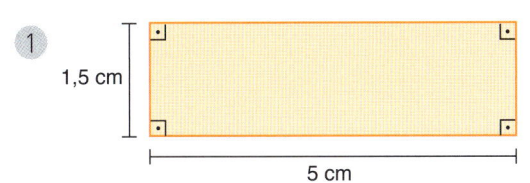

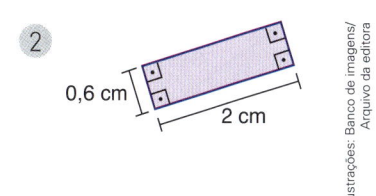

① 1,5 cm / 5 cm

② 0,6 cm / 2 cm

A razão de semelhança entre os retângulos ① e ② é $\dfrac{5 \text{ cm}}{2 \text{ cm}} = \dfrac{1,5 \text{ cm}}{0,6 \text{ cm}} = 2,5$.

EXEMPLO 4

Dois blocos retangulares (paralelepípedos retângulos) serão semelhantes somente se as razões entre as três dimensões (tomadas, por exemplo, em ordem crescente) de um deles e as correspondentes dimensões do outro forem sempre iguais.

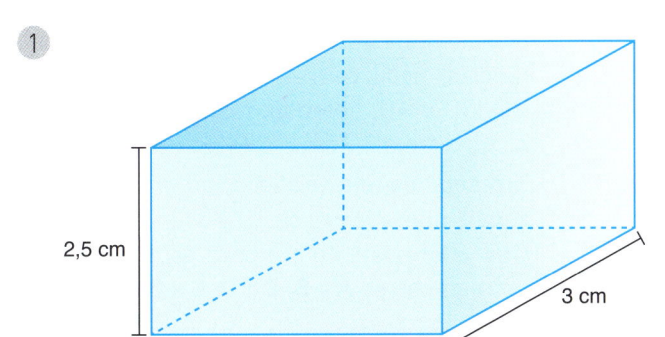

① 2,5 cm, 3 cm, 4 cm

② 1,25 cm, 1,5 cm, 2 cm

A razão de semelhança entre os paralelepípedos ① e ② é $\dfrac{2,5 \text{ cm}}{1,25 \text{ cm}} = \dfrac{3 \text{ cm}}{1,5 \text{ cm}} = \dfrac{4 \text{ cm}}{2 \text{ cm}} = 2$.

Logo, eles são semelhantes.

Exercícios

1. Indique quais das seguintes afirmações são verdadeiras e quais são falsas.
   a) Dois retângulos quaisquer são semelhantes.
   b) Dois círculos quaisquer são semelhantes.
   c) Dois triângulos retângulos quaisquer são semelhantes.
   d) Dois triângulos equiláteros quaisquer são semelhantes.
   e) Dois trapézios retângulos quaisquer são semelhantes.
   f) Dois losangos quaisquer são semelhantes.

2. Dois retângulos, R_1 e R_2, são semelhantes. As medidas dos lados de R_1 são 6 cm e 10 cm. Sabendo que a razão de semelhança entre R_1 e R_2, nessa ordem, é $\dfrac{2}{3}$, determine as medidas dos lados de R_2.

3. Dois triângulos retângulos distintos possuem um ângulo de 48° e lados com medidas proporcionais. É correto afirmar que eles são semelhantes? Explique.

4. Quais são as medidas dos lados de um quadrilátero A'B'C'D' com perímetro de 17 cm, semelhante ao quadrilátero ABCD da figura?

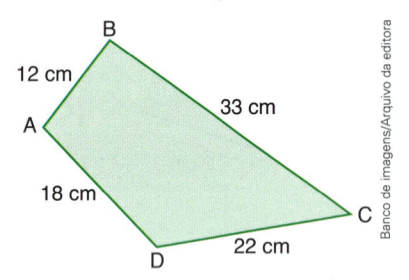

5. Dois triângulos isósceles distintos possuem um ângulo de 40°. É correto afirmar que eles são semelhantes? Explique.

6. No bloco retangular representado a seguir, o comprimento mede 8 cm, a largura 2 cm e a altura 6 cm.

A razão de semelhança entre esse bloco e um outro nessa ordem é $\frac{1}{3}$. Quais são as dimensões do outro bloco?

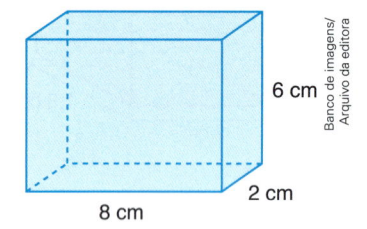

7. As duas figuras abaixo são semelhantes.

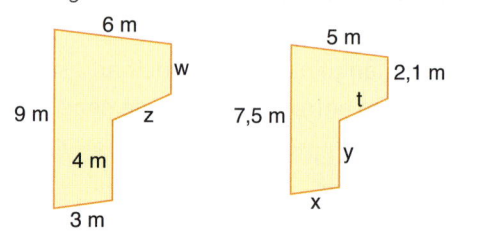

Obtenha os valores de **x**, **y**, **z**, **w** e **t**.

8. Um prospecto de propaganda imobiliária traz as posições das torres **A**, **B**, **C** e **D** de apartamentos, que serão construídos em um grande terreno plano.

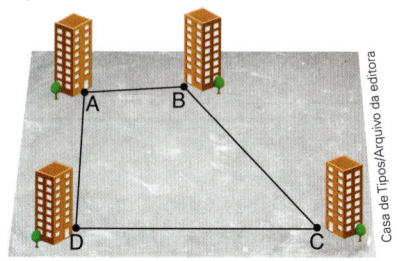

Um cliente, interessado em conhecer essas distâncias, mediu com uma régua os segmentos $\overline{AB}$, $\overline{BC}$, $\overline{CD}$ e $\overline{AD}$, obtendo, respectivamente, 2 cm, 4 cm, 5 cm e 2,7 cm.

Em seguida, ele verificou, no prospecto, que a escala utilizada era de 1 : 2 000.

Que valores ele obteve para as distâncias reais entre as torres **A** e **B**, **B** e **C**, **C** e **D**, e **A** e **D**?

Semelhança de triângulos

> **OBSERVAÇÃO**
>
> Usaremos em toda a coleção a notação AB para representar a medida de um segmento $\overline{AB}$ (segmento de extremidades **A** e **B**).

Observe os triângulos ABC e DEF, construídos de modo a terem a mesma forma.

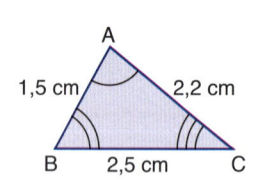

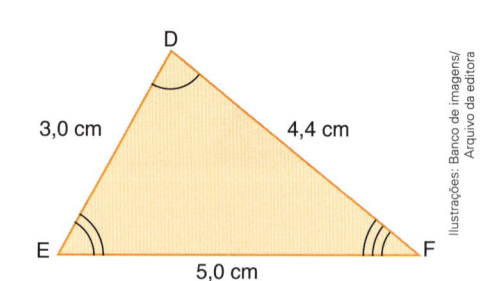

É possível colocar o triângulo menor (ABC) dentro do maior (DEF), de maneira que seus lados fiquem respectivamente paralelos.

Observe que:

$\hat{A} \equiv \hat{D}$ $\hat{B} \equiv \hat{E}$ $\hat{C} \equiv \hat{F}$

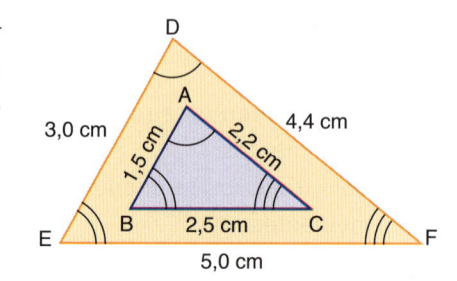

Se calcularmos as razões entre as medidas dos lados correspondentes, teremos:

$$\frac{AB}{DE} = \frac{1,5 \text{ cm}}{3,0 \text{ cm}} = \frac{1}{2} \qquad \frac{AC}{DF} = \frac{2,2 \text{ cm}}{4,4 \text{ cm}} = \frac{1}{2} \qquad \frac{BC}{EF} = \frac{2,5 \text{ cm}}{5,0 \text{ cm}} = \frac{1}{2}$$

Logo, as razões são todas iguais, ou seja, os lados correspondentes (homólogos) são proporcionais.

$$\frac{AB}{DE} = \frac{AC}{DF} = \frac{BC}{EF}$$

Daí, podemos estabelecer a seguinte definição:

> Dois triângulos são semelhantes se seus ângulos correspondentes são congruentes e os lados homólogos são proporcionais.

Em símbolos matemáticos, podemos escrever:

$$\triangle ABC \sim \triangle DEF \Leftrightarrow \begin{cases} \hat{A} \equiv \hat{D} \\ \hat{B} \equiv \hat{E} \\ \hat{C} \equiv \hat{F} \end{cases} \text{e } \frac{a}{d} = \frac{b}{e} = \frac{c}{f}$$

Símbolos:
$\sim$: semelhante
$\equiv$: congruente

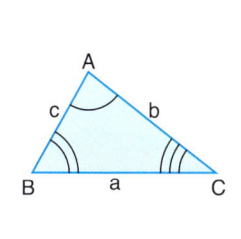

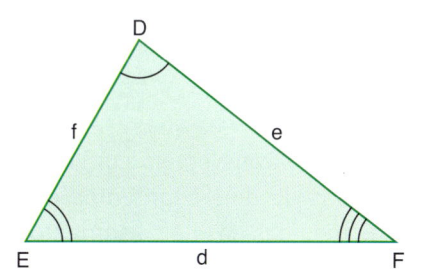

Razão de semelhança

Se dois triângulos são semelhantes, a razão entre as medidas dos lados correspondentes é chamada **razão de semelhança**. Nos triângulos ABC e DEF, que estão logo acima:

$\frac{a}{d} = \frac{b}{e} = \frac{c}{f} = k$, em que **k** é a razão de semelhança.

OBSERVAÇÃO

Se dois triângulos, ABC e DEF, são semelhantes e a razão de semelhança é 1, então os triângulos possuem lados respectivamente congruentes e, consequentemente, os triângulos são congruentes.

O conceito de triângulos semelhantes fixou as seguintes condições para um triângulo ABC ser semelhante a outro A'B'C':

$$\underbrace{\hat{A} \equiv \hat{A}', \hat{B} \equiv \hat{B}', \hat{C} \equiv \hat{C}'}_{\text{três congruências de ângulos}} \quad \text{e} \quad \underbrace{\frac{AB}{A'B'} = \frac{AC}{A'C'} = \frac{BC}{B'C'}}_{\text{proporcionalidade entre as medidas dos lados}}$$

Mas podemos reduzir a quantidade de exigências. Os casos de semelhança (ou critérios de semelhança), que estudaremos a seguir, mostram quais são as condições mínimas para dois triângulos serem semelhantes.

Para demonstrar a validade dos critérios de semelhança, precisamos rever o teorema de Tales e o teorema fundamental da semelhança.

A figura a seguir é formada por um feixe de retas paralelas e duas transversais t_1 e t_2.

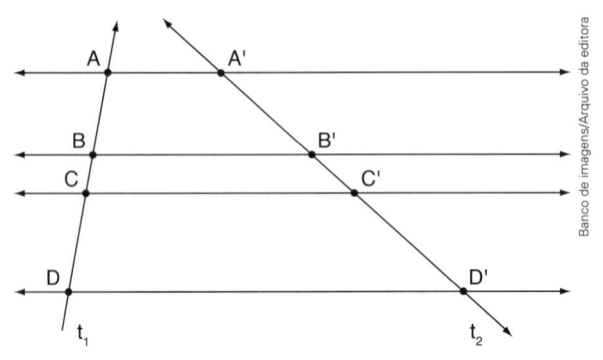

Ao observá-la, podemos dizer que:

- são **correspondentes** os pontos: **A** e **A'**, **B** e **B'**, **C** e **C'**, **D** e **D'**;
- são **correspondentes** os segmentos: $\overline{AB}$ e $\overline{A'B'}$, $\overline{CD}$ e $\overline{C'D'}$, $\overline{AC}$ e $\overline{A'C'}$, etc.

Teorema de Tales

> Se duas retas são transversais a um feixe de retas paralelas, então a razão entre as medidas de dois segmentos quaisquer de uma delas é igual à razão entre as medidas dos dois segmentos correspondentes da outra.

Considerando a figura anterior, a tese é: $\dfrac{AB}{CD} = \dfrac{A'B'}{C'D'}$.

Vamos fazer a demonstração supondo que $\overline{AB}$ e $\overline{CD}$ são segmentos comensuráveis, isto é, existe um segmento de medida **x** que é submúltiplo de $\overline{AB}$ e de $\overline{CD}$, ou seja, existem números inteiros **p** e **q** de modo que AB = p · x e CD = q · x, como mostra a figura (neste caso, temos p = 5 e q = 6).

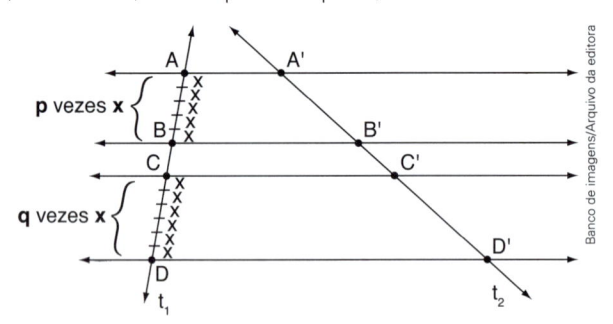

Temos:

$$AB = p \cdot x$$
$$CD = q \cdot x$$

Estabelecendo a razão

$$\dfrac{AB}{CD} = \dfrac{p \cdot x}{q \cdot x} \Rightarrow \dfrac{AB}{CD} = \dfrac{p}{q} \quad \text{①}$$

Conduzimos retas do feixe (paralelas a $\overrightarrow{AA'}$) pelos pontos de divisão de $\overline{AB}$ e $\overline{CD}$ (veja as linhas tracejadas na figura a seguir),

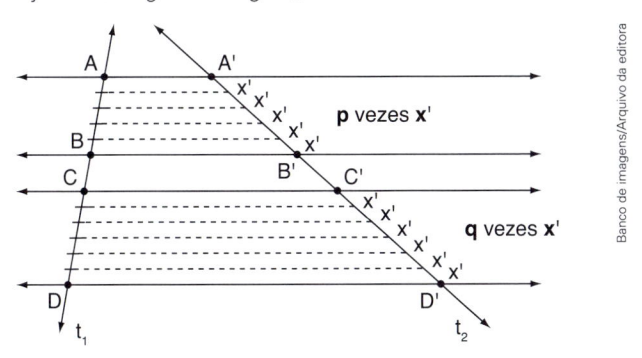

Observamos que:

- O segmento $\overline{A'B'}$ fica dividido em **p** segmentos congruentes, cada um com medida **x'**:

$$A'B' = p \cdot x'$$

- O segmento $\overline{C'D'}$ fica dividido em **q** segmentos congruentes, cada um com medida **x'**:

$$C'D' = q \cdot x'$$

Estabelecemos a razão $\dfrac{A'B'}{C'D'} = \dfrac{p \cdot x'}{q \cdot x'} \Rightarrow \dfrac{A'B'}{C'D'} = \dfrac{p}{q}$ ②

Comparando ① e ②, temos: $\dfrac{AB}{CD} = \dfrac{A'B'}{C'D'}$

Pode-se mostrar que o teorema de Tales também é válido no caso em que $\overline{AB}$ e $\overline{CD}$ são incomensuráveis, isto é, quando não existe submúltiplo comum de $\overline{AB}$ e $\overline{CD}$.

EXEMPLO 5

Na figura abaixo, as retas **r**, **s** e **t** são paralelas. Vamos calcular o valor de **x**.

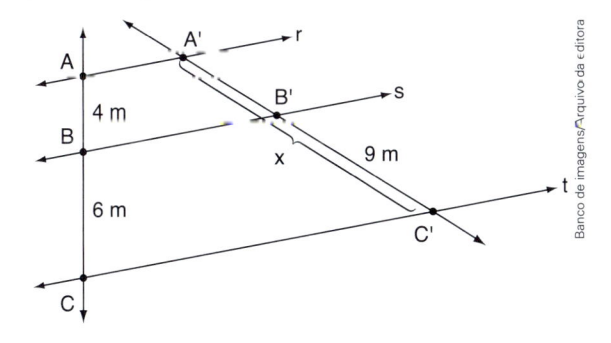

Observe que o segmento $\overline{A'B'}$ mede, em metros, $x - 9$.

Aplicando o teorema de Tales, segue que:

$\dfrac{AB}{BC} = \dfrac{A'B'}{B'C'} \Rightarrow \dfrac{4}{6} = \dfrac{x - 9}{9} \Rightarrow 6x = 90 \Rightarrow x = 15$

Logo, $x = 15$ m.

Teorema fundamental da semelhança

> Toda reta paralela a um lado de um triângulo, que intersecta os outros dois lados em pontos distintos, determina um novo triângulo semelhante ao primeiro.

Vamos comprovar a validade deste teorema.

Hipótese: $\overleftrightarrow{DE} \mathbin{/\mkern-6mu/} \overleftrightarrow{BC}$ ($D \in \overleftrightarrow{AB}$ e $E \in \overleftrightarrow{AC}$)

Tese: $\triangle ADE \sim \triangle ABC$

Demonstração:

Considerando os triângulos ADE e ABC e o paralelismo de $\overleftrightarrow{DE}$ e $\overleftrightarrow{BC}$, temos:

$$\hat{D} \equiv \hat{B} \quad \text{e} \quad \hat{E} \equiv \hat{C}$$

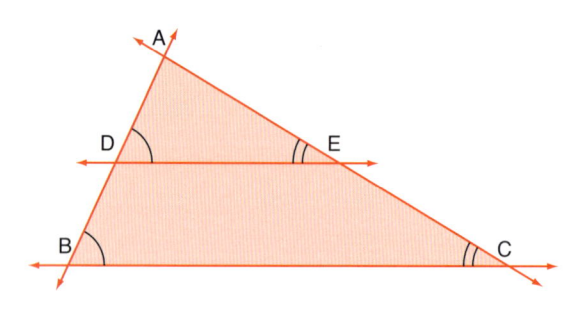

Então, os triângulos ADE e ABC têm os ângulos ordenadamente congruentes:

$$\hat{D} \equiv \hat{B}, \hat{E} \equiv \hat{C} \text{ e } \hat{A} \text{ é comum} \quad \text{①}$$

Sendo $\overleftrightarrow{DE} \mathbin{/\mkern-6mu/} \overleftrightarrow{BC}$ e aplicando o teorema de Tales nas transversais $\overleftrightarrow{AB}$ e $\overleftrightarrow{AC}$, temos:

$$\frac{AD}{AB} = \frac{AE}{AC} \quad \text{②}$$

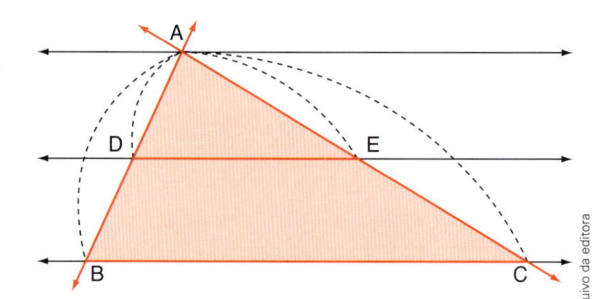

Pelo ponto **E**, vamos conduzir $\overleftrightarrow{EF}$, paralela a $\overleftrightarrow{AB}$.

Sendo $\overleftrightarrow{EF} \mathbin{/\mkern-6mu/} \overleftrightarrow{AB}$ e aplicando o teorema de Tales, temos:
$$\frac{AE}{AC} = \frac{BF}{BC}.$$

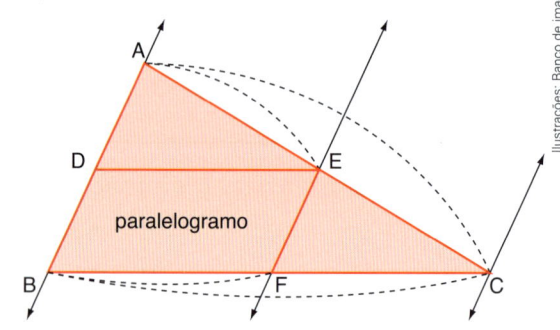

Mas $\overline{BF} \equiv \overline{DE}$, pois BDEF é um paralelogramo; vamos então substituir BF por DE na proporção anterior:

$$\frac{AE}{AC} = \frac{DE}{BC} \quad \text{③}$$

Comparando ② e ③, resulta:

$$\frac{AD}{AB} = \frac{AE}{AC} = \frac{DE}{BC} \quad \text{④}$$

Concluímos, assim, que os triângulos ADE e ABC têm ângulos congruentes (veja ①) e lados proporcionais (veja ④). Logo, eles são semelhantes:

$$\triangle ADE \sim \triangle ABC$$

Daí concluímos a validade do **teorema fundamental da semelhança**.

Exercício resolvido

1. Determine as medidas dos segmentos $\overline{CB}$ e $\overline{CE}$ da figura a seguir, sabendo que $\overline{DE}$ é paralelo a $\overline{AB}$.

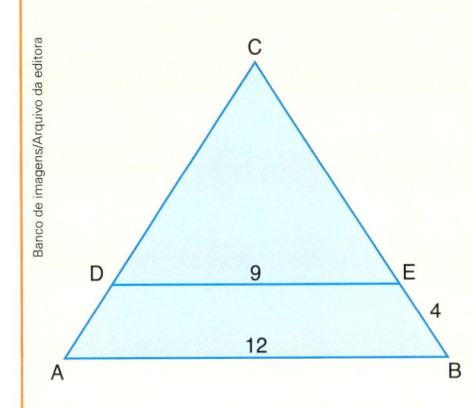

Solução:

Sendo $\overline{DE} \ // \ \overline{AB}$, temos pelo teorema fundamental da semelhança: $\triangle CDE \sim \triangle CAB$.

Daí, segue que:

$$\frac{CD}{CA} = \frac{CE}{CB} = \frac{DE}{AB} = \frac{9}{12} \Rightarrow \frac{CE}{CB} = \frac{9}{12} \Rightarrow$$

$$\Rightarrow \frac{CE}{CE + 4} = \frac{9}{12} \Rightarrow CE = 12$$

$$CB = CE + 4 = 12 + 4 = 16$$

Critérios de semelhança

Vamos estudar os critérios mínimos para dois triângulos serem semelhantes.

AA (ângulo — ângulo)

Observe os triângulos ABC e A'B'C', com dois ângulos respectivamente congruentes:

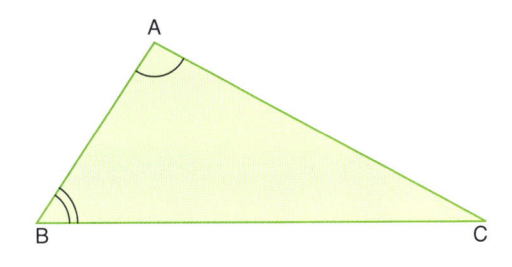

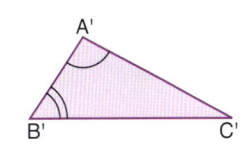

$$\hat{A} \equiv \hat{A}' \quad e \quad \hat{B} \equiv \hat{B}'$$

Se $\overline{AB} \equiv \overline{A'B'}$, então $\triangle ABC \equiv \triangle A'B'C'$ e, daí, $\triangle ABC \sim \triangle A'B'C'$.

Se os triângulos não forem congruentes, vamos supor que $AB > A'B'$.

Tomemos **D** em $\overline{AB}$, de modo que $\overline{AD} \equiv \overline{A'B'}$, e por **D** tracemos $\overline{DE} \ // \ \overline{BC}$.

Pelo caso de congruência ALA, os triângulos ADE e A'B'C' são congruentes:

$$\triangle ADE \equiv \triangle A'B'C'$$

Pelo teorema fundamental da semelhança, os triângulos ADE e ABC são semelhantes:

$$\triangle ADE \sim \triangle ABC$$

Então, os triângulos A'B'C' e ABC também são semelhantes:

$$\triangle A'B'C' \sim \triangle ABC$$

> Se dois triângulos possuem dois ângulos respectivamente congruentes, então os triângulos são **semelhantes**.

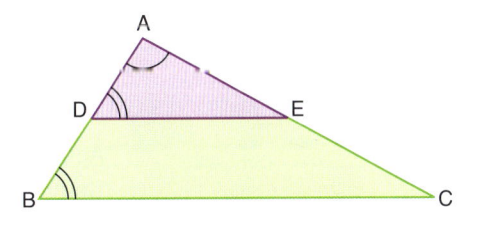

LAL (lado — ângulo — lado)

Se dois triângulos têm dois lados correspondentes proporcionais e os ângulos compreendidos entre esses lados são congruentes, então os triângulos são semelhantes.

Observe a demonstração considerando os dois triângulos, ABC e A'B'C', tais que:

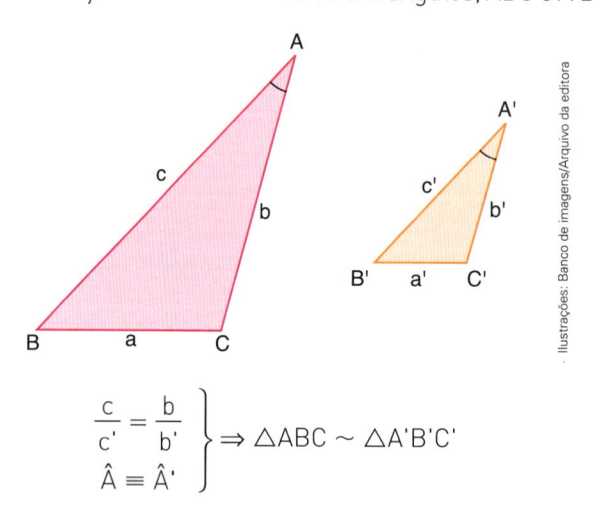

$$\left. \begin{array}{l} \dfrac{c}{c'} = \dfrac{b}{b'} \\ \hat{A} \equiv \hat{A}' \end{array} \right\} \Rightarrow \triangle ABC \sim \triangle A'B'C'$$

Vamos supor que os triângulos ABC e A'B'C' não sejam congruentes e que AB > A'B'.

Tomemos **D** em $\overline{AB}$, de modo que $\overline{AD} \equiv \overline{A'B'}$, e por **D** traçamos $\overline{DE} \parallel \overline{BC}$.

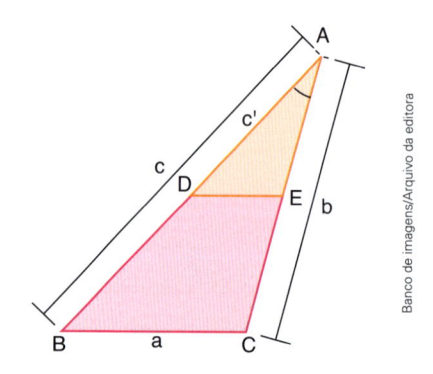

Note que, pelo teorema fundamental da semelhança:

$$\triangle ABC \sim \triangle ADE$$

Agora, precisamos mostrar que $\triangle ADE \equiv \triangle A'B'C'$.
Como os triângulos ABC e ADE são semelhantes, temos:

$$\dfrac{AD}{AB} = \dfrac{AE}{AC} \Rightarrow \dfrac{c'}{c} = \dfrac{AE}{b}$$

Pela hipótese $\left(\dfrac{c'}{c} = \dfrac{b'}{b} \right)$, temos AE = b' e portanto $\overline{AE} \equiv \overline{A'C'}$.

Logo, pelo caso de congruência LAL:

$$\triangle ADE \equiv \triangle A'B'C'$$

Como $\triangle ABC \sim \triangle ADE$ e $\triangle ADE \equiv \triangle A'B'C'$, então $\triangle ABC \sim \triangle A'B'C'$.

LLL (lado — lado — lado)

Se dois triângulos têm os lados correspondentes proporcionais, então os triângulos são semelhantes.

Considere os triângulos ABC e A'B'C' tais que:

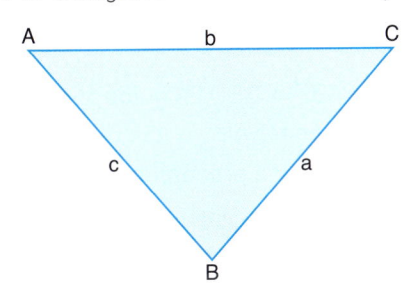

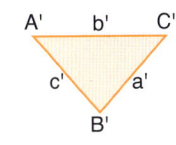

$$\frac{a}{a'} = \frac{b}{b'} = \frac{c}{c'} \Rightarrow \triangle ABC \sim \triangle A'B'C'$$

Vamos supor que os triângulos ABC e A'B'C' não sejam congruentes e que AB > A'B'.

Tomemos **D** em $\overline{AB}$, de modo que $\overline{AD} \equiv \overline{A'B'}$, e por **D** tracemos $\overline{DE} \parallel \overline{BC}$.

Note que, pelo teorema fundamental da semelhança:

$$\triangle ABC \sim \triangle ADE$$

Agora, precisamos mostrar que $\triangle ADE \equiv \triangle A'B'C'$.

Já sabemos que $\overline{AD} \equiv \overline{A'B'}$. Como os triângulos ABC e ADE são semelhantes, temos:

$$\frac{DE}{BC} = \frac{AE}{AC} = \frac{AD}{AB} \Rightarrow \frac{DE}{a} = \frac{AE}{b} = \frac{c'}{c}$$

Pela hipótese $\left(\frac{a'}{a} = \frac{b'}{b} = \frac{c'}{c}\right)$, temos:

- DE = a', e portanto $\overline{DE} \equiv \overline{B'C'}$.
- AE = b', e portanto $\overline{AE} \equiv \overline{A'C'}$.

Logo, pelo caso de congruência LLL:

$$\triangle ADE \equiv \triangle A'B'C'$$

Como $\triangle ABC \sim \triangle ADE$ e $\triangle ADE \equiv \triangle A'B'C'$, então $\triangle ABC \sim \triangle A'B'C'$.

EXEMPLO 6

Observe os dois triângulos representados.
Temos:

$$\hat{G} \equiv \hat{J} \text{ e } \hat{I} \equiv \hat{L}$$

Então, pelo critério AA de semelhança, $\triangle GHI \sim \triangle JKL$ e, em consequência, seus lados homólogos são proporcionais:

$$\frac{GH}{JK} = \frac{GI}{JL} = \frac{HI}{KL}$$

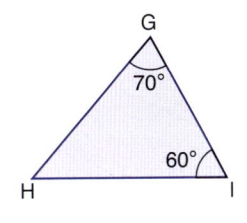

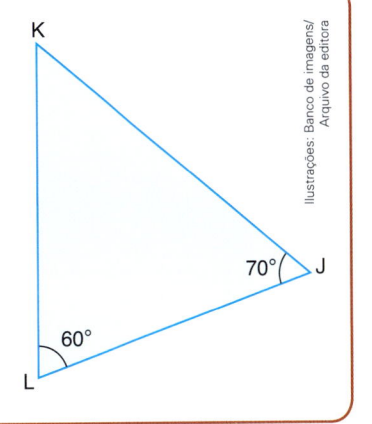

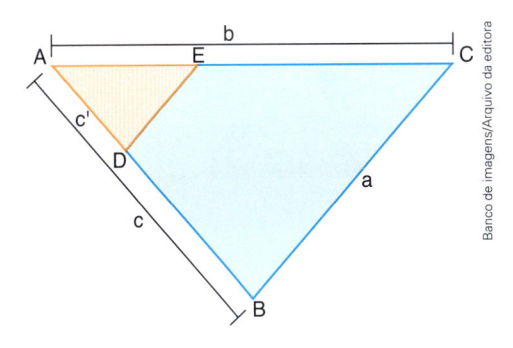

Exercício resolvido

2. Na figura, sabe-se que $\overline{AE} \parallel \overline{CD}$. Quais são as medidas **x** de $\overline{AB}$ e **y** de $\overline{CD}$?

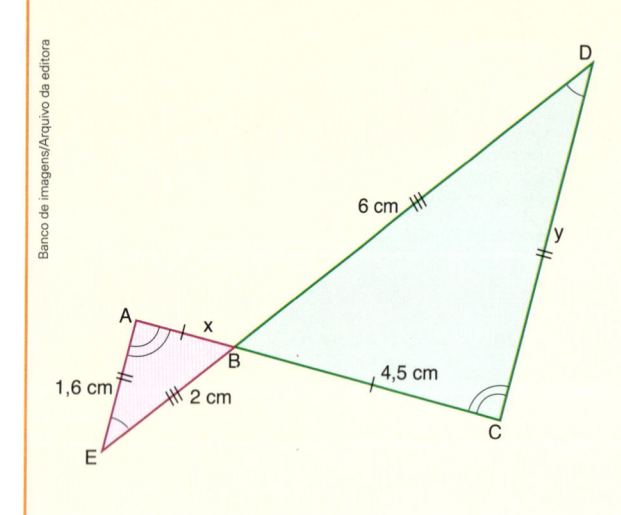

Solução:

Como $\overline{AE} \parallel \overline{CD}$, há dois pares de ângulos alternos internos congruentes:

$$B\hat{A}E \equiv B\hat{C}D \quad \text{e} \quad B\hat{E}A \equiv B\hat{D}C$$

Há também $A\hat{B}E \equiv C\hat{B}D$ (ângulos opostos pelo vértice). Assim, temos $\triangle ABE \sim \triangle CBD$.

Podemos escrever a proporcionalidade entre as medidas dos lados homólogos:

$$\frac{AB}{CB} = \frac{AE}{CD} = \frac{BE}{BD} \Rightarrow \frac{x}{4,5} = \frac{1,6}{y} = \frac{2}{6}$$

Temos, então, $x = \dfrac{2 \cdot 4,5}{6}$, isto é, $x = 1,5$ cm, além de $y = \dfrac{6 \cdot 1,6}{2}$, ou seja, $y = 4,8$ cm.

Exercícios

9. Em cada caso, as retas **r**, **s** e **t** são paralelas. Determine os valores de **x** e **y**:

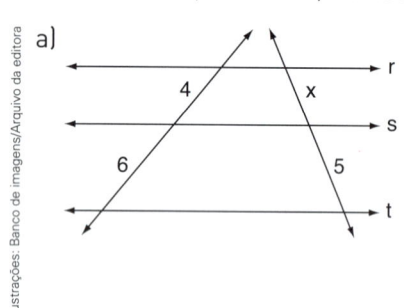

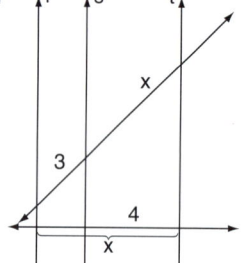

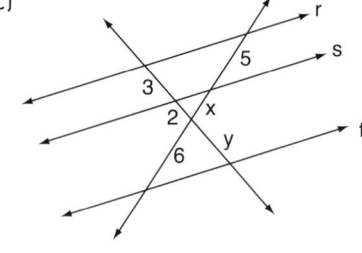

a)

b)

c)

10. Três terrenos têm frente para a rua **A** e para a rua **B**, como mostra a figura. As divisas laterais são perpendiculares à rua **A**. Qual é a medida da frente para a rua **B** de cada lote, sabendo que a frente total para essa rua mede 180 m?

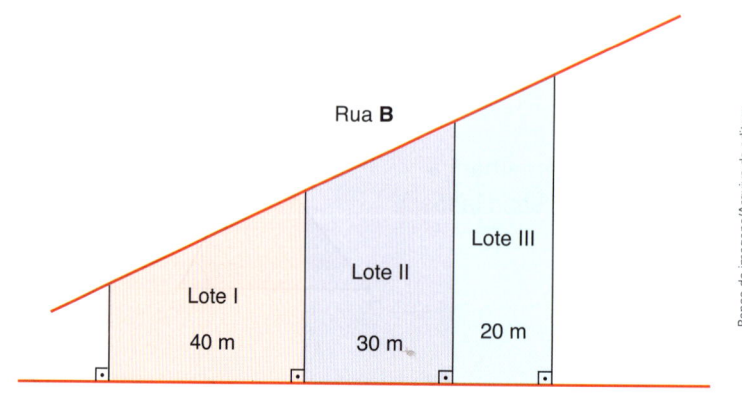

11. São dados oito triângulos. Indique os pares de triângulos semelhantes e o critério de semelhança correspondente:

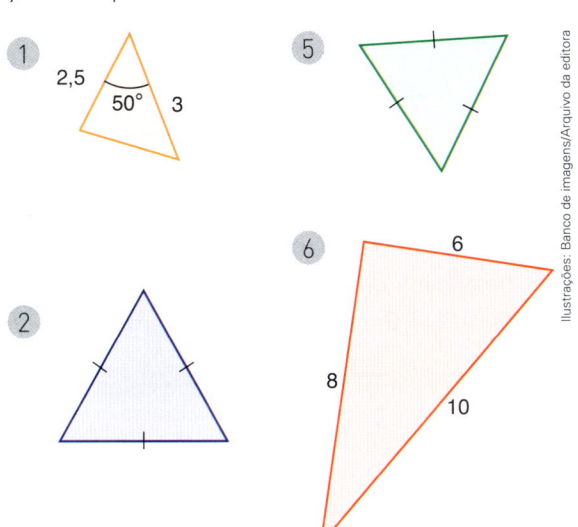

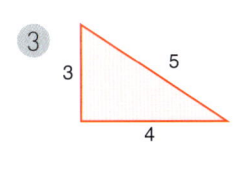

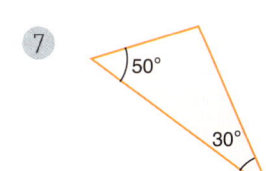

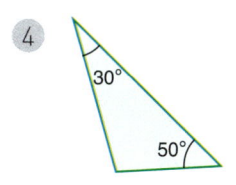

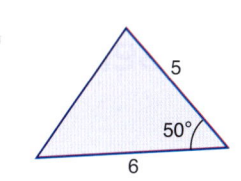

12. Determine **x** e **y** em cada figura, cujos ângulos assinalados com a mesma marcação são congruentes.

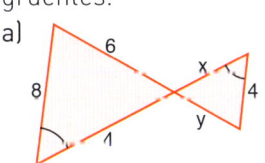

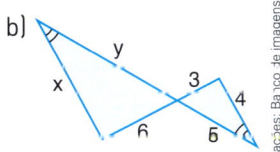

a)

b)

13. Em certa hora do dia, um prédio de 48 m de altura projeta no solo uma sombra de 10 m de comprimento.

  a) Qual é o comprimento da sombra projetada por um prédio de 18 m de altura, situado na mesma rua, supondo-a plana e horizontal?

  b) Em outra hora do dia, a sombra do prédio menor diminuiu 50 cm em relação à situação anterior. Em quanto diminuirá a sombra do prédio maior?

14. Determine DE, sendo $\overline{AB} \parallel \overline{CD}$, BE = 4 cm, EC = 8 cm e AC = 11 cm.

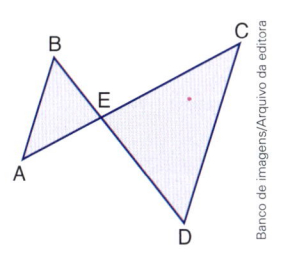

15. Uma rampa de inclinação constante tem 90 m de extensão e seu ponto mais alto se encontra a 8 m do solo.

  a) Saindo do solo, uma pessoa se desloca sobre a rampa, atingindo um ponto que se encontra a 2 m de altura em relação ao solo. Quantos metros ainda faltam para a pessoa chegar ao ponto mais alto?

  b) Saindo do ponto mais alto da rampa, uma pessoa desce 20 m da rampa, chegando a um ponto **S**. A que altura **S** está em relação ao solo?

16. Sendo $\overline{DE} \parallel \overline{BC}$, determine **x** nos casos:

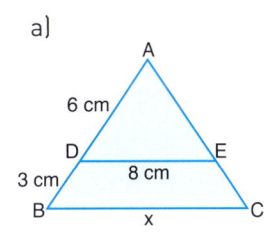

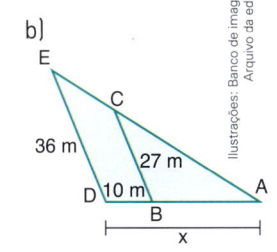

a)

b)

17. Determine a medida de $\overline{AB}$ em cada caso:

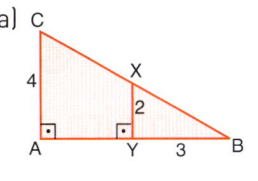

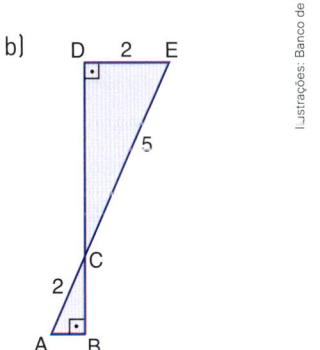

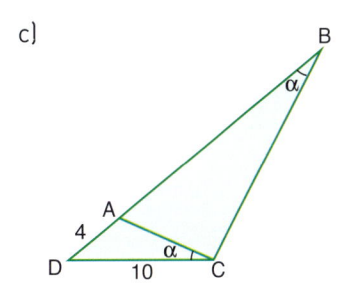

a)

b)

c)

18. Determine a razão entre os perímetros dos triângulos ABC e ADE, nessa ordem, sabendo que r // s.

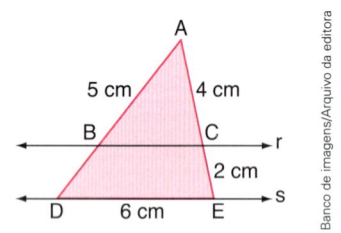

19. Determine a medida do lado do quadrado AEDF da figura:

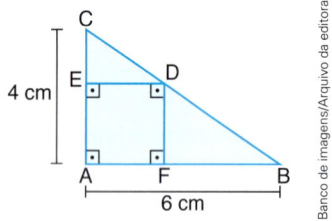

20. A figura representa três ruas paralelas (I, II e III) de um condomínio. A partir do ponto **P**, deseja-se puxar uma extensa rede de fios elétricos, conforme indicado pelos segmentos $\overline{PR}$, $\overline{PT}$, $\overline{QS}$ e $\overline{RT}$.

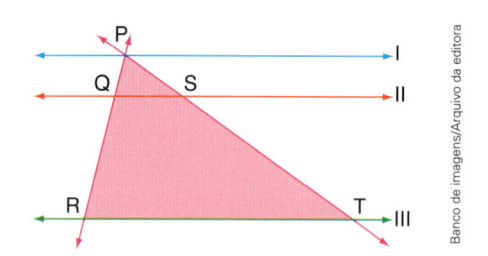

Sabe-se que a quantidade de fio (em metros) usada para ligar os pontos **Q** e **R** é o dobro da quantidade necessária para ligar os pontos **P** e **Q**. Determine quantos metros de fio serão usados para ligar **Q** e **S**, se de **R** a **T** foram usados 84 m.

21. Na figura abaixo, $\overrightarrow{AD}$ é perpendicular a $\overrightarrow{BC}$.

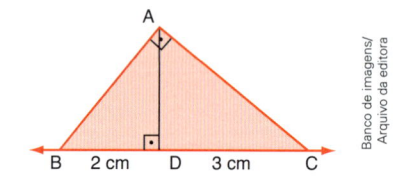

a) Explique por que os triângulos ABD e CAD são semelhantes.
b) Qual é a medida de $\overline{AD}$?

Consequências da semelhança de triângulos

Primeira consequência

Utilizando os critérios de semelhança, podemos provar que, se a razão de semelhança entre dois triângulos é **k**, então:

- a razão entre duas alturas homólogas é **k**;
- a razão entre duas medianas homólogas é **k**;
- a razão entre duas bissetrizes homólogas é **k**;
- **a razão entre as áreas é k^2.**

Vamos provar a última afirmação. Seja △ABC ~ △DEF.

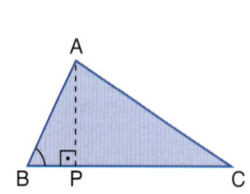

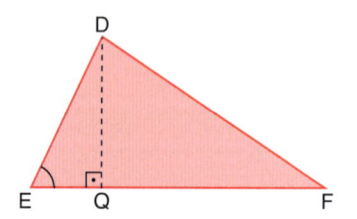

Temos:

$$\frac{AB}{DE} = \frac{BC}{EF} = \frac{CA}{FD} = k$$

Consideremos as alturas homólogas $\overline{AP}$ e $\overline{DQ}$. Os triângulos ABP e DEQ também são semelhantes (pelo critério AA), pois $\hat{B} \equiv \hat{E}$ e $\hat{P} \equiv \hat{Q}$.

Então:

$\dfrac{AB}{DE} = \dfrac{AP}{DQ}$, portanto $\dfrac{AP}{DQ} = k$ (razão de semelhança entre duas alturas homólogas)

Daí, temos:

$\left.\begin{array}{l} \text{área } \triangle ABC: S_1 = \dfrac{BC \cdot AP}{2} \\ \text{área } \triangle DEF: S_2 = \dfrac{EF \cdot DQ}{2} \end{array}\right\} \Rightarrow \dfrac{S_1}{S_2} = \dfrac{BC \cdot AP}{EF \cdot DQ} = \dfrac{BC}{EF} \cdot \dfrac{AP}{DQ} = k \cdot k = k^2$

Segunda consequência

Se um segmento une os pontos médios de dois lados de um triângulo, então ele é **paralelo ao terceiro lado** e é **metade do terceiro lado**. Veja a justificativa dessa propriedade.

Observe o triângulo ABC da figura em que **M** e **N** são os pontos médios de $\overline{AB}$ e $\overline{AC}$, respectivamente.

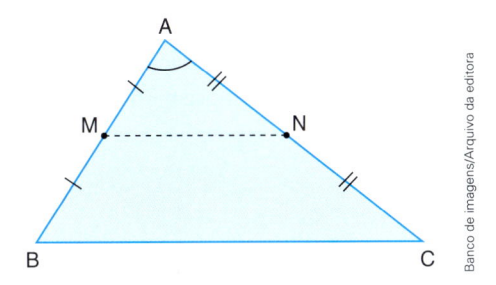

Observe os triângulos AMN e ABC. Eles têm o ângulo $\hat{A}$ em comum e:

$$\dfrac{AM}{AB} = \dfrac{AN}{AC} = \dfrac{1}{2}$$

De acordo com o critério LAL de semelhança, temos:

$$\triangle AMN \sim \triangle ABC$$

e, portanto, $\hat{M} \equiv \hat{B}$, $\hat{N} \equiv \hat{C}$ e $\dfrac{MN}{BC} = \dfrac{1}{2}$.

Assim, podemos concluir que $\overline{MN} \parallel \overline{BC}$ e $MN = \dfrac{BC}{2}$.

Terceira consequência

Se, pelo ponto médio de um lado de um triângulo, traçarmos uma reta paralela a outro lado, ela encontrará o terceiro lado em seu ponto médio.

Veja a justificativa dessa propriedade.

Observe a figura ao lado: tomamos um triângulo ABC e marcamos **M**, ponto médio do lado $\overline{AB}$. Em seguida, traçamos por **M** a reta **r**, paralela ao lado $\overline{BC}$.

Pelo teorema fundamental da semelhança, temos $\triangle AMN \sim \triangle ABC$; portanto, $\dfrac{AM}{AB} = \dfrac{AN}{AC} = \dfrac{MN}{BC} = \dfrac{1}{2}$, ou seja, **N** é o ponto médio de $\overline{AC}$, e MN é a metade de BC.

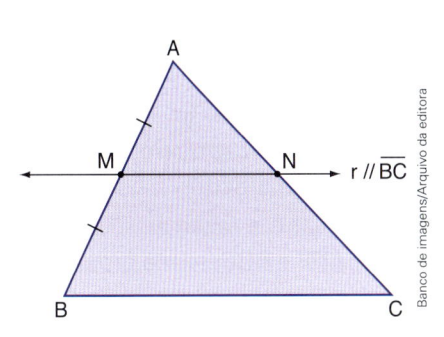

Exercício resolvido

3. Na figura ao lado, $\overline{RS}$ é paralelo a $\overline{TV}$:
   a) Determine o valor de **x**.
   b) Sendo S_1 a área do triângulo PRS e S_2 a área do triângulo PTV, encontre uma relação entre S_1 e S_2.

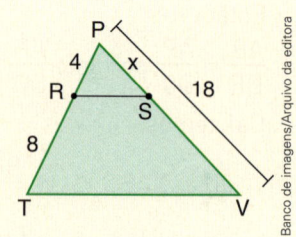

Solução:
Como $\overline{RS} \parallel \overline{TV}$, os triângulos PRS e PTV são semelhantes.

   a) Escrevendo a razão de semelhança entre os lados dos triângulos PRS e PTV, temos: $\dfrac{PR}{PT} = \dfrac{PS}{PV} \Rightarrow$
   $\Rightarrow \dfrac{4}{4+8} = \dfrac{x}{18} \Rightarrow x = 6.$

   b) Como a razão de semelhança entre os lados dos triângulos PRS e PTV é $\dfrac{1}{3}$, nessa ordem, concluímos que a razão entre suas áreas é $\left(\dfrac{1}{3}\right)^2 = \dfrac{1}{9}$, isto é, $\dfrac{S_1}{S_2} = \dfrac{1}{9}$.

OBSERVAÇÃO

Podemos calcular também a razão entre a área do trapézio RSVT e a área do triângulo PRS.
A área do triângulo PRS é $\dfrac{1}{9}$ da área do triângulo PTV, então a área do trapézio RSVT é $\dfrac{8}{9}$ da área do triângulo PTV.

Assim, a razão pedida é $\dfrac{\frac{8}{9}}{\frac{1}{9}} = 8.$

Exercícios

22. As medidas dos lados de um triângulo ABC são 5,2 cm, 6,5 cm e 7,3 cm. Seja MNP o triângulo cujos vértices são os pontos médios dos lados de ABC.
   a) Qual é o perímetro de MNP?
   b) Prove que MNP é semelhante a ABC.

23. Na figura, $\overline{DE}$ é paralelo a $\overline{BC}$.
   a) Qual é a razão de semelhança dos triângulos ADE e ABC, nessa ordem?
   b) Qual é a razão entre os perímetros dos triângulos ADE e ABC, nessa ordem?
   c) Qual é a razão entre as áreas dos triângulos ADE e ABC, nessa ordem?
   d) Se a área do triângulo ADE é 6 cm², qual é a área do triângulo ABC?

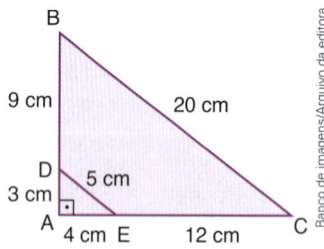

24. Na figura, $\overline{AB}$ é paralelo a $\overline{DE}$.
   Sabendo que AB = 5 cm, h_1 = 3 cm e DE = 10 cm, determine:
   a) h_2;
   b) as áreas dos triângulos ABC e CDE.

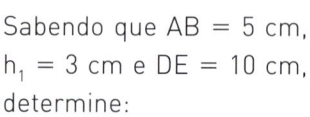

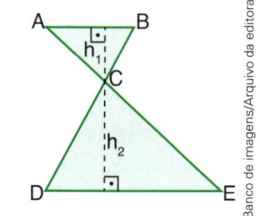

25. Dois triângulos equiláteros, T_1 e T_2, têm perímetros de 6 cm e 24 cm. Qual é a razão entre a área de T_2 e de T_1?

26. Na figura, $\overline{AB} \parallel \overline{ED}$, DE = 4 cm, e as áreas dos triângulos ABC e EDC valem, respectivamente, 36 cm² e 4 cm². Quanto mede $\overline{AB}$?

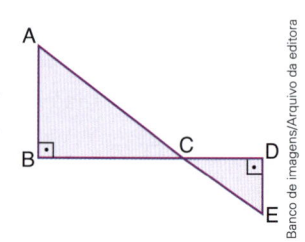

O triângulo retângulo

Todo triângulo retângulo, além do ângulo reto, possui dois ângulos (agudos) complementares.

O maior dos três lados do triângulo retângulo é o oposto ao ângulo reto e chama-se **hipotenusa**; os outros dois lados são os **catetos**.

Semelhanças no triângulo retângulo

Traçando a altura $\overline{AD}$, relativa à hipotenusa de um triângulo retângulo ABC, obtemos dois outros triângulos retângulos: DBA e DAC. Observe as figuras:

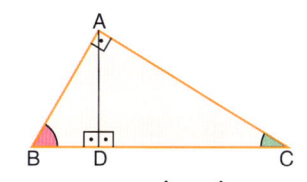

Os ângulos $A\hat{B}D$ e $A\hat{C}D$ são complementares, ou seja, a soma é 90°.

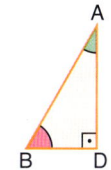

O ângulo $B\hat{A}D$ é complemento do ângulo $A\hat{B}D$. Então, $B\hat{A}D \equiv A\hat{C}D$.

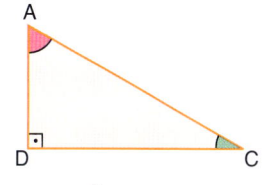

O ângulo $D\hat{A}C$ é complemento do ângulo $A\hat{C}D$. Então, $D\hat{A}C \equiv A\hat{B}D$.

Reunindo as conclusões, vemos que os triângulos ABC, DBA e DAC têm os ângulos respectivos congruentes e, portanto, são semelhantes:

$$\triangle ABC \sim \triangle DBA \sim \triangle DAC$$

Relações métricas

Voltemos ao triângulo ABC, retângulo em $\hat{A}$, com a altura $\overline{AD}$. Os segmentos $\overline{BD}$ e $\overline{DC}$ também são chamados de **projeções** dos catetos sobre a hipotenusa.

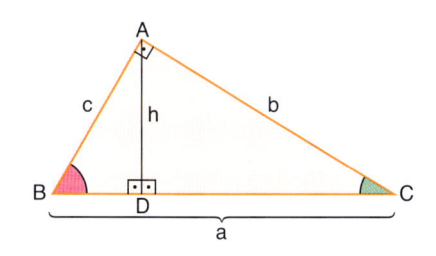

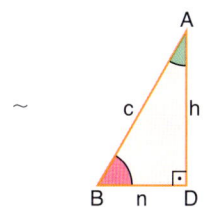

n: medida da projeção de $\overline{AB}$ sobre $\overline{BC}$.

m: medida da projeção de $\overline{AC}$ sobre $\overline{BC}$.

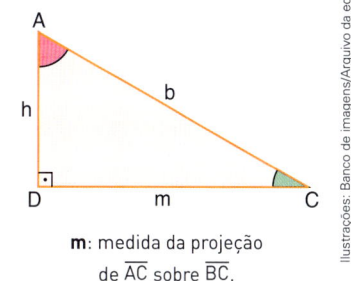

Explorando a semelhança dos triângulos, temos:

$\triangle ABC \sim \triangle DAC \Rightarrow \dfrac{a}{b} = \dfrac{h}{m} \Rightarrow b^2 = a \cdot m$ ①

$\triangle ABC \sim \triangle DBA \Rightarrow \dfrac{a}{c} = \dfrac{c}{n} \Rightarrow c^2 = a \cdot n$ ②

$\triangle DBA \sim \triangle DAC \Rightarrow \dfrac{n}{h} = \dfrac{h}{m} \Rightarrow h^2 = m \cdot n$ ③

As relações ①, ② e ③ são importantes **relações métricas no triângulo retângulo**. Em qualquer triângulo retângulo, temos, portanto:

- O quadrado da medida de um cateto é igual ao produto das medidas da hipotenusa e da projeção desse cateto sobre a hipotenusa, isto é:

$$\boxed{b^2 = a \cdot m} \quad \text{e} \quad \boxed{c^2 = a \cdot n}$$

- O quadrado da medida da altura relativa à hipotenusa é igual ao produto das medidas dos segmentos que a altura determina na hipotenusa:

$$h^2 = m \cdot n$$

Das relações ①, ② e ③ decorrem outras, entre as quais vamos destacar duas:

Multiplicando membro a membro as relações ① e ② e depois usando a ③, temos:

$$\left. \begin{array}{l} b^2 = a \cdot m \\ c^2 = a \cdot n \end{array} \right\} \Rightarrow b^2 \cdot c^2 = a^2 \cdot \underbrace{m \cdot n}_{③} \Rightarrow b^2 \cdot c^2 = a^2 \cdot h^2 \Rightarrow b \cdot c = a \cdot h$$

- Em qualquer triângulo retângulo, o produto das medidas dos catetos é igual ao produto das medidas da hipotenusa e da altura relativa a ela:

$$b \cdot c = a \cdot h$$

Somando membro a membro as relações ① e ② e observando que $m + n = a$, temos:

$$\left. \begin{array}{l} b^2 = a \cdot m \\ c^2 = a \cdot n \end{array} \right\} \Rightarrow b^2 + c^2 = a \cdot m + a \cdot n \Rightarrow b^2 + c^2 = a \cdot \underbrace{(m + n)}_{a} \Rightarrow b^2 + c^2 = a^2$$

- Em qualquer triângulo retângulo, a soma dos quadrados das medidas dos catetos é igual ao quadrado da medida da hipotenusa.

$$b^2 + c^2 = a^2$$

Essa última relação é conhecida como **teorema de Pitágoras**.

EXEMPLO 7

Sejam 2 cm e 3 cm as medidas das projeções dos catetos de um triângulo retângulo sobre a hipotenusa (veja a figura). Vamos calcular as medidas dos catetos.

Podemos calcular:

$$h^2 = m \cdot n \Rightarrow h^2 = 2 \cdot 3 \Rightarrow h = \sqrt{6}$$

Usando a 6ª equação deduzida, temos:

$$c^2 = a \cdot n = (2 + 3) \cdot 2 = 10 \Rightarrow c = \sqrt{10}$$

Logo, o cateto $\overline{BA}$ mede $\sqrt{10}$ cm.

No triângulo ACH, que é retângulo, temos:

$$b^2 = h^2 + 3^2 = 6 + 9 = 15 \Rightarrow b = \sqrt{15}$$

Logo, o cateto $\overline{AC}$ mede $\sqrt{15}$ cm.

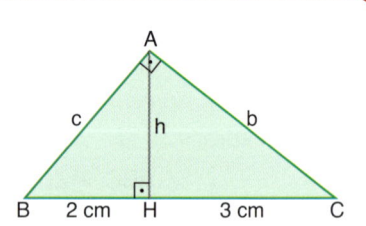

Aplicações notáveis do teorema de Pitágoras

Diagonal do quadrado

Consideremos um quadrado ABCD cujo lado mede ℓ. Vamos encontrar a medida da diagonal **d** do quadrado em função de ℓ.

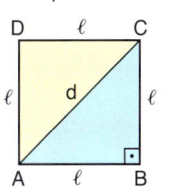

Basta aplicar o teorema de Pitágoras a qualquer um dos triângulos destacados:

$$d^2 = \ell^2 + \ell^2 = 2\ell^2$$

$$\boxed{d = \ell\sqrt{2}}$$

Assim, por exemplo, se o lado de um quadrado mede 10 cm, sua diagonal medirá $10\sqrt{2}$ cm (aproximadamente 14,1 cm).

Altura do triângulo equilátero

Consideremos um triângulo equilátero ABC cujo lado mede ℓ. Vamos expressar a medida da altura **h** do triângulo em função de ℓ.

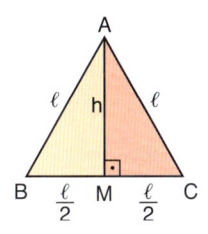

Basta aplicar o teorema de Pitágoras a um dos triângulos destacados:

$$h^2 + \left(\frac{\ell}{2}\right)^2 = \ell^2 \Rightarrow h^2 = \ell^2 - \left(\frac{\ell}{2}\right)^2$$

$$h^2 = \ell^2 - \frac{\ell^2}{4} = \frac{3\ell^2}{4}$$

$$\boxed{h = \frac{\ell\sqrt{3}}{2}}$$

Assim, por exemplo, em um triângulo equilátero com lado de 6 cm, a altura relativa a qualquer um dos lados mede $\frac{6\sqrt{3}}{2}$ cm = $3\sqrt{3}$ cm (aproximadamente 5,2 cm).

A fórmula encontrada para a altura de um triângulo equilátero nos permite calcular a área do triângulo equilátero conhecendo-se apenas a medida de seu lado.

Na figura anterior, a área do triângulo ABC é dada por:

$$A = \frac{BC \cdot AM}{2} = \frac{\ell \cdot \frac{\ell\sqrt{3}}{2}}{2} = \frac{\ell^2\sqrt{3}}{4}$$

Assim, por exemplo, se o lado de um triângulo equilátero mede 20 cm, sua área é, em centímetros quadrados:

$$\frac{20^2 \cdot \sqrt{3}}{4} = 100\sqrt{3}$$

OBSERVAÇÃO

No triângulo equilátero, a altura relativa a um lado é também mediana e bissetriz.

Um pouco de história

Pitágoras de Samos

Pitágoras nasceu na ilha grega de Samos, por volta de 565 a.C.

Sua obra, depois continuada pelos discípulos, foi de enorme importância para o desenvolvimento da Matemática. Várias foram as contribuições da escola pitagórica, responsável por avanços na área do raciocínio lógico-dedutivo. Pitágoras deu também grandes contribuições ao desenvolvimento da Aritmética.

O teorema que leva seu nome já teve centenas de demonstrações diferentes. Observe a demonstração a seguir.

Tomemos o quadrado ABCD abaixo representado, de lado a + b.

Podemos dividi-lo em dois trapézios congruentes pelo segmento $\overline{EF}$: o trapézio AEFD e o trapézio CFEB. A área **S** do trapézio AEFD pode ser calculada de duas maneiras:

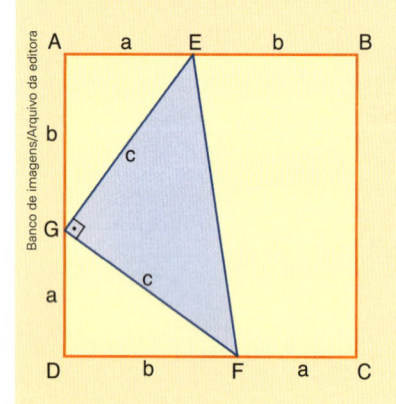

Como metade da área do quadrado ABCD:

$$S = \frac{(a+b)(a+b)}{2}$$

Como a soma das áreas dos triângulos AEG, EGF e GFD:

$$S = \frac{ab}{2} + \frac{cc}{2} + \frac{ab}{2}$$

Igualando as expressões, temos:

$$(a+b)(a+b) = ab + cc + ab$$

e daí resulta:

$$a^2 + b^2 = c^2$$

Essa demonstração se deve a James Abram Garfield (1831-1881), vigésimo presidente dos Estados Unidos.

Fonte de pesquisa: ROSA, Euclides. Mania de Pitágoras. *RPM/Estágio OBMEP*, 2007. p. 34-39. Disponível em: <www.obmep.org.br/docs/rpm_pic2007.pdf>. Acesso em: 27 jun. 2018.

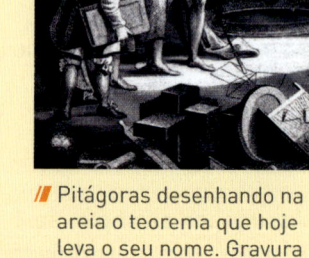

// Pitágoras desenhando na areia o teorema que hoje leva o seu nome. Gravura de autor desconhecido, 1833.

Exercícios

27. Sabendo que $\overline{AB}$ // $\overline{CD}$, determine **x** e **y**.

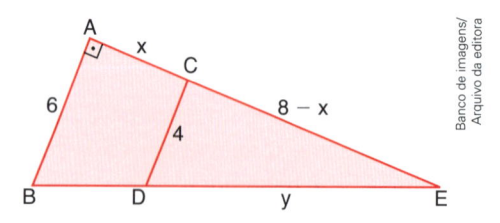

28. Determine **x** e **y** nas figuras:

a)

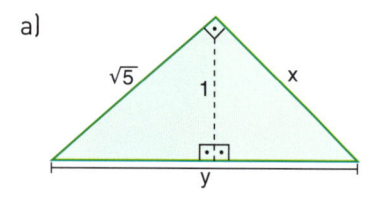

b)

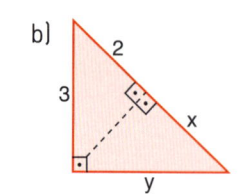

c)

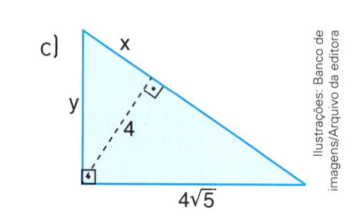

29. A parte final de uma escada está representada na figura seguinte:

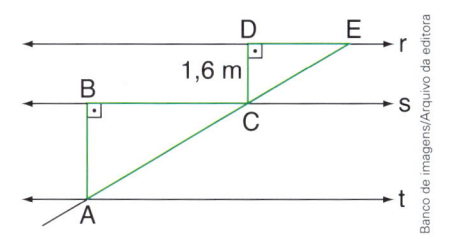

Um imprevisto na fase de construção fez com que a extensão do penúltimo degrau fosse o dobro da extensão do último. Considerando as retas **r**, **s** e **t** paralelas e AE = 6 m, determine a extensão de cada um desses degraus.

30. Para vencer um desnível de 9 m entre dois pisos de um *shopping* foi construído um elevador e uma rampa suave para possibilitar o acesso de cadeirantes ou pessoas com mobilidade reduzida, como mostra a figura:

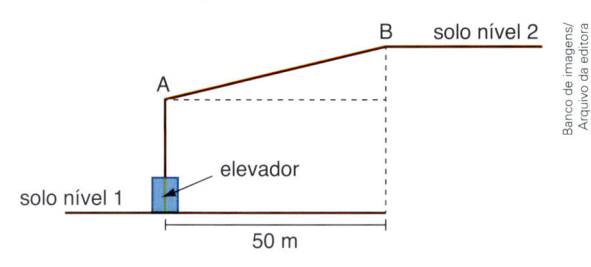

O elevador sobe verticalmente 5 m, chegando ao ponto **A**. De **A** inicia-se o percurso sobre a rampa de baixa inclinação até se chegar ao ponto **B**, no outro nível.

Use uma calculadora para determinar o comprimento aproximado da rampa (por excesso), com erro inferior a 0,01.

31. Determine o valor de **x** em cada caso:

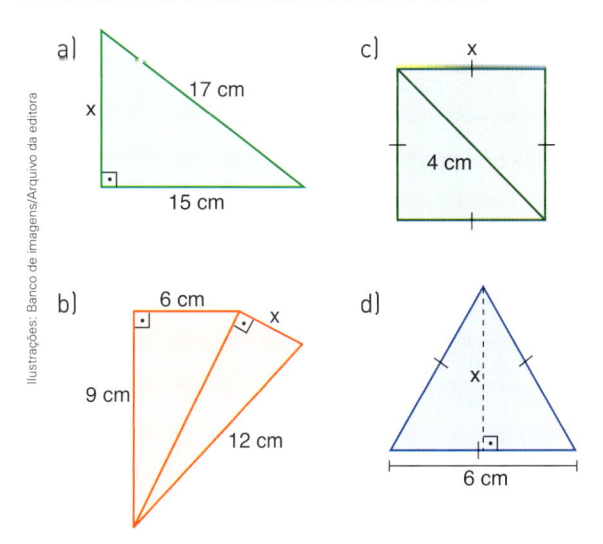

a)

b)

c)

d)

32. Quanto medem os catetos e a altura relativa à hipotenusa de um triângulo retângulo, sabendo que essa altura determina, sobre a hipotenusa, segmentos de 3 cm e 5 cm?

33. Uma piscina com a forma de um paralelepípedo retângulo tem 40 m de comprimento, 20 m de largura e 2 m de profundidade. Que distância percorrerá alguém que nade na superfície, em linha reta, de um canto ao canto oposto dessa piscina? Use $\sqrt{5} \simeq 2{,}23$.

34. A figura mostra o perfil de uma escada, formada por seis degraus idênticos, cada um com 40 cm de largura. A distância do ponto mais alto da escada ao solo é 1,80 m. Qual é a medida do segmento $\overline{AB}$?

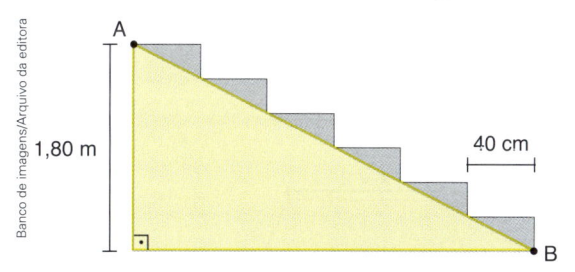

35. Saindo de um ponto **O**, um robô caminha, em linha reta e sucessivamente, 10 m na direção Sul, 3 m na direção Leste, 6 m na direção Norte e, de lá, retorna em linha reta ao ponto de partida. Quantos metros o robô percorreu ao todo?

36. Em certo trecho de um rio, as margens são paralelas. Ali, a distância entre dois povoados situados na mesma margem é de 3 000 m. Esses povoados distam igualmente de um farol, situado na outra margem do rio. Sabendo que a largura do rio é 2 km, determine a distância do farol a cada um dos povoados.

37. No portão retangular da casa de Horácio foi necessário colocar, diagonalmente, um reforço de madeira (ripa) com 3 m de comprimento. Sabendo que a altura do portão excede em 60 cm seu comprimento, determine as dimensões desse portão.

38. O perímetro de um quadrado é 36 cm. Qual é a medida da diagonal desse quadrado?

39. A altura de um triângulo equilátero mede $6\sqrt{3}$ m.
   a) Qual é o perímetro desse triângulo?
   b) Qual é a área desse triângulo?

40. Calcule **x** em:

a) [trapézio com lados 15, 26, 39 e x]

b) [triângulo isósceles com lados 12, 12, base 8 e altura x]

c) [trapézio com topo 7, lados 13 e 12, base x]

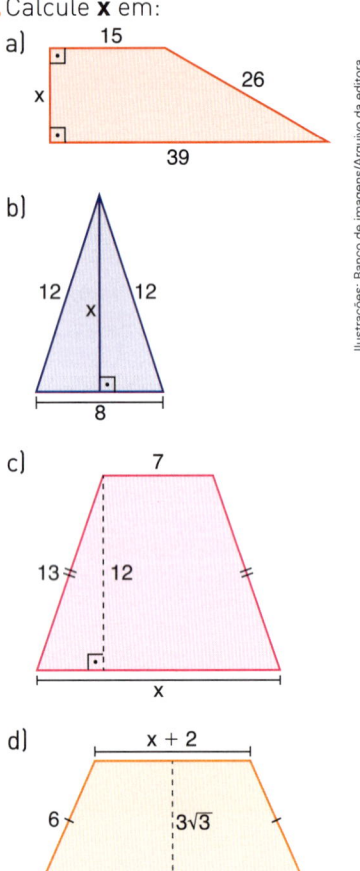

d) [trapézio com topo x + 2, lado 6, altura 3√3, base 10]

41. Para ajudar na decoração da festa junina de sua cidade, Paulo esticou completamente um fio de bandeirinhas, com 3,5 m de comprimento, até o topo de um poste com 4,5 m de altura. Sabendo que Paulo tem 1,70 m de altura, a que distância ele ficou do pé do poste?

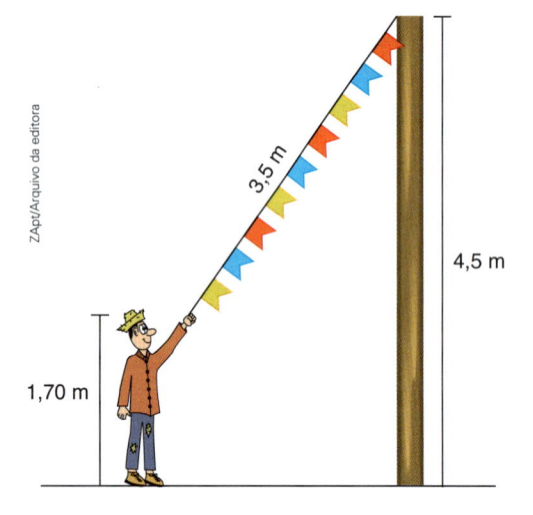

42. Dois grupos de turistas partem simultaneamente da entrada do hotel em que estão hospedados. O primeiro grupo segue na direção leste, rumo a um monumento distante 800 m do ponto de partida. O segundo parte na direção norte, rumo a um museu situado a 1 000 m do ponto de partida.

a) Qual é, em linha reta, a distância, em metros, entre o monumento e o museu?

b) Supondo que os dois grupos caminham a uma velocidade constante de 2 km/h, qual é a distância, em metros, entre os dois grupos 15 minutos após a partida?

43. Em um triângulo retângulo, a hipotenusa mede 2,5 cm e a altura relativa a ela mede 1,2 cm. Determine o perímetro desse triângulo.

44. Pelos pontos **A** e **B** de uma reta traçam-se duas retas perpendiculares à reta. Sobre elas tomam-se os segmentos AC = 13 cm e BD = 7 cm. No segmento $\overline{AB}$, de medida 25 cm, toma-se um ponto **P** tal que os ângulos $A\hat{P}C$ e $B\hat{P}D$ sejam congruentes. Determine as medidas de:

a) $\overline{AP}$ b) $\overline{CD}$

45. Determine **a** e **b** na figura seguinte:

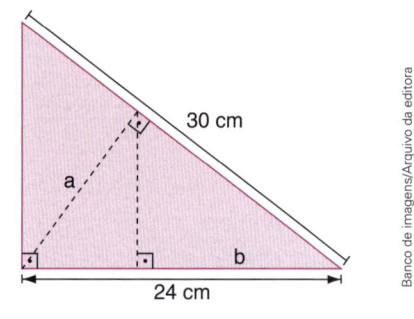

[triângulo retângulo com hipotenusa 30 cm, cateto 24 cm, altura a e projeção b]

46. Dois teleféricos, T_1 e T_2, partem de uma estação **E** situada em um plano horizontal, em direção aos picos P_1 e P_2 de duas montanhas. Sabe-se que:
- os teleféricos percorreram 1,5 km e 2,9 km, respectivamente;
- a primeira montanha tem 900 m de altura e a segunda tem 2 km;
- os pés das montanhas e **E** estão em linha reta;
- a menor montanha está entre a estação e a maior montanha.

Determine a distância entre P_1 e P_2.
Considere $\sqrt{202} \approx 14{,}21$.

47. A área de um triângulo equilátero é $25\sqrt{3}$ cm². Com vértices nos pontos médios dos lados desse triângulo é construído um outro triângulo equilátero. Quanto mede a altura desse novo triângulo?

Enem e vestibulares resolvidos

(Enem) Pretende-se construir um mosaico com o formato de um triângulo retângulo, dispondo-se de três peças, sendo duas delas triângulos congruentes e a terceira um triângulo isósceles. A figura apresenta cinco mosaicos formados por três peças.

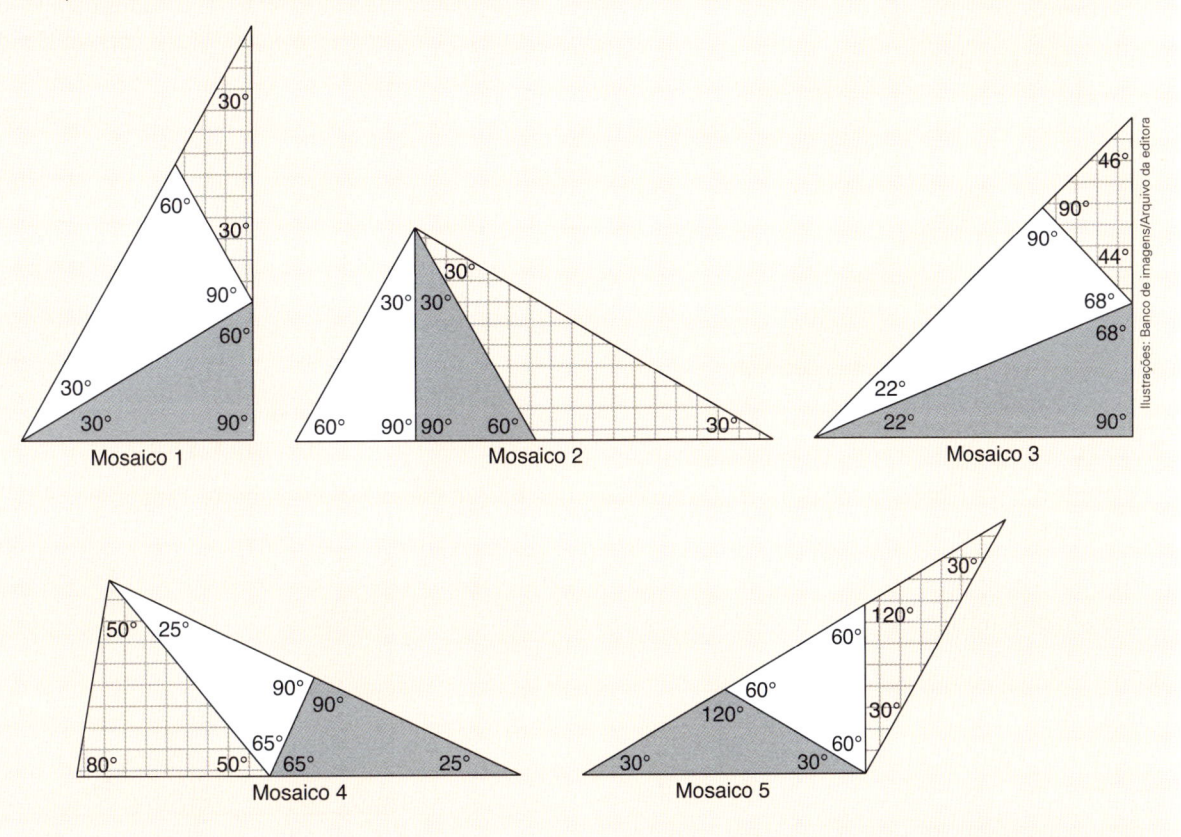

Mosaico 1

Mosaico 2

Mosaico 3

Mosaico 4

Mosaico 5

Na figura, o mosaico que tem as características daquele que se pretende construir é o

a) 1.   b) 2.   c) 3.   d) 4.   e) 5.

Resolução comentada

Vamos analisar cada mosaico para descobrir aquele que se adequa às características apresentadas:

- O mosaico 4 não é um triângulo retângulo pois as medidas de seus lados são: 80°, 25° e 50° + 25° = 75°; todas diferentes de 90°.

- O mosaico 5 não é um triângulo retângulo, pois as medidas de seus lados são: 30°, 30° e 30° + 60° + 30° = 120°, todas diferentes de 90°.

- O mosaico 3 é um triângulo retângulo e contém dois triângulos congruentes (branco e cinza) pelo caso ALA. Porém, o triângulo quadriculado não é isósceles, pois não possui um par de ângulos internos congruentes.

- O mosaico 1 contém um triângulo isósceles (quadriculado) e os outros dois triângulos são semelhantes, pois seus ângulos internos correspondentes são congruentes. Entretanto, esses dois triângulos não são congruentes, já que o lado em comum é hipotenusa do triângulo cinza e cateto do triângulo branco.

- No mosaico 2, o triângulo quadriculado é isósceles, pois possui dois ângulos internos de mesma medida. Além disso, os triângulos branco e cinza são congruentes pelo caso LAL. Portanto, o mosaico 2 é aquele que se adequa perfeitamente às solicitações contidas no enunciado

Alternativa *b*.

Exercícios complementares

1. Determine o valor de **x** em cada item:

a) [triângulo com medidas 6 cm, 4 cm, 24 cm e x]

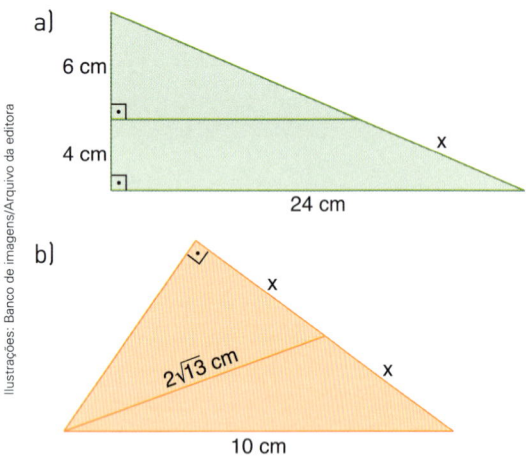

b) [triângulo com medidas $2\sqrt{13}$ cm, 10 cm e x]

2. Em um triângulo isósceles, cada lado congruente mede 5 cm e a base mede $2\sqrt{5}$ cm. Determine a medida da altura relativa:

a) à base;

b) a um dos lados congruentes.

3. Dois triângulos retângulos semelhantes são tais que a área de um deles é igual ao dobro da área do outro. Se a hipotenusa do maior triângulo mede 6 u.c., determine a soma dos quadrados das medidas dos três lados do menor triângulo.

4. As bases de um trapézio ABCD medem 50 cm e 30 cm e sua altura é 10 cm. Prolongando-se os lados não paralelos, eles se interceptam em um ponto **E**. Determine:

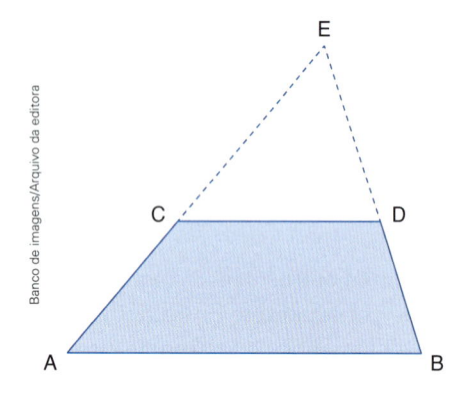

a) a medida da altura $\overline{EG}$ do triângulo CDE;

b) a razão entre as áreas dos triângulos CDE e ABE, nessa ordem;

c) a área do trapézio.

5. (UFPR) O projeto de uma escadaria prevê o uso de três postes verticais paralelos para sustentar uma armação. Os postes foram espaçados paralelamente ao longo da base da estrutura, como indicado na figura a seguir:

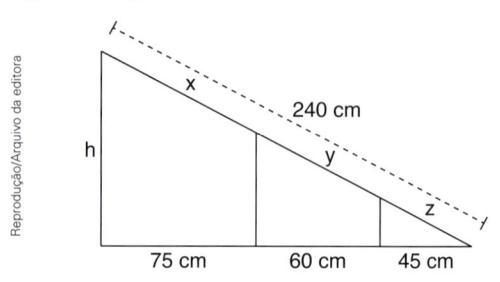

[figura com medidas x, 240 cm, h, y, z, 75 cm, 60 cm, 45 cm]

a) Calcule a altura **h**.

b) Calcule as distâncias **x**, **y** e **z**.

6. Com base na figura abaixo, responda:

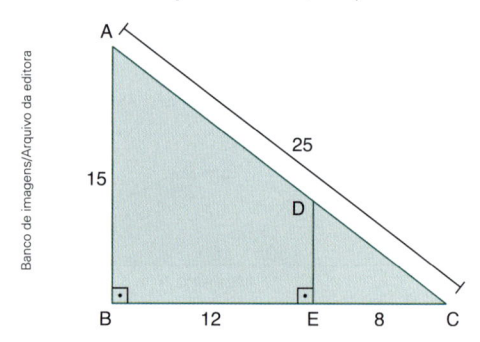

[triângulo ABC com AB = 15, AC = 25, BE = 12, EC = 8, D sobre AC, DE perpendicular a BC]

a) Que fração da área do triângulo ABC corresponde à área do triângulo CDE?

b) Qual a razão entre a área do trapézio ABDE e a do triângulo CDE?

7. (Unicamp-SP) Dois navios partiram ao mesmo tempo de um mesmo porto, em direções perpendiculares e a velocidades constantes.

Trinta minutos após a partida, a distância entre os dois navios era de 15 km e, após mais 15 minutos, um dos navios estava 4,5 km mais longe do porto que o outro.

a) Quais as velocidades dos dois navios, em quilômetros por hora?

b) Qual a distância de cada um dos navios até o porto de saída, 270 minutos após a partida?

8. As medidas dos lados de um triângulo retângulo, em centímetros, formam uma progressão aritmética de razão 8. Determine a medida:

a) da altura relativa à hipotenusa;

b) da projeção do maior cateto sobre a hipotenusa.

9. Um octógono regular é formado cortando-se triângulos retângulos isósceles nos vértices de um quadrado. Sabendo que o lado do quadrado mede 1 cm, determine:
   a) a medida de cada cateto dos triângulos retirados;
   b) a área do octógono.

10. (Unicamp-SP) Os lados do triângulo ABC da figura abaixo têm as seguintes medidas: AB = 20, BC = 15 e AC = 10.

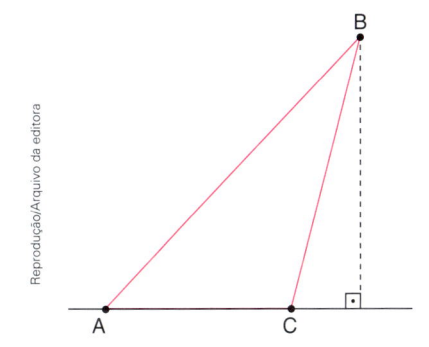

   a) Sobre o lado $\overline{BC}$ marca-se um ponto **D** tal que BD = 3 e traça-se o segmento $\overline{DE}$ paralelo ao lado $\overline{AC}$. Ache a razão entre a altura **H** do triângulo ABC relativa ao lado $\overline{AC}$ e a altura **h** do triângulo EBD relativa ao lado $\overline{ED}$, sem explicitar os valores **h** e **H**.
   b) Calcule o valor explícito da altura do triângulo ABC em relação ao lado $\overline{AC}$.

11. Em um triângulo isósceles de $\frac{50}{3}$ cm de base e 20 cm de altura relativa à base está inscrito um retângulo de 8 cm de altura, com a base contida na base do triângulo. Calcule a medida da base do retângulo.

12. Na figura, o retângulo ABCD, de dimensões **x** e **y**, está inscrito no triângulo retângulo AEF cujos catetos $\overline{AE}$ e $\overline{AF}$ medem, respectivamente, 10 cm e 12 cm.

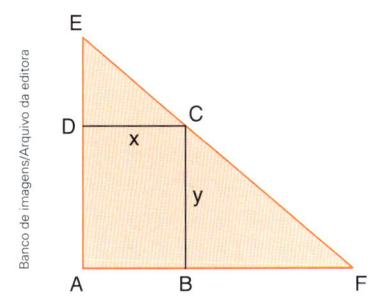

   a) Expresse **y** em função de **x**.
   b) Determine os valores de **x** e **y** para os quais a área do retângulo é máxima.

13. Em cada caso, determine o valor de **x**.
    Sugestão: lembrar que, se uma reta é tangente a uma circunferência, então essa reta é perpendicular ao raio no ponto de tangência.
    a)
    b)
    c)
    d)

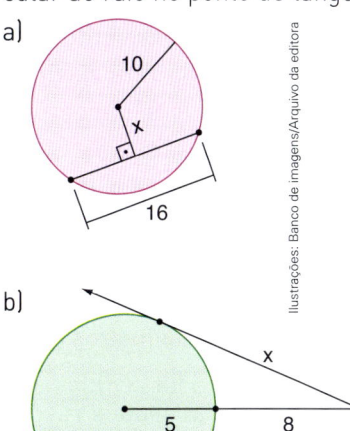

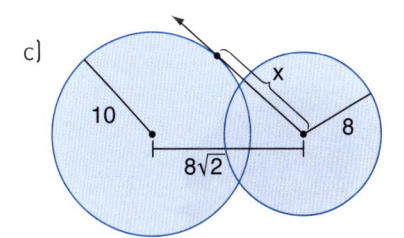

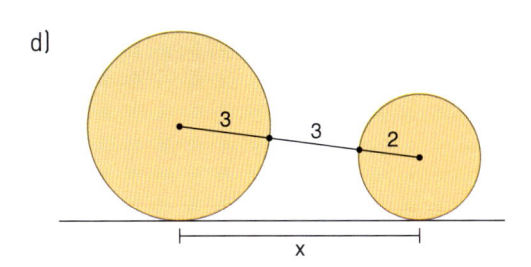

14. Seja um ponto **P** externo a uma circunferência. A menor distância desse ponto à circunferência vale 6 cm e a maior distância desse ponto à circunferência vale 24 cm. Determine o comprimento do segmento tangente à circunferência, por esse ponto.

15. Em um triângulo isósceles cuja altura relativa à base mede 8 cm, inscreve-se uma circunferência de raio de medida 3 cm. Determine a medida da base do triângulo.

16. Na figura ao lado, AB = 15 cm. Qual é o valor de **x**?

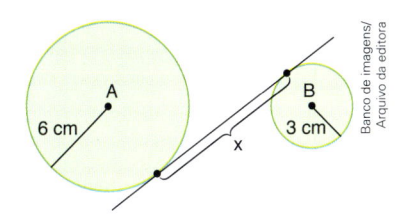

17. (FGV-SP) Bem no topo de uma árvore de 10,2 metros de altura, um gavião-casaca-de-couro, no ponto **A** da figura, observa atentamente um pequeno roedor que subiu na mesma árvore e parou preocupado no ponto **B**, bem abaixo do gavião, na mesma reta vertical em relação ao chão. Junto à árvore, um garoto fixa verticalmente no chão uma vareta de 14,4 centímetros de comprimento e, usando uma régua, descobre que a sombra da vareta mede 36 centímetros de comprimento.

Exatamente nesse instante ele vê, no chão, a sombra do gavião percorrer 16 metros em linha reta e ficar sobre a sombra do roedor, que não havia se movido de susto. Calcule e responda: quantos metros o gavião teve de voar para capturar o roedor, se ele voa verticalmente de **A** para **B**?

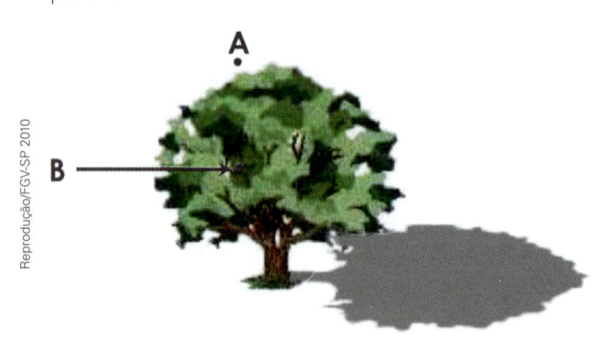

18. (Unicamp-SP) Para trocar uma lâmpada, Roberto encostou uma escada na parede de sua casa, de forma que o topo da escada ficou a uma altura de aproximadamente $\sqrt{14}$ m. Enquanto Roberto subia os degraus, a base da escada escorregou por 1 m, tocando o muro paralelo à parede, conforme a ilustração. Refeito do susto, Roberto reparou que, após deslizar, a escada passou a fazer um ângulo de 45° com a horizontal.

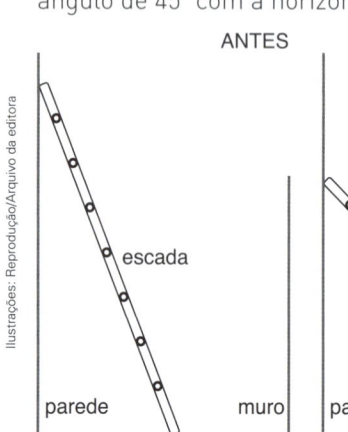

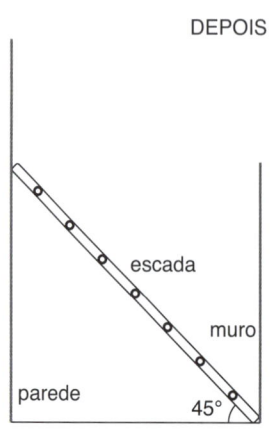

Pergunta-se:
a) Qual é a distância entre a parede da casa e o muro?
b) Qual é o comprimento da escada de Roberto?

19. O lado de um triângulo equilátero ABC mede $\frac{\sqrt{6}}{2}$ cm e **D** é o ponto médio de $\overline{AB}$. Determine a distância entre **D** e $\overline{AC}$.

20. Na figura, o quadrado DEFG está inscrito no triângulo ABC. Sendo BD = 8 cm e CE = 2 cm,

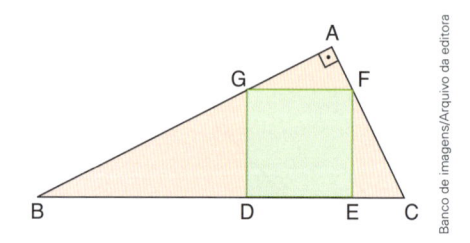

a) calcule o perímetro do quadrado;
b) determine a menor distância entre o ponto **A** e a reta $\overleftrightarrow{BC}$.

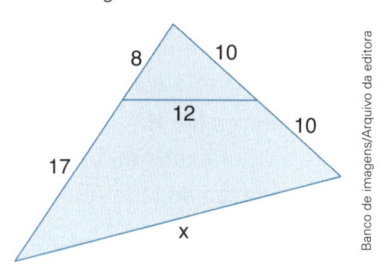

21. Determine **x** na figura.

22. (UFABC-SP) Sobre a figura, sabe-se que:
- ABC e EFD são triângulos;
- os pontos **A**, **C**, **D** e **E** estão alinhados;
- a reta que passa por **B** e **C** é paralela à reta que passa por **D** e **F**;
- os ângulos A$\hat{B}$C e D$\hat{F}$E são congruentes;
- AB = 5 cm, AC = 6 cm, EF = 4,8 cm e AE = 10 cm.

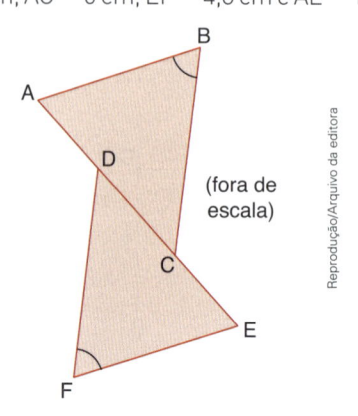

Calcule a medida do segmento $\overline{CD}$.

23. (Uerj) Em um triângulo equilátero de perímetro igual a 6 cm, inscreve-se um retângulo de modo que um de seus lados fique sobre um dos lados do triângulo. Observe a figura:

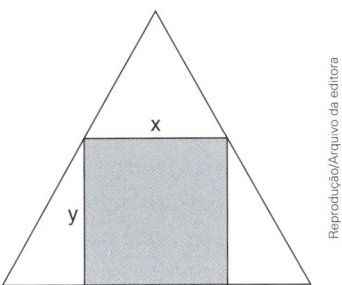

Admitindo que o retângulo possui a maior área possível, determine, em centímetros, as medidas **x** e **y** de seus lados.

24. (UFBA) Na figura abaixo, todos os triângulos são retângulos isósceles e ABCD é um quadrado. Determine o quociente $\dfrac{GH}{CE}$.

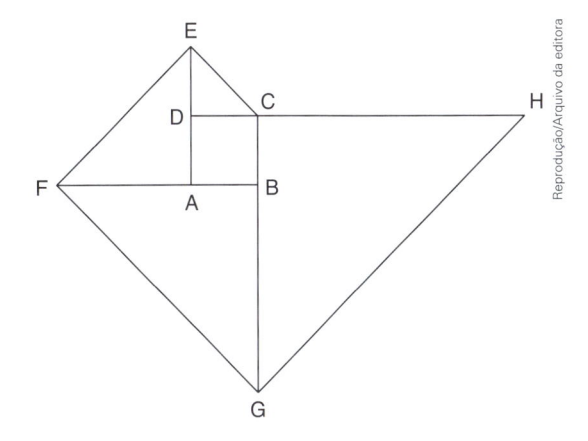

Testes

1. (UEMG) Observe a figura:

Tendo como vista lateral da escada com 6 degraus um triângulo retângulo isósceles de hipotenusa $\sqrt{10}$ metros, Magali observa que todos os degraus da escada têm a mesma altura.

A medida em cm, de cada degrau, corresponde aproximadamente a:

a) 37.   b) 60.   c) 75.   d) 83.

2. (FGV-SP) Dois triângulos são semelhantes. O perímetro do primeiro é 24 m e o do segundo é 72 m. Se a área do primeiro for 24 m², a área do segundo será:

a) 108 m²   c) 180 m²   e) 252 m²
b) 144 m²   d) 216 m²

3. (PUC-MG) Em uma fotografia aérea, certo trecho retilíneo de estrada, que mede 12,5 km, aparece medindo 5 cm; na mesma fotografia, uma área queimada aparece medindo 9 cm². Então a medida real da área da superfície queimada, em quilômetros quadrados, é:

a) 25,00   c) 42,36
b) 38,39   d) 56,25

4. (Cefet-MG) No triângulo ABC, um segmento $\overline{MN}$, paralelo a $\overline{BC}$, divide o triângulo em duas regiões de mesma área, conforme representado na figura.

A razão $\dfrac{AM}{AB}$ é igual a:

a) $\dfrac{1}{2}$ c) $\dfrac{\sqrt{3}}{2}$ e) $\dfrac{\sqrt{2}+1}{3}$

b) $\dfrac{\sqrt{2}}{2}$ d) $\dfrac{\sqrt{3}}{3}$

5. (Enem) A sombra de uma pessoa que mede 1,80 m de altura, mede 60 cm. No mesmo momento, a seu lado, a sombra projetada de um poste mede 2,00 m. Se mais tarde a sombra do poste diminui 50 cm, a sombra da pessoa passou a medir:

a) 30 cm   d) 80 cm
b) 45 cm   e) 90 cm
c) 50 cm

6. (Cefet-MG) A figura abaixo tem as seguintes características:
- o ângulo $\hat{E}$ é reto;
- o segmento de reta $\overline{AE}$ é paralelo ao segmento $\overline{BD}$;
- os segmentos $\overline{AE}$, $\overline{BD}$ e $\overline{DE}$, medem, respectivamente, 5, 4 e 3.

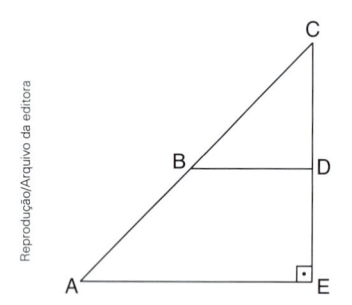

O segmento $\overline{AC}$, em unidades de comprimento, mede:

a) 8   b) 12   c) 13   d) $\sqrt{61}$ e) $5\sqrt{10}$

7. (Enem) O dono de um sítio pretende colocar uma haste de sustentação para melhor firmar dois postes de comprimentos iguais a 6 m e 4 m. A figura representa a situação real na qual os postes são descritos pelos segmentos $\overline{AC}$ e $\overline{BD}$ e a haste é representada pelo segmento $\overline{EF}$, todos perpendiculares ao solo, que é indicado pelo segmento de reta $\overline{AB}$. Os segmentos $\overline{AD}$ e $\overline{BC}$ representam cabos de aço que serão instalados.

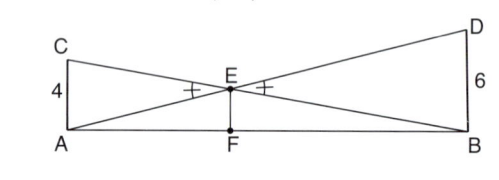

Qual deve ser o valor do comprimento da haste $\overline{EF}$?

a) 1 m   c) 2,4 m   e) $2\sqrt{6}$ m
b) 2 m   d) 3 m

8. (Enem)

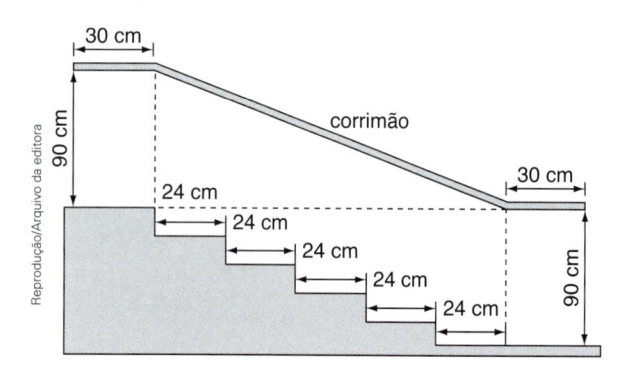

Na figura apresentada, que representa o projeto de uma escada com 5 degraus de mesma altura, o comprimento total do corrimão é igual a:

a) 1,8 m   c) 2,0 m   e) 2,2 m
b) 1,9 m   d) 2,1 m

9. (Enem) A bocha é um esporte jogado em canchas, que são terrenos planos e nivelados, limitados por tablados perimétricos de madeira. O objetivo desse esporte é lançar bochas, que são bolas feitas de um material sintético, de maneira a situá-las o mais perto possível do bolim, que é uma bola menor feita, preferencialmente, de aço, previamente lançada. A Figura 1 ilustra uma bocha e um bolim que foram jogados em uma cancha. Suponha que um jogador tenha lançado uma bocha, de raio 5 cm, que tenha ficado encostada no bolim, de raio 2 cm, conforme ilustra a Figura 2.

// Figura 1

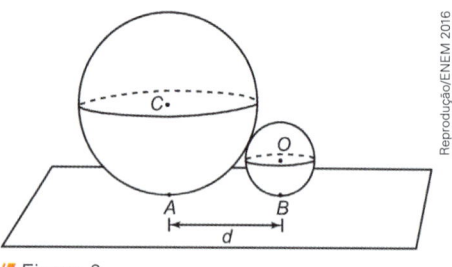

// Figura 2

Considere o ponto **C** como o centro da bocha, e o ponto **O** como o centro do bolim. Sabe-se que **A** e **B** são os pontos em que a bocha e o bolim, respectivamente, tocam o chão da cancha, e que a distância entre **A** e **B** é igual a **d**. Nessas condições, qual a razão entre **d** e o raio do bolim?

a) 1   c) $\dfrac{\sqrt{10}}{2}$ e) $\sqrt{10}$
b) $\dfrac{2\sqrt{10}}{5}$ d) 2

10. (FGV-SP) Um canteiro com formato retangular tem área igual a 40 m² e sua diagonal mede $\sqrt{89}$ m.

O perímetro desse retângulo é:

a) 20 m.   c) 24 m.   e) 28 m.
b) 22 m.   d) 26 m.

11. (Uece) No retângulo PQRS, a medida dos lados $\overline{PQ}$ e $\overline{QR}$ são respectivamente 3 m e 2 m. Se **V** é um ponto do lado $\overline{PQ}$ tal que a medida do segmento $\overline{VQ}$ é igual a 1 m e **U** é o ponto médio do lado $\overline{PS}$, então, a medida, em graus, do ângulo $V\hat{U}R$ é:
a) 40.
b) 35.
c) 50.
d) 45.

12. (Insper-SP) As retas $\overleftrightarrow{AQ}$ e $\overleftrightarrow{BP}$ interceptam-se no ponto **T** do lado $\overline{CD}$ do retângulo ABCD e os segmentos $\overline{PQ}$ e $\overline{AB}$ são paralelos, conforme mostra a figura.

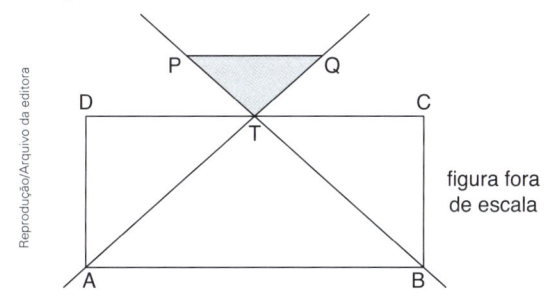

Sabendo que 3QT = 2TA e que a área do triângulo PQT é igual a 12 cm², é correto concluir que a área do retângulo ABCD, em cm², é igual a:
a) 36.
b) 42.
c) 54.
d) 72.
e) 108.

13. (PUC-MG) Uma folha retangular ABCD, de lados 80 cm e 40 cm, é dobrada de modo que dois de seus vértices diagonalmente opostos coincidam, conforme a figura abaixo. Considerando essas informações, a medida do segmento $\overline{EB}$, em centímetros, é:

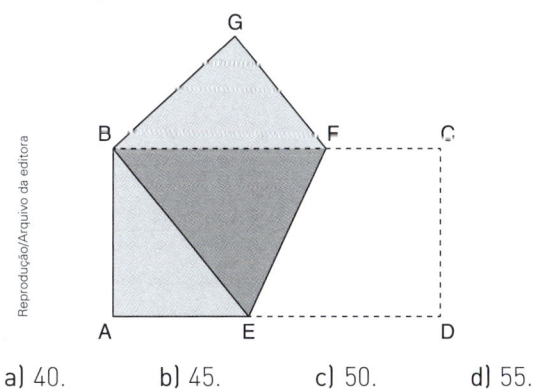

a) 40.
b) 45.
c) 50.
d) 55.

14. (Insper-SP) A via de acesso a uma empresa será pavimentada por lajotas hexagonais regulares. O projeto prevê que serão necessárias fileiras com lajotas para cobrir seus 5,1 metros de largura, conforme mostra o esquema a seguir.

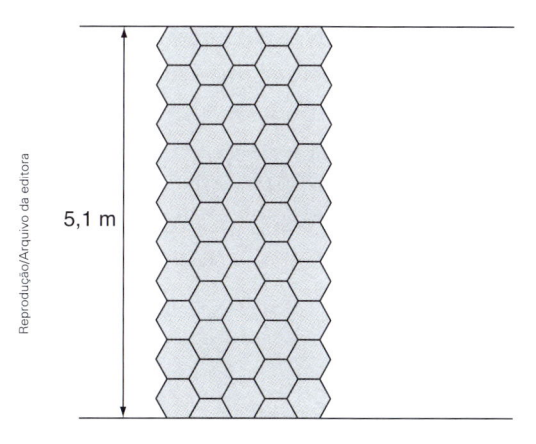

Desconsiderando o espaço entre as lajotas, obtém-se que as lajotas encomendadas deverão ter arestas cuja medida, em centímetros, está entre:
a) 25,0 e 27,5.
b) 30,0 e 32,5.
c) 20,0 e 22,5.
d) 27,5 e 30,0.
e) 22,5 e 25,0.

15. (FGV-SP) O triângulo ABC possui medidas conforme indica a figura a seguir.

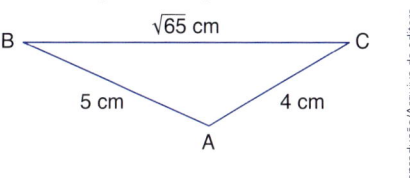

A área desse triângulo, em cm², é igual a:
a) 8.
b) $6\sqrt{2}$.
c) $4\sqrt{6}$.
d) 10.
e) $6\sqrt{6}$.

16. (Insper-SP) Quinze bolas esféricas idênticas de bilhar estão perfeitamente encostadas entre si, e presas por uma fita totalmente esticada. A figura mostra as bolas e a fita, em vista superior.

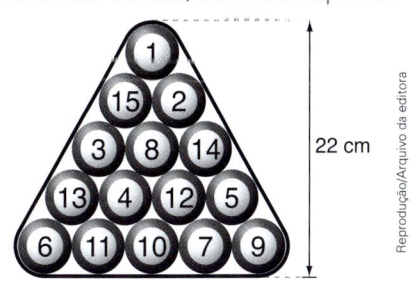

A medida do raio de uma dessas bolas de bilhar, em centímetros, é igual a
a) $4\sqrt{3} - 2$
b) $2\sqrt{3} + 1$
c) $3\sqrt{3} - 1$
d) $3\sqrt{3} - 2$
e) $2\sqrt{3} - 1$

17. (Enem) A figura apresenta dois mapas, em que o estado do Rio de Janeiro é visto em diferentes escalas.

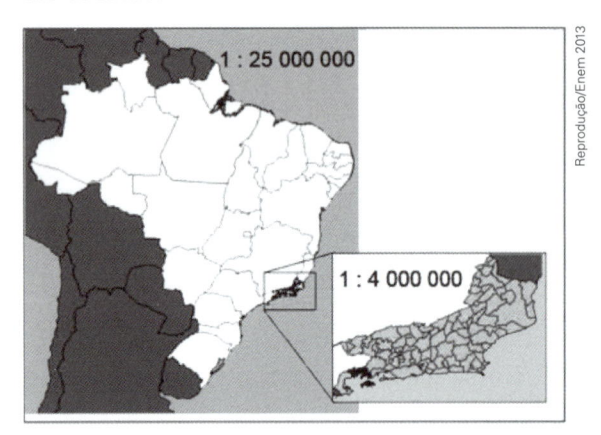

Há interesse em estimar o número de vezes que foi ampliada a área correspondente a esse estado no mapa do Brasil.

Esse número é:

a) menor que 10.
b) maior que 10 e menor que 20.
c) maior que 20 e menor que 30.
d) maior que 30 e menor que 40.
e) maior que 40.

18. (UPE) Um estagiário de arqueologia encontrou parte de uma peça que parece ser base de um tubo cilíndrico. Utilizando uma ripa de madeira de 1 m de comprimento para efetuar medições no interior da peça, ele constatou que a distância do ponto **P** até o ponto médio **M** da ripa de madeira é igual a 20 cm, conforme mostra a figura a seguir:

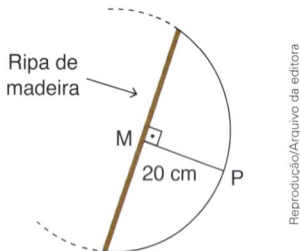

Qual a medida aproximada da área da peça em metros quadrados?

(Considere $\pi = 3$)

a) 1,6.
b) 1,7.
c) 1,8.
d) 2,0.
e) 2,5.

19. (Mack-SP) No triângulo retângulo ABC, AB = 4 cm e AD = BC = 3 cm.

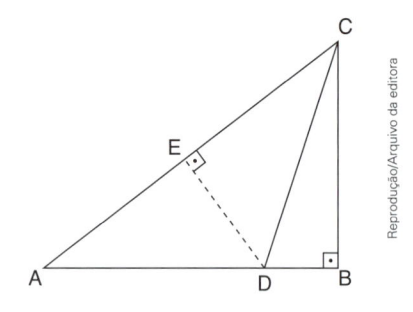

A área do triângulo CDE é:

a) $\dfrac{117}{50}$ cm²
b) $\dfrac{9}{4}$ cm²
c) $\dfrac{9\sqrt{10}}{10}$ cm²
d) $\dfrac{54}{25}$ cm²
e) $\dfrac{9}{2}$ cm²

20. (Fuvest-SP) Na figura, ABC e CDE são triângulos retângulos, AB = 1, BC = $\sqrt{3}$ e BE = 2DE. Logo, a medida de $\overline{AE}$ é:

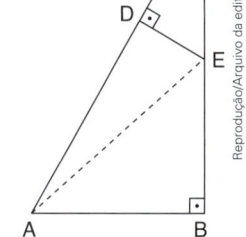

a) $\dfrac{\sqrt{3}}{2}$.
b) $\dfrac{\sqrt{5}}{2}$.
c) $\dfrac{\sqrt{7}}{2}$.
d) $\dfrac{\sqrt{11}}{2}$.
e) $\dfrac{\sqrt{13}}{2}$.

21. (ESPM-SP) A figura abaixo mostra a trajetória de um móvel a partir de um ponto **A** com BC = CD, DE = EF, FG = GH, HI = IJ e assim por diante. Considerando infinita a quantidade desse segmentos, a distância horizontal AP alcançada por esse móvel será de:

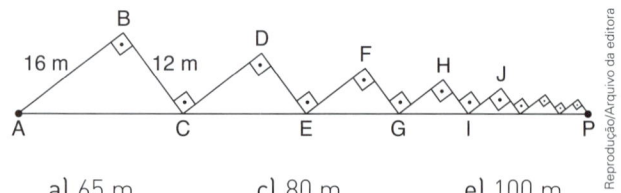

a) 65 m.
b) 72 m.
c) 80 m.
d) 96 m.
e) 100 m.

22. (Fuvest-SP) Uma circunferência de raio 3 cm está inscrita no triângulo isósceles ABC, no qual AB = AC. A altura relativa ao lado $\overline{BC}$ mede 8 cm. O comprimento de $\overline{BC}$ é, portanto, igual a:

a) 24 cm
b) 13 cm
c) 12 cm
d) 9 cm
e) 7 cm

23. (Uerj) Na figura a seguir, estão representados o triângulo retângulo ABC e os retângulos semelhantes I, II e III, de alturas h_1, h_2 e h_3, respectivamente proporcionais às bases $\overline{BC}$, $\overline{AC}$ e $\overline{AB}$.

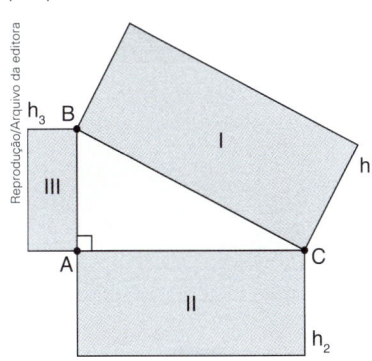

Se AC = 4 m e AB = 3 m, a razão $\dfrac{4h_2 + 3h_3}{h_1}$ é igual a:

a) 5.
b) 4.
c) 3.
d) 2.

24. (Unicamp-SP) Em um aparelho experimental, um feixe *laser* emitido no ponto **P** reflete internamente três vezes e chega ao ponto **Q**, percorrendo o trajeto PFGHQ. Na figura abaixo, considere que o comprimento do segmento $\overline{PB}$ é de 6 cm, o do lado $\overline{AB}$ é de 3 cm, o polígono ABPQ é um retângulo e os ângulos de incidência e reflexão são congruentes, como se indica em cada ponto da reflexão interna. Qual é a distância total percorrida pelo feixe luminoso no trajeto PFGHQ?

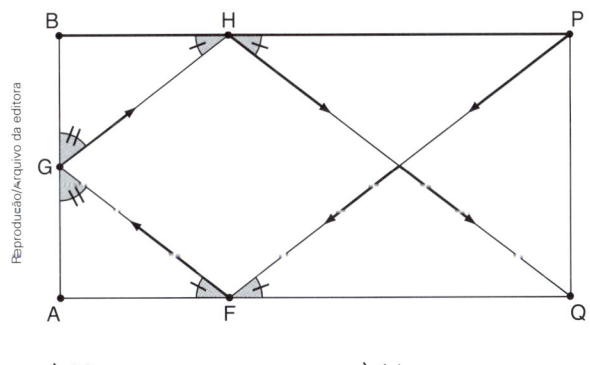

a) 12 cm.
b) 15 cm.
c) 16 cm.
d) 18 cm.

25. (Enem) Um marceneiro está construindo um material didático que corresponde ao encaixe de peças de madeira com 10 cm de altura e formas geométricas variadas, num bloco de madeira em que cada peça se posicione na perfuração com seu formato correspondente, conforme ilustra a figura. O bloco de madeira já possui três perfurações prontas de bases distintas: uma quadrada (**Q**), de lado 4 cm, uma retangular (**R**), com base 3 cm e altura 4 cm, e uma em forma de um triângulo equilátero (**T**), de lado 6,8 cm. Falta realizar uma perfuração de base circular (**C**).

O marceneiro não quer que as outras peças caibam na perfuração circular e nem que a peça de base circular caiba nas demais perfurações e, para isso, escolherá o diâmetro do círculo que atenda a tais condições. Procurou em suas ferramentas uma serra copo (broca com formato circular) para perfurar a base em madeira, encontrando cinco exemplares, com diferentes medidas de diâmetros, como segue: (I) 3,8 cm; (II) 4,7 cm; (III) 5,6 cm; (IV) 7,2 cm e (V) 9,4 cm.

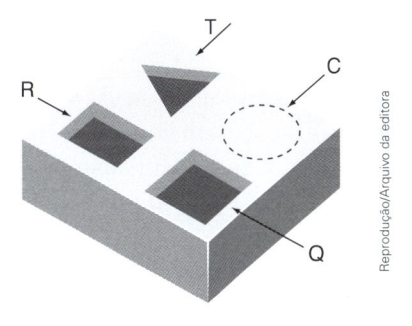

Considere 1,4 e 1,7 como aproximações para $\sqrt{2}$ e $\sqrt{3}$, respectivamente.

Para que seja atingido o seu objetivo, qual dos exemplares de serra copo o marceneiro deverá escolher?

a) I
b) II
c) III
d) IV
e) V

26. (UPE) Na figura a seguir, o triângulo isósceles OAB tem vértice na origem e base $\overline{AB}$ paralela ao eixo **x**. Da mesma forma que ele, existem vários outros triângulos isósceles OPQ.

Dentre eles, qual é a área do triângulo que tem a maior área possível?

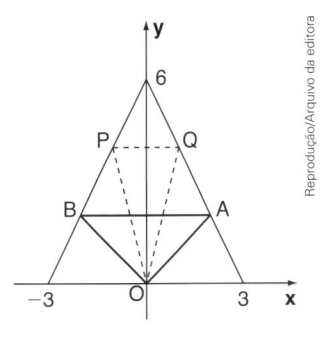

a) 4,5
b) 6,0
c) 6,5
d) 9,0
e) 9,5

27. (Unesp-SP) Em 09 de agosto de 1945, uma bomba atômica foi detonada sobre a cidade japonesa de Nagasaki. A bomba explodiu a 500 m de altura acima do ponto que ficaria conhecido como "marco zero".

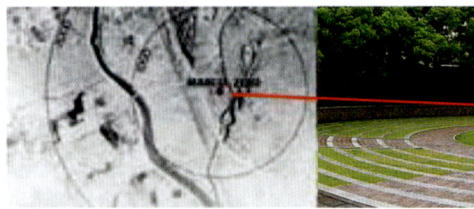

(www.nicholasgimenes.com.br)

No filme *Wolverine Imortal*, há uma sequência de imagens na qual o herói, acompanhado do militar japonês Yashida, se encontrava a 1 km do marco zero e a 50 m de um poço. No momento da explosão, os dois correm e se refugiam no poço, chegando nesse local no momento exato em que uma nuvem de poeira e material radioativo, provocada pela explosão, passa por eles.

A figura ao lado mostra as posições do "marco zero", da explosão da bomba, do poço e dos personagens do filme no momento da explosão da bomba.

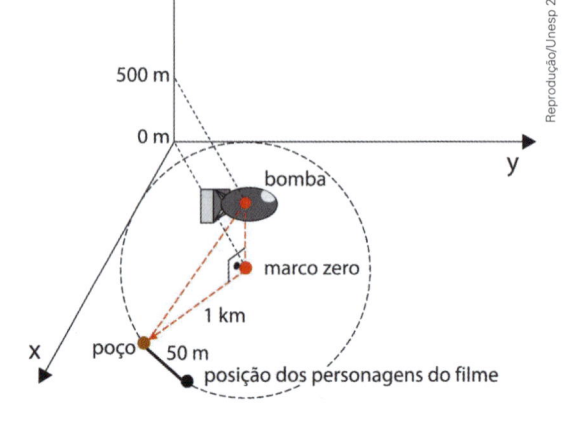

Se os ventos provocados pela explosão foram de 800 km/h e adotando a aproximação $\sqrt{5} \approx 2,24$, os personagens correram até o poço, em linha reta, com uma velocidade média, em km/h, de aproximadamente

a) 28.   b) 24.   c) 40.   d) 36.   e) 32.

28. (Uerj) Um triângulo possui perímetro **P**, em metros, e área **A**, em metros quadrados. Os valores **P** e **A** variam de acordo com a medida do lado do triângulo.

Desconsiderando as unidades de medida, a expressão $Y = P - A$ indica o valor da diferença entre os números **P** e **A**. O maior valor de **Y** é igual a:

a) $2\sqrt{3}$.   b) $3\sqrt{3}$.   c) $4\sqrt{3}$.   d) $6\sqrt{3}$.

29. (ITA-SP) Considere o trapézio ABCD de bases $\overline{AB}$ e $\overline{CD}$. Sejam **M** e **N** os pontos médios das diagonais $\overline{AC}$ e $\overline{BD}$, respectivamente. Então se $\overline{AB}$ tem comprimento **x** e $\overline{CD}$ tem comprimento y < x, o comprimento de $\overline{MN}$ é igual a:

a) $x - y$
b) $\frac{1}{2}(x - y)$
c) $\frac{1}{3}(x - y)$
d) $\frac{1}{3}(x + y)$
e) $\frac{1}{4}(x + y)$

30. (Enem) Diariamente, uma residência consome 20 160 Wh. Essa residência possui 100 células solares retangulares (dispositivos capazes de converter a luz solar em energia elétrica) de dimensões 6 cm × 8 cm. Cada uma das tais células produz, ao longo do dia, 24 Wh por centímetro de diagonal. O proprietário dessa residência quer produzir, por dia, exatamente a mesma quantidade de energia que sua casa consome. Qual deve ser a ação desse proprietário para que ele atinja o seu objetivo?

a) Retirar 16 células.
b) Retirar 40 células.
c) Acrescentar 5 células.
d) Acrescentar 20 células.
e) Acrescentar 40 células.

31. (UEG-GO) Os lados **a**, **b** e **c** da figura ao lado estão em progressão aritmética de razão 1.

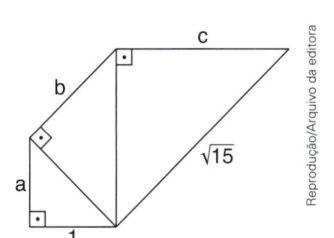

Verifica-se que o valor de "**a**" é igual a

a) 5.
b) 1 + i.
c) 1.
d) $\sqrt{2}$.

CAPÍTULO 13

Trigonometria no triângulo retângulo

Se você esticar o seu polegar na sua frente e olhá-lo contra um fundo suficientemente distante, primeiro com um olho fechado e depois com o outro olho fechado, vai observar um deslocamento do seu dedo em relação ao fundo fixo. Esse deslocamento aparente é chamado paralaxe e é utilizado para medir a distância entre a Terra e outros corpos celestes, por meio das relações trigonométricas ensinadas neste capítulo.

Neste capítulo, antes de iniciar o estudo da trigonometria no triângulo retângulo, vamos conhecer um pouco da história do desenvolvimento desta importante área da Matemática.

Um pouco de história

A trigonometria

O significado da palavra **trigonometria** (do grego *trigonon*, "triângulo", e *metron*, "medida") remete-nos ao estudo dos ângulos e lados dos triângulos – figuras básicas em qualquer estudo de Geometria.

Mais amplamente, usamos a trigonometria para resolver problemas geométricos que relacionam ângulos e distâncias. A origem desses problemas nos leva a civilizações antigas do Mediterrâneo e à civilização egípcia, em que eram conhecidas regras simples de mensuração e demarcação de linhas divisórias de terrenos nas margens dos rios. Há registros de medições de ângulos e segmentos datados de 1500 a.C. no Egito, usando a razão entre a sombra de uma vara vertical (*gnomon*) sobre uma mesa graduada. Alguns desses registros encontram-se no Museu Egípcio de Berlim.

Museu Egípcio de Berlim, na Alemanha.

Também teria surgido no Egito um dos primeiros instrumentos conhecidos para medir ângulos, chamado groma, que teria sido empregado na construção das Grandes Pirâmides.

Os teodolitos – aparelhos hoje usados por agrimensores e engenheiros – tiveram sua "primeira versão" (com esse nome) no século XVI.

Durante muito tempo, a trigonometria esteve ligada à Astronomia, devido à dificuldade natural que havia em relação às estimativas e ao cálculo de distâncias impossíveis de medir diretamente. A civilização grega, dando continuidade aos trabalhos iniciados pelos babilônios, deixou contribuições importantes nesse sentido, como, por exemplo, a estimativa das distâncias entre o Sol e a Terra e entre o Sol e a Lua, feita por Aristarco, por volta de 260 a.C. – mesmo que seus números estivessem muito longe dos valores modernos –, e a estimativa da medida do raio da Terra, feita por Eratóstenes, por volta de 200 a.C.

No entanto, o primeiro estudo sistemático das relações entre ângulos (ou arcos) num círculo e o comprimento da corda correspondente, que resultou na primeira tabela trigonométrica, é atribuído a Hiparco de Niceia (180 a.C.-125 a.C.), que ficou conhecido como "pai da trigonometria".

Somente no século XVIII, com a invenção do cálculo infinitesimal, a trigonometria desvinculou-se da Astronomia, passando a ser um ramo independente e em desenvolvimento da Matemática.

Fontes de pesquisa: BOYER, Carl B. *História da Matemática*. 3. ed. São Paulo: Edgard Blucher, 2010; KENNEDY, Edward S. *Tópicos de História da Matemática para uso em sala de aula*. Tradução Hygino H. Domingues. São Paulo: Atual, 1992.

Nesta coleção, a abordagem da trigonometria ocorrerá da seguinte forma:
- o estudo dos triângulos retângulos, em que aparecem as razões trigonométricas, será feito no volume 1;
- os triângulos não retângulos (acutângulos ou obtusângulos) serão estudados no volume 2;
- o estudo das funções trigonométricas (ou circulares), em que aparecem os movimentos periódicos, será feito também no volume 2.

Razões trigonométricas

Acessibilidade e inclinação de uma rampa

De acordo com a Norma Brasileira nº 9 050, de 2004, da Associação Brasileira de Normas Técnicas, uma pessoa com mobilidade reduzida é "aquela que, temporária ou permanentemente, tem limitada a sua capacidade de se relacionar com o meio e de utilizá-lo. Entende-se por pessoa com mobilidade reduzida a pessoa com deficiência, idosa, obesa, gestante entre outros".

São pessoas que, por qualquer motivo, têm dificuldade de se movimentar, mesmo não sendo portadoras de deficiência.

// Rampa de baixa inclinação com piso tátil.

Para que todas as pessoas, deficientes ou não, possam frequentar os mesmos lugares e usufruir dos mesmos bens e serviços, é necessária a implantação de meios que possibilitem o acesso de pessoas com restrição de mobilidade.

A substituição de degraus por rampas de baixa inclinação, a implantação de sinalização horizontal (piso tátil), vertical (sinalização em braile) e sonorizada e a remoção de barreiras em geral são intervenções que facilitam o acesso de pessoas com mobilidade reduzida.

As rampas constituem uma alternativa à construção de escadas quando se quer vencer um desnível entre duas superfícies planas e facilitar o deslocamento de cadeirantes, pessoas com mobilidade reduzida, carrinhos de bebê, malas, etc.

Uma rampa garante circulação mais ágil e não requer tanta atenção no deslocamento, se comparada a uma escada.

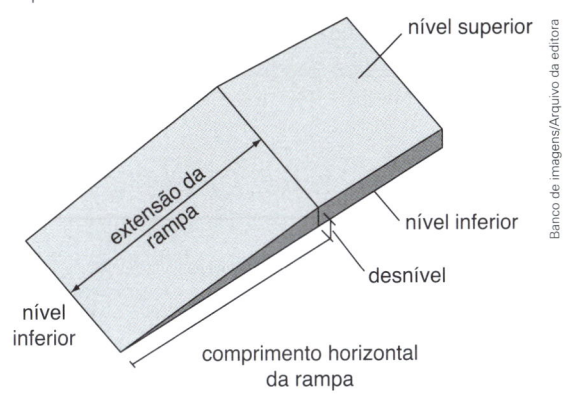

Em São Paulo, o Decreto Municipal nº 45 904, de 19 de maio de 2005, sobre a padronização dos passeios públicos e parte da via pública destinada à circulação de qualquer pessoa, regulamenta que "passeios com declividade acima de 8,33% não serão considerados rotas acessíveis".

Mas o que significa uma declividade de 8,33%?

A *declividade* de uma rampa é a razão entre o desnível a ser vencido e o comprimento horizontal da rampa, como mostra a figura seguinte:

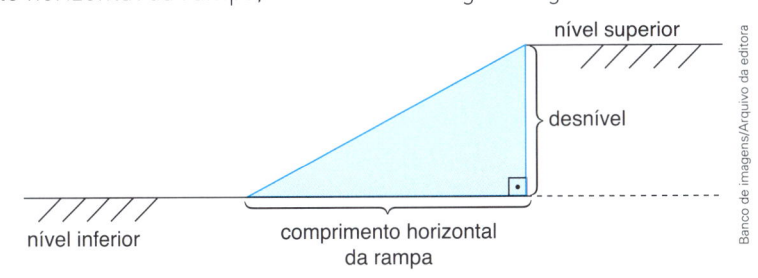

Pode-se também pensar na declividade de uma rampa como a razão entre o deslocamento vertical e o deslocamento horizontal experimentados ao caminhar sobre a rampa.

$$\text{declividade} = \frac{\text{desnível}}{\text{comprimento horizontal da rampa}} = \frac{\text{deslocamento vertical}}{\text{deslocamento horizontal}}$$

Vamos trabalhar inicialmente com um exemplo mais simples — uma declividade de 5%.

$$5\% = \frac{5}{100} = \frac{1}{20}$$

Isso significa que para cada 1 cm (ou 1 dm, ou 1 m, ...) de desnível a ser vencido é necessário um comprimento horizontal de rampa de 20 cm (ou 20 dm, ou 20 m, ...).

Por exemplo, para vencer um desnível de 80 cm, uma rampa com declividade de 5% deverá ter $20 \cdot (80 \text{ cm}) = 1600 \text{ cm} = 16 \text{ m}$ de comprimento horizontal.

// Representação de rampa com declividade de 5%.

As ideias apresentadas sobre declividade de uma rampa motivam a definição das razões trigonométricas no triângulo retângulo, iniciando pela tangente.

> **OBSERVAÇÃO**
>
> Se a rampa tem declividade de 100%, para cada 1 cm de desnível a ser vencido é necessário um comprimento horizontal de rampa de 1 cm, ou seja, os deslocamentos vertical e horizontal são iguais.

Tangente de um ângulo agudo

Em um triângulo retângulo, a tangente de um ângulo agudo **θ** (indica-se: tg θ) é dada pela razão entre a medida do cateto oposto a **θ** e a medida do cateto adjacente a **θ**.

$$\operatorname{tg} \theta = \frac{\text{medida do cateto oposto a } \theta}{\text{medida do cateto adjacente a } \theta}$$

EXEMPLO 1

Seja o triângulo ABC retângulo em **A**, cujos catetos $\overline{AB}$ e $\overline{AC}$ medem 9 cm e 11 cm, respectivamente.

Os ângulos **B̂** e **Ĉ** são agudos (o cateto $\overline{AB}$ é oposto a **Ĉ** e adjacente a **B̂**, e o cateto $\overline{AC}$ é oposto a **B̂** e adjacente a **Ĉ**). Daí:

$\operatorname{tg} \hat{B} = \dfrac{11 \text{ cm}}{9 \text{ cm}} = \dfrac{11}{9}$ e $\operatorname{tg} \hat{C} = \dfrac{9 \text{ cm}}{11 \text{ cm}} = \dfrac{9}{11}$

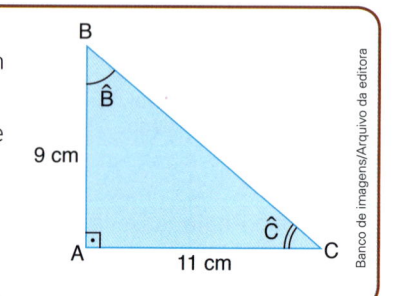

Tabela de razões trigonométricas

Na figura **A** notamos que a cada deslocamento horizontal (à direita) de 5 u.c. (unidades de medida de comprimento) corresponde um deslocamento vertical de 3 u.c. (para cima).

> **OBSERVAÇÃO**
>
> θ é a medida do ângulo PÔP' e indicamos: med(PÔP') = θ.

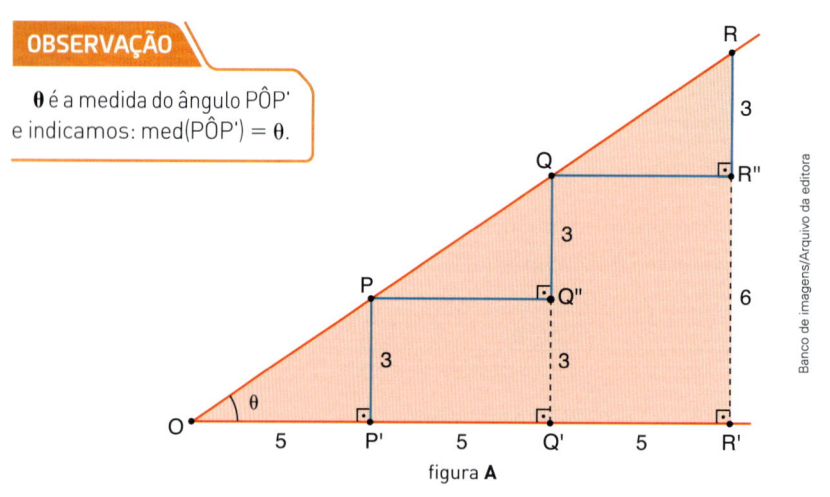

figura **A**

A figura **A** mostra a invariância da tangente do ângulo θ por meio da semelhança entre triângulos (△OPP' ~ △OQQ' ~ △ORR'...):

$$\begin{cases} \triangle OPP': \operatorname{tg} \theta = \dfrac{3}{5} \\ \triangle OQQ': \operatorname{tg} \theta = \dfrac{6}{10} = \dfrac{3}{5} \\ \triangle ORR': \operatorname{tg} \theta = \dfrac{9}{15} = \dfrac{3}{5} \end{cases}$$

Assim, o valor de tg θ é sempre o mesmo, independentemente do triângulo retângulo considerado.

A cada medida de ângulo agudo corresponde um único valor da respectiva tangente.

Na página 493 encontramos uma tabela trigonométrica. Ela traz os valores aproximados das tangentes, e de outras razões trigonométricas, que serão estudadas a seguir.

EXEMPLO 2

Voltando ao exemplo introdutório, passeios públicos com declividade maior que 8,33% não são considerados rotas acessíveis. Vamos calcular qual é a medida do ângulo máximo que uma rampa forma com a horizontal para ser considerada acessível.

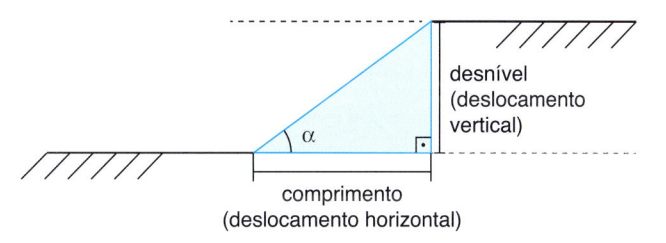

Chamando de α a medida do ângulo máximo, devemos ter tg α = 8,33% = 0,0833.

Procuramos, no corpo da tabela da página 493, o valor mais próximo de 0,0833 na coluna da "Tangente", que é o valor 0,08749, correspondente ao ângulo 5°.

Assim, o ângulo máximo que uma rampa forma com a horizontal para ser considerada acessível mede aproximadamente 5°.

Podemos, com o auxílio da tabela da página 493, determinar a medida do ângulo associado a uma rampa com declividade 100%.

$$\text{tg }(C\hat{A}B) = \frac{BC}{AB} \Rightarrow \text{tg }(C\hat{A}B) = 1 \Rightarrow \text{med}(C\hat{A}B) = 45°$$

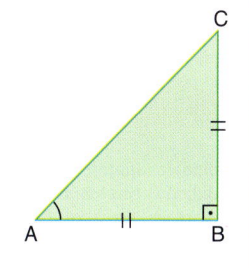

Seno e cosseno de um ângulo agudo

Na situação da figura **A** da página anterior, qual seria, sobre a "rampa", o deslocamento correspondente a um deslocamento horizontal de 5 u.c.?

O teorema de Pitágoras responde:

$$OP^2 = d^2 = 5^2 + 3^2 \Rightarrow d = \sqrt{34} \approx 5,83$$

Fixado o ângulo θ, a cada 5 u.c. de deslocamento horizontal (ou a cada 3 u.c. de deslocamento vertical) corresponde um deslocamento, sobre a rampa, de $\sqrt{34}$ u.c.

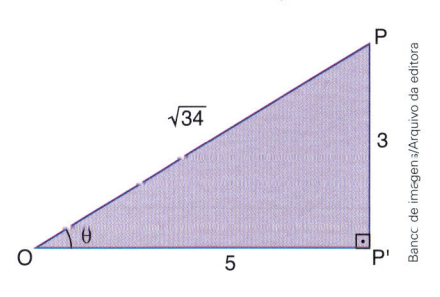

Podemos também relacionar essas grandezas por meio das seguintes razões:

- $\dfrac{3}{\sqrt{34}}$ exprime a razão entre as medidas do deslocamento vertical e do deslocamento sobre a rampa;

- $\dfrac{5}{\sqrt{34}}$ exprime a razão entre as medidas do deslocamento horizontal e do deslocamento sobre a rampa.

A primeira razão recebe o nome de **seno de** θ e é indicada por sen $\theta = \dfrac{3}{\sqrt{34}}$.

A segunda razão recebe o nome de **cosseno de** θ e é indicada por $\cos \theta = \dfrac{5}{\sqrt{34}}$.

De modo geral, em um triângulo retângulo, definimos o seno e o cosseno de cada um dos ângulos agudos.

- O seno de um ângulo agudo é dado pela razão entre a medida do cateto oposto a esse ângulo e a medida da hipotenusa.

$$\text{sen } \theta = \dfrac{\text{medida do cateto oposto a } \theta}{\text{medida da hipotenusa}}$$

- O cosseno de um ângulo agudo é dado pela razão entre a medida do cateto adjacente a esse ângulo e a medida da hipotenusa.

$$\cos \theta = \dfrac{\text{medida do cateto adjacente a } \theta}{\text{medida da hipotenusa}}$$

Considerando θ o ângulo agudo assinalado no triângulo ao lado, temos que:

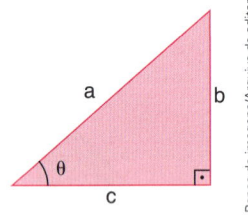

$$\text{sen } \theta = \dfrac{b}{a} \quad \text{e} \quad \cos \theta = \dfrac{c}{a}$$

Medida da hipotenusa: **a**.
Medida dos catetos: **b** e **c**.

As razões seno, cosseno e tangente não são expressas em unidade de medida, pois o quociente entre as medidas dos comprimentos de dois segmentos de reta (na mesma unidade) é um número real.

EXEMPLO 3

No triângulo retângulo ao lado, temos:

$\text{sen } \hat{P} = \dfrac{5 \text{ cm}}{13 \text{ cm}} = \dfrac{5}{13}$ e $\text{sen } \hat{R} = \dfrac{12 \text{ cm}}{13 \text{ cm}} = \dfrac{12}{13}$

$\cos \hat{P} = \dfrac{12 \text{ cm}}{13 \text{ cm}} = \dfrac{12}{13}$ e $\cos \hat{R} = \dfrac{5 \text{ cm}}{13 \text{ cm}} = \dfrac{5}{13}$

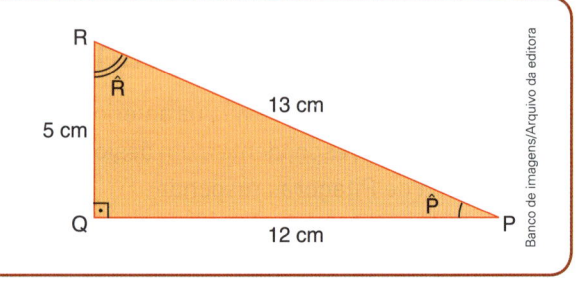

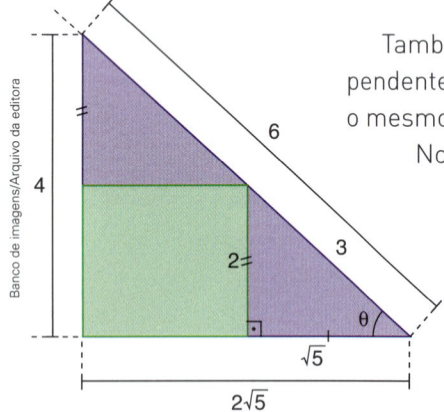

Também são invariantes o seno e o cosseno de um determinado ângulo; independentemente do triângulo retângulo tomado, cada uma das razões tem sempre o mesmo valor.

No caso da figura ao lado:

- $\text{sen } \theta = \dfrac{2}{3} = \dfrac{4}{6} = \ldots$

- $\cos \theta = \dfrac{\sqrt{5}}{3} = \dfrac{2\sqrt{5}}{6} = \ldots$

Por isso, a tabela trigonométrica apresenta também um único valor para o seno (e para o cosseno) de um determinado ângulo agudo.

Vamos considerar, por exemplo, um ângulo θ de medida 40°. Na tabela da página 493, verificamos que:

tg 40° = 0,83910   sen 40° = 0,64279   cos 40° = 0,76604

Esses valores são aproximados e contêm arredondamentos e, eventualmente, dependendo do problema, podem ser arredondados ainda mais.

Além da tabela, é possível obter também as razões trigonométricas de um ângulo agudo com uma calculadora científica.

O primeiro passo é configurá-la para que a medida do ângulo seja expressa em graus. Para isso, pressionamos:

MODE DEG

A abreviação DEG vem do inglês *degree*, que significa "grau".

- Para saber o valor de tg 40°, pressionamos as teclas:

TAN 4 0 =   0.839099631

Obtemos o valor aproximado: tg 40° = 0,839099631.

- Para conhecer o valor de sen 40°, pressionamos as teclas:

SIN 4 0 =   0.642787610

Obtemos o valor aproximado sen 40° = 0,642787610.

Para obter o valor de cos 40°, pressionamos:

COS 4 0 =   0.766044443

Obtemos o valor aproximado cos 40° = 0,766044443.

Por meio da calculadora científica também podemos determinar a medida de um ângulo agudo conhecendo uma de suas razões trigonométricas.

Veja a tecla $\sin^{-1}$ **SIN**.

Acima dela aparece a opção $\sin^{-1}$, que corresponde à segunda função dessa tecla. Essa opção é ativada, em geral, por meio da tecla **SHIFT**.

Assim, por exemplo, se quisermos saber qual é o ângulo agudo cujo seno vale 0,35, basta seguir a sequência abaixo.

SHIFT SIN 0 . 3 5 =   20.48731511

Isso significa que o ângulo pedido mede aproximadamente 20,5°, isto é, 20°30'.

Observe que a calculadora fornece o ângulo com uma precisão muito maior que a tabela, pois na tabela aparecem apenas valores inteiros em graus.

Para sabermos qual é o ângulo agudo cuja tangente vale 2,5, fazemos assim:

SHIFT TAN 2 . 5 =   68.19859051

O ângulo mede aproximadamente 68,2°, ou seja, 68°12'.

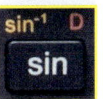

> **OBSERVAÇÃO**
>
> 68,2° = 68°12', pois 1° = 60' (60 minutos) e 1' = 60" (60 segundos).
> Daí: 0,2° = (0,2 · 60') = 12'
> No volume 2 voltaremos a essas relações.

Exercícios resolvidos

1. Determine o valor de **x** na figura:

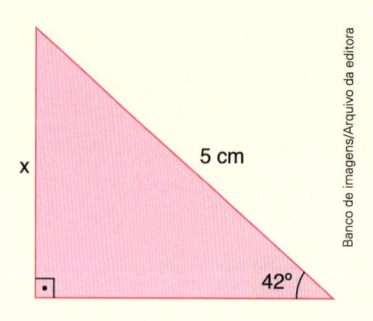

Solução:

O cateto de medida **x** é o cateto oposto em relação ao ângulo de 42°, e 5 cm é a medida da hipotenusa. Desse modo, vamos usar a razão seno.

$$\text{sen } 42° = \frac{x}{5} \Rightarrow x = 5 \cdot \text{sen } 42°$$

Consultando a tabela ou utilizando uma calculadora científica, obtemos o valor de sen 42° ≃ 0,66913. Assim, x ≃ (5 cm) · 0,66913 ≃ 3,35 cm.

2. Uma mulher, cujos olhos estão a 1,5 m do solo, avista, sob um ângulo de 12°, o topo de um edifício que se encontra a 200 m dela. Qual é a altura aproximada do edifício?

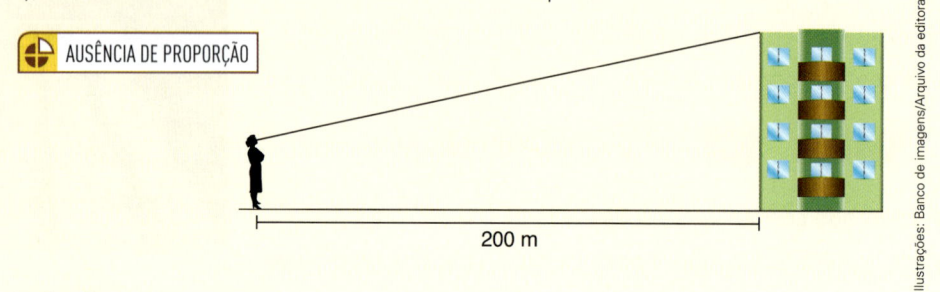

AUSÊNCIA DE PROPORÇÃO

Solução:

No triângulo retângulo da figura abaixo, temos:

$$\text{tg } 12° = \frac{h}{200} \Rightarrow h = 200 \cdot \text{tg } 12°$$

Consultando a tabela ou utilizando uma calculadora científica, encontramos tg 12° ≃ 0,21256. Temos, então:

$$h \simeq 200 \cdot 0{,}21256 \simeq 42{,}512$$

e

$$H \simeq 42{,}512 + 1{,}5 \simeq 44$$

A altura aproximada do edifício (**H**) é 44 m.

Exercícios

Utilize a tabela trigonométrica da página 493 ou uma calculadora científica sempre que necessário.

1. Com base na figura, determine:
   a) sen Â, cos Â e tg Â.
   b) sen Ĉ, cos Ĉ e tg Ĉ.

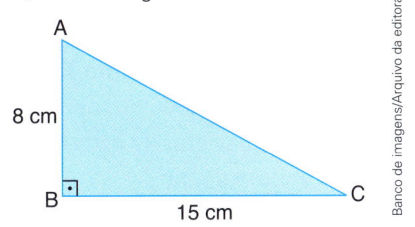

2. Observe a figura seguinte.

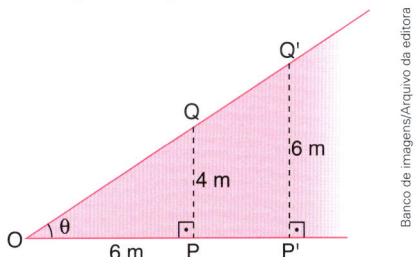

   Determine:
   a) tg θ;
   b) a distância de **O** a **P'**.

3. Em cada caso, determine o seno do ângulo agudo assinalado.
   a)
   b)
   c)

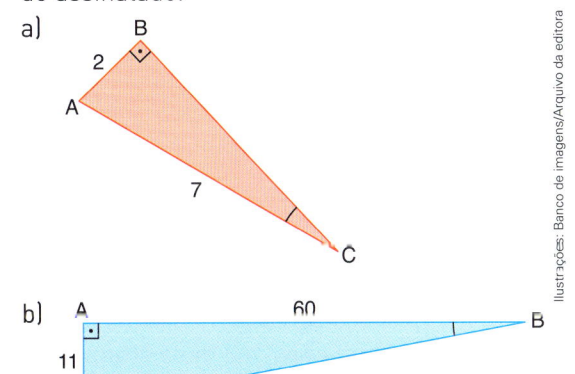

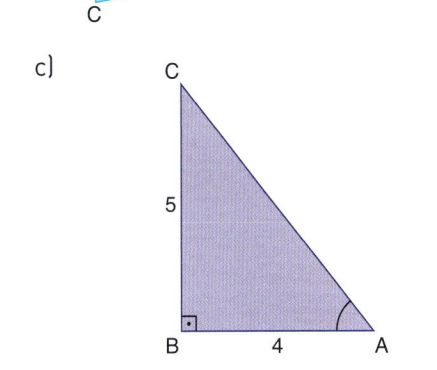

4. Cada item traz as medidas dos lados de um triângulo retângulo em que **a** representa a medida da hipotenusa, e **b** e **c** são as medidas dos catetos. Determine o cosseno de cada um dos ângulos agudos, **B̂** e **Ĉ**, opostos, respectivamente, a **b** e a **c**.
   a) b = 3 cm e c = 4 cm.
   b) a = 12 cm e b = 7 cm.

5. Um observador avista o topo de um obelisco de 120 m de altura sob um ângulo de 27°. Considere desprezível a altura do observador.
   a) A que distância o observador se encontra da base do obelisco? Use os valores: sen 27° ≃ 0,45, cos 27° ≃ 0,9 e tg 27° ≃ 0,5.
   b) Aproximando-se 100 m do obelisco, em linha reta, o observador passa a mirá-lo sob um ângulo α. Determine α.

6. Um barco atravessa um rio de 97 m de largura em um trecho em que as margens são paralelas. Devido à correnteza, segue uma direção que forma um ângulo de 76° com a margem de partida. Qual é a distância percorrida pelo barco?

Enunciado para as questões 7 e 8.
As normas de acessibilidade de determinada cidade estabelecem que a declividade (razão entre o deslocamento vertical e o deslocamento horizontal) máxima aceitável para uma rampa é de 8,33%.

7. Um arquiteto desenvolveu um projeto de uma rampa para vencer um desnível de 3,2 m entre dois pisos. Para respeitar a norma acima, qual deverá ser o comprimento horizontal mínimo dessa rampa? Para facilitar os cálculos, use a aproximação: $\frac{1}{12} \simeq 0{,}0833$.

8. Observando o esboço do projeto da rampa abaixo, determine:
   a) o valor aproximado do desnível entre os dois pisos;
   b) o valor de tg α; indique se a rampa é ou não acessível.

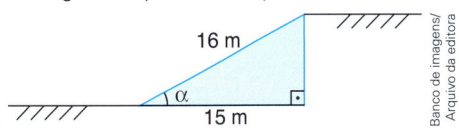

9. Uma escada de pedreiro de 6 m de comprimento está apoiada em uma parede. Se o pé da escada dista 4 m dessa parede, determine:
   a) a medida do ângulo que a escada forma com a parede;
   b) a altura que o ponto mais alto da escada atinge em relação ao solo. Considere $\sqrt{5} \simeq 2{,}24$.

10. O acesso a um mirante, situado a 200 m de altura em relação ao solo, pode ser feito por duas trilhas retilíneas T_1 e T_2, cujas inclinações em relação ao solo são de 10° e 15°, respectivamente. Suponha constantes essas inclinações.

a) Em qual das trilhas a distância percorrida é menor?

b) Qual é a diferença entre as distâncias percorridas nas duas trilhas para se chegar ao mirante? Aproxime os resultados dos cálculos para números inteiros. Considere sen 10° ≃ 0,174; cos 10° ≃ 0,985; sen 15° ≃ 0,259; e cos 15° ≃ 0,966.

11. Em uma via retilínea e inclinada, um pedestre eleva-se 250 m a cada 433 m de deslocamento horizontal. Qual é a medida do ângulo de inclinação dessa via com a horizontal?

12. Determine a medida aproximada de **x** em cada caso:

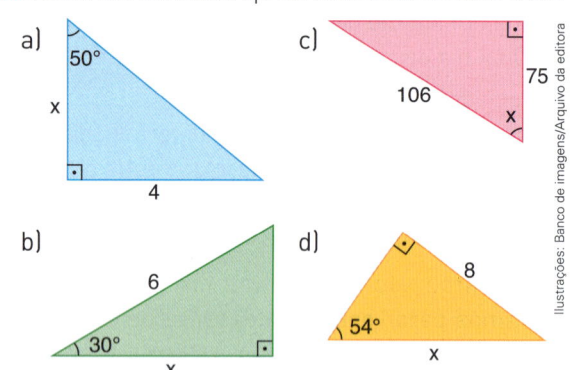

a) (triângulo com 50°, x, 4)
b) (triângulo com 6, 30°, x)
c) (triângulo com 106, 75, x)
d) (triângulo com 8, 54°, x)

13. Um pequeno avião voa a uma altura de 3 km. O piloto planeja o procedimento de descida de modo tal que o ângulo formado pela horizontal e pela sua trajetória seja de 20°. Que distância, aproximadamente, o avião percorrerá até o pouso?

Pequeno avião aterrizando no aeroporto de São Bartolomeu, Caribe.

14. Duas vias de contorno retilíneo intersectam-se em um entroncamento **E**, formando um ângulo de 75°. Determine a menor distância entre uma das vias e uma área de refúgio, situada na outra via, a 1 200 m de **E**.

15. Uma região montanhosa foi mapeada por fotografias aéreas: dois pontos, **P** e **Q**, devem ser unidos por um pequeno túnel retilíneo. Considere a reta perpendicular ao traçado do túnel, passando por **P**. Nela, tome o ponto **T**, distante 70 m de **P**; desse ponto, situado no mesmo plano de **P** e **Q**, seria possível avistar as extremidades do túnel sob um ângulo de 55°.

Qual será o comprimento aproximado do túnel a ser construído?

16. Explique por que todos os valores de seno e cosseno que constam na tabela trigonométrica são números reais pertencentes ao intervalo]0; 1[, mas o mesmo não acontece com os valores das tangentes.

17. Na figura, AB = 6 cm e sen Ĉ = 0,2. Determine:

a) a medida da hipotenusa do triângulo;

b) o seno do outro ângulo agudo do triângulo.

18. Em certo instante, um poste de 10 m de altura projeta uma sombra de **a** metros de comprimento. Obtenha, em cada caso, a medida aproximada do ângulo que os raios solares formam com o solo horizontal nesse instante.

a) a = 6   b) a = 12   c) a = 10

19. Para combater o fogo em um apartamento de um edifício, os bombeiros usaram uma escada de 65 m de comprimento.

Ela ficou apoiada sobre a carroceria do caminhão do corpo de bombeiros, a 3 m de altura do solo, formando um ângulo de 37° com o plano horizontal que contém a carroceria. Completamente esticada, a escada foi fixada na janela do último andar do edifício. Considere que, nesse edifício, cada andar tem 2,8 m de altura.

a) Faça uma figura para representar a situação descrita acima.

b) Qual é o número de andares desse edifício? Use os seguintes valores: sen 37° ≃ 0,6; cos 37° ≃ 0,8 e tg 37° ≃ 0,75.

Ângulos notáveis

Os ângulos de 30°, 45° e 60°, pela frequência com que aparecem nos problemas de Geometria, são chamados **ângulos notáveis**.

As razões trigonométricas desses ângulos foram apresentadas na tabela trigonométrica. Porém, como você já percebeu, os valores encontrados na tabela (ou na calculadora científica) são aproximados e contêm muitas casas decimais e, a cada problema, recorremos a arredondamentos. Para os ângulos notáveis, vamos escrever esses valores de maneira que dispense esses arredondamentos.

Para isso, vamos nos valer de duas figuras: triângulo equilátero de lado com medida ℓ e quadrado de lado medindo ℓ.

Triângulo equilátero

A altura $\overline{AH}$ coincide com a mediana relativa ao lado $\overline{BC}$; assim, $\overline{HC}$ mede $\dfrac{\ell}{2}$.

$\overline{AH}$ também coincide com a bissetriz de $B\hat{A}C$. Assim, a med($C\hat{A}H$) = 30°.

Além disso, $\overline{AH}$ mede $\dfrac{\ell\sqrt{3}}{2}$, como vimos no capítulo anterior.

Para o ângulo de 30°, temos, no $\triangle AHC$:

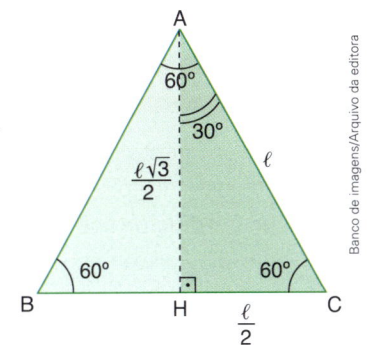

$$\operatorname{sen} 30° = \dfrac{\frac{\ell}{2}}{\ell} = \dfrac{1}{2} \qquad \cos 30° = \dfrac{\frac{\ell\sqrt{3}}{2}}{\ell} = \dfrac{\sqrt{3}}{2} \qquad \operatorname{tg} 30° = \dfrac{\frac{\ell}{2}}{\frac{\ell\sqrt{3}}{2}} = \dfrac{1}{\sqrt{3}} = \dfrac{\sqrt{3}}{3}$$

Para o ângulo de 60°, temos, no $\triangle AHC$:

$$\operatorname{sen} 60° = \dfrac{\frac{\ell\sqrt{3}}{2}}{\ell} = \dfrac{\sqrt{3}}{2} \qquad \cos 60° = \dfrac{\frac{\ell}{2}}{\ell} = \dfrac{1}{2} \qquad \operatorname{tg} 60° = \dfrac{\frac{\ell\sqrt{3}}{2}}{\frac{\ell}{2}} = \sqrt{3}$$

Observe que:

sen 30° = cos 60°

cos 30° = sen 60°

tg 30° = $\dfrac{1}{\operatorname{tg} 60°}$ (ou tg 30° · tg 60° = 1)

Quadrado

Pelo teorema de Pitágoras, a diagonal mede $\ell\sqrt{2}$, conforme visto no capítulo anterior.

Temos, no $\triangle EFG$ ao lado.

$$\operatorname{sen} 45° = \dfrac{\ell}{\ell\sqrt{2}} = \dfrac{1}{\sqrt{2}} = \dfrac{\sqrt{2}}{2} \qquad \cos 45° = \dfrac{\ell}{\ell\sqrt{2}} = \dfrac{\sqrt{2}}{2}$$

Observe que sen 45° = cos 45°.

$$\operatorname{tg} 45° = \dfrac{\ell}{\ell} = 1$$

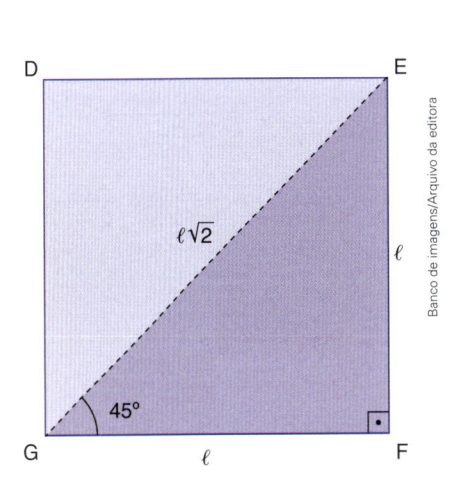

Obtemos, assim, a tabela com os valores das razões trigonométricas que passaremos a usar para os ângulos notáveis.

Ângulo / Razão	30°	45°	60°
sen	$\dfrac{1}{2}$	$\dfrac{\sqrt{2}}{2}$	$\dfrac{\sqrt{3}}{2}$
cos	$\dfrac{\sqrt{3}}{2}$	$\dfrac{\sqrt{2}}{2}$	$\dfrac{1}{2}$
tg	$\dfrac{\sqrt{3}}{3}$	1	$\sqrt{3}$

Exercício resolvido

3. De um ponto de observação localizado no solo, vê-se o topo de um edifício sob um ângulo de 30°. Aproximando-se 50 m do prédio, o ângulo de observação passa a ser de 45°. Determine:
a) a altura do edifício;
b) a distância do edifício ao primeiro ponto de observação.

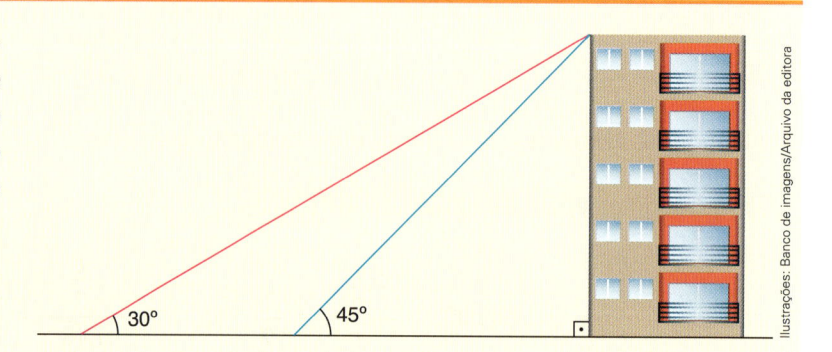

Solução:

Observe que o triângulo BCT é isósceles, pois med(CTB) = 45°. Assim, temos que x = h.

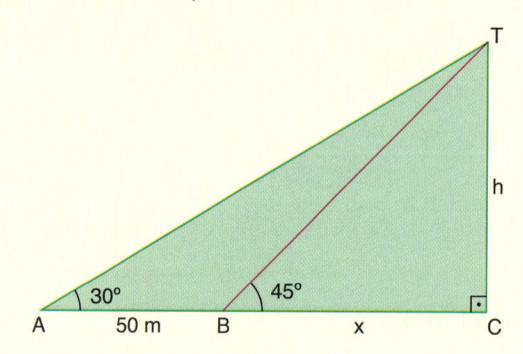

a) No triângulo retângulo ACT:

$$\operatorname{tg} 30° = \frac{h}{50 + x} \Rightarrow \frac{\sqrt{3}}{3} = \frac{h}{50 + h} \Rightarrow 3h = \sqrt{3}(50 + h) \Rightarrow 3h - h\sqrt{3} = 50\sqrt{3} \Rightarrow h = \frac{50\sqrt{3}}{3 - \sqrt{3}} \Rightarrow$$

$$\Rightarrow h = \frac{50\sqrt{3}}{3 - \sqrt{3}} \cdot \frac{3 + \sqrt{3}}{3 + \sqrt{3}} = \frac{150\sqrt{3} + 150}{9 - 3} = 25 \cdot (1 + \sqrt{3}) \approx 68{,}3$$

A altura do edifício é de aproximadamente 68,3 m.

b) A distância pedida é a medida de $\overline{AC}$:

$$AC = 50 + x = 50 + h = 50 + 25(1 + \sqrt{3}) \Rightarrow AC = 25(3 + \sqrt{3}) \approx 118{,}3$$

A distância do edifício ao primeiro ponto de observação é de aproximadamente 118,3 m.

Exercícios

20. Encontre os valores de **x** em cada caso:

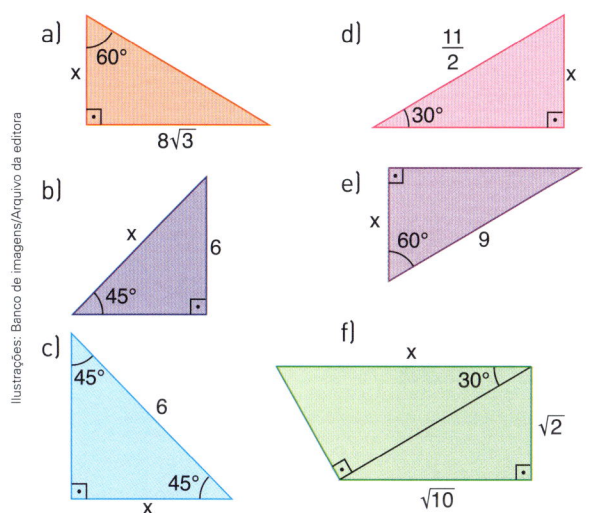

a) Triângulo retângulo com ângulo 60°, cateto $8\sqrt{3}$, hipotenusa x.

b) Triângulo retângulo com ângulo 45°, cateto 6, hipotenusa x.

c) Triângulo com ângulos 45° e 45°, lado 6, base x.

d) Triângulo retângulo com ângulo 30°, cateto $\frac{11}{2}$, x oposto.

e) Triângulo retângulo com ângulo 60°, cateto 9, x.

f) Figura com x, 30°, $\sqrt{2}$, $\sqrt{10}$.

21. Uma escada de pedreiro de 6 m está apoiada em uma parede e forma com o solo um ângulo de 60°. Qual é a altura atingida pelo ponto mais alto da escada? Qual é a distância do pé da escada à parede?

22. Um objeto percorre 8 m ao ser solto sobre um plano inclinado que forma um ângulo de 60° com a horizontal do solo. Determine a altura, em relação ao solo, da qual o objeto foi solto.

23. Obtenha o perímetro de um retângulo, sabendo que uma diagonal mede $5\sqrt{3}$ cm e forma ângulo de 30° com um dos lados do retângulo.

24. Determine o perímetro do paralelogramo ABCD.

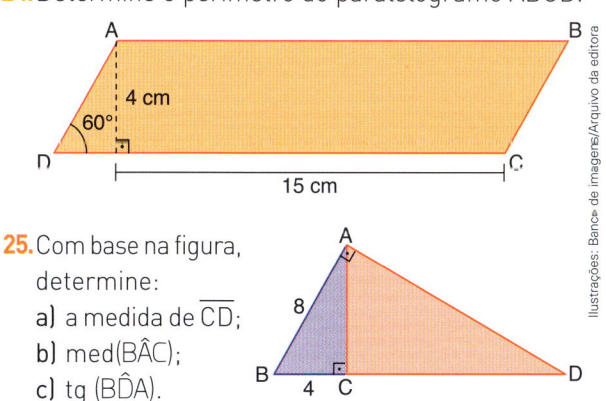

(Figura: paralelogramo ABCD com altura 4 cm, ângulo 60° em D, base DC = 15 cm)

25. Com base na figura, determine:
a) a medida de $\overline{CD}$;
b) med(BÂC);
c) tg(BDA).

(Figura: triângulo com AB = 8, BC = 4, ângulo reto em C e em A)

26. Um observador está situado a **x** metros do pé de um prédio. Ele consegue mirar o topo do prédio sob um ângulo de 60°. Afastando-se 40 m desse ponto, ele passa a avistar o topo do prédio sob um ângulo de 30°. Considerando desprezível a altura do observador, determine:
a) o valor de **x**;
b) a altura do prédio.

27. Em um trecho de rio em que as margens são paralelas, um morador, à beira de uma das margens, avista um farol, situado à beira da outra margem, sob um ângulo de 45°. Caminhando 1 400 m no sentido indicado pela seta na figura, ele passa a mirar o farol sob um ângulo de 60°.

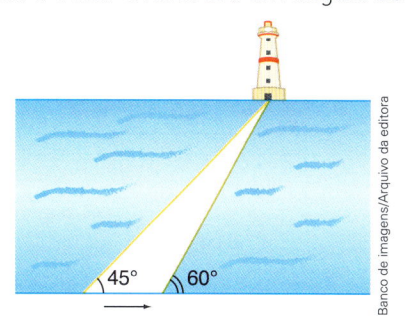

Considerando $\sqrt{3} \approx 1,7$, obtenha, em quilômetros, a largura do rio nesse trecho.

28. Considere dois projetos hipotéticos de rampa para vencer um desnível de 6 m entre dois pisos:
- Projeto I: rampa com declividade de 30%.
- Projeto II: rampa com inclinação de 30° em relação à horizontal.

a) Os dois projetos levam à construção de um mesmo tipo de rampa? Explique.
b) Se a resposta do item a for negativa, determine os comprimentos horizontais das rampas dos dois projetos.
c) Qual é (em caso de resposta negativa ao item a) a extensão das rampas dos dois projetos?
d) Quanto mede o ângulo de inclinação da rampa do projeto I?

29. Em uma cidade há, sobre uma represa, uma ponte de 30 m de comprimento que se abre, algumas vezes ao dia, para dar passagem a pequenas embarcações. Na figura, **O** é ponto médio de $\overline{MN}$ e $\overarc{OP}$ e $\overarc{OQ}$ são arcos de circunferência com centros em **M** e **N**, respectivamente:

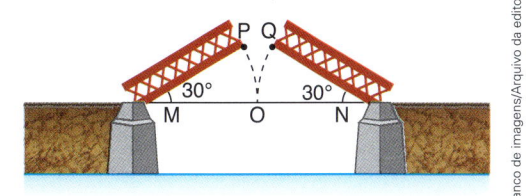

Com a ponte na posição acima, forma-se um vão, representado pelo segmento $\overline{PQ}$. Qual é o comprimento desse vão?
Use $\sqrt{3} \approx 1,7$.

30. Determine os valores de **x** e **y** nas figuras:

a) retângulo

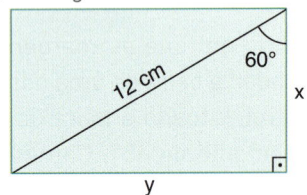

b) paralelogramo

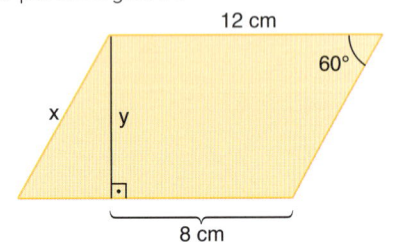

c) paralelogramo

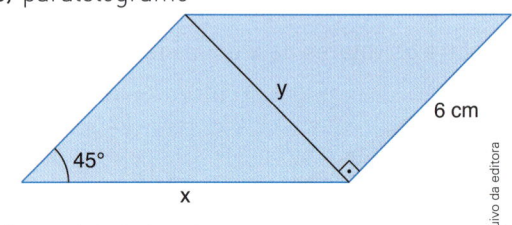

d) trapézio isósceles

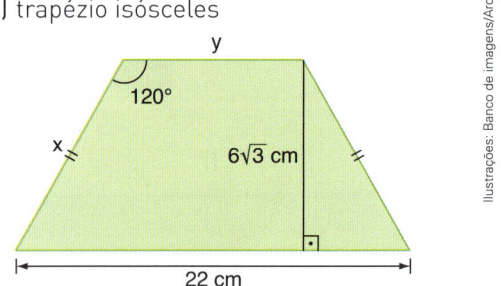

31. Em um triângulo isósceles, os lados congruentes medem 6 cm e formam um ângulo de 120°. Determine:
a) o perímetro do triângulo;
b) a área do triângulo.

32. Para obter a altura **H** de uma chaminé, um engenheiro utilizou um aparelho especial com o qual estabeleceu a horizontal $\overline{AB}$ e mediu os ângulos α e β. Em seguida mediu BC = h.

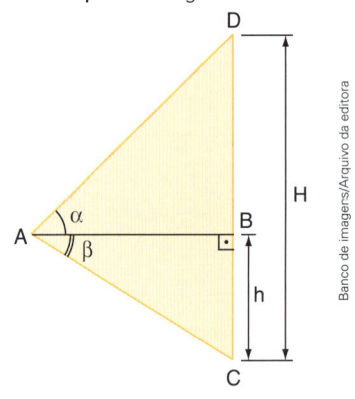

Determine a altura da chaminé em função de α, β e **h**.

Relações entre razões trigonométricas

Destacaremos nesta seção quatro relações envolvendo as razões trigonométricas estudadas. Tomando o triângulo ABC ao lado, vamos inicialmente apresentar duas relações entre as razões dos ângulos complementares.

Se representarmos por θ a medida de um ângulo agudo, a medida de seu complemento será representada por $90° - \theta$.

Temos:

- O seno de um ângulo agudo é igual ao cosseno de seu complemento.

$$\text{sen } \theta = \cos(90° - \theta)$$

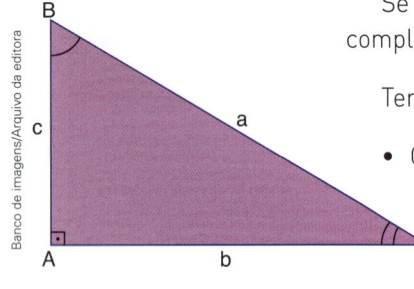

Demonstração

Considerando o triângulo retângulo ABC da figura da página 478, temos:

$$\begin{cases} \operatorname{sen} \hat{B} = \dfrac{b}{a} = \cos \hat{C} \\ \operatorname{sen} \hat{C} = \dfrac{c}{a} = \cos \hat{B} \end{cases} \text{ e, como } \hat{B} + \hat{C} = 90°, \text{ vem: } \begin{cases} \operatorname{sen} \hat{B} = \cos(90° - \hat{B}) \\ \text{e} \\ \operatorname{sen} \hat{C} = \cos(90° - \hat{C}) \end{cases}$$

EXEMPLO 4

Vamos consultar, na tabela trigonométrica da página 493, os valores referentes aos senos e cossenos dos ângulos complementares de medidas 38° e 52° e verificar a relação entre o seno de um ângulo agudo e o cosseno do seu complemento.

	Seno	Cosseno
38°	0,6157	0,7880
52°	0,7880	0,6157

Assim, sen 38° = cos 52° e sen 52° = cos 38°.

- A tangente de um ângulo agudo é igual ao inverso da tangente do complemento desse ângulo.

$$\operatorname{tg} \theta = \dfrac{1}{\operatorname{tg}(90° - \theta)}$$

Demonstração

Considerando o triângulo retângulo ABC da figura da página 478, temos:

$$\begin{cases} \operatorname{tg} \hat{B} = \dfrac{b}{c} = \dfrac{1}{\frac{c}{b}} = \dfrac{1}{\operatorname{tg} \hat{C}} \\ \operatorname{tg} \hat{C} = \dfrac{c}{b} = \dfrac{1}{\frac{b}{c}} = \dfrac{1}{\operatorname{tg} \hat{B}} \end{cases} \text{ e, como } \hat{B} + \hat{C} = 90°, \text{ vem: } \begin{cases} \operatorname{tg} \hat{B} = \dfrac{1}{\operatorname{tg}(90° - \hat{B})} \\ \text{e} \\ \operatorname{tg} \hat{C} = \dfrac{1}{\operatorname{tg}(90° - \hat{C})} \end{cases}$$

- A soma do quadrado do seno de um ângulo agudo com o quadrado do cosseno do mesmo ângulo é igual a 1.

$$\operatorname{sen}^2 \theta + \cos^2 \theta = 1$$

Essa relação é conhecida como **relação fundamental** da trigonometria.

Temos que:

$\operatorname{sen}^2 \theta = (\operatorname{sen} \theta)^2$ e $\cos^2 \theta = (\cos \theta)^2$

Demonstração

Retomando o triângulo ABC da página 478 e considerando o ângulo agudo $\hat{B}$, por exemplo, temos:

$$\begin{cases} \operatorname{sen} \hat{B} = \dfrac{b}{a} \Rightarrow \operatorname{sen}^2 \hat{B} = \dfrac{b^2}{a^2} \\ \quad\quad\quad e \\ \cos \hat{B} = \dfrac{c}{a} \Rightarrow \cos^2 \hat{B} = \dfrac{c^2}{a^2} \end{cases}$$

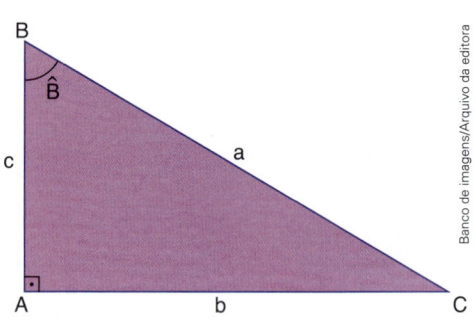

Calculamos:

$$\operatorname{sen}^2 \hat{B} + \cos^2 \hat{B} = \dfrac{b^2}{a^2} + \dfrac{c^2}{a^2} = \dfrac{b^2 + c^2}{a^2}$$

Pelo teorema de Pitágoras, temos que $a^2 = b^2 + c^2$; daí, segue que:

$$\operatorname{sen}^2 \hat{B} + \cos^2 \hat{B} = \dfrac{a^2}{a^2} = 1$$

EXEMPLO 5

Vamos verificar a relação fundamental no triângulo representado ao lado.

$\operatorname{sen} \alpha = \dfrac{12}{13}$ e $\cos \alpha = \dfrac{5}{13}$

$\operatorname{sen}^2 \alpha + \cos^2 \alpha = \left(\dfrac{12}{13}\right)^2 + \left(\dfrac{5}{13}\right)^2 = \dfrac{144 + 25}{169} = 1$

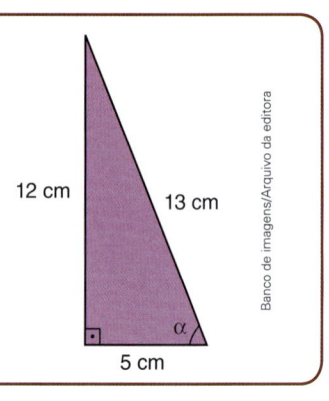

- A tangente de qualquer ângulo agudo é igual à razão entre o seno e o cosseno do mesmo ângulo.

$$\operatorname{tg} \theta = \dfrac{\operatorname{sen} \theta}{\cos \theta}$$

Demonstração

Retomando o triângulo ABC e considerando o ângulo agudo $\hat{C}$, por exemplo, temos:

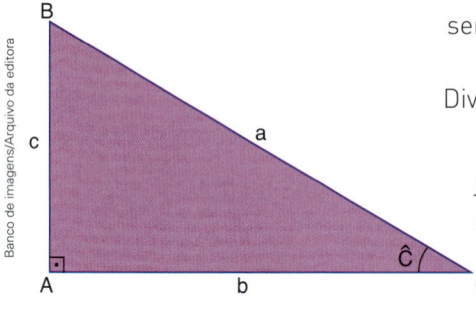

$\operatorname{sen} \hat{C} = \dfrac{c}{a}$ ①   e $\cos \hat{C} = \dfrac{b}{a}$ ②

Dividindo ① por ②:

$$\dfrac{\operatorname{sen} \hat{C}}{\cos \hat{C}} = \dfrac{\frac{c}{a}}{\frac{b}{a}} = \dfrac{c}{a} \cdot \dfrac{a}{b} = \dfrac{c}{b} = \operatorname{tg} \hat{C}$$

EXEMPLO 6

Para um ângulo de 60° já vimos que:

$$\text{sen } 60° = \frac{\sqrt{3}}{2}; \cos 60° = \frac{1}{2} \text{ e tg } 60° = \sqrt{3}$$

Notamos que:

- $\dfrac{\text{sen } 60°}{\cos 60°} = \dfrac{\frac{\sqrt{3}}{2}}{\frac{1}{2}} = \sqrt{3} = \text{tg } 60°$

- $\text{sen}^2 60° + \cos^2 60° = \left(\dfrac{\sqrt{3}}{2}\right)^2 + \left(\dfrac{1}{2}\right)^2 = \dfrac{3}{4} + \dfrac{1}{4} = 1$

Exercício resolvido

4. Seja α um ângulo agudo de um triângulo retângulo. Se sen $\alpha = \dfrac{3}{5}$, quanto vale cos α? E tg α?

Solução:

Pela relação fundamental $\text{sen}^2 \theta + \cos^2 \theta = 1$, temos:

$$\left(\frac{3}{5}\right)^2 + \cos^2 \alpha = 1 \Rightarrow \cos^2 \alpha = 1 - \frac{9}{25} = \frac{16}{25} \Rightarrow \cos \alpha = \pm \frac{4}{5} \xrightarrow{\alpha \text{ é agudo}} \cos \alpha = \frac{4}{5}$$

Pela relação $\text{tg } \theta = \dfrac{\text{sen } \theta}{\cos \theta}$, temos:

$$\text{tg } \alpha = \frac{\text{sen } \alpha}{\cos \alpha} = \frac{\frac{3}{5}}{\frac{4}{5}} \Rightarrow \text{tg } \alpha = \frac{3}{4}$$

Exercícios

33. Em cada caso, sendo **x** a medida de um ângulo agudo de um triângulo retângulo, responda:

a) Se sen $x = \dfrac{1}{4}$, quanto vale cos x?

b) Se cos $x = \dfrac{1}{5}$, quanto vale sen x? E tg x?

c) Se cos $x = \dfrac{4}{7}$, quanto vale tg x?

d) Se sen $x = \dfrac{\sqrt{7}}{4}$, quanto vale tg x?

34. Seja α um ângulo agudo de um triângulo retângulo. Sabendo que tg $\alpha = \dfrac{1}{2}$, qual é a relação existente entre sen α e cos α?

35. Seja α um ângulo agudo de um triângulo retângulo e tg $\alpha = 4$. Interprete geometricamente esse valor.

36. Considerando cos $25° \simeq \dfrac{9}{10}$, determine o valor de:

a) sen 25°;

b) tg 25°;

c) sen 65°.

37. Sabendo que **x** é a medida de um ângulo agudo de um triângulo retângulo e sen $(90° - x) = \dfrac{2}{3}$, qual é o valor de tg x?

Enem e vestibulares resolvidos

(Enem) As torres Puerta de Europa são duas torres inclinadas uma contra a outra, construídas numa avenida de Madri, na Espanha. A inclinação das torres é de 15° com a vertical e elas têm, cada uma, uma altura de 114 m (a altura é indicada na figura como o segmento $\overline{AB}$) Estas torres são um bom exemplo de um prisma oblíquo de base quadrada e uma delas pode ser observada na imagem.

Utilizando 0,26 como valor aproximado para tangente de 15° e duas casas decimais nas operações, descobre-se que a área da base desse prédio ocupa na avenida um espaço

a) menor que 100 m².

b) entre 100 m² e 300 m².

c) entre 300 m² e 500 m².

d) entre 500 m² e 700 m².

e) maior que 700 m².

Disponível em: www.flickr.com.
Acesso em: 27 mar. 2012.

Resolução comentada

Para descobrir a área da base do prédio, precisamos calcular a área da base de um prisma oblíquo de base quadrada e altura 114 m cuja inclinação com a vertical é de 15°.

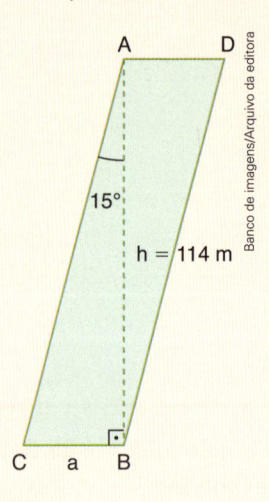

Para resolver, precisamos determinar **a**, que é um dos lados do quadrado, base do prisma em questão. No triângulo retângulo ABC, a altura **h** é o cateto adjacente ao ângulo de 15° e **a** é o cateto oposto, então:

$$\text{tg } 15° = \frac{\text{cateto oposto}}{\text{cateto adjacente}} = \frac{a}{114}$$

$$0{,}26 = \frac{a}{114}$$

$$a = 29{,}64 \text{ m}$$

Portanto, a área da base é, em metros quadrados, dada por: $A = 29{,}64^2 = 878{,}53$.

Alternativa **e**.

Exercícios complementares

1. Duas formigas, F_1 e F_2, partem ao mesmo tempo de **A**, sendo que F_1 dirige-se para **B** e F_2 para **C**. Suas velocidades são constantes, de 3 cm/s e 3,5 cm/s, fazendo com que, durante todo o seu deslocamento, elas ocupem a mesma vertical.

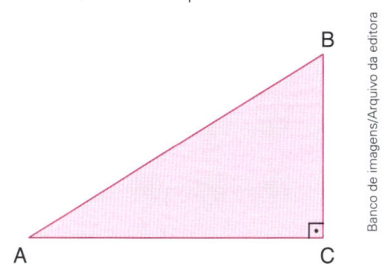

   a) Qual é a medida aproximada de $A\hat{B}C$? Use a tabela da página 493.
   b) Que distância separa as formigas após 20 segundos de movimento?

2. Determine os valores de **x** e **y** na figura abaixo.

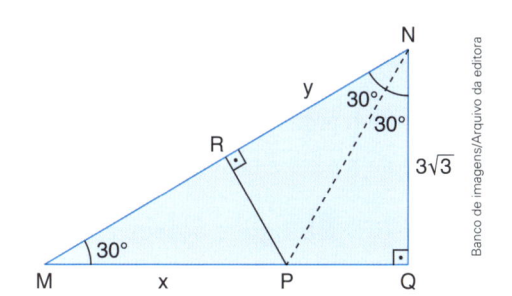

3. A tangente de um dos ângulos agudos de um triângulo retângulo vale o dobro da tangente do outro. Sabendo que a hipotenusa mede 1 m, quais os comprimentos dos catetos?

4. (Unicamp-SP) Considere um hexágono, como o exibido na figura abaixo, com cinco lados com comprimento de 1 cm e um lado com comprimento de **x** cm.

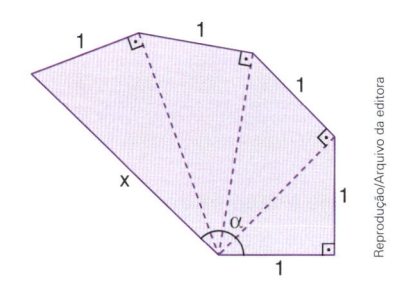

   a) Encontre o valor de **x**.
   b) Mostre que a medida do ângulo α é inferior a 150°.

5. Um balão encontrava-se a 130 m de altura quando foi alvejado, do solo, por um atirador, mediante um ângulo de tiro de 11°. Sabendo que a velocidade do som é de 340 m/s, quantos segundos após o tiro atingir o balão o atirador ouviu a explosão?
   Considere: sen 11° ≃ 0,19 e cos 11° ≃ 0,98

6. Fibonacci (século XII) propôs o seguinte problema: "Duas torres verticais, uma de 30 passos e a outra de 40 passos estão a uma distância de 50 passos. Entre essas duas torres encontra-se uma fonte, para o centro da qual duas pombas, descendo dos vértices das torres, dirigem-se percorrendo uma mesma distância".

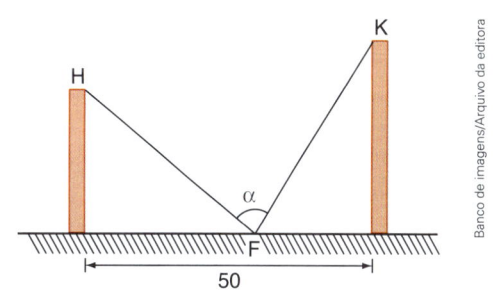

   a) Determine as distâncias do centro **F** da fonte aos pés das duas torres.
   b) Determine uma medida aproximada para o ângulo α. Use a tabela da página 493.

7. Determine tg α, sabendo que **E** é ponto médio do lado $\overline{BC}$ do quadrado ABCD.

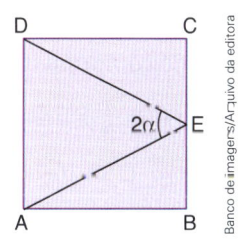

8. (Fuvest-SP) No triângulo ABC, tem-se que AB > AC, AC = 4 e cos $\hat{C} = \dfrac{3}{8}$. Sabendo-se que o ponto **R** pertence ao segmento $\overline{BC}$ e é tal que AR = AC e $\dfrac{BR}{BC} = \dfrac{4}{7}$, calcule:

   a) a medida da altura do triângulo ABC relativa ao lado $\overline{BC}$;
   b) a área do triângulo ABR.

9. Uma antena de TV tem 20 m de altura e está fincada no topo de uma pequena colina, como mostra a figura a seguir. Um observador, no terreno plano, avista o topo da antena num ângulo de 35°. Aproximando-se 50 m da base da colina, ele passa a avistar o topo da antena num ângulo de 71°.

Qual é a altura aproximada da colina? Considere que o observador tem 1,73 m de altura.

AUSÊNCIA DE PROPORÇÃO

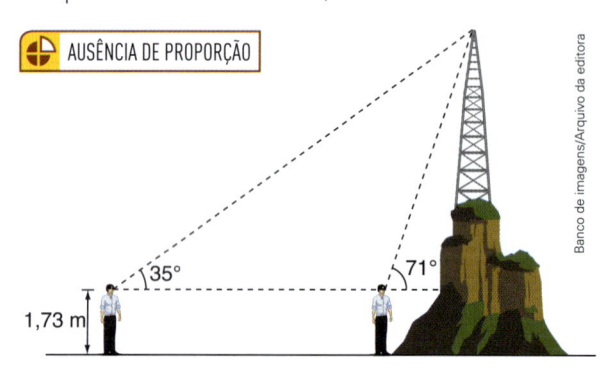

Adote tg 35° ≃ 0,7 e tg 71° ≃ 2,9.

10. Sem consultar a tabela trigonométrica, determine o valor de:

$$E = \frac{1 - \cos^2 40°}{\cos^2 50°}$$

11. Em um triângulo retângulo, os ângulos agudos medem α e β e a hipotenusa mede 6 cm.
Sabendo que sen α + sen β = 1,4, determine a tangente do maior ângulo agudo desse triângulo.

12. (UFBA) Na figura, os triângulos MNP e MNQ são retângulos com hipotenusa comum $\overline{MN}$; o triângulo MNP é isósceles, e seus catetos medem cinco unidades de comprimento.

Considerando tg $\alpha = \dfrac{1}{3}$ e a área de MNQ igual a **x** unidades de área, determine o valor de 4x.

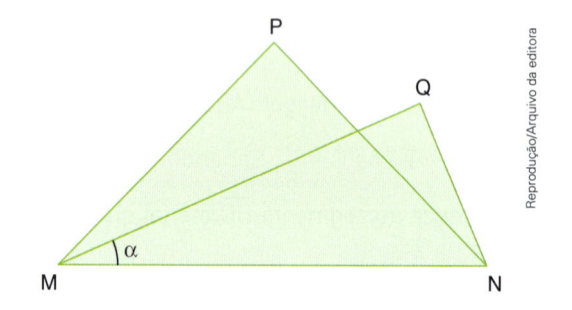

13. Dois arranha-céus, cujas alturas diferem de 20 m, estão localizados na mesma horizontal de uma rua plana e distantes 200 m um do outro. Um engenheiro encontra-se em um ponto da rua, entre os dois edifícios. Com auxílio de um teodolito, ele avista o topo do prédio menor em um ângulo de 40° e o topo do maior em um ângulo de 65°.

Desprezando a altura do teodolito, determine:

a) a distância a que o engenheiro se encontra do prédio mais baixo;

b) a altura do edifício mais alto.

Considere tg 40° ≃ 0,84 e tg 65° ≃ 2,14.

14. (Unifesp) Por razões técnicas, um armário de altura 2,5 metros e largura 1,5 metro está sendo deslocado por um corredor, de altura **h** metros, na posição mostrada pela figura.

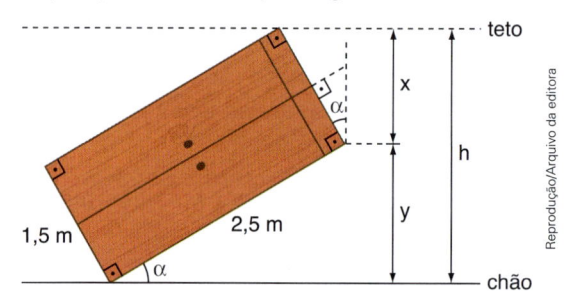

a) Calcule **h** para o caso em que α = 30°.

b) Calcule **h** para o caso em que x = 1,2 m.

15. (UEPG-PR) Na figura a seguir, sabe-se que sen $\alpha = \dfrac{1}{3}$, então, assinale o que for correto. [Indique a soma dos itens corretos.]

(01) $x = \dfrac{28}{9}$

(02) $y = \dfrac{16\sqrt{2}}{9}$

(04) $\cos C\hat{M}B = \dfrac{7}{9}$

(08) $\operatorname{tg} \alpha = \dfrac{\sqrt{2}}{4}$

(16) $\operatorname{sen} C\hat{M}B = \dfrac{4\sqrt{2}}{9}$

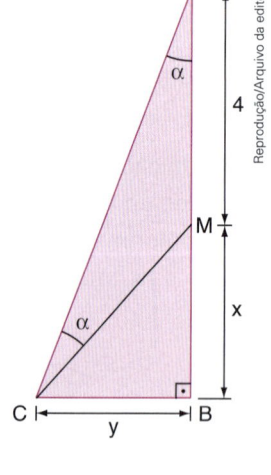

16. Determine a medida do ângulo que a diagonal de um trapézio isósceles forma com a altura do trapézio, sabendo que a medida da altura do trapézio é igual à medida de sua base média multiplicada por $\sqrt{3}$.

17. Calcule o valor de **x** e **y** na figura a seguir.

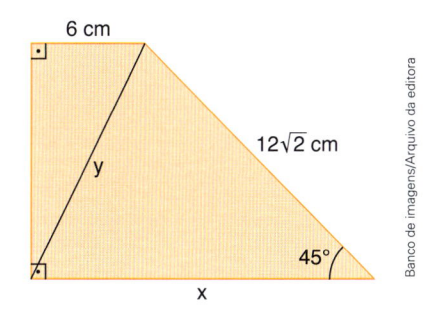

18. (Fuvest-SP) No quadrilátero ABCD da figura abaixo, **E** é um ponto sobre o lado $\overline{AD}$ tal que o ângulo $A\hat{B}E$ mede 60° e os ângulos $E\hat{B}C$ e $B\hat{C}D$ são retos. Sabe-se ainda que $AB = CD = \sqrt{3}$ e $BC = 1$. Determine a medida de $\overline{AD}$.

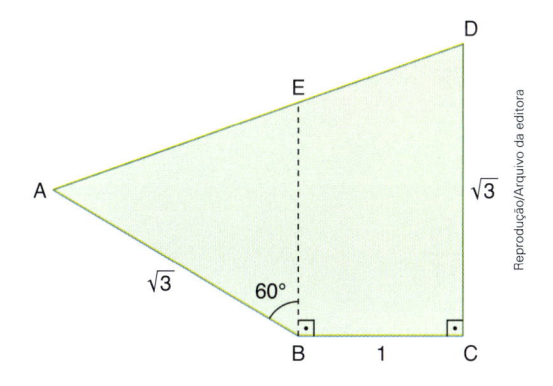

19. (Uerj) Na figura abaixo, observa-se o retângulo ABCD, que contém o triângulo retângulo DEF, no qual $DF = 1$.

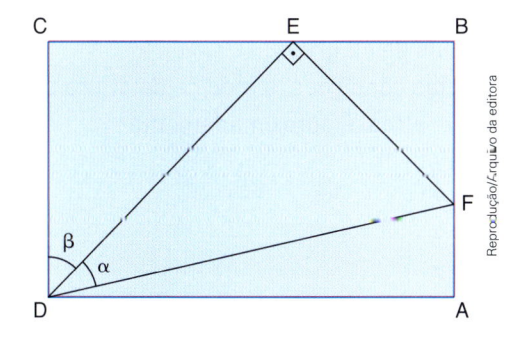

Considerando os ângulos $E\hat{D}F = \alpha$ e $C\hat{D}E = \beta$, determine o comprimento do lado $\overline{DA}$ em função de α e β.

20. (UFG-GO) Uma ducha é fixada diretamente na parede de um banheiro. O direcionamento do jato d'água é feito modificando o ângulo entre a ducha e a parede. Considerando que essa ducha produz um jato d'água retilíneo, uma pessoa em pé, diante da ducha, recebe-o na sua cabeça quando o ângulo entre a ducha e a parede é de 60°. Modificando o ângulo para 44° e mantendo a pessoa na mesma posição, o jato atinge-a 0,70 m abaixo da posição anterior.

Nessas condições, determine a distância dessa pessoa à parede, na qual está instalada a ducha.

(Dados: tg 44° ≃ 0,96 e tg 60° ≃ 1,73.)

21. Em procedimento de descida para pouso num dia ensolarado e sem nuvens, o piloto de um pequeno avião avista a cabeceira da pista sob um ângulo de 35° com sua trajetória horizontal. Depois de 18 segundos, na mesma trajetória horizontal, passa a avistar a cabeceira dessa pista sob um ângulo de 56°. Sabendo que, nesse intervalo de tempo, o avião manteve uma velocidade constante de 300 $\frac{km}{h}$, determine em metros, a altitude do avião nesse intervalo.

Use os valores: tg 35° ≃ 0,7 e tg 56° ≃ 1,5.

22. Um ponto **P**, interno de um ângulo de 60°, dista 3 cm e 6 cm dos lados do ângulo. Determine a distância entre **P** e o vértice desse ângulo.

23. Nas figuras temos um quadrado e um triângulo equilátero. Determine os valores de **x** e **y**.

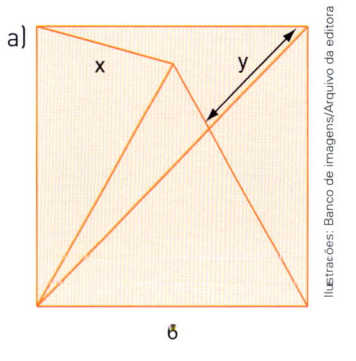

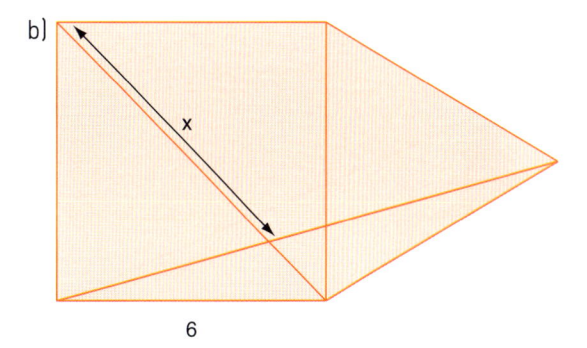

a)

b)

Testes

1. (Ufam) Apenas três degraus dão acesso à porta de uma escola, sendo que cada um tem 20 cm de altura. Para atender portadores de necessidades especiais, será construída uma rampa respeitando a legislação em vigor. A rampa deve formar, com o solo, um ângulo de 6°, conforme a figura a seguir.

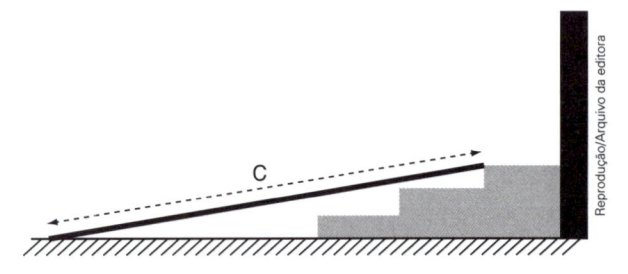

O comprimento **C** desta rampa em metros será aproximadamente de:
Dados: sen 6° ≃ 0,1045, cos 6° ≃ 0,9945
a) 5,57
b) 5,74
c) 6,53
d) 8,26
e) 8,84

2. (Uece) No triângulo UVW, retângulo em **V**, a medida da hipotenusa $\overline{UW}$ é duas vezes a medida do cateto $\overline{VW}$. Assim, pode-se afirmar corretamente que a medida em graus do ângulo $V\hat{U}W$ é
a) 30.
b) 60.
c) 40.
d) 45.

3. (UEMG) Em uma de suas viagens para o exterior, Luis Alves e Guiomar observaram um monumento de arquitetura asiática. Guiomar, interessada em aplicar seus conhecimentos matemáticos, colocou um teodolito distante 1,20 m da obra e obteve um ângulo de 60°, conforme mostra a figura:

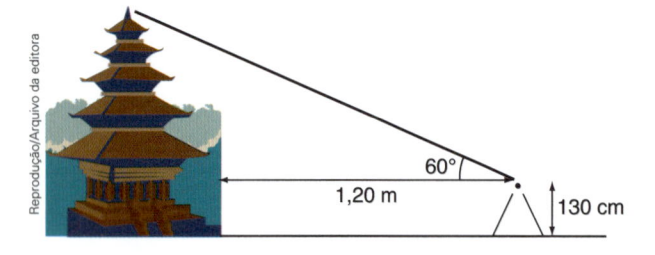

Sabendo-se que a altura do teodolito corresponde a 130 cm, a altura do monumento, em metros, é aproximadamente
a) 6,86.
b) 6,10.
c) 5,24.
d) 3,34.

4. (UPE) Num triângulo retângulo, temos que tg x = 3. Se **x** é um dos ângulos agudos desse triângulo, qual o valor de cos x?
a) $\dfrac{1}{2}$
b) $\dfrac{\sqrt{5}}{10}$
c) $\dfrac{\sqrt{2}}{2}$
d) $\dfrac{1}{4}$
e) $\dfrac{\sqrt{10}}{10}$

5. (Uece) Uma pessoa, com 1,7 m de altura, está em um plano horizontal e caminha na direção perpendicular a um prédio cuja base está situada neste mesmo plano. Em certo instante, essa pessoa visualiza o ponto mais alto do prédio sob um ângulo de 30 graus. Ao caminhar mais 3 m, visualiza o ponto mais alto do prédio, agora sob um ângulo de 45 graus.
Nestas condições, a medida da altura do prédio, em metros, é aproximadamente
a) 5,6
b) 6,6
c) 7,6
d) 8,6

6. (Ufam) Em um triângulo retângulo, a metade de um cateto excede o outro em 1 cm e a hipotenusa excede o maior cateto em 1 cm também. Sabendo que o perímetro desse triângulo é 30, então a medida da tangente do maior ângulo agudo deve ser:
a) 0,5
b) 1
c) 2,4
d) 3,0
e) 4,0

486

7. (Cefet-MG) Na figura abaixo, CD = BD = 5 cm e AD = 3 cm.

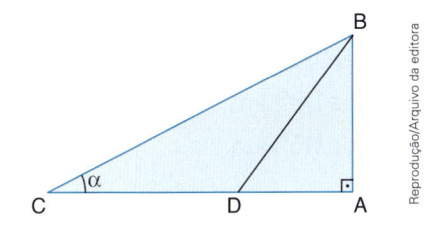

O valor de tg $(90° - \alpha)$ é igual a:

a) $\dfrac{1}{2}$ b) 1   c) 2   d) 3

8. (Vunesp) Um ciclista sobe, em linha reta, uma rampa com inclinação de 3 graus a uma velocidade constante de 4 metros por segundo. A altura do topo da rampa em relação ao ponto de partida é 30 m.

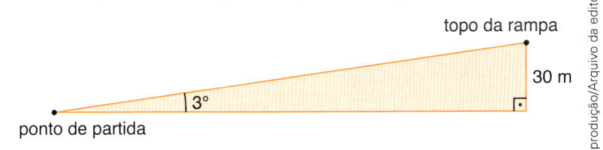

Use a aproximação sen 3° = 0,05 e responda: o tempo, em minutos, que o ciclista levou para percorrer completamente a rampa é:

a) 2,5   c) 10   e) 30
b) 7,5   d) 15

9. (Mack-SP)

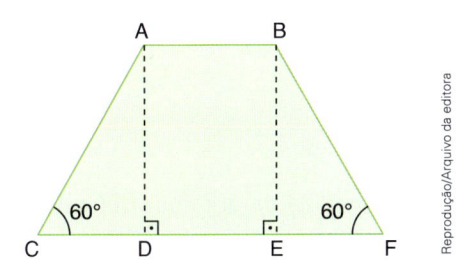

Se, na figura, AD = $3\sqrt{2}$ e CF = $14\sqrt{6}$, então a medida de $\overline{AB}$ é:

a) $8\sqrt{6}$ c) $12\sqrt{6}$ e) $14\sqrt{5}$
b) $10\sqrt{6}$ d) 28

10. (Cefet-MG) O percurso reto de um rio, cuja correnteza aponta para a direita, encontra-se representado pela figura abaixo. Um nadador deseja determinar a largura do rio nesse trecho e propõe-se a nadar do ponto **A** ao **B**, conduzindo uma corda, a qual tem uma de suas extremidades retida no ponto **A**. Um observador localizado em **A** verifica que o nadador levou a corda até o ponto **C**.

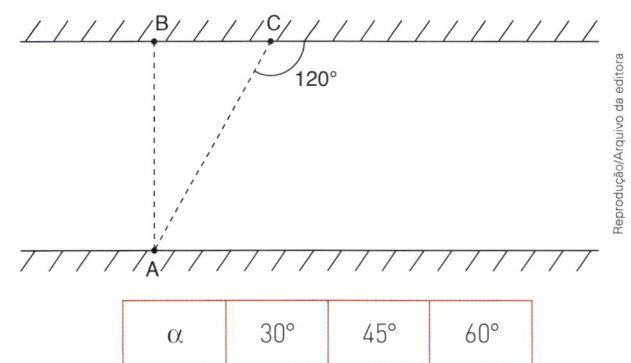

α	30°	45°	60°
sen α	$\dfrac{1}{2}$	$\dfrac{\sqrt{2}}{2}$	$\dfrac{\sqrt{3}}{2}$
cos α	$\dfrac{\sqrt{3}}{2}$	$\dfrac{\sqrt{2}}{2}$	$\dfrac{1}{2}$
tg α	$\dfrac{\sqrt{3}}{3}$	1	$\sqrt{3}$

Nessas condições, a largura do rio, no trecho considerado, é expressa

a) $\dfrac{1}{3}\overline{AC}$ c) $\dfrac{\sqrt{3}}{2}\overline{AC}$
b) $\dfrac{1}{2}\overline{AC}$ d) $\dfrac{3\sqrt{3}}{2}\overline{AC}$

11. (PUC-SP) Abílio (**A**) e Gioconda (**G**) estão sobre uma superfície plana de uma mesma praia e, num dado instante, veem, sob respectivos ângulos de 30° e 45°, um pássaro (**P**) voando, conforme é representado na planificação abaixo.

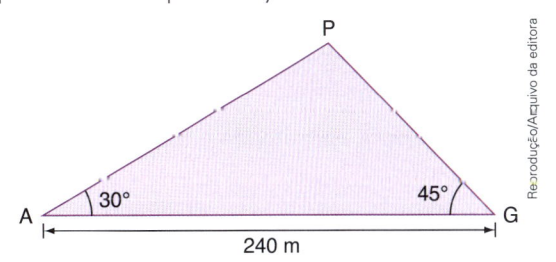

Considerando desprezíveis as medidas das alturas de Abílio e Gioconda e sabendo que, naquele instante, a distância entre **A** e **G** era 240 m, então a quantos metros de altura o pássaro distava da superfície da praia?

a) $60(\sqrt{3}+1)$ d) $180(\sqrt{3}-1)$
b) $120(\sqrt{3}-1)$ e) $180(\sqrt{3}+1)$
c) $120(\sqrt{3}+1)$

12. (UFPI) Sejam α e β ângulos internos de um triângulo retângulo, satisfazendo à condição sen α = 2 sen β. Se o lado oposto ao ângulo α mede 20 cm, a medida, em centímetros, do lado oposto ao ângulo β é:
a) 10
b) 20
c) 30
d) 40
e) 50

13. (Enem) Um balão atmosférico, lançado em Bauru (343 quilômetros a Noroeste de São Paulo), na noite do último domingo, caiu nesta segunda-feira em Cuiabá Paulista, na região de Presidente Prudente, assustando agricultores da região. O artefato faz parte do programa *Projeto Hibiscus*, desenvolvido por Brasil, França, Argentina, Inglaterra e Itália, para a medição do comportamento da camada de ozônio, e sua descida se deu após o cumprimento do tempo previsto de medição.

Disponível em: http://www.correiodobrasil.com.br.
Acesso em: 02 maio 2010.

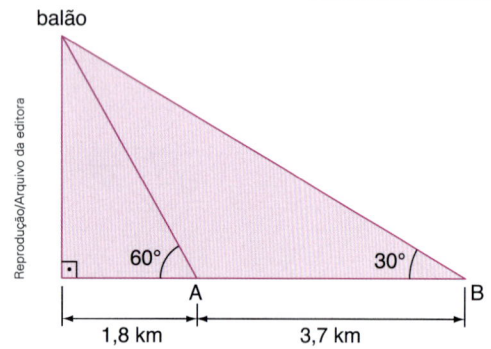

Na data do acontecido, duas pessoas avistaram o balão. Uma estava a 1,8 km da posição vertical do balão e o avistou sob um ângulo de 60°; a outra estava a 5,5 km da posição vertical do balão, alinhada com a primeira, e no mesmo sentido, conforme se vê na figura, e o avistou sob um ângulo de 30°.

Qual a altura aproximada em que se encontrava o balão?
a) 1,8 km
b) 1,9 km
c) 3,1 km
d) 3,7 km
e) 5,5 km

14. (Unicamp-SP) Ao decolar, um avião deixa o solo com um ângulo constante de 15°. A 3,8 km da cabeceira da pista existe um morro íngreme. A figura abaixo ilustra a decolagem, fora de escala.

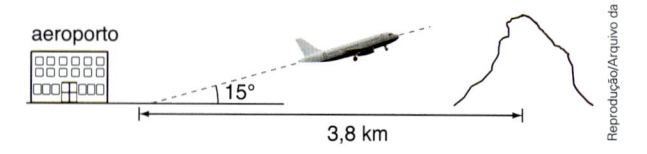

Podemos concluir que o avião ultrapassa o morro a uma altura, a partir da sua base de
a) 3,8 tg (15°) km.
b) 3,8 sen (15°) km.
c) 3,8 cos (15°) km.
d) 3,8 sec (15°) km.

15. (Uepa) As construções de telhados em geral são feitas com um grau mínimo de inclinação em função do custo. Para as medidas do modelo de telhado representado a seguir, o valor do seno do ângulo agudo φ é dado por:

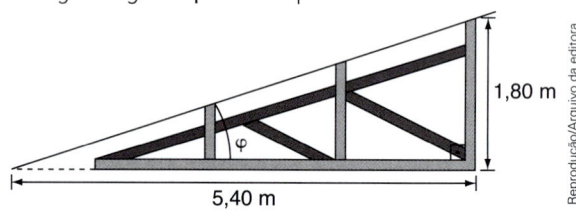

a) $\dfrac{4\sqrt{10}}{10}$

b) $\dfrac{3\sqrt{10}}{10}$

c) $\dfrac{2\sqrt{2}}{10}$

d) $\dfrac{\sqrt{10}}{10}$

e) $\dfrac{\sqrt{2}}{10}$

16. (UPE) A medida da área do triângulo retângulo, representado a seguir, é de 12,5 cm². Qual é o valor aproximado do seno do ângulo "θ"?
Considere $\sqrt{2} = 1,4$.

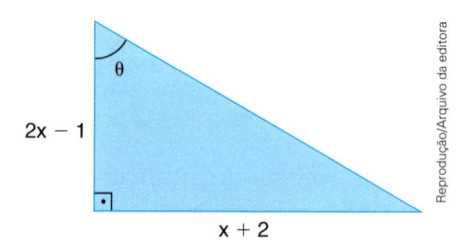

a) 0,45
b) 0,52
c) 0,61
d) 0,71
e) 0,85

17. (Enem) Para determinar a distância de um barco até a praia, um navegante utilizou o seguinte procedimento: a partir de um ponto **A**, mediu o ângulo visual α fazendo mira em um ponto fixo **P** da praia. Mantendo o barco no mesmo sentido, ele seguiu até um ponto **B**, de modo que fosse possível ver o mesmo ponto **P** da praia, no entanto, sob um ângulo visual 2α. A figura ilustra essa situação:

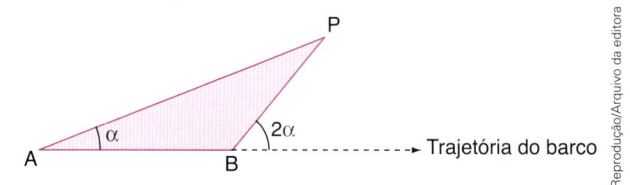

Suponha que o navegante tenha medido o ângulo α = 30° e, ao chegar ao ponto **B**, verificou que o barco havia percorrido a distância AB = 2 000 m. Com base nesses dados e mantendo a mesma trajetória, a menor distância do barco até o ponto fixo **P** será:

a) 1 000 m
b) $1\,000\sqrt{3}$ m
c) $2\,000\dfrac{\sqrt{3}}{3}$ m
d) 2 000 m
e) $2\,000\sqrt{3}$ m

18. (Ufam) De um pequeno barco (situado no ponto **A**), um observador enxerga o topo de uma montanha segundo um ângulo α.

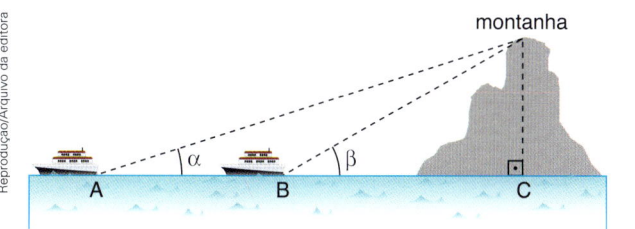

Ao aproximar-se 420 m em linha reta em direção à montanha (ponto **B**), passa a vê-lo segundo um ângulo β. Considerando que as dimensões do pequeno barco são desprezíveis, podemos afirmar que a altura da montanha é:

Dados:
$\cos\alpha = \dfrac{2}{\sqrt{5}}$; $\operatorname{sen}\beta = \dfrac{2}{\sqrt{3}}$; $\operatorname{tg}\alpha = \dfrac{1}{2}$ e $\operatorname{tg}\beta = \dfrac{2}{3}$.

a) 420 m
b) 640 m
c) 820 m
d) 840 m
e) 940 m

19. (Mack-SP)

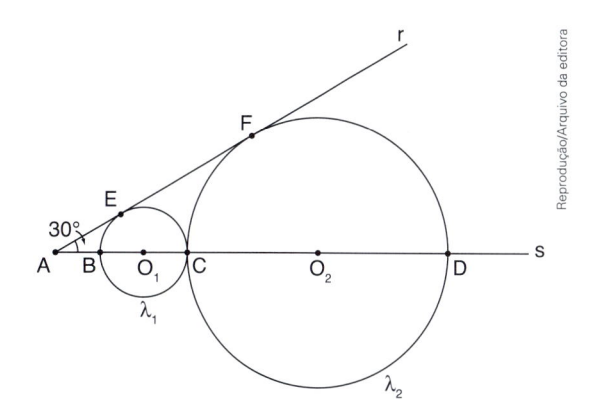

Na figura acima, as circunferências λ_1 e λ_2 são tangentes no ponto **C** e tangentes à reta **r** nos pontos **E** e **F**, respectivamente. Os centros, O_1 e O_2, das circunferências pertencem à reta **s**. Sabe-se que **r** e **s** se interceptam no ponto **A**, formando um ângulo de 30°.

Se $\overline{AE}$ mede $2\sqrt{3}$ cm, então os raios das circunferências λ_1 e λ_2 medem, respectivamente.

a) $\sqrt{3}$ cm e $\sqrt{15}$ cm
b) $\sqrt{3}$ cm e 2 cm
c) 2 cm e 6 cm
d) 2 cm e 4 cm
e) $2\sqrt{3}$ cm e 4 cm

20. (Insper-SP) O quadrilátero ABCD indicado na figura possui ângulo reto em **A**, um ângulo externo de 60° em **B** e três lados de medidas conhecidas, que são AB = 7 cm, BC = 6 cm e CD = 12 cm.

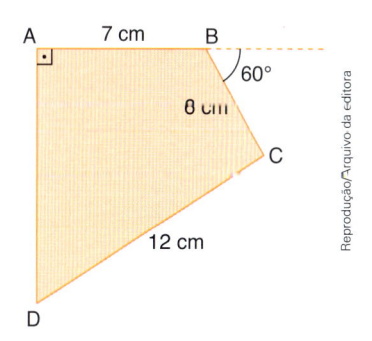

Nesse quadrilátero, a medida de $\overline{AD}$, em centímetros, é igual a

a) $3(2+\sqrt{3})$
b) $2\sqrt{11}+3\sqrt{3}$
c) $2(\sqrt{11}+\sqrt{3})$
d) $9\sqrt{3}$
e) $12\sqrt{3}$

21. (Uerj) O raio de uma roda gigante de centro **C** mede CA = CB = 10 m. Do centro **C** ao plano horizontal do chão, há uma distância de 11 m. Os pontos **A** e **B**, situados no mesmo plano vertical, ACB, pertencem à circunferência dessa roda e distam, respectivamente, 16 m e 3,95 m do plano do chão. Observe o esquema e a tabela:

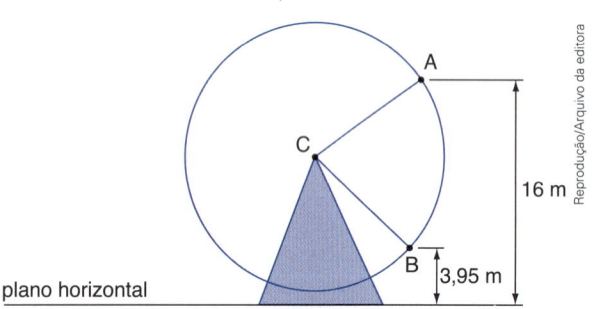

θ (graus)	sen θ
15°	0,259
30°	0,500
45°	0,707
60°	0,866

A medida, em graus, mais próxima do menor ângulo AĈB corresponde a:

a) 45   b) 60   c) 75   d) 105

22. (UFCG-PB) Um rapaz deseja calcular a distância entre duas árvores que estão na outra margem de um rio, cujas margens são retas paralelas naquele trecho.
Observando o desenho, sabe-se que a largura do rio é de 100 m. Qual é a distância entre as árvores?

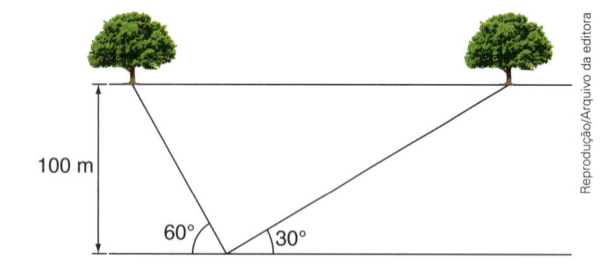

Observação: Os ângulos que aparecem na figura são de 60° e de 30°.

a) 4 m

b) $\dfrac{300\sqrt{2}}{3}$ m

c) $\dfrac{400\sqrt{3}}{3}$ m

d) $\dfrac{100}{\sqrt{3}}$ m

e) 300 m

23. (UFRGS-RS) Considere dois círculos concêntricos em um ponto **O** e de raios distintos; dois segmentos de reta $\overline{AB}$ e $\overline{CD}$ perpendiculares em **O**, como na figura abaixo.

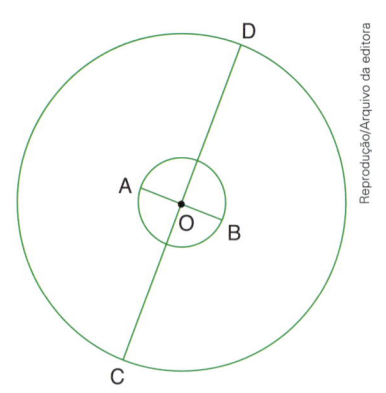

Sabendo que o ângulo AD̂B mede 30° e que o segmento $\overline{AD}$ mede 12, pode-se afirmar que os diâmetros dos círculos medem

a) 12 sen 15° e 12 cos 15°.
b) 12 sen 75° e 24 cos 75°.
c) 12 sen 75° e 24 sen 75°.
d) 24 sen 15° e 24 cos 15°.
e) 24 sen 75° e 12 cos 75°.

24. (FGV-SP) Na figura seguinte, as retas **r** e **s** são paralelas entre si, e perpendiculares à reta **t**. Sabe-se, ainda, que AB = 6 cm, CD = 3 cm, $\overline{AC}$ é perpendicular a $\overline{CD}$, e a medida do ângulo entre $\overline{CD}$ e a reta **s** é 30°.

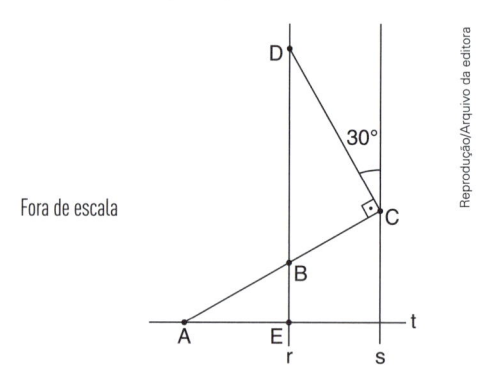

Nas condições descritas, a medida de $\overline{DE}$, em cm, é igual a

a) $12 + 3\sqrt{3}$
b) $12 + 2\sqrt{3}$
c) $6 + 4\sqrt{3}$
d) $6 + 2\sqrt{3}$
e) $3 + 2\sqrt{3}$

25. (Uerj) Um foguete é lançado com velocidade igual a 180 m/s, e com um ângulo de inclinação de 60° em relação ao solo. Suponha que sua trajetória seja retilínea e sua velocidade se mantenha constante ao longo de todo o percurso. Após cinco segundos, o foguete se encontra a uma altura de **x** metros exatamente acima de um ponto no solo, a **y** metros do ponto de lançamento.

Os valores de **x** e **y** são, respectivamente:

a) 90 e $90\sqrt{3}$

b) $90\sqrt{3}$ e 90

c) 450 e $450\sqrt{3}$

d) $450\sqrt{3}$ e 450

26. (UFJF-MG) Sejam **A**, **B**, **C** e **D** os vértices de um trapézio isósceles. Os ângulos Â e B̂ ambos agudos são os ângulos da base desse trapézio, enquanto os ângulos Ĉ e D̂ são ambos obtusos e medem, cada um, o dobro da medida de cada ângulo agudo desse trapézio. Sabe-se ainda que a diagonal $\overline{AC}$ é perpendicular ao lado $\overline{BC}$. Sendo a medida $\overline{AB}$ igual a 10 cm, o valor da medida do perímetro do trapézio ABCD, em centímetros, é:

a) 21

b) 22

c) 23

d) 24

e) 25

27. (Insper-SP) Na figura, ABC é um triângulo equilátero, com A(0, 0) e C(12, 0), e **r** é uma reta perpendicular ao eixo **x** em x_0.

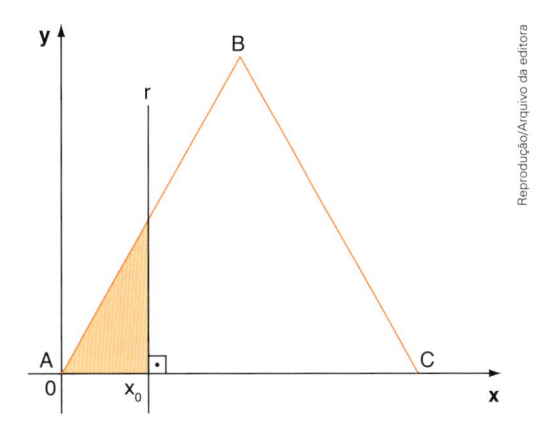

A função real **f** é tal que $f(x_0)$ é a área do polígono determinado pela intersecção do triângulo ABC com a região do plano definida pela relação $x \leq x_0$. Em tais condições, a lei da função **f** no intervalo real $0 \leq x_0 \leq 6$ é

a) $f(x_0) = \sqrt{3}\,x_0^2$

b) $f(x_0) = \dfrac{1}{2}x_0^2$

c) $f(x_0) = \dfrac{\sqrt{2}}{2}x_0^2$

d) $f(x_0) = \dfrac{\sqrt{3}}{3}x_0^2$

e) $f(x_0) = \dfrac{\sqrt{3}}{2}x_0^2$

28. (Vunesp) A figura representa a vista superior do tampo plano e horizontal de uma mesa de bilhar retangular ABCD, com caçapas em **A**, **B**, **C** e **D**. O ponto **P**, localizado em $\overline{AB}$, representa a posição de uma bola de bilhar, sendo PB = 1,5 m e PA = = 1,2 m. Após uma tacada na bola, ela se desloca em linha reta colidindo com $\overline{BC}$ no ponto **T**, sendo a medida do ângulo $P\hat{T}B$ igual a 60°. Após essa colisão, a bola segue, em trajetória reta, diretamente até a caçapa **D**.

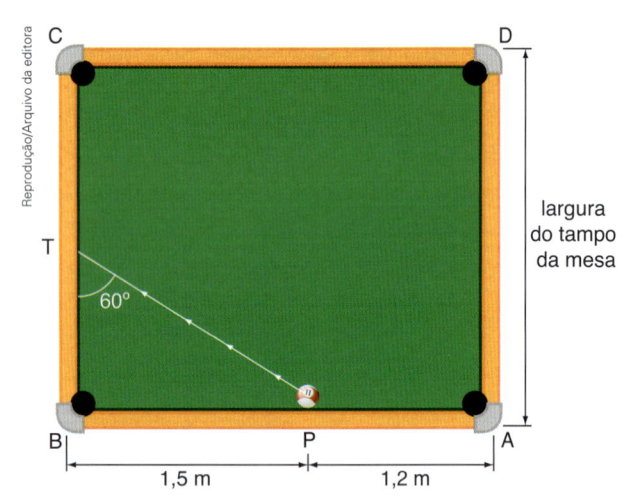

Nas condições descritas e adotando $\sqrt{3} = 1,73$, a largura do tampo da mesa, em metros, é próxima de

a) 2,42.
b) 2,08.
c) 2,28.
d) 2,00.
e) 2,56.

29. (Fuvest–SP) Na figura, tem-se $\overline{AE}$ paralelo a $\overline{CD}$, $\overline{BC}$ paralelo a $\overline{DE}$, AE = 2, α = 45°, β = 75°. Nessas condições, a distância do ponto **E** ao segmento $\overline{AB}$ é igual a:

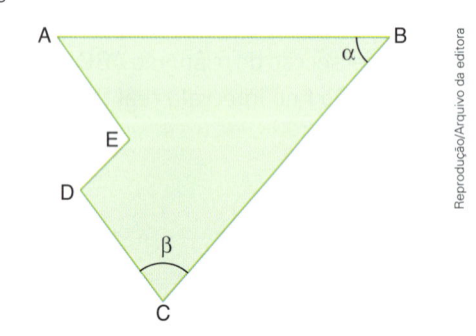

a) $\sqrt{3}$
b) $\sqrt{2}$
c) $\dfrac{\sqrt{3}}{2}$
d) $\dfrac{\sqrt{2}}{2}$
e) $\dfrac{\sqrt{2}}{4}$

30. (FGV-SP) Seja ABC um triângulo retângulo em **B**, tal que AC = $\dfrac{7\sqrt{3}}{2}$ e BP = 3, onde $\overline{BP}$ é a altura do triângulo ABC pelo vértice **B**.
Dado:

tg α	Valor aproximado de α em graus
$\dfrac{\sqrt{2}}{3}$	25,2°
$\dfrac{\sqrt{2}}{2}$	35,3°
$\dfrac{\sqrt{3}}{2}$	40,9°
$\dfrac{2\sqrt{2}}{3}$	43,3°
$\dfrac{2\sqrt{3}}{3}$	49,1°

A menor medida possível do ângulo $A\hat{C}B$ tem aproximação inteira igual a

a) 25°
b) 35°
c) 41°
d) 43°
e) 49°

31. (UFSJ-MG) Uma escada com **x** metros de comprimento forma um ângulo de 30° com a horizontal, quando encostada ao edifício de um dos lados da rua, e um ângulo de 45° se for encostada ao prédio do outro lado da rua, apoiada ao mesmo ponto do chão.
Sabendo que a distância entre os prédios é igual a $\left(5\sqrt{3} + 5\sqrt{2}\right)$ metros de largura, assinale a alternativa que contém o comprimento da escada, em metros.

a) $5\sqrt{2}$
b) 5
c) $10\sqrt{3}$
d) 10

Tabela de razões trigonométricas

Ângulo (graus)	Seno	Cosseno	Tangente	Ângulo (graus)	Seno	Cosseno	Tangente
1	0,01745	0,99985	0,01746	46	0,71934	0,69466	1,03553
2	0,03490	0,99939	0,03492	47	0,73135	0,68200	1,07237
3	0,05234	0,99863	0,05241	48	0,74314	0,66913	1,11061
4	0,06976	0,99756	0,06993	49	0,75471	0,65606	1,15037
5	0,08716	0,99619	0,08749	50	0,76604	0,64279	1,19175
6	0,10453	0,99452	0,10510				
7	0,12187	0,99255	0,12278	51	0,77715	0,62932	1,23499
8	0,13917	0,99027	0,14054	52	0,78801	0,61566	1,27994
9	0,15643	0,98769	0,15838	53	0,79864	0,60182	1,32704
10	0,17365	0,98481	0,17633	54	0,80903	0,58779	1,37638
				55	0,81915	0,57358	1,42815
11	0,19087	0,98163	0,19438	56	0,82904	0,55919	1,48256
12	0,20791	0,97815	0,21256	57	0,83867	0,54464	1,53986
13	0,22495	0,97437	0,23087	58	0,84805	0,52992	1,60033
14	0,24192	0,97030	0,24933	59	0,85717	0,51504	1,66428
15	0,25882	0,96593	0,26795	60	0,86603	0,50000	1,73205
16	0,27564	0,96126	0,28675				
17	0,29237	0,95630	0,30573	61	0,87462	0,48481	1,80405
18	0,30902	0,95106	0,32492	62	0,88295	0,46947	1,88073
19	0,32557	0,94552	0,34433	63	0,89101	0,45399	1,96261
20	0,34202	0,93969	0,36397	64	0,89879	0,43837	2,05030
				65	0,90631	0,42262	2,14451
21	0,35837	0,93358	0,38386	66	0,91355	0,40674	2,24604
22	0,37461	0,92718	0,40403	67	0,92050	0,39073	2,35585
23	0,39073	0,92050	0,42447	68	0,92718	0,37461	2,47509
24	0,40674	0,91355	0,44523	69	0,93358	0,35837	2,60509
25	0,42262	0,90631	0,46631	70	0,93969	0,34202	2,74748
26	0,43837	0,89879	0,48773				
27	0,45399	0,89101	0,50953	71	0,94552	0,32557	2,90421
28	0,46947	0,88295	0,53171	72	0,95106	0,30902	3,07768
29	0,48481	0,87462	0,55431	73	0,95630	0,29237	3,27085
30	0,50000	0,86603	0,57735	74	0,96126	0,27564	3,48741
				75	0,96593	0,25882	3,73205
31	0,51504	0,85717	0,60086	76	0,97030	0,24192	4,01078
32	0,52992	0,84805	0,62487	77	0,97437	0,22495	4,33148
33	0,54464	0,83867	0,64941	78	0,97815	0,20791	4,70463
34	0,55919	0,82904	0,67451	79	0,98163	0,19087	5,14455
35	0,57358	0,81915	0,70021	80	0,98481	0,17365	5,67128
36	0,58779	0,80903	0,72654				
37	0,60182	0,79864	0,75355	81	0,98769	0,15643	6,31375
38	0,61566	0,78801	0,78129	82	0,99027	0,13917	7,11537
39	0,62932	0,77715	0,80978	83	0,99255	0,12187	8,14435
40	0,64279	0,76604	0,83910	84	0,99452	0,10453	9,51436
				85	0,99619	0,08716	11,43010
41	0,65606	0,75471	0,86929	86	0,99756	0,06976	14,30070
42	0,66913	0,74314	0,90040	87	0,99863	0,05234	19,08110
43	0,68200	0,73135	0,93252	88	0,99939	0,03490	28,63630
44	0,69466	0,71934	0,96569	89	0,99985	0,01745	57,29000
45	0,70711	0,70711	1,00000				

Esta tabela contém valores aproximados. Os arredondamentos utilizados são de cinco casas decimais.

APÊNDICE 1

Vetores

Introdução

Na Física, as grandezas classificam-se em escalares e vetoriais.

Grandezas como temperatura, massa e volume, por exemplo, ficam completamente caracterizadas quando se atribui a elas um valor numérico acompanhado de uma unidade de medida correspondente. Por exemplo, quando dizemos que a massa de um corpo é de 10 kg, não há necessidade de qualquer outra informação adicional. O mesmo ocorre para:

- uma temperatura ambiente de 25 °C;
- um volume de 30 mL de um medicamento, etc.

Tais grandezas recebem o nome de **grandezas escalares**.

Já grandezas como força, velocidade e aceleração, por exemplo, não ficam completamente caracterizadas com seu valor numérico e a unidade de medida. Assim, quando dizemos que uma força de 20 N (lemos vinte newtons) é aplicada sobre um corpo, temos uma informação incompleta: é preciso conhecer também a direção (por exemplo, vertical) e o sentido (por exemplo, de baixo para cima). Podemos pensar na direção como a reta ao longo da qual se faz sentir a ação de força e, para cada direção, temos dois sentidos.

Essas grandezas recebem o nome de **grandezas vetoriais**.

Para melhor compreendê-las, é preciso conhecer o conceito de **vetor**.

Segmentos orientados

Já conhecemos da Geometria Plana o conceito de segmento de reta.

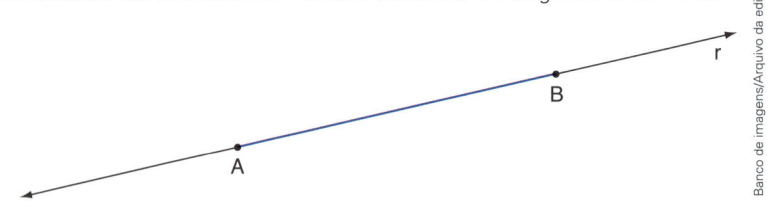

Na figura, está destacado o segmento de reta de extremidades **A** e **B**, contido na reta **r**, indicado por $\overline{AB}$ ou $\overline{BA}$.

A medida ou o comprimento desse segmento é indicado por AB.

Dizemos que um segmento de reta é **orientado** se escolhemos uma de suas extremidades como ponto inicial (origem); naturalmente a outra extremidade será considerada o ponto final. Ao fazer tal escolha, atribuímos um **sentido** "de percurso" para o segmento de reta.

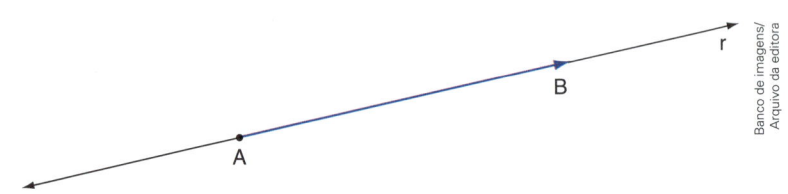

Usaremos a notação AB para representar o segmento orientado cujo ponto inicial é **A** e o ponto final é **B**.

Na página anterior, está representado o segmento orientado AB, com uma flecha cuja origem é o ponto **A** e que aponta para o ponto **B**.

Observe também o segmento orientado BA: o sentido de percurso é de **B** para **A**.

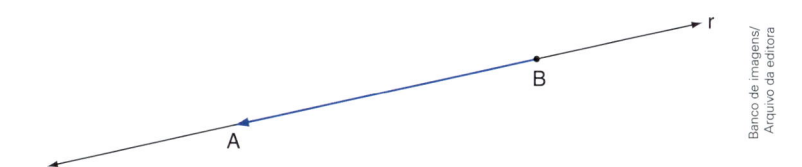

Em particular, se os pontos inicial e final do segmento orientado coincidem, temos um segmento orientado **nulo**.

Dois segmentos orientados AB e CD não nulos são **paralelos** se as retas suportes $\overleftrightarrow{AB}$ e $\overleftrightarrow{CD}$ são paralelas. Nesse caso, dizemos que AB e CD têm a **mesma direção**.

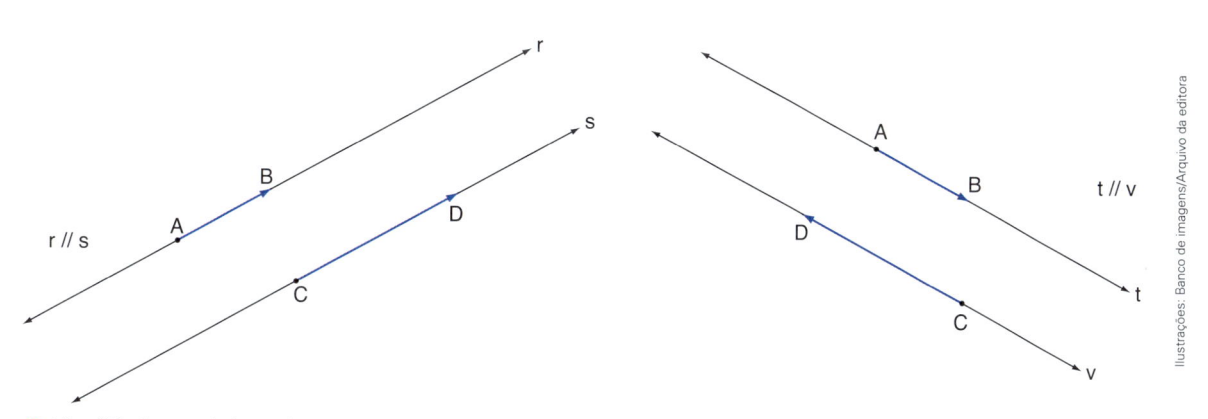

// AB e CD são paralelos e de mesmo sentido.

// AB e CD são paralelos e de sentidos contrários.

Observe, na figura seguinte, que cada uma das retas **r**, **s**, **t**, **u**, **v** e **w** define uma certa direção:

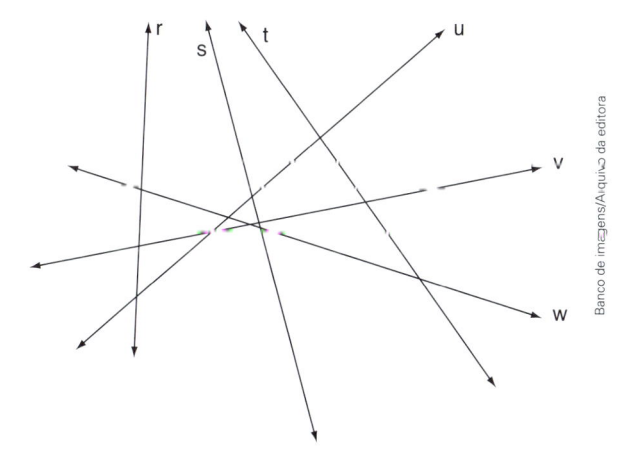

Se tomarmos um segmento orientado não nulo AB em qualquer uma dessas retas, e um segmento orientado não nulo CD em alguma das outras retas, verifica-se que AB e CD **não** têm a mesma direção, pois as retas não são paralelas entre si.

Já o sentido desses segmentos orientados só pode ser comparado quando ambos têm a mesma direção.

O comprimento de um segmento orientado AB é igual ao comprimento (ou medida) do segmento $\overline{AB}$, fixada uma unidade de comprimento. Observe, na figura, que o segmento $\overline{AB}$ mede 2,5 cm.

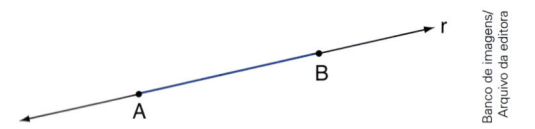

Dizemos que o comprimento de AB é 2,5 cm, assim como o comprimento de BA também é igual a 2,5 cm.

Equipolência

Dois segmentos orientados não nulos AB e CD são **equipolentes** se:
- têm o mesmo comprimento;
- têm a mesma direção;
- têm o mesmo sentido.

> **OBSERVAÇÃO**
>
> Quaisquer dois segmentos orientados nulos são equipolentes.

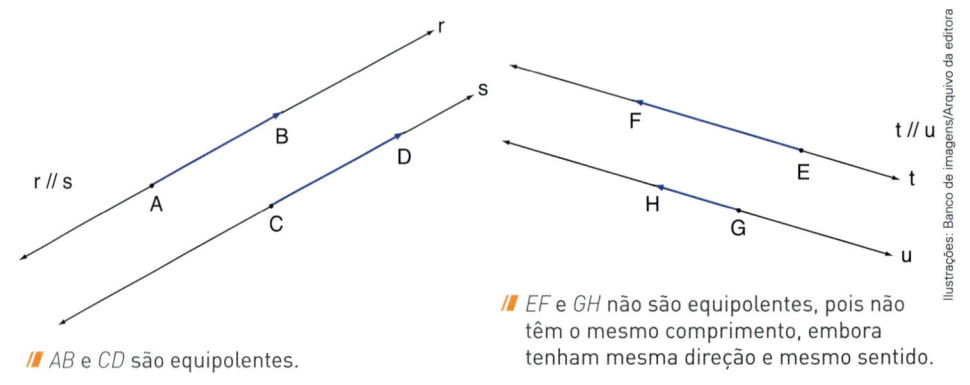

▮ AB e CD são equipolentes.

▮ EF e GH não são equipolentes, pois não têm o mesmo comprimento, embora tenham mesma direção e mesmo sentido.

Vamos considerar dois segmentos colineares e dois não colineares, a fim de reconhecer uma propriedade:

- AB e CD equipolentes e colineares.

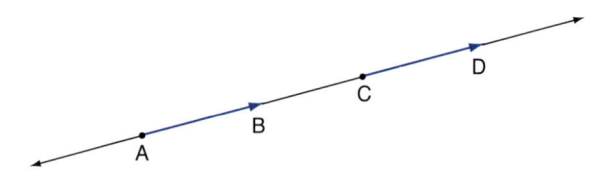

Observe que os segmentos $\overline{BC}$ e $\overline{AD}$ têm o mesmo ponto médio.

- AB e CD equipolentes e não colineares.

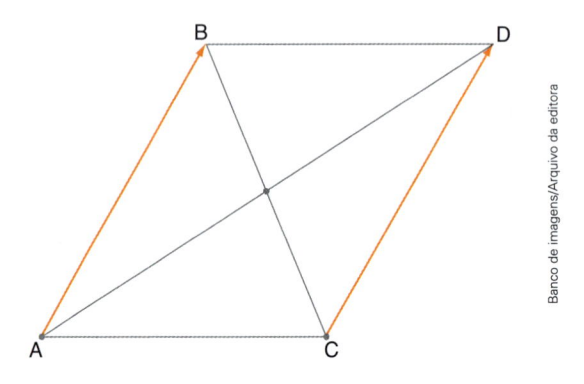

Observe que ABCD é um paralelogramo, com $\overrightarrow{AB}//\overrightarrow{CD}$ e $\overrightarrow{AC}//\overrightarrow{BD}$. O ponto médio de $\overline{BC}$ coincide com o ponto médio de $\overline{AD}$, pois as diagonais de um paralelogramo intersectam-se em seus pontos médios.

Nos dois casos, é possível constatar que, se dois segmentos orientados AB e CD são equipolentes, então $\overline{AD}$ e $\overline{BC}$ têm o mesmo ponto médio.

Conceitos básicos de Geometria Analítica

Distância entre dois pontos

Dados dois pontos do plano cartesiano, chama-se **distância** entre eles a medida do segmento de reta que tem os dois pontos por extremidades.

Vamos determinar, na figura, a distância entre os pontos $A(x_A, y_A)$ e $B(x_B, y_B)$, a qual indicaremos por $\mathbf{d_{AB}}$.

Aplicando o Teorema de Pitágoras no triângulo ABP, vem:
$$d_{AB}^2 = (PA)^2 + (PB)^2$$

Mas $PA = x_B - x_A$ e $PB = y_B - y_A$.

Assim, temos:

$$d_{AB}^2 = (x_B - x_A)^2 + (y_B - y_A)^2 \Rightarrow d_{AB} = \sqrt{(x_B - x_A)^2 + (y_B - y_A)^2}$$

Note que devemos ter sempre $d_{AB} \geq 0$.

Podemos observar ainda que, como $(m - n)^2 = (n - m)^2$, $\forall m, n \in \mathbb{R}$, as ordens das diferenças que aparecem no radicando não importam.

Desse modo, podemos escrever:

$$d = \sqrt{(\Delta x)^2 + (\Delta y)^2}$$

em que Δx é a diferença, em qualquer ordem, entre as abscissas dos dois pontos, e Δy é a diferença, em qualquer ordem, entre as ordenadas dos dois pontos.

- A distância entre $A(1, 4)$ e $B(3, -2)$, indicados no plano cartesiano, é:

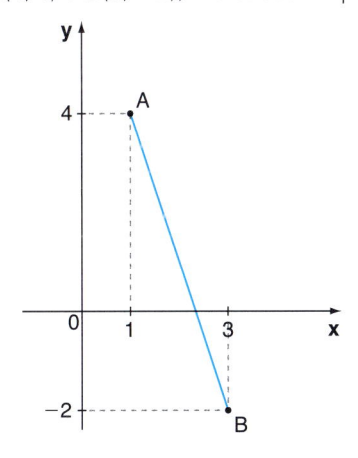

$$d = \sqrt{(1 - 3)^2 + [4 - (-2)]^2} = \sqrt{4 + 36} = \sqrt{40} = 2\sqrt{10}$$

- A distância entre os pontos $C(2, 3)$ e $D(5, 1)$ é:

$$d = \sqrt{(\Delta x)^2 + (\Delta y)^2} = \sqrt{(2 - 5)^2 + (3 - 1)^2} = \sqrt{9 + 4} = \sqrt{13}$$

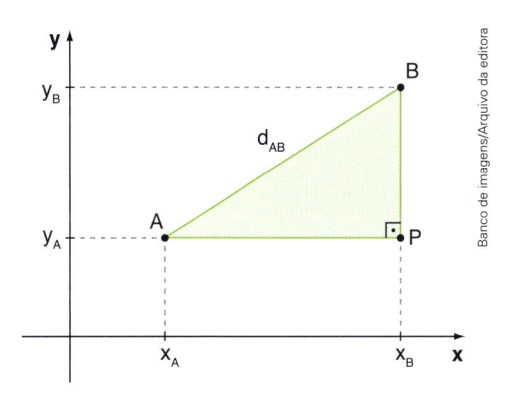

Ponto médio de um segmento

Seja **M** o ponto médio do segmento com extremidades $A(x_A, y_A)$ e $B(x_B, y_B)$. Notemos, na figura a seguir, que os triângulos AMN e ABP são semelhantes, pois possuem os três ângulos respectivamente congruentes.

Assim:

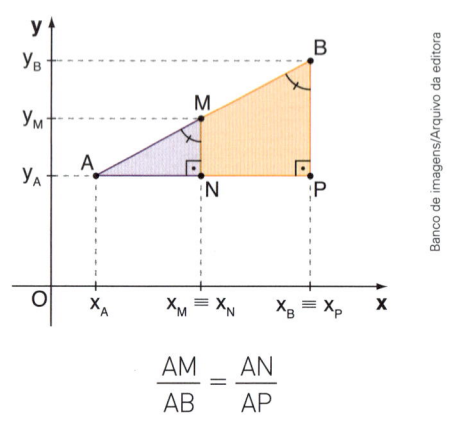

$$\frac{AM}{AB} = \frac{AN}{AP}$$

Mas $AB = 2 \cdot (AM)$, pois **M** é o ponto médio de $\overline{AB}$.

Logo, $\frac{AM}{2 \cdot AM} = \frac{AN}{AP} \Rightarrow \frac{AN}{AP} = \frac{1}{2} \Rightarrow AP = 2 \cdot (AN)$.

Assim, temos:

$|x_P - x_A| = 2 \cdot |x_N - x_A|$

Como $x_P > x_A$ e $x_N > x_A$, podemos escrever:

$x_P - x_A = 2(x_N - x_A) \Rightarrow x_B - x_A = 2(x_M - x_A) \Rightarrow x_B - x_A = 2x_M - 2x_A \Rightarrow x_M = \frac{x_A + x_B}{2}$

Mediante procedimento análogo, prova-se que $y_M = \frac{y_A + y_B}{2}$.

Portanto, sendo **M** o ponto médio do segmento $\overline{AB}$, temos:

$$M\left(\frac{x_A + x_B}{2}, \frac{y_A + y_B}{2}\right)$$

EXEMPLO 1

Dados os pontos $A(3, -2)$ e $B\left(-\frac{1}{2}, -4\right)$, vamos calcular as coordenadas do ponto médio do segmento $\overline{AB}$.

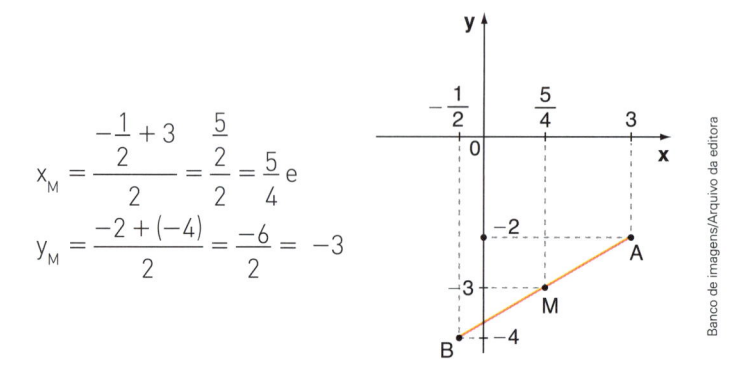

$x_M = \dfrac{-\dfrac{1}{2} + 3}{2} = \dfrac{\dfrac{5}{2}}{2} = \dfrac{5}{4}$ e

$y_M = \dfrac{-2 + (-4)}{2} = \dfrac{-6}{2} = -3$

Vetor

Observe a figura abaixo, na qual estão representados vários segmentos orientados equipolentes a AB:

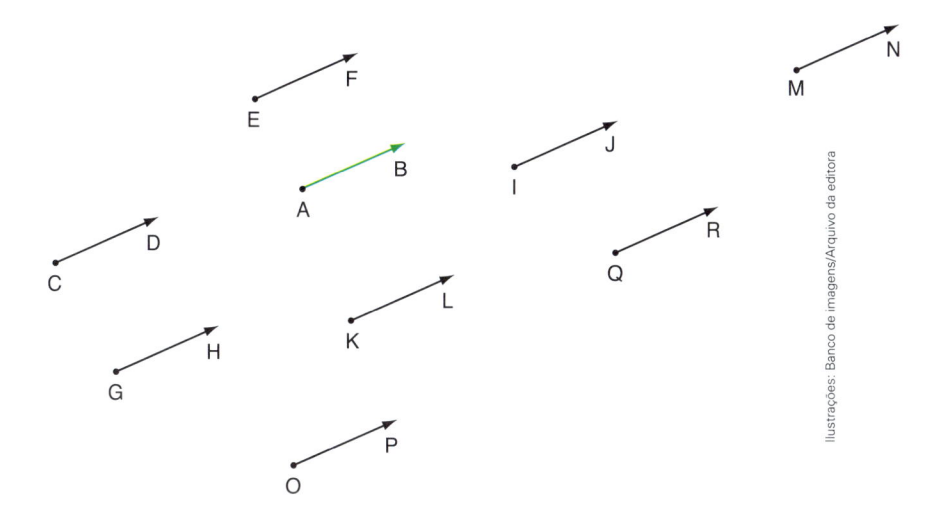

O conjunto de todos os segmentos orientados equipolentes a AB é o **vetor v**, que indicaremos por $\vec{v}$.

Cada um dos segmentos orientados representados na figura anterior é um representante de $\vec{v}$. O próprio segmento orientado AB é um representante de $\vec{v}$.

Podemos escrever:

$\vec{v} = AB$ ou $\vec{v} = CD$ ou $\vec{v} = EF$ ou $\vec{v} = GH$, etc.

Não é difícil perceber que, dado um ponto qualquer do plano, é possível obter um representante de $\vec{v}$ com a origem (ponto inicial) nesse ponto.

Vetor nulo

Vetor nulo – indica-se por $\vec{0}$ – é o vetor cujo representante é qualquer segmento orientado nulo.

Vetor oposto

Dado um vetor $\vec{v} = AB$, o vetor oposto de $\vec{v}$ (indica-se por $-\vec{v}$) é o vetor $\vec{v} = BA$. Isto é, se AB é um representante de $\vec{v}$, então BA é um representante de $-\vec{v}$.

Na figura ao lado, $\vec{v} = AB$.

Os segmentos orientados CD e EF também são representantes do vetor $-\vec{v}$; note que CD e AB são segmentos orientados de mesma direção, mesmo comprimento e sentidos opostos; o mesmo ocorre entre EF e AB.

Escrevemos: $-\vec{v} = CD$ ou $-\vec{v} = EF$.

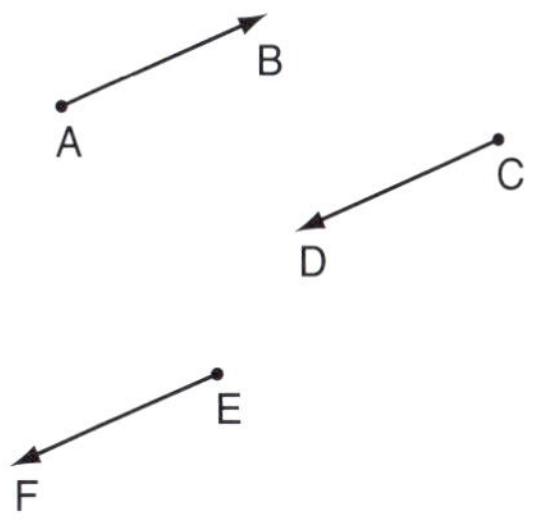

Módulo

O **módulo**, **comprimento** ou **norma** de um vetor $\vec{v}$ é igual ao comprimento de qualquer um dos segmentos orientados que o representam.

Indicamos o módulo de $\vec{v}$ por $\|\vec{v}\|$.

> **OBSERVAÇÃO**
>
> Daqui para a frente, quando se lê, no texto e em exercícios, "dado um vetor $\vec{v}$" e é mostrada sua representação
>
> é importante destacar que, na verdade, está se exibindo um segmento orientado, que é um **representante de $\vec{v}$**.

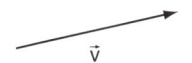

EXEMPLO 2

Seja $\vec{v} = AB$, em que A(−2, 2) e B(3, 4).

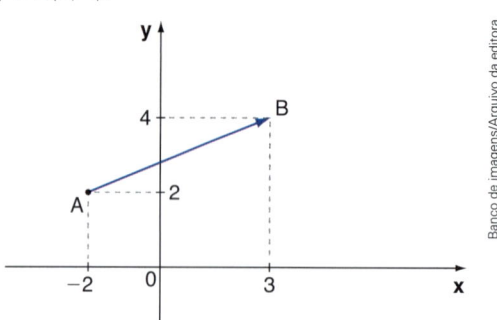

O módulo de $\vec{v}$ é igual ao comprimento do segmento orientado AB. Esse comprimento é igual à distância entre os pontos **A** e **B**, a saber:

$\|\vec{v}\| = \sqrt{(-2-3)^2 + (2-4)^2} = \sqrt{25+4} = \sqrt{29}$, ou seja, aproximadamente 5,4 unidades de comprimento.

Representação de um vetor no plano

Seja $\vec{v} = AB$, em que $A(x_A, y_A)$ e $B(x_B, y_B)$.

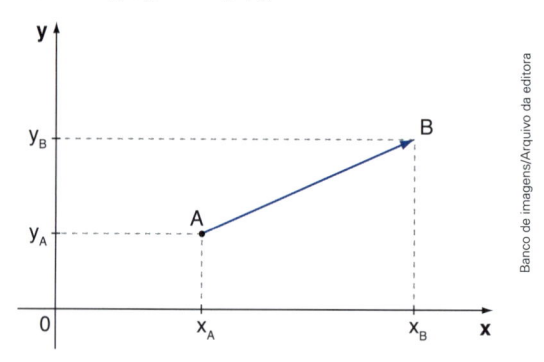

Os números reais $x_B - x_A$ e $y_B - y_A$ são chamados **coordenadas de $\vec{v}$** em relação a esse sistema de coordenadas cartesianas.

Indicamos $\vec{v} = (x_B - x_A, y_B - y_A)$.

EXEMPLO 3

Seja $\vec{v} = AB$ representado abaixo.

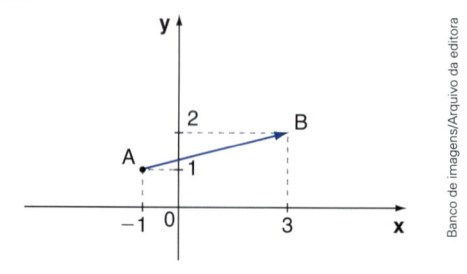

As coordenadas de $\vec{v}$ são: $x_B - x_A = 3 - (-1) = 4$ e $y_B - y_A = 2 - 1 = 1$

Escrevemos $\vec{v} = (4, 1)$.

Dado um segmento orientado AB, é possível determinar as coordenadas (x_P, y_P) de um ponto **P** tal que OP seja equipolente a AB, com O(0, 0) a origem do sistema cartesiano.

Consideremos $\vec{v}$ = AB do exemplo anterior.

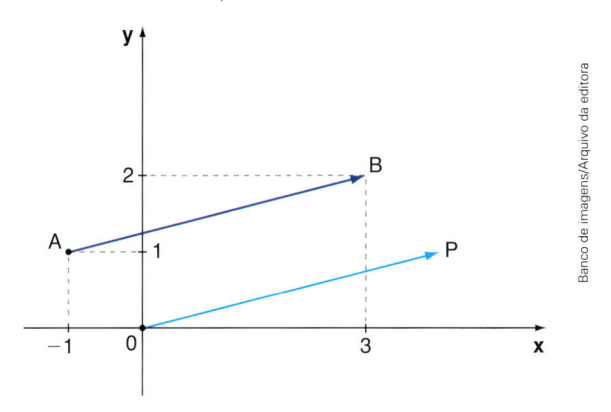

Pode-se mostrar que as coordenadas de **P** são:

$x_P = x_B - x_A = 3 - (-1) = 4$ e $y_P = y_B - y_A = 2 - 1 = 1$

Assim, temos P(4, 1).

Desse modo, se as coordenadas de um vetor $\vec{v}$ são (4, 1), como no exemplo acima, podemos dizer que o representante de $\vec{v}$, cujo ponto inicial é a origem (0,0), é o segmento orientado OP, em que O(0, 0) e P(4, 1). Escrevemos $\vec{v}$ = OP = (4, 1).

Exercícios resolvidos

1. Considere o vetor $\vec{v}$ = AB, em que A(3, 4) e B(−3, 2).

Represente, em um mesmo plano cartesiano, o vetor $\vec{v}$ = AB e os representantes de $\vec{v}$ e −$\vec{v}$, cujos pontos iniciais são a origem do plano.

Solução:

- $\vec{v}$ = AB = (−3 − 3; 2 − 4) = (−6, −2)

  O segmento orientado OP, em que O(0, 0) e P(−6, −2), é o representante pedido de $\vec{v}$.

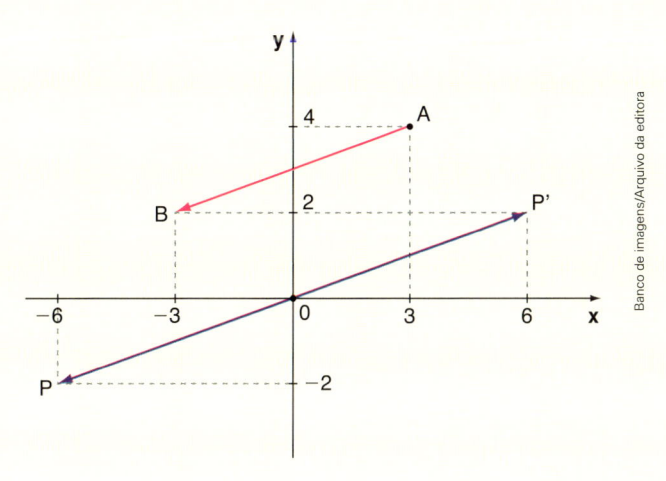

- −$\vec{v}$ = BA = (3 − (−3); 4 − 2) = (6, 2)

  O segmento orientado OP', em que O(0, 0) e P'(6, 2), é o representante pedido de −$\vec{v}$.

2. No quadriculado abaixo, no qual o lado de cada quadradinho mede 1, determine as coordenadas do vetor $\vec{v}$.

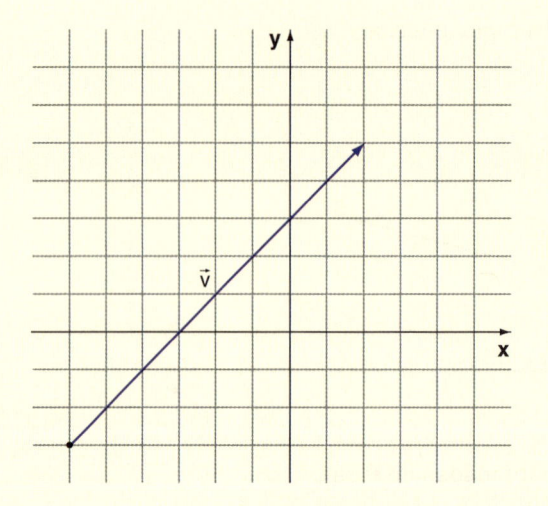

Solução:

O ponto inicial do segmento orientado mostrado é $(-6, -3)$ e o ponto final é $(2, 5)$.

Assim, as coordenadas de $\vec{v}$ são $(2 - (-6); 5 - (-3))$, isto é, $(8, 8)$; escrevemos $\vec{v} = (8, 8)$.

Exercícios

Nos exercícios seguintes, considere que o lado de cada quadradinho representado na malha quadriculada mede 1 unidade de medida de comprimento.

1. Observe os segmentos orientados abaixo representados e assinale **V** ou **F** nas afirmações seguintes:

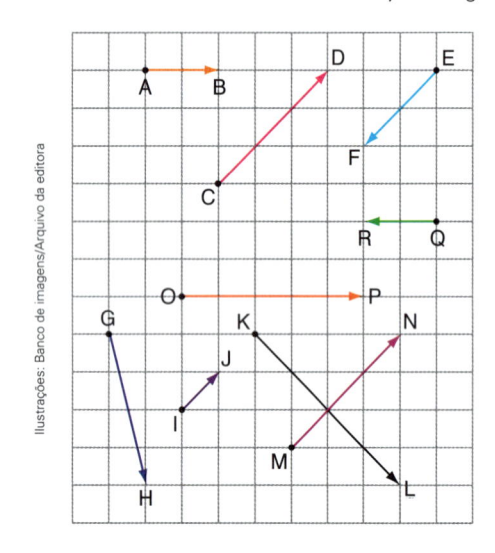

a) AB e OP são equipolentes.

b) CD e IJ têm mesma direção e mesmo sentido.

c) GH e KL têm mesma direção.

d) CD e MN são equipolentes.

e) AB e OP são paralelos.

f) IJ e MN têm mesma direção.

g) AB e QR têm mesmo módulo.

h) AB e QR têm mesma direção.

i) Existe um segmento orientado com origem em **J** equipolente a GH.

j) QR e OP têm mesma direção e mesmo sentido.

k) CD e EF têm mesma direção.

l) CD e EF não têm mesmo sentido.

m) OP e KL têm o mesmo módulo.

2. Seja o vetor $\vec{v} = AB$ abaixo.

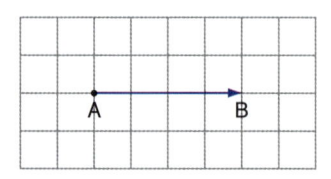

Represente em malha quadriculada:
(em cada item, represente também $\vec{v} = AB$)

a) o vetor $\vec{w}$ de mesma direção e mesmo sentido de $\vec{v}$, com módulo igual a 2.

b) o vetor $\vec{t}$ de mesma direção e mesmo módulo de $\vec{v}$, com sentido contrário ao de $\vec{v}$.

3. Determine as coordenadas dos vetores $\vec{u}$, $\vec{v}$ e $\vec{w}$:

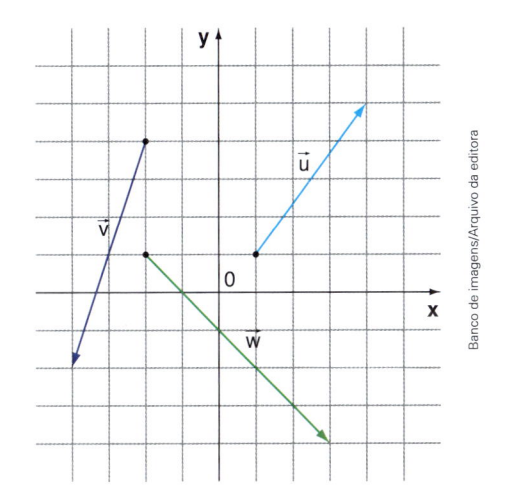

4. Represente, em um sistema de coordenadas, os vetores $\vec{r} = (4, -2)$, $\vec{s} = (-3, -4)$, $\vec{t} = (0, 2)$ e $\vec{u} = (-1, 1)$.

5. Determine o módulo de cada um dos vetores representados na malha quadriculada a seguir:

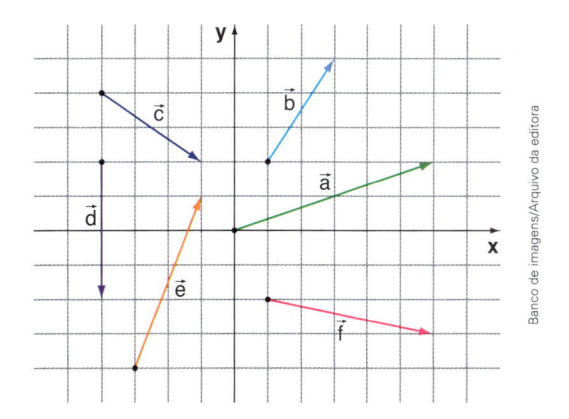

6. Determine o módulo dos vetores:

a) $\vec{u} = (3, -5)$ c) $\vec{w} = (-12, -5)$

b) $\vec{v} = (1, -2)$ d) $\vec{t} = (-3, 0)$

7. Dados os vetores $\vec{u} = AB$, $\vec{v} = CD$ e $\vec{w} = EF$, represente, em uma malha quadriculada, os vetores $-\vec{u}$, $-\vec{v}$ e $-\vec{w}$.

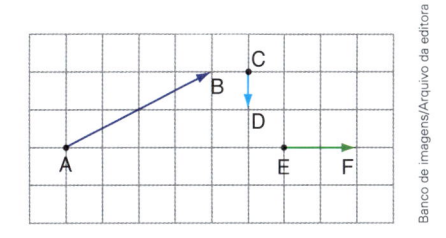

Operações com vetores

Adição

Sejam dois vetores $\vec{u}$ e $\vec{v}$:

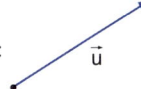

Para determinar o vetor soma de $\vec{u}$ com $\vec{v}$ (indica-se $\vec{u} + \vec{v}$), procedemos da seguinte maneira: consideramos um representante qualquer de $\vec{u}$, por exemplo, $\vec{u} = AB$, e escolhemos o representante de $\vec{v}$ cuja origem é o ponto **B**; isto é, o segmento orientado BE.

O segmento orientado AE é um representante do vetor soma de $\vec{u}$ com $\vec{v}$. Escrevemos $\vec{u} + \vec{v} = AE$.

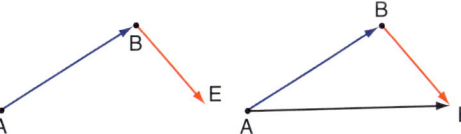

No caso em que $\vec{u}$ e $\vec{v}$ têm como representantes segmentos orientados colineares, o procedimento é o mesmo:

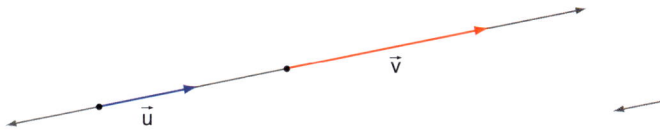

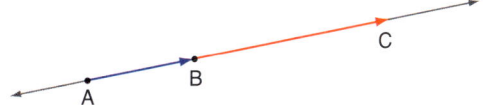

Temos: $\vec{u} = AB$; $\vec{v} = BC$ e $\vec{u} + \vec{v} = AC$.

APÊNDICE 1 | VETORES

Regra do paralelogramo

Se dois vetores $\vec{u}$ e $\vec{v}$ são tais que seus representantes não são segmentos orientados colineares, o vetor $\vec{u} + \vec{v}$ pode também ser obtido através da chamada regra do paralelogramo:

Sejam os vetores:

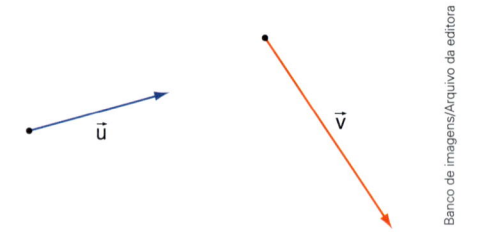

- Representamos $\vec{u}$ e $\vec{v}$ por meio de dois segmentos orientados com mesmo ponto inicial:

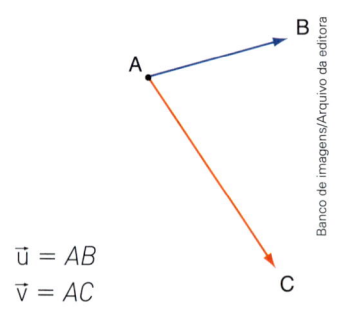

$\vec{u} = AB$
$\vec{v} = AC$

- Construímos o paralelogramo ABCD, com $\overrightarrow{AB}//\overrightarrow{CD}$:

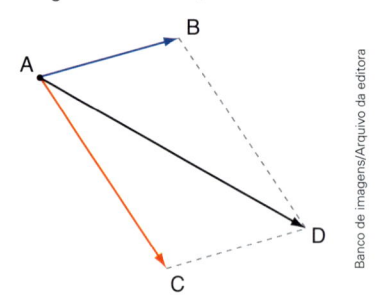

- O segmento orientado AD é um representante de $\vec{u} + \vec{v}$; escrevemos $\vec{u} + \vec{v} = AD$ (note que $\overline{AD}$ é uma diagonal do paralelogramo).

Adição de vetores usando coordenadas

Dados $\vec{u} = (a, b)$ e $\vec{v} = (c, d)$, temos que o segmento orientado OP é um representante de $\vec{u} + \vec{v}$:

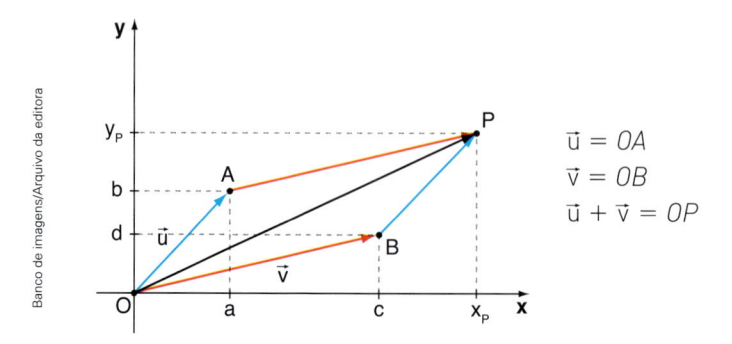

$\vec{u} = OA$
$\vec{v} = OB$
$\vec{u} + \vec{v} = OP$

Como OA e BP são equipolentes:

$x_A - x_O = x_P - x_B \Leftrightarrow a - 0 = x_P - c \Leftrightarrow x_P = a + c$

$y_A - y_O = y_P - y_B \Leftrightarrow b - 0 = y_P - d \Leftrightarrow y_P = b + d$

As coordenadas de **P** são $(a + c, b + d)$, o que sugere a seguinte definição:

$$\vec{u} + \vec{v} = (a, b) + (c, d) = (a + c, b + d)$$

OBSERVAÇÃO

Dados dois vetores $\vec{u}$ e $\vec{v}$, podemos definir o **vetor diferença** entre $\vec{u}$ e $\vec{v}$:

$$\vec{u} - \vec{v} = \vec{u} + (-\vec{v})$$

Vejamos:

Sejam: $\vec{u} = AB$ e $\vec{v} = CD$.

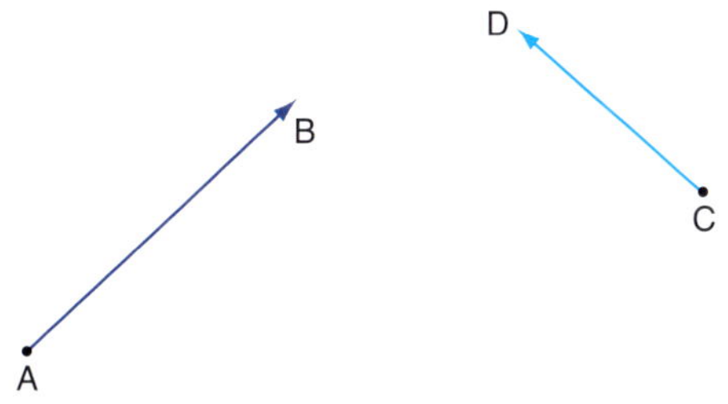

Vamos determinar $\vec{u} - \vec{v}$.

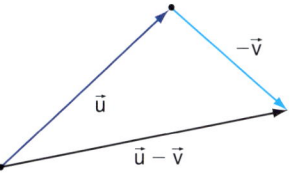

Exercícios resolvidos

3. Na malha a seguir, são dados os vetores $\vec{u}$ e $\vec{v}$.

Represente os vetores $\vec{u} + \vec{v}$ e $\vec{u} - \vec{v}$, indicando também suas coordenadas.

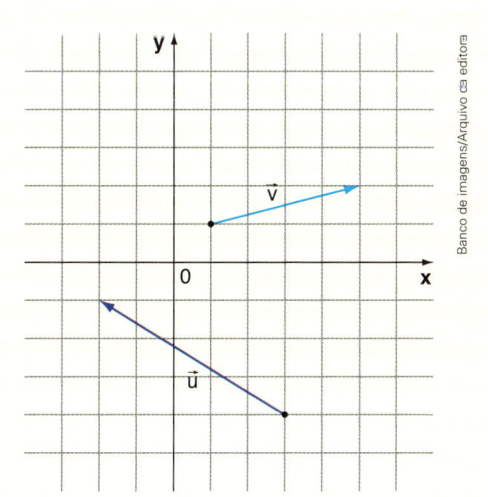

Solução:

Vamos escolher, para representantes de $\vec{u}$ e de $\vec{v}$, segmentos orientados cujo ponto inicial seja a origem $O(0, 0)$; a saber OA e OB, respectivamente:

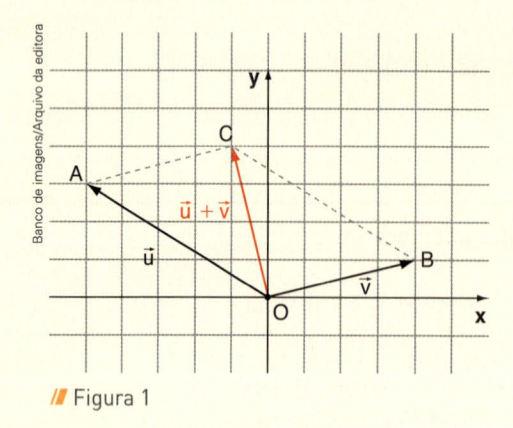

$\vec{u} + \vec{v} = OC$
$\vec{u} + \vec{v} = (-1, 4)$

// Figura 1

Para os representantes de $\vec{u}$ e de $-\vec{v}$ escolhemos os segmentos orientados OA e OQ, respectivamente.

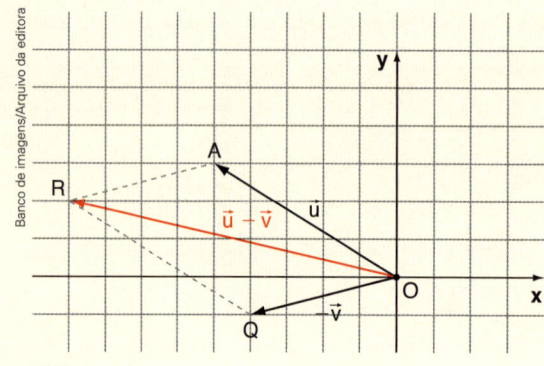

$\vec{u} - \vec{v} = OR$
$\vec{u} - \vec{v} = (-9, 2)$

// Figura 2

4. Em relação ao exercício anterior, calcule $\|\vec{u} + \vec{v}\|$ e $\|\vec{u} - \vec{v}\|$.

Solução:

- $\|\vec{u} + \vec{v}\| = d_{O,C} = \sqrt{(-1-0)^2 + (4-0)^2} = \sqrt{17}$ (Figura 1)

- $\|\vec{u} - \vec{v}\| = d_{O,R} = \sqrt{(-9-0)^2 + (2-0)^2} = \sqrt{85}$ (Figura 2)

Multiplicação de um número real por um vetor

Sejam **r** um número real e $\vec{v}$ um vetor.

O vetor obtido ao multiplicarmos **r** por $\vec{v}$ é indicado por $r\vec{v}$ e definido por:

(I) Se $r = 0$ ou $\vec{v} = \vec{0}$, então $r\vec{v} = \vec{0}$

(II) Se $r \neq 0$ e $\vec{v} \neq \vec{0}$, então:

- a direção de $r\vec{v}$ é a mesma de $\vec{v}$;
- o módulo de $r\vec{v}$ é igual ao módulo de $\vec{v}$ multiplicado por $|r|$, isto é, $\|r\vec{v}\| = |r| \cdot \|\vec{v}\|$;
- o sentido de $r\vec{v}$ é igual ao de $\vec{v}$ se $r > 0$, e oposto ao de $\vec{v}$ se $r < 0$.

EXEMPLO 4

Observe os vetores a seguir.

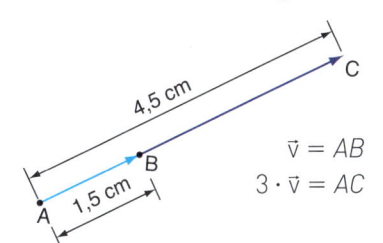

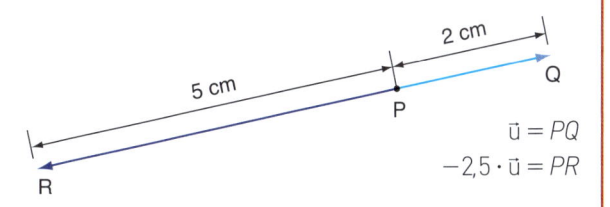

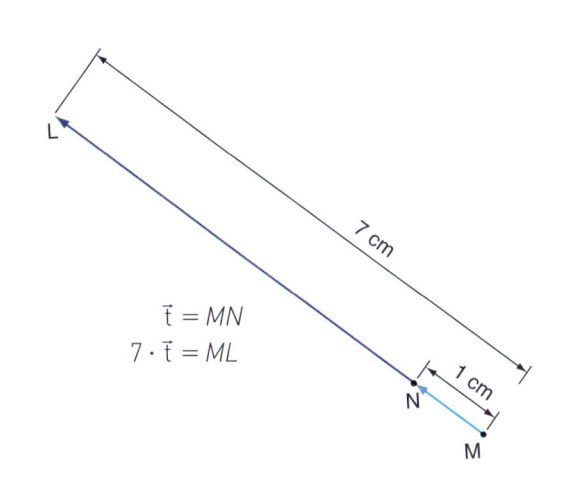

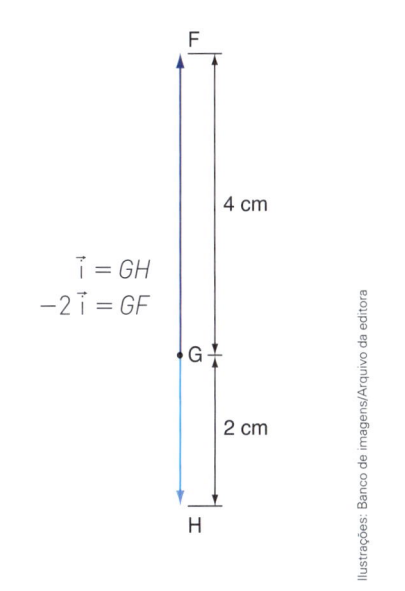

$\vec{v} = AB$
$3 \cdot \vec{v} = AC$

$\vec{u} = PQ$
$-2{,}5 \cdot \vec{u} = PR$

$\vec{t} = MN$
$7 \cdot \vec{t} = ML$

$\vec{i} = GH$
$-2\,\vec{i} = GF$

Em termos de coordenadas, se $\vec{v} = (a, b)$, então define-se:

$$r \cdot \vec{v} = (r \cdot a, r \cdot b)$$

Exercícios

8. Represente, em uma malha quadriculada, o vetor soma $(\vec{u} + \vec{v})$ dos vetores $\vec{u}$ e $\vec{v}$ cujos representantes são os segmentos orientados AB e CD, respectivamente.

a)

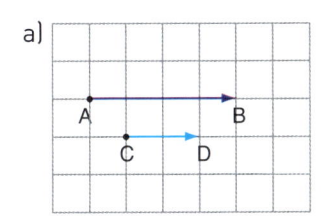

b)

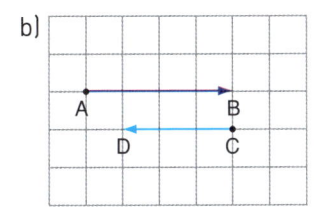

c)

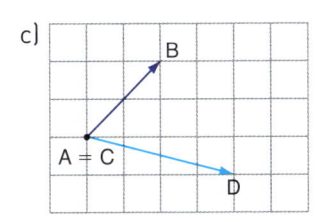

d)

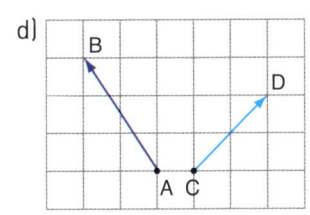

e)

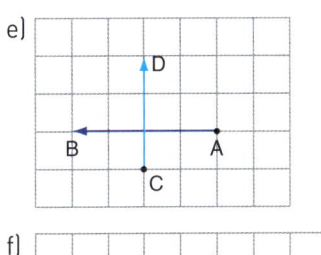

f)

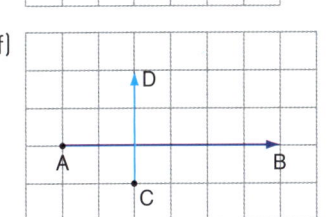

APÊNDICE 1 | VETORES

9. Represente, em uma malha quadriculada, o vetor diferença ($\vec{u} - \vec{v}$) entre os vetores $\vec{u}$ e $\vec{v}$ cujos representantes são segmentos orientados AB e CD, respectivamente.

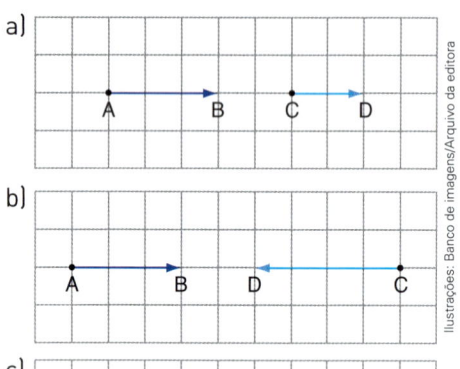

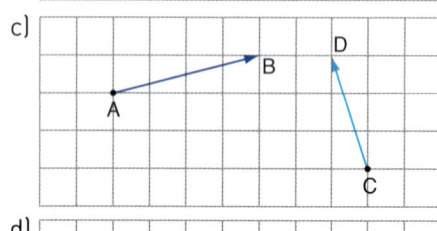

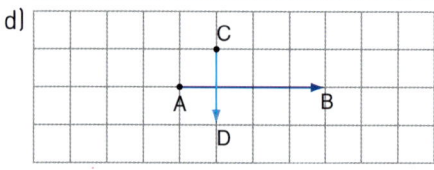

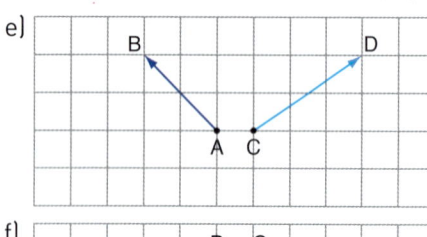

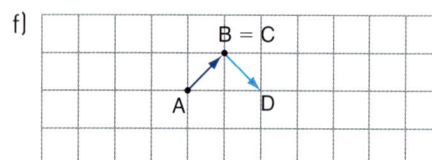

a)

b)

c)

d)

e)

f)

10. Sobre os vetores abaixo representados, assinale a alternativa correta:

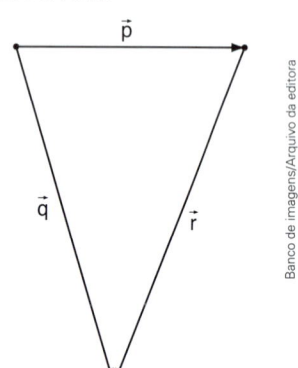

a) $\vec{p} = \vec{q} + \vec{r}$
b) $\vec{p} + \vec{q} = \vec{r}$
c) $\vec{q} - \vec{p} = \vec{r}$
d) $\vec{q} + \vec{r} = -\vec{p}$

11. Considere os vetores representados no quadrilátero abaixo e assinale a alternativa correta:

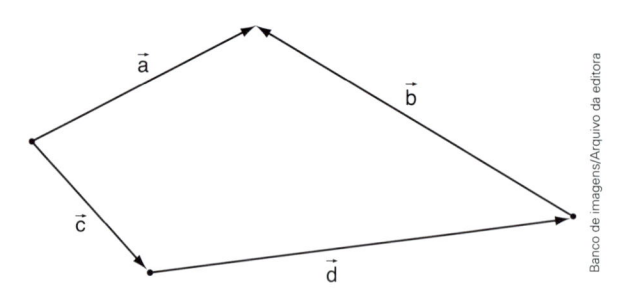

a) $\vec{a} + \vec{b} = \vec{c} + \vec{d}$
b) $\vec{a} + \vec{b} = \vec{c} - \vec{d}$
c) $\vec{a} - \vec{b} = \vec{c} - \vec{d}$
d) $\vec{a} - \vec{b} = \vec{c} + \vec{d}$

12. Dados os vetores $\vec{u}$ e $\vec{v}$, determine as coordenadas dos vetores:

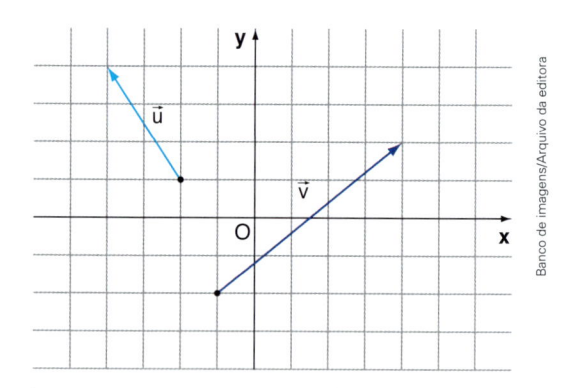

a) $2 \cdot \vec{u}$
b) $-3 \cdot \vec{v}$
c) $\vec{u} + \vec{v}$
d) $\vec{u} - \vec{v}$

13. Observe o paralelogramo abaixo:

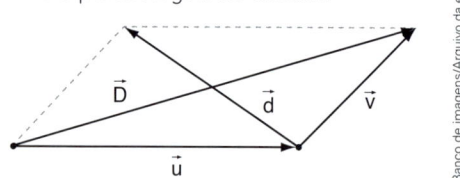

Expresse $\vec{D}$ e $\vec{d}$ usando operações entre $\vec{u}$ e $\vec{v}$.

14. Dados os representantes dos vetores $\vec{u}$ e $\vec{v}$, represente graficamente os vetores: $\vec{u} + \vec{v}$ e $\vec{u} - \vec{v}$; determine também os valores de $\|\vec{u} + \vec{v}\|$ e de $\|\vec{u} - \vec{v}\|$.

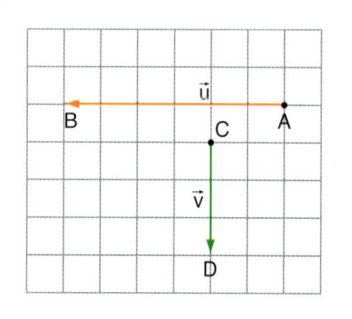

15. Seja $\vec{u} = AB$ representado abaixo.

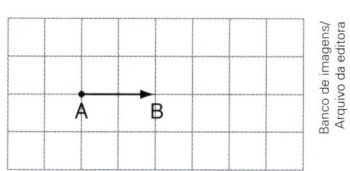

Em uma mesma malha quadriculada, indique um representante de cada um dos vetores: $3\vec{u}$, $\frac{1}{2}\vec{u}$, $-2\vec{u}$ e $-\frac{3}{4}\vec{u}$.

16. Determine, em cada caso, o módulo do vetor soma $\vec{s} = \vec{u} + \vec{v}$. Considere na figura r//s.

Dados: $\|\vec{u}\| = 8$ e $\|\vec{v}\| = 3$

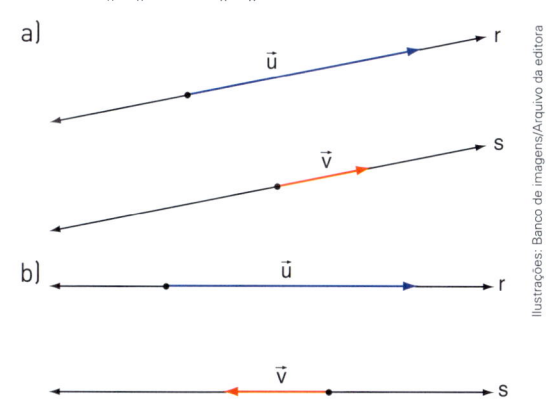

a)

b)

17. (UPE) A figura a seguir mostra o vetor $\vec{v}$ representado no plano cartesiano.

A representação e o módulo desse vetor são, respectivamente,

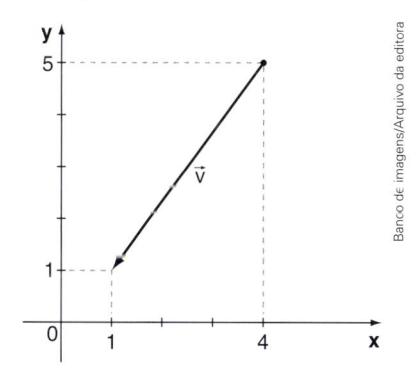

a) $\vec{v} = (5, 1)$ e $|\vec{v}| = 3$

b) $\vec{v} = (3, 0)$ e $|\vec{v}| = 3$

c) $\vec{v} = (-3, -4)$ e $|\vec{v}| = 4$

d) $\vec{v} = (-3, -4)$ e $|\vec{v}| = 5$

e) $\vec{v} = (-1, -4)$ e $|\vec{v}| = 5$

18. (Unirio-RJ)

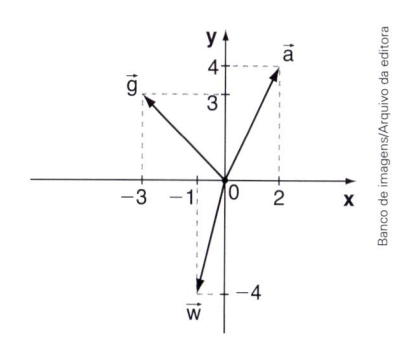

Considere os vetores $\vec{a}$, $\vec{g}$ e $\vec{w}$ anteriormente representados. O vetor $\vec{v}$, tal que $\vec{v} = \frac{1}{2}\vec{a} + \vec{g} - \frac{1}{4}\vec{w}$, é:

a) $\left(-6, \frac{7}{4}\right)$

b) $(-2, 3)$

c) $\left(-\frac{7}{4}, 6\right)$

d) $\left(\frac{7}{4}, -6\right)$

e) $\left(6, -\frac{7}{4}\right)$

19. (UEM-PR) Considere um sistema cartesiano ortogonal de origem $O = (0, 0)$. Um ponto nesse sistema é representado na forma (x, y), sendo **x** a sua abscissa e **y** a sua ordenada.

Assinale o que for correto.

(01) O vetor $\vec{v}$ representado pelo segmento orientado AB, sendo $A = (0, 1)$ e $B = (1, 2)$, tem módulo $\sqrt{3}$.

(02) Considere os pontos $A = (1, 2)$, $B = (3, 4)$, $C = (5, 7)$ e $D = (8, 10)$. Os vetores representados pelos segmentos orientados AB e DC têm a mesma direção.

(04) Considere os vetores $\vec{v_1}$ e $\vec{v_2}$ representados, respectivamente, pelos segmentos orientados OB e BD, sendo $B = (1, 1)$ e $D = (3, 2)$. Logo, um representante do vetor soma $\vec{v_1} + \vec{v_2}$ é o segmento orientado OD.

(08) A equação da reta que passa por $A = (1, 2)$ e $B = (3, 4)$ é dada por $y = x + 1$.

(16) Considere os pontos $A = (1, 1)$, $B = (2, 2)$ e $C = (3, 3)$. Os vetores representados pelos segmentos orientados AB e CA têm o mesmo sentido.

Vetores e Física

Nas aulas de Física, você estudará com detalhes diversas grandezas vetoriais. Acompanhe alguns exemplos:

- **Velocidade**

No movimento uniforme, o módulo do vetor velocidade permanece constante durante qualquer intervalo de tempo. Se a trajetória do móvel for retilínea, a direção e o sentido da velocidade vetorial não irão variar:

Direção: horizontal
Sentido: o mesmo do movimento (da esquerda para a direita)

Se a trajetória for uma curva, a direção do vetor velocidade será variável: ela será tangente à trajetória, para cada posição que o móvel ocupar.

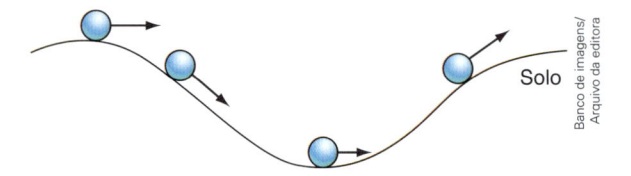

No movimento uniformemente variado, o módulo da velocidade vetorial varia em qualquer intervalo de tempo.

Se a trajetória do móvel for retilínea, a direção do vetor velocidade será constante.

No esquema a seguir, representamos a velocidade vetorial no movimento retilíneo uniformemente variado acelerado. Observe que o módulo do vetor velocidade aumenta com o tempo.

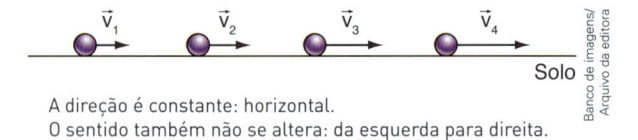

A direção é constante: horizontal.
O sentido também não se altera: da esquerda para direita.

Se a trajetória for curvilínea, o módulo, a direção e o sentido do vetor velocidade são variáveis em qualquer intervalo de tempo.

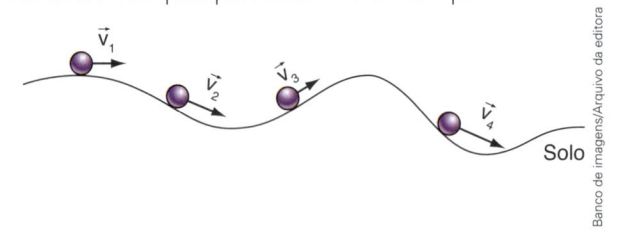

- **Força**

Intuitivamente, sabemos que, quando puxamos uma corda, levantamos um objeto do solo ou empurramos uma mesa, por exemplo, estamos exercendo uma força sobre um objeto.

Força é uma grandeza vetorial.

Ao empurrarmos a mesa, a força exercida possui direção horizontal (podemos pensar na direção como a reta ao longo da qual se faz sentir a ação da força), sentido (que pode ser da esquerda para a direita), além de uma intensidade (em newtons, por exemplo), que corresponde ao módulo desse vetor.

- **Peso e aceleração da gravidade**

O peso de um corpo é a força de atração que a Terra exerce sobre ele: trata-se de uma grandeza vetorial.

Se um corpo está em movimento sob ação exclusiva de seu peso, ele adquire uma aceleração denominada **aceleração da gravidade**, que indicaremos por $\vec{g}$.

Esse vetor tem a direção da vertical do local do movimento do corpo e sentido apontando para o centro da Terra. O módulo de $\vec{g}$ varia de local para local, mas, nas proximidades da superfície da Terra, seu valor é aproximadamente 9,8 m/s².

- **Composição de movimento**

Uma embarcação desloca-se em trajetória retilínea em um rio cuja correnteza tem velocidade $\vec{v}_1$ de módulo 4 $\frac{m}{s}$, em um trecho em que as margens são paralelas. A velocidade $\vec{v}_2$ da embarcação tem módulo 10 $\frac{m}{s}$.

Vamos determinar o módulo da velocidade resultante $\vec{v}_R$ da embarcação em relação às margens quando:

- A embarcação "desce" o rio.

Nesse caso, o sentido de deslocamento da embarcação é o mesmo que o da correnteza. Assim, $\vec{v}_1$ e $\vec{v}_2$ têm mesma direção (paralela às margens) e mesmo sentido:

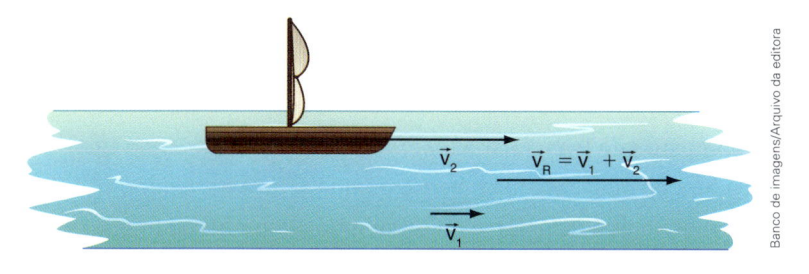

$$\|\vec{v}_R\| = \|\vec{v}_1\| + \|\vec{v}_2\| = 4 \frac{m}{s} + 10 \frac{m}{s} = 14 \frac{m}{s}$$

- A embarcação "sobe" o rio.

Nesse caso, $\vec{v}_1$ e $\vec{v}_2$ têm mesma direção (paralela às margens), mas sentidos opostos:

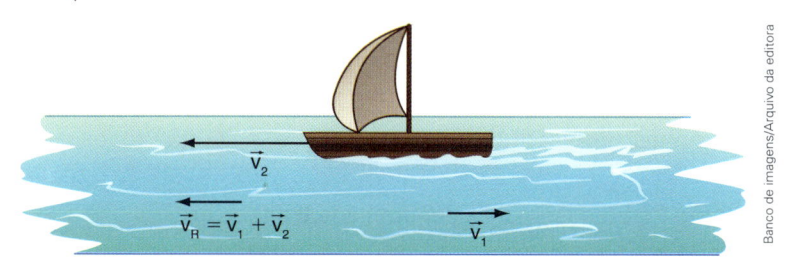

$$\|\vec{v}_R\| = \|\vec{v}_2\| - \|\vec{v}_1\| = 10 \frac{m}{s} - 4 \frac{m}{s} = 6 \frac{m}{s}$$

APÊNDICE 2
Isometrias no plano

Uma **transformação geométrica** entre duas figuras é uma função bijetora entre elas, de modo que, a partir de uma figura, obtém-se outra semelhante ou não à primeira.

Uma **isometria** é uma transformação geométrica que preserva as medidas dos segmentos e as medidas dos ângulos nas duas figuras.

Observe os barquinhos das figuras 1, 2, 3 e 4:

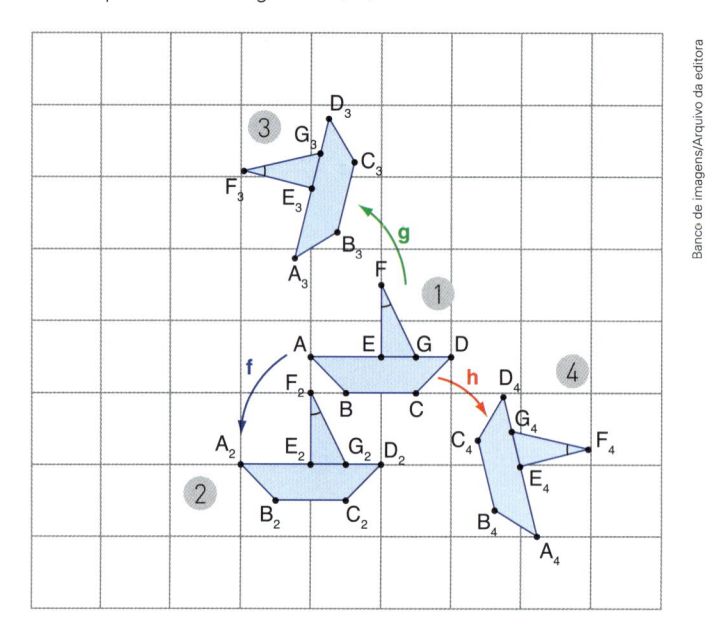

- **f** é a função que transforma o barquinho ① no barquinho ②.
- **g** é a função que transforma o barquinho ① no barquinho ③.
- **h** é a função que transforma o barquinho ① no barquinho ④.

Observe, por exemplo, o segmento $\overline{AB}$ e os segmentos correspondentes $\overline{A_2B_2}$, $\overline{A_3B_3}$ e $\overline{A_4B_4}$, em ①, ② e ③, respectivamente. Todos têm a mesma medida.

Em geral, qualquer segmento em ① é congruente ao seu "transformado" em ②, ③ ou ④.

Observe agora o ângulo $E\hat{F}G$ e os ângulos correspondentes $E_2\hat{F}_2G_2$, $E_3\hat{F}_3G_3$ e $E_4\hat{F}_4G_4$, em ②, ③ e ④, respectivamente. Todos têm a mesma medida.

Em geral, qualquer ângulo em ① é congruente ao seu "transformado" em ②, ③ ou ④.

Os barquinhos representados em ①, ②, ③ e ④ são todos congruentes entre si.

- A função **f** é uma isometria denominada **translação**.
- A função **g** é uma isometria denominada **rotação**.
- A função **h** é uma isometria denominada **reflexão**.

Neste apêndice, vamos estudar com detalhes essas isometrias.

Translação

Observe as regiões **T** e **T'** limitadas pelos triângulos de vértices ABC e A'B'C', respectivamente, e o vetor $\vec{v} = (-1, -5)$.

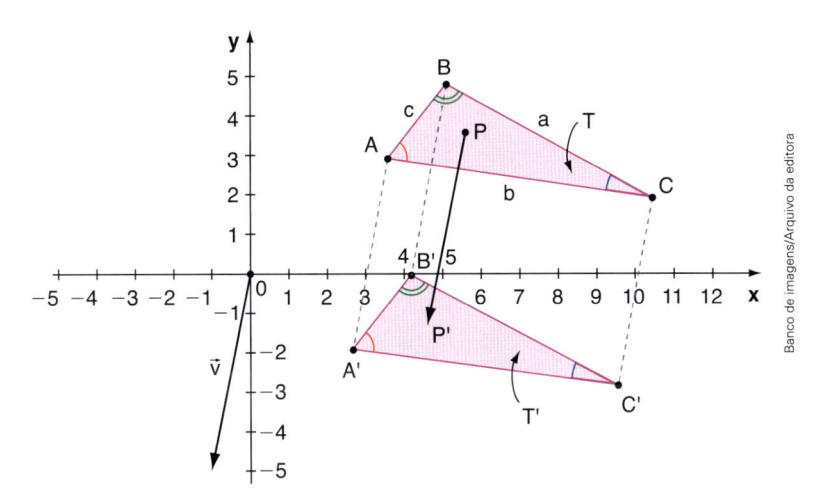

Para cada ponto P ∈ T corresponde um ponto P' ∈ T' tal que $\vec{v} = PP'$, isto é, o segmento orientado PP' é um representante de $\vec{v}$.

Dizemos que **T'** é obtido a partir de **T** por meio de uma **translação segundo o vetor** $\vec{v}$, ou ainda, **T'** é obtido a partir da translação de **T** por $\vec{v}$.

Observe que:

- $\overline{AB} \equiv \overline{A'B'}$, $\overline{BC} \equiv \overline{B'C'}$ e $\overline{AC} \equiv \overline{A'C'}$: a translação preserva as medidas dos segmentos. Qualquer segmento de reta em **T** é transformado em um segmento de reta com a mesma medida e a mesma direção em **T'**. Note na figura que: $\overline{AB} \parallel \overline{A'B'}$, $\overline{BC} \parallel \overline{B'C'}$ e assim por diante.

- Os ângulos assinalados com a mesma cor em **T** e **T'** são congruentes, isto é, a translação preserva as medidas dos ângulos.

- Os segmentos orientados AA', BB', CC' e PP' são equipolentes; cada um deles é um representante de $\vec{v}$.

Exercícios resolvidos

1. Em uma malha quadriculada, represente **T** e **T'**, sendo **T'** obtido pela translação de **T** segundo o vetor:

a) $\vec{u}$

b) $\vec{v}$

c) $\vec{w}$

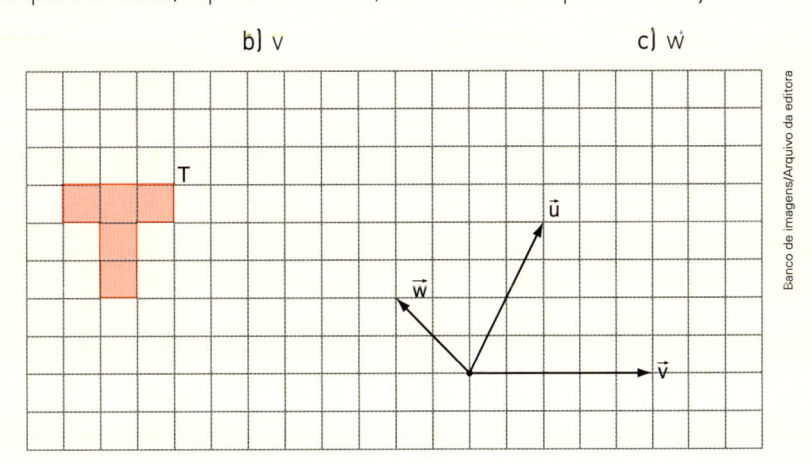

Solução:

a)

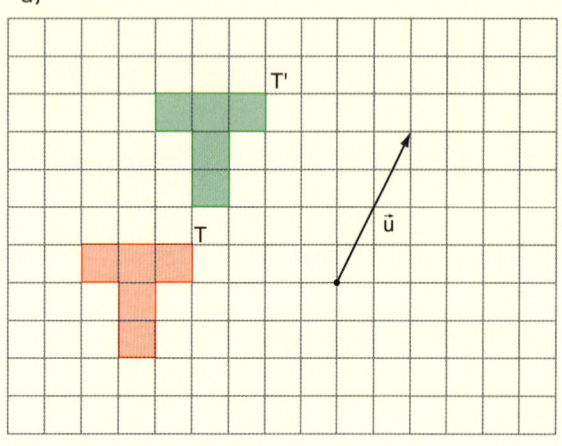

b)

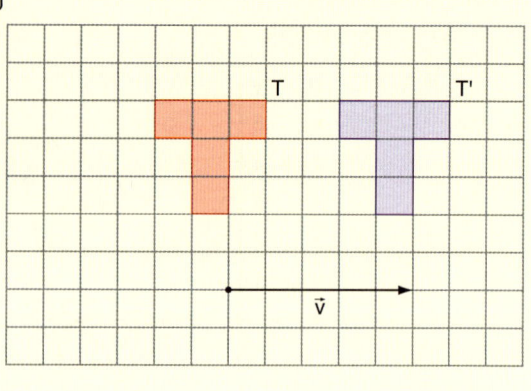

c)

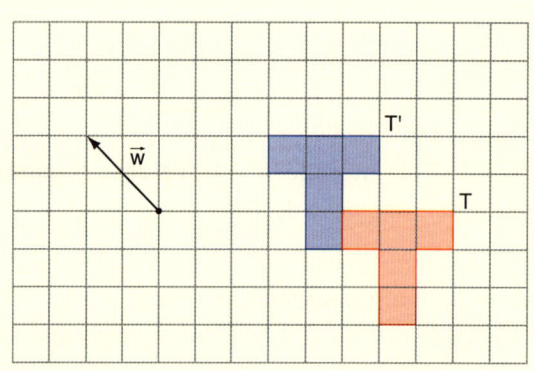

2. Seja **Q** a região limitada pelo quadrilátero ABCD:

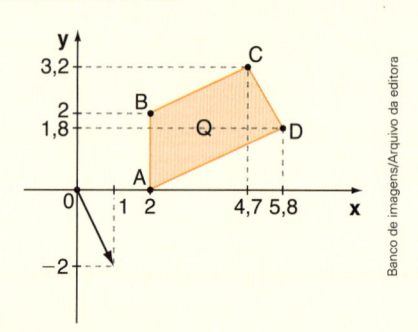

Obtenha as coordenadas do quadrilátero A'B'C'D' obtido pela translação de **Q** segundo o vetor $\vec{u} = (1, -2)$.

Solução:

Seja A'$(x_{A'}, y_{A'})$ a imagem de **A**; temos que $\overrightarrow{AA'} = \vec{u} = (1, -2)$. Daí:

$\begin{cases} x_{A'} - x_A = 1 \Rightarrow x_{A'} = 1 + x_A = 1 + 2 = 3 \\ y_{A'} - y_A = -2 \Rightarrow y_{A'} = -2 + y_A = -2 + 0 = -2 \end{cases}$; A'(3, −2)

Analogamente temos:

- $\overrightarrow{BB'} = \vec{u}$; $x_{B'} - 2 = 1 \Rightarrow x_{B'} = 3$ e $y_{B'} - 2 = -2 \Rightarrow y_{B'} = 0$; B'(3, 0)

- $\overrightarrow{CC'} = \vec{u}$; $x_{C'} - 4,7 = 1 \Rightarrow x_{C'} = 5,7$ e $y_{C'} - 3,2 = -2 \Rightarrow y_{C'} = 1,2$; C'(5,7; 1,2)

- $\overrightarrow{DD'} = \vec{u}$; $x_{D'} - 5,8 = 1 \Rightarrow x_{D'} = 6,8$ e $y_{D'} - 1,8 = -2 \Rightarrow y_{D'} = -0,2$; D'(6,8; −0,2)

Exercícios

1. Em cada item, represente, em uma malha quadriculada, o triângulo ABC e o triangulo A'B'C', obtido pela translação de ABC segundo o vetor $\vec{u}$:

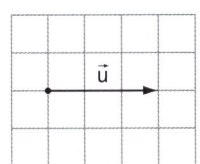

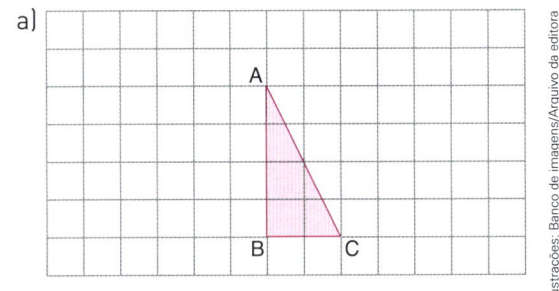

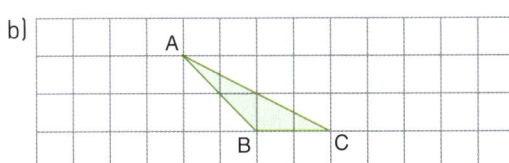

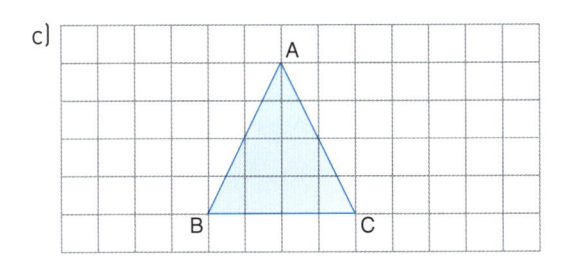

a)

b)

c)

2. Sejam o polígono ABCDE e o polígono A'B'C'D'E', obtido pela translação do primeiro segundo um vetor. Para cada item, represente em uma malha quadriculada ambos os polígonos, considerando a translação segundo o vetor:

a) $\vec{u}$
b) $\vec{v}$
c) $\vec{w}$

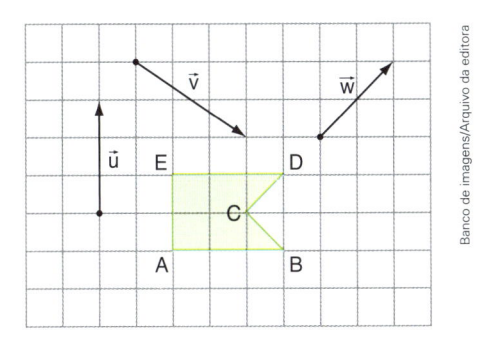

3. Considere a figura **F** e o vetor $\vec{v}$ representados abaixo.

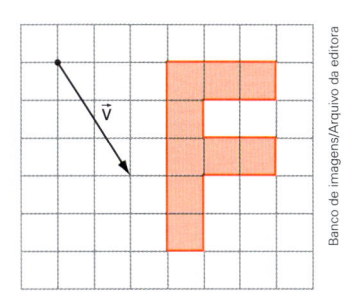

Represente, em um quadriculado, **F** e **F'**, sendo **F'** a figura obtida pela translação de **F** por $\vec{v}$.

4. No plano cartesiano a seguir, o quadrado **Q'** é obtido a partir de uma translação do quadrado **Q** pelo vetor $\vec{v}$.

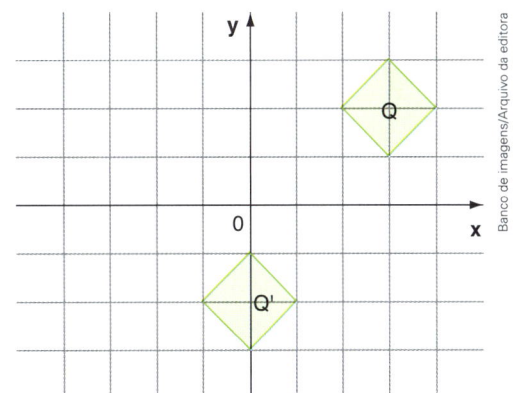

Determine as coordenadas de $\vec{v}$.

5. No plano cartesiano abaixo, a região C_1 (limitada por duas circunferências concêntricas) é transladada por um vetor $\vec{v}$, originando C_2.

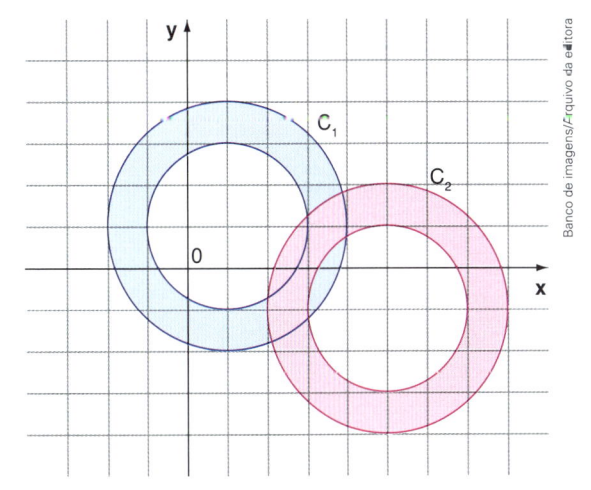

Determine as coordenadas de $\vec{v}$.

Rotação

Observe as regiões **Q** e **Q'** limitadas pelos quadriláteros ABCD e A'B'C'D', respectivamente.

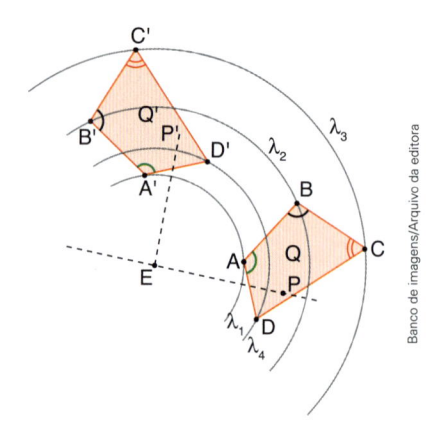

Para cada ponto P ∈ Q corresponde um ponto P' ∈ Q' tal que:
- $\overline{PE} \equiv \overline{P'E}$
- med($P\hat{E}P'$) = 90°

Dizemos que **Q'** é obtido a partir de **Q** por meio de uma rotação (giro) de 90°, no sentido anti-horário e centro em **E**.

Observe que:
- AE = A'E; **E** é o centro da circunferência λ_1 que passa por **A** e **A'**; med($A\hat{E}A'$) = 90°.

- BE = B'E; **E** é o centro da circunferência λ_2 que passa por **B** e **B'**; med($B\hat{E}B'$) = 90°.

- CE = C'E; **E** é o centro da circunferência λ_3 que passa por **C** e **C'**; med($C\hat{E}C'$) = 90°.

- $\overline{AB} \equiv \overline{A'B'}$; $\overline{BC} \equiv \overline{B'C'}$; $\overline{CD} \equiv \overline{C'D'}$; etc.

  Isto é, a rotação preserva as medidas dos segmentos. Qualquer segmento de reta em **Q** é transformado em um segmento de reta com a mesma medida em **Q'**, porém, em geral, esses dois segmentos **não** têm a mesma direção.

- Os ângulos assinalados com a mesma cor em **Q** e **Q'** são congruentes, isto é, a rotação preserva as medidas dos ângulos.

Exercícios resolvidos

3. Seja **T** a região limitada pelo triângulo ABC da figura a seguir.

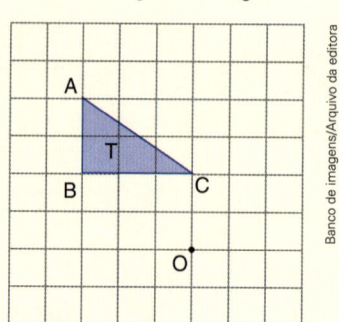

Represente, em um quadriculado, **T** e **T'**, sendo **T'** a imagem de **T** obtida por rotação de 90°, com centro em **O**, no sentido horário.

Solução:
Devemos ter:

med(CÔC') = 90°, com CO = C'O;

med(BÔB') = 90°, com BO = B'O;

med(AÔA') = 90°, com AO = A'O.

Observe, na figura abaixo, a justificativa de que med(BÔB') = 90°:

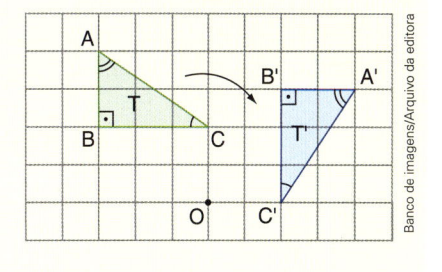

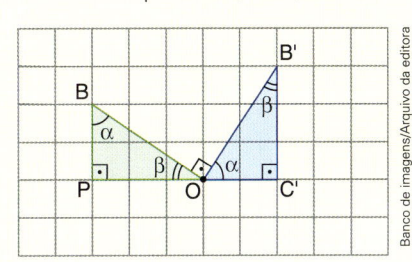

No triângulo retângulo BPO, α e β são complementares e os triângulos BPO e OC'B' são congruentes. Daí segue que med(BÔB') = 90°.

Analogamente, tem-se que med(AÔA') = 90°.

4. Da rotação do triângulo ABC no sentido anti-horário, com centro em **D** e ângulo de 60°, obtém-se o triângulo A'B'C'.

Associe os pontos **A'**, **B'** e **C'** aos vértices do triângulo obtido.

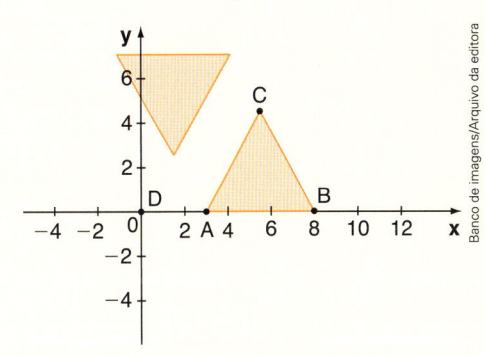

Solução:
É preciso lembrar que:

- med(AD̂A') = 60°; med(BD̂B') = 60° e med(CD̂C') = 60°

- **A'** pertence à circunferência de centro em **D** e raio de medida AD;

- **B'** pertence à circunferência de centro em **D** e raio de medida BD;

- **C'** pertence à circunferência de centro em **D** e raio de medida CD.

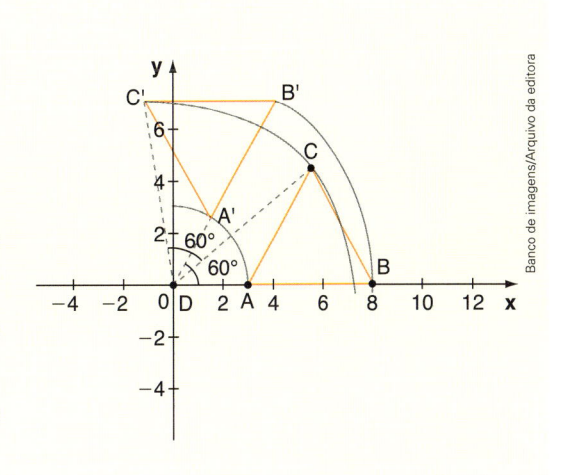

Exercícios

6. Considere o quadrilátero não convexo ABCD e o ponto **E**, representados na malha a seguir.
Reproduza-o, em malha quadriculada, junto com o quadrilátero A'B'C'D' obtido pela rotação de ABCD, com centro em **E**, de 90° no sentido anti-horário.

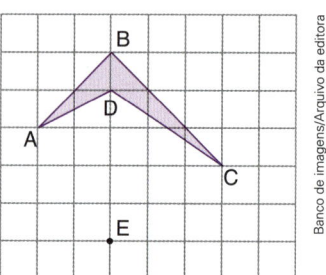

7. Considere o triângulo ABC e o ponto **P** e a rotação de 180° desse triângulo, com centro em **P**.

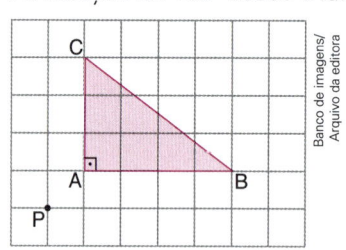

Represente, em uma malha quadriculada, o triângulo ABC e o triângulo A'B'C' obtido na rotação, considerando-a no sentido:

a) horário

b) anti-horário

8. Repita o exercício anterior, considerando que o ângulo de rotação seja de 90°.

9. A rotação do triângulo ABC de um ângulo **θ**, com centro em D(0, 1), no sentido anti-horário, gerou o triângulo A'B'C'.

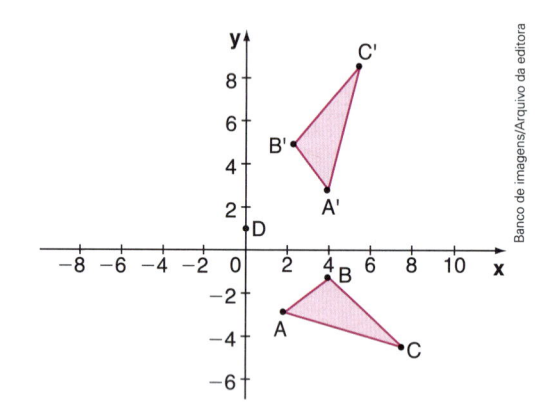

Qual das alternativas seguintes pode representar a medida de **θ**?

a) 30°
b) 45°
c) 60°
d) 90°
e) 180°

10. Observe o retângulo ABCD ao lado.
Represente o retângulo obtido considerando a rotação do retângulo ABCD, no sentido anti-horário, com centro em **B** e ângulo de rotação com medida igual a:

a) 90°

b) 180°

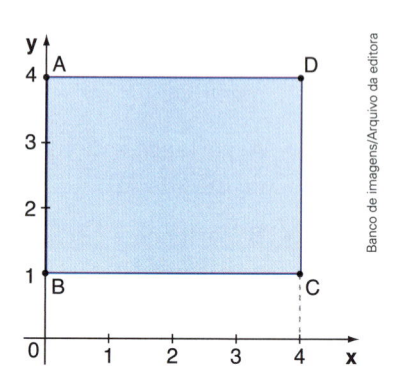

Reflexão

Observe ao lado as regiões **R** e **R'** limitadas pelos pentágonos ABCDE e A'B'C'D'E'; seja r = $\overleftrightarrow{FG}$.

A cada ponto P ∈ R corresponde um ponto P' ∈ R' tal que:

- $\overline{PP'} \perp r$
- $d_{P,r} = d_{P',r}$

Dizemos que **R'** é a imagem de **R** obtida por reflexão sobre **r**. A reta **r** é o eixo de reflexão.

Observe que:

A distância de **P** a **r** é a distância entre os pontos **P** e **O**, sendo **O** a interseção de **r** com a reta perpendicular a **r**, conduzida por **P**.

- $\overline{AA'} \perp r$; $d_{A,r} = d_{A',r}$
- $\overline{CC'} \perp r$; $d_{C,r} = d_{C',r}$; e assim por diante.
- $\overline{AB} \equiv \overline{A'B'}$; $\overline{BC} \equiv \overline{B'C'}$; $\overline{CD} \equiv \overline{C'D'}$; e assim por diante. Dizemos que a reflexão preserva as medidas dos segmentos. Em geral, porém, um segmento de reta em **R** e seu "transformado" (ou correspondente) em **R'** não têm a mesma direção.
  Note que $\overline{AE} \equiv \overline{A'E'}$ **não** são paralelos, assim como $\overline{BC}$ e $\overline{B'C'}$; $\overline{AB}$ e $\overline{A'B'}$; $\overline{CD}$ e $\overline{C'D'}$. Apenas $\overline{ED} \parallel \overline{E'D'}$.
- Os ângulos assinalados com a mesma cor em **P** e **P'** são congruentes, isto é, a reflexão preserva as medidas dos ângulos.
- Dobrando-se a folha segundo a reta r = $\overleftrightarrow{FG}$, as regiões **R** e **R'** sobrepõem-se ponto a ponto. Dizemos que **R** e **R'** são simétricos em relação a **r**.

OBSERVAÇÃO

No quadriculado, o lado de cada quadradinho mede 1 unidade de medida de comprimento ou, simplesmente, 1.

Como as diagonais de um quadrado são também bissetrizes dos ângulos internos, cada um dos ângulos destacados mede 45°, de modo que $\overline{PP'} \perp r$.

Pelo teorema de Pitágoras, temos que:

$$d_{P,r} = d_{P,O} = \sqrt{2} = d_{P',r} = d_{P',O}$$

P' e **P** são simétricos em relação à reta **r**.

Analogamente, **Q** e **Q'** são simétricos em relação a **r**:

$\overline{QQ'} \perp r$ (no quadradinho destacado, lembre que as diagonais de um quadrado são perpendiculares).

$$d_{Q,r} = \sqrt{2} + \frac{\sqrt{2}}{2} = \frac{3\sqrt{2}}{2} = d_{Q',O}$$

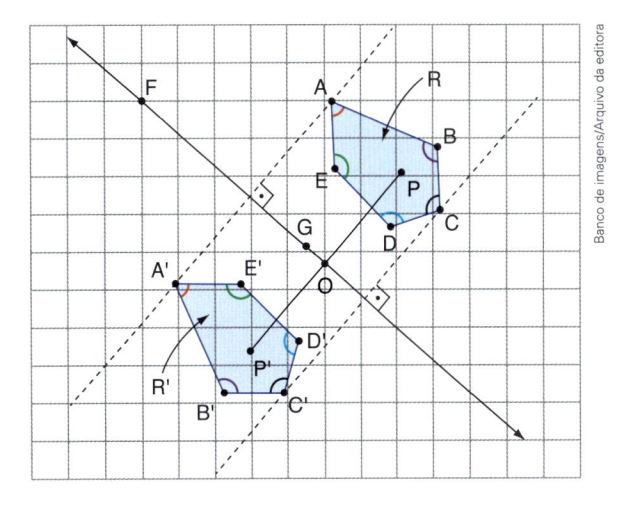

Exercício resolvido

5. Observe na malha a seguir a região **T** limitada pelo trapézio ABCD.

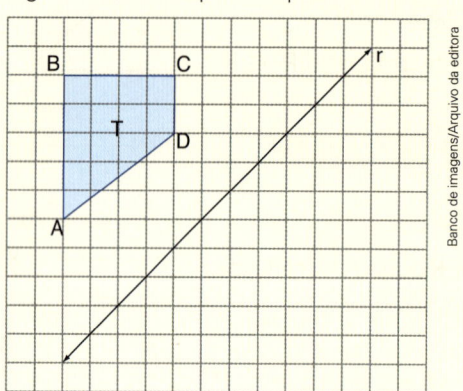

Represente, em uma malha quadriculada, **T** e sua imagem **T'**, obtida por reflexão sobre **r**. Considere que o lado de cada quadradinho mede 1.

Solução:
Observe que:

- $\overline{AA'} \perp r$ e $d_{A,r} = d_{A',r} = 2\sqrt{2} + \dfrac{\sqrt{2}}{2} = \dfrac{5\sqrt{2}}{2}$;

- $\overline{BB'} \perp r$ e $d_{B,r} = d_{B',r} = 5\sqrt{2}$;

- $\overline{CC'} \perp r$ e $d_{C,r} = d_{C',r} = 3\sqrt{2}$;

- $\overline{DD'} \perp r$ e $d_{D,r} = d_{D',r} = 2\sqrt{2}$.

Note ainda que:
AB = A'B' = 5; BC = B'C' = 4; CD = C'D' = 2; AD = A'D' = 5
T' é a imagem de **T** obtida por reflexão sobre **r**.

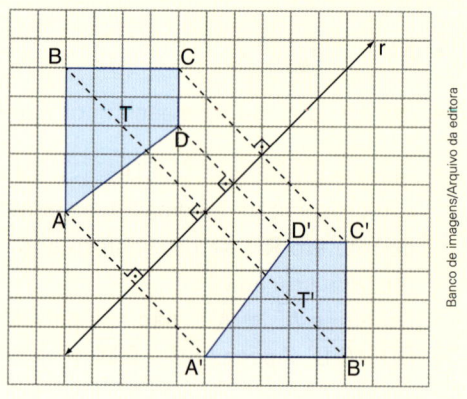

Exercícios

11. Sejam **Q** a região limitada pelo quadrilátero ABCD e **Q'** obtida pela reflexão de **Q** em relação a **r**. Associe os vértices do quadrilátero que limita **Q'** aos pontos **A'**, **B'**, **C'** e **D'**.

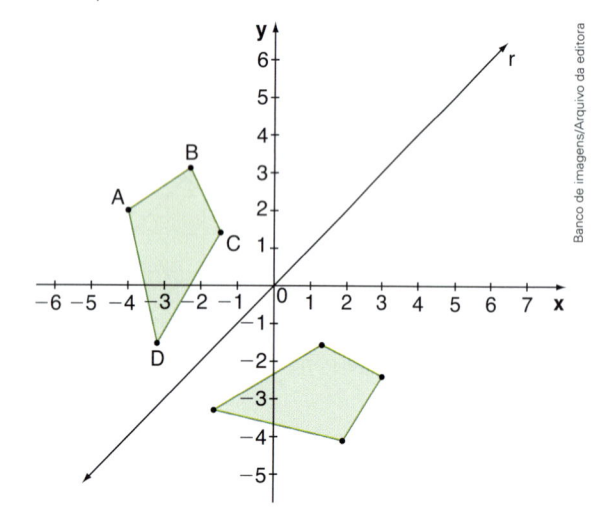

12. Seja **R** a região limitada pelo pentágono ABCDE. Represente, em uma malha quadriculada, **R** e **R'**, sendo **R'** a região obtida pela reflexão de **R** sobre **r**.

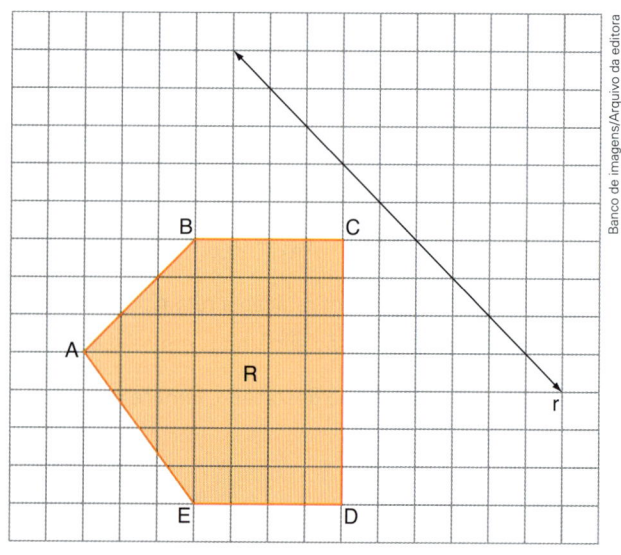

13. Observe a região **T** limitada por um triângulo retângulo. Represente, em uma mesma malha quadriculada, as regiões **T₁**, **T₂** e **T₃**, obtidas pela reflexão de **T** sobre cada uma das retas: **r**, **s** e **t**, respectivamente:

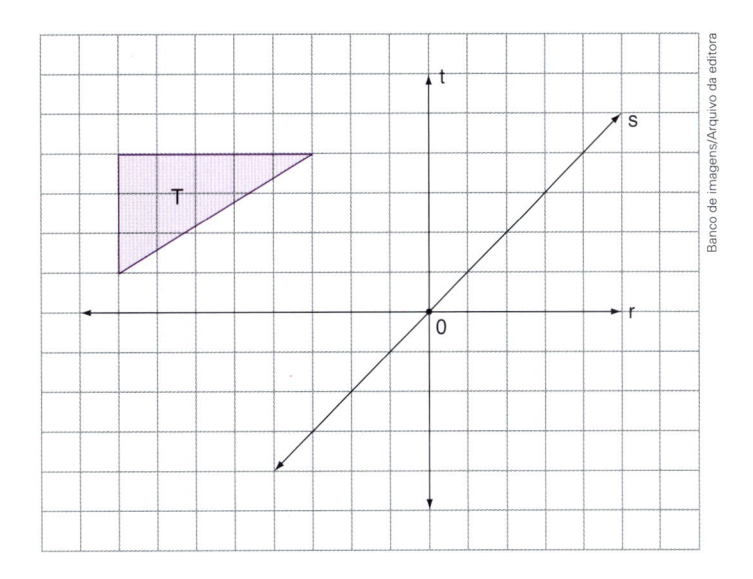

14. Seja **R** a região limitada pelo polígono ABCDEFG, sendo A(−4, 1), B(−4, 3), C(−2, 3), D(−2, −3), E(−3, −1), F(−5, −1) e G(−5, 1).

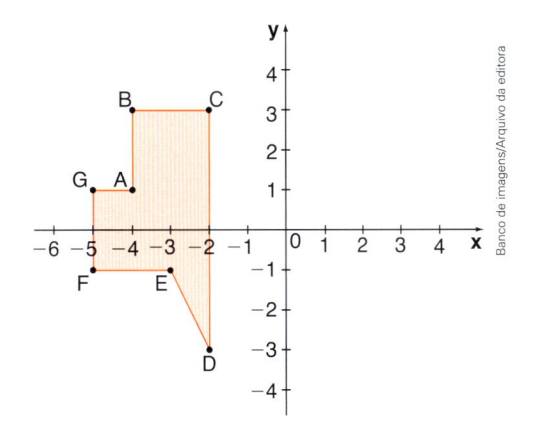

  a) Represente, em um mesmo sistema de coordenadas cartesianas, **R** e **R'**, sendo **R'** a região obtida pela reflexão do polígono **R** sobre o eixo das ordenadas.

  b) Obtenha os vértices do polígono determinado por **R'**.

  c) Obtenha o perímetro e a área de **R** e de **R'**.

15. Represente, em um quadriculado, **F** e **F'**, sendo **F'** a imagem de **F** obtida por reflexão sobre **r**.

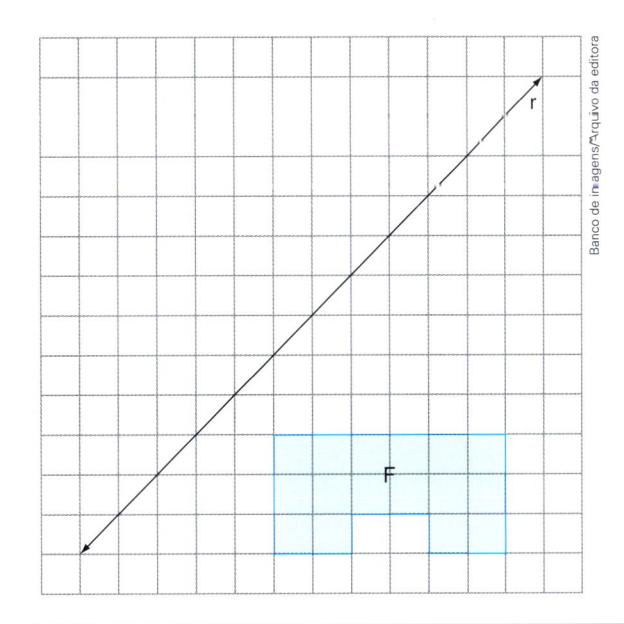

Reflexão deslizante

Na figura seguinte considere:
- Os polígonos ABCDEFGH, A'B'C'D'E'F'G'H' e A"B"C"D"E"F"G"H".
- O segmento orientado IJ, em que I(12, 6) e J(12, 1). IJ é um representante do vetor $\vec{u}$, cujas ordenadas são: (12 − 12, 1 − 6), isto é, $\vec{u} = (0, -5)$.
- A reta destacada, cuja equação é x = 0, representa o eixo das ordenadas.

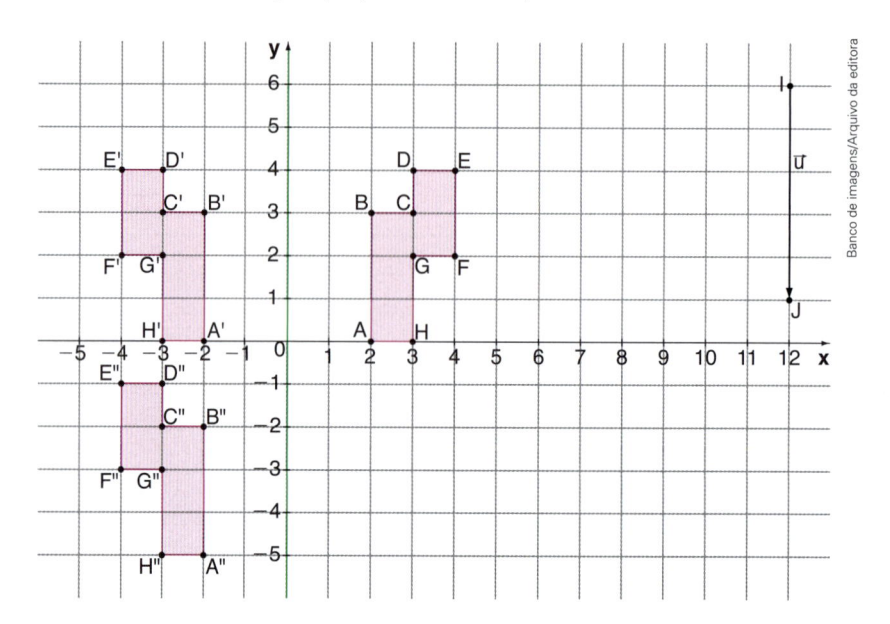

A região **R"**, limitada pelo polígono A"B"C"D"E"F"G"H", foi obtida pela aplicação sucessiva de duas isometrias:

1ª) A reflexão de **R** em relação à reta destacada (eixo **y**) resultou em **R'**, região limitada pelo polígono A'B'C'D'E'F'G'H'.

2ª) A translação de **R'** segundo o vetor $\vec{u}$ resultou em **R"**.

Dizemos que **R"** é a imagem de **R** obtida por **reflexão deslizante** de **R**.

Observe que, se tivéssemos primeiro aplicado sobre **R** a translação segundo o vetor $\vec{u}$ e, em seguida, a reflexão da imagem obtida em relação ao eixo **y**, teríamos obtido a mesma região **R"**:

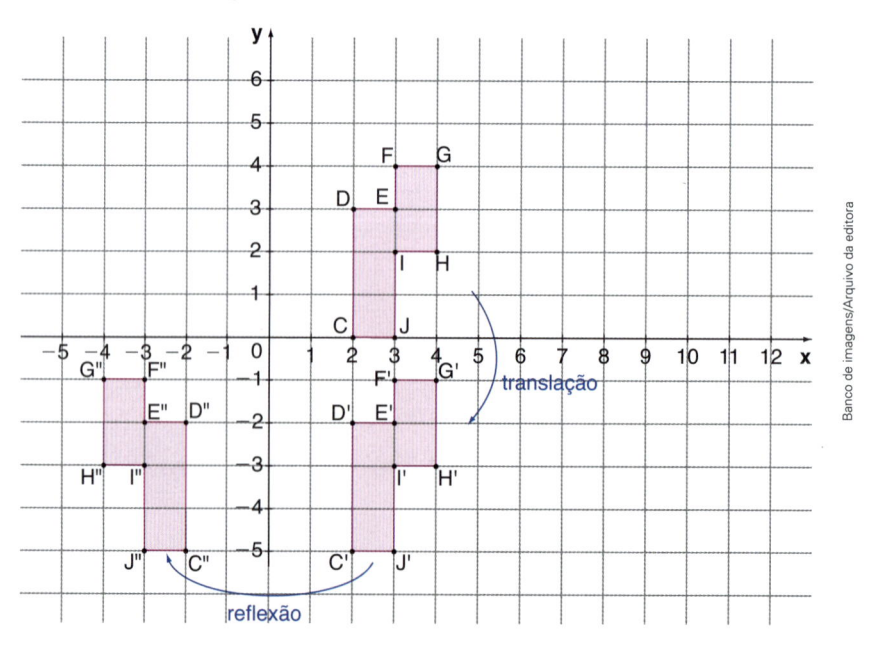

Exercício resolvido

6. Seja **T** a região limitada pelo trapézio ABCD.

a) Represente, em uma malha quadriculada, a região **T"** obtida por reflexão deslizante de **T**. Considere a reflexão sobre **r** e a translação segundo o vetor $\vec{v}$.

b) Inserindo, convenientemente, um sistema de coordenadas cartesianas em que **A** é a origem e $\overline{AB}$ e $\overline{AD}$ são os eixos horizontal e vertical, respectivamente, determine as coordenadas dos vértices de trapézio A"B"C"D", obtido pela reflexão deslizante.

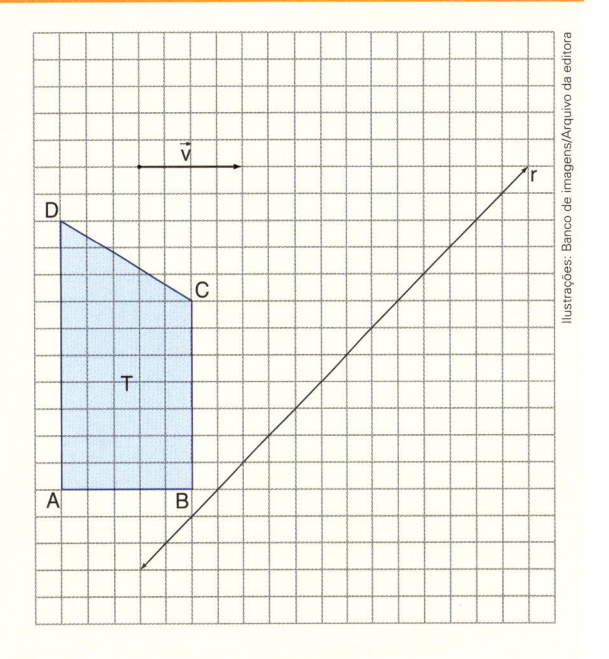

Solução:

a) Inicialmente, obtemos a imagem **T'** por reflexão de **T** sobre **r**.

Aplicamos, sobre a imagem **T'**, a translação segundo o vetor $\vec{v}$, obtendo a região **T"**, limitada pelo trapézio de vértices A"B"C"D".

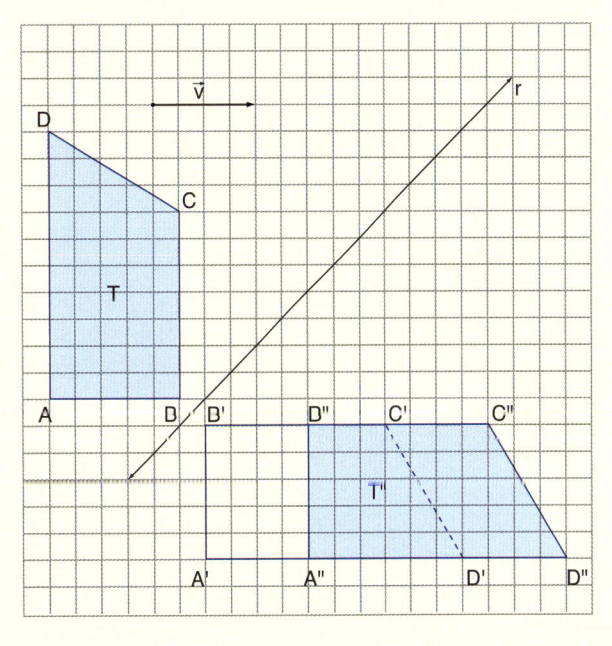

b) Considerando A(0, 0), B(5, 0), C(5, 7) e D(0, 10), temos:
Por reflexão de **T** sobre **r**, obtemos **T'**, com:
A'(6, −6), B'(6, −1), C'(13, −1) e D'(16, −6).
Por translação de **T'** segundo o vetor $\vec{v}$, obtemos **T"** com:
A"(10, −6), B"(10, −1), C"(17, −1) e D"(20, −6).

Exercícios

16. Represente, em uma malha quadriculada, **T** e **T'**, sendo **T'** a imagem de **T** por reflexão deslizante. Considere a reta **r** e o vetor $\vec{v}$ indicados:

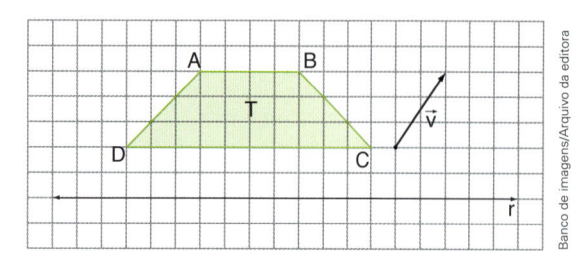

17. Em cada item, represente **L** e **L'**, sendo **L'** a imagem de **L** obtida por reflexão deslizante segundo o vetor $\vec{v}$ e a reta:

a) **s** b) **t** c) **r**

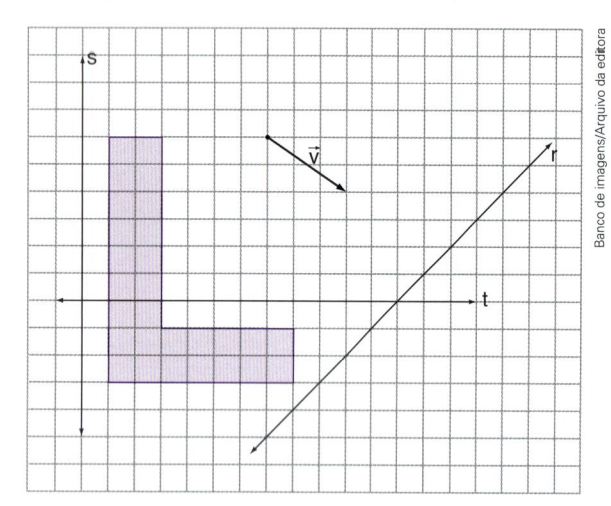

18. Na figura, seja **T** a região limitada pelo triângulo ABC, sendo A(−1, 1), B(−5, 1) e C(−3, 4). Considere **r** a reta de equação y = x (**r** é a bissetriz dos quadrantes ímpares) e o vetor $\vec{v} = (-2, -2)$.

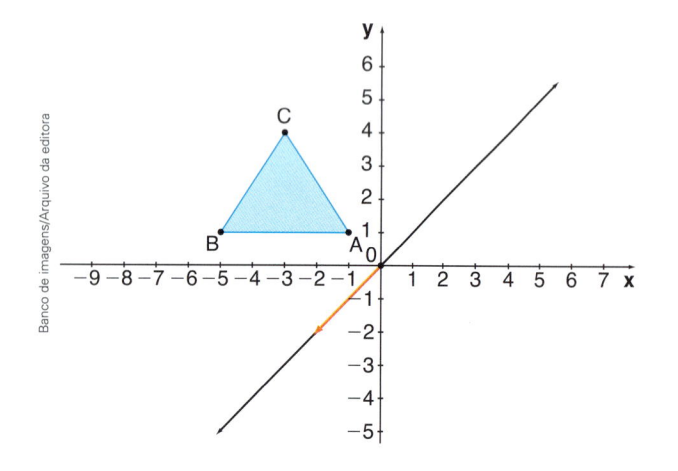

Determine as coordenadas do triângulo A'B'C' obtido pela reflexão deslizante de **T**, segundo a reta **r** e o vetor $\vec{v}$.

19. Observando as quatro figuras, podemos associar as figuras II, III e IV às isometrias aplicadas sobre a figura I.

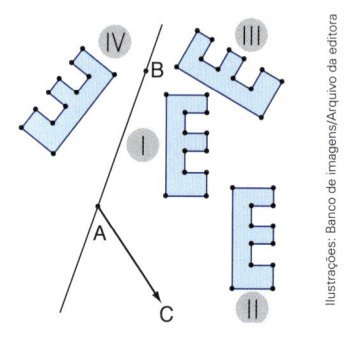

Faça essa associação.

Enunciado para questões 20 e 21.

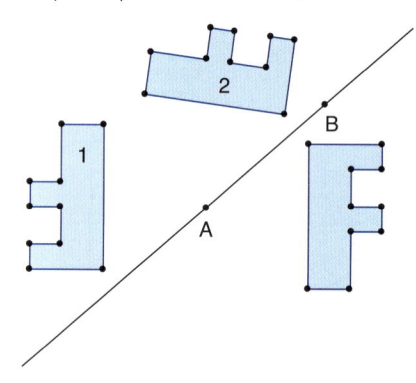

20. As regiões 1 e 2 foram obtidas, a partir de **F**, por meio, respectivamente, de:

a) translação e rotação.
b) rotação e rotação.
c) rotação e reflexão.
d) reflexão e reflexão.
e) rotação e translação.

21. Considerando a rotação do item anterior, podemos afirmar que o centro, o ângulo e o sentido são respectivamente:

a) **A**, 90°, horário
b) **A**, 180°, horário
c) **A**, 45°, anti-horário
d) **A**, 180°, anti-horário
e) **B**, 90°, anti-horário

Respostas

Capítulo 8 – Função logarítmica

Exercícios

1. a) 4 c) 4 e) 5 g) 5
b) 2 d) 3 f) 2 h) 3

2. a) -2 f) -2
b) $\frac{1}{2}$ g) $-\frac{3}{2}$
c) $\frac{4}{3}$ h) $-\frac{2}{3}$
d) $\frac{7}{2}$ i) -2
e) $\frac{1}{4}$ j) -1

3. $B < D < C < A$

4. a) 0 c) 6 e) $\frac{1}{3}$
b) -2 d) 5 f) $\frac{3}{2}$

5. a) $-\frac{2}{3}$ d) 5
b) $\frac{1}{6}$ e) $\frac{1}{9}$
c) $-\frac{3}{4}$ f) 4

6. a) -2 c) -1 e) 3
b) $-\frac{1}{2}$ d) 1 f) -4

7. a) $x = 16$ c) $x = 1$
b) $x = \frac{1}{3}$ d) $x = \frac{11}{6}$

8. a) $x = 81$
b) $x = 4$
c) $x = 2$
d) $x = 4$
e) $0 < x$ e $x \ne 1$.
f) $x = 5$

9. a) -2 c) 12 e) -1
b) $\frac{1}{7}$ d) $-\frac{4}{9}$

10. $B = C < A < D$

11. $m = 16$; a raiz é -2.

12. a) 128 c) 343
b) $\frac{5}{4}$ d) 16
  e) $\sqrt{7}$

13. $11^3 = 1\,331$

14. a) 1 f) 3
b) 0 g) 8
c) -1 h) 25
d) 8 i) $2e^2$
e) -1 j) -6

15. a) 1 c) 0 e) $-\frac{3}{2}$
b) -5 d) 7 f) 4

16. a) $1 + \log_5 a - \log_5 b - \log_5 c$
b) $2 \log b - 1 - \log a$
c) $\log_3 a + 2 \log_3 b - \log_3 c$
d) $3 + \log_2 a - 3 \log_2 b - 2 \log_2 c$
e) $\frac{3}{2} + \log_2 a + \frac{3}{2} \log_2 b$

17. a) $a + b$
b) $b - a$
c) $1 - a$
d) $b + 1$
e) $-2a$
f) $3a + 2b$
g) $b - 1$
h) $\frac{1}{3}(a + 2b) - \frac{1}{3}$
i) $3a + b - 3$
j) $b - 2a$
k) $a + 4$

18. a) abc c) $\frac{a}{9b}$
b) $\frac{a^3 \cdot c^2}{b}$ d) $\frac{\sqrt{a}}{b}$

19. a) 1 b) 1 c) -2

20. a) 60
b) $\sqrt{12}$
c) $\frac{1}{3}$
d) 625

21. a) 3,48 e) $-1,22$
b) $-2,7$ f) 1,68
c) 0,24 g) 2,1
d) 1,3

22. a) 3,32
b) 8,96
c) 10,64
d) $-0,77\overline{3}$
e) $-0,96$

23. a) F c) V e) V
b) V d) F f) V

24. a) 68%
b) 99 minutos.

25. $1 - a$

26. Sim; devemos ter $x + y = xy$.
Exemplos: $x = \frac{5}{2}$ e $y = \frac{5}{3}$, ou $x = 10$ e $y = \frac{10}{9}$, etc.

27. a) $\frac{\log_2 3}{\log_2 5}$ c) $\frac{2}{\log_2 3}$
b) $\frac{\log_2 5}{\log_2 10}$ d) $\frac{\log_2 3}{\log_2 e}$

28. a) 0,625
b) 0,686
c) $2,\overline{3}$
d) $4,1\overline{6}$
e) 2,1
f) aproximadamente $-0,1923$

29. a) $\frac{1}{2}$ b) $\frac{1}{3}$ c) $\frac{1}{2}$ d) 1

30. a) $\frac{1}{a}$ c) $\frac{1+a}{a}$
b) $\frac{1}{2a}$ d) $\frac{2}{3a}$

31. a) 1
b) $\log_6 2$
c) $\frac{3}{8}$
d) 11

32. a) $D = \{x \in \mathbb{R} \mid x > 1\}$
b) $D = \left\{x \in \mathbb{R} \mid x > \frac{2}{3}\right\}$
c) $D = \{x \in \mathbb{R} \mid x < -3$ ou $x > 3\}$
d) $D = \mathbb{R}$
e) $D = \left\{x \in \mathbb{R} \mid 1 < x < \frac{4}{3}\right\}$

33. a) V
b) V
c) F; $f(10x) = 1 + f(x)$
d) V
e) V

34. a) [gráfico: pontos $(1/9, -2)$, $(1/3, -1)$, passando por $(1, 0)$, $(3, 1)$, $(9, 2)$]

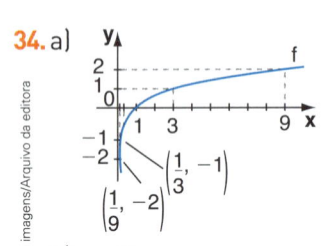

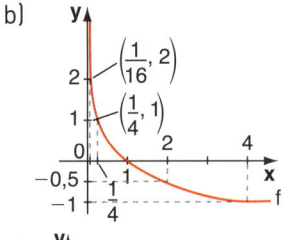

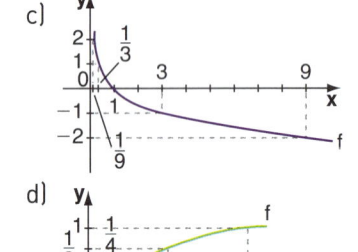

b) [gráfico: pontos $(1/16, 2)$, $(1/4, 1)$, $(1, 0)$, $(4, -1)$]

c) [gráfico: pontos $(1/9, 2)$, $(1/3, 1)$, $(1, 0)$, $(3, -1)$, $(9, -2)$]

d) [gráfico: pontos $(1/4, -1)$, $(1, 0)$, $(2, 1/2)$, $(4, 1)$]

35. a) $Dm(f) = \,]-1, +\infty[$
b) $a = 3$; $b = 2$.

36. a) $k = -1$ c) 10
b) 3 u.a.

37. b, d e f.

38. a) 425 funcionários.
b) 25 funcionários.
c) 3,125 funcionários/ano.

39. a) R$ 20 800,00
b) Diminui R$ 200,00.

40. $\dfrac{127}{8}$ u.a.

41. a) $g(x) = -\dfrac{3}{2}x + \dfrac{3}{2}$
b) $x > 1$
c) $\dfrac{7}{2}$

42. a) $\log_{\frac{1}{3}} 4$ c) $\log_{\frac{1}{2}} \sqrt{2}$
b) $\log_2 (\pi^2)$

43. a) $S = \{2{,}08\overline{3}\}$
b) $S = \{0{,}8\}$
c) $S = \{4{,}8\}$
d) $S = \{0{,}78\}$
e) $S = \{2{,}\overline{3}\}$
f) $S = \{0{,}625\}$
g) $S = \{2{,}2\}$
h) $S = \{1{,}6\}$

44. 4,5 anos.

45. a) R$ 2 400,00; R$ 2 880,00.
b) 12 anos; 22 anos.

46. a) R$ 600 000,00
b) R$ 60 000,00
c) 10%
d) 30 anos.

47. a) $p = 30\,000$ e $q = 0{,}9$.
b) 10 anos e 5 meses.

48. a) 24 anos.   b) 35 anos.

49. a) $\dfrac{1}{29}$
b) 67,28 anos.

50. 15 meses.

51. a) R$ 360,00
b) 7 anos.

52. a) $S = \{3\}$ c) $S = \left\{\dfrac{11}{6}\right\}$
b) $S = \{3, 7\}$

53. a) $S = \{13\}$
b) $S = \left\{1, \dfrac{1}{2}\right\}$
c) $S = \left\{-1, \dfrac{5}{2}\right\}$
d) $S = \left\{\dfrac{3}{2}, 5\right\}$

54. a) $S = \left\{\dfrac{1}{8}, 32\right\}$
b) $S = \left\{\dfrac{1}{10}, \sqrt{10}\right\}$
c) $S = \left\{\dfrac{1}{e^2}, 1, e^2\right\}$

55. a) $S = \{4\}$ d) $S = \left\{\dfrac{9}{8}\right\}$
b) $S = \{6\}$
c) $S = \{1\}$ e) $S = \left\{\dfrac{1}{10}\right\}$

56. a) $S = \left\{\dfrac{1}{5}, 5\right\}$
b) $S = \left\{7, \dfrac{1}{49}\right\}$
c) $S = \{7\}$
d) $S = \left\{\dfrac{3+\sqrt{5}}{2}\right\}$
e) $S = \{4\}$

57. a) $S = \{(8, 2), (2, 8)\}$
b) $S = \left\{\left(3, \dfrac{1}{3}\right)\right\}$
c) $S = \left\{\left(2, \dfrac{1}{2}\right)\right\}$

58. a) $S = \mathbb{R}_+^*$
b) $S = \{2\}$

59. a) $\dfrac{5}{4}$ b) $\dfrac{1}{2}$

60. a) $S = \{x \in \mathbb{R} \mid 1 < x < 4\}$
b) $S = \{x \in \mathbb{R} \mid x \geq 2\}$
c) $S = \{x \in \mathbb{R} \mid x > 6\}$
d) $S = \left\{x \in \mathbb{R} \mid \dfrac{3}{2} \leq x < 3\right\}$

61. a) $S = \{x \in \mathbb{R} \mid x > 9\}$
b) $S = \{x \in \mathbb{R} \mid 0 < x < 4\}$
c) $S = \left\{x \in \mathbb{R} \mid 0 < x < \dfrac{1}{4}\right\}$
d) $S = \left\{x \in \mathbb{R} \mid x \geq \dfrac{2}{5}\right\}$

62. a) $S = \{x \in \mathbb{R} \mid 3 \leq x < 13\}$
b) $S = \{x \in \mathbb{R} \mid x > 5\}$

63. a) $Dm(f) = \{x \in \mathbb{R} \mid x \geq 4\}$
b) $Dm(g) = \{x \in \mathbb{R} \mid x > -4$ e $x \neq -3\}$
c) $Dm(h) = \left\{x \in \mathbb{R} \mid 0 < x < \dfrac{1}{2}\right\}$

64. a) $S = \left\{x \in \mathbb{R} \mid 0 < x \leq \dfrac{1}{3}$ ou $x \geq 27\right\}$
b) $S = \left\{x \in \mathbb{R} \mid 0 < x < \dfrac{1}{16}$ ou $x > 2\right\}$
c) $S = \left\{x \in \mathbb{R} \mid \dfrac{1}{4} < x < 4\right\}$

65. a) $1 + \dfrac{\sqrt{3}}{2}$; $1 - \dfrac{\sqrt{3}}{2}$
b) $\left\{m \in \mathbb{R} \mid 0 < m < \dfrac{1}{3}$ ou $m > 3\right\}$

66. $S = \{x \in \mathbb{R} \mid 1 < x < 2\}$

67. a) $S = \{x \in \mathbb{R} \mid x > 3\}$
b) $S = \left\{x \in \mathbb{R} \mid 0 < x < \dfrac{2}{3}\right\}$

68. $S = \left\{x \in \mathbb{R} \mid -1 < x < -\dfrac{1}{2}$ ou $\dfrac{3}{2} < x < 2\right\}$

69. a) $S = \{x \in \mathbb{R} \mid x > 2\}$
b) $S = \left\{x \in \mathbb{R} \mid \dfrac{1}{3} \leq x < 1\right\}$

70. a) $Dm(f) = \{x \in \mathbb{R} \mid 0 < x \leq 1\}$
b) $Dm(f) = \{x \in \mathbb{R} \mid x > 2\}$
c) $Dm(f) = \{x \in \mathbb{R} \mid 1 < x \leq 10\}$

Exercícios complementares

1. a) $a = 2$ e $b = 4$.
b) 21 u.a.
c) $x = 4$ ou $x = 8$.

2. a) 4º dia.
b) 1 500%
c) 7 452,2%

3. a) Verificação.
b) $-0,7$ ou $0,7$.

4. a) 1 ano e 2 meses.
b) 1 ano e 10 meses.
c) 4 anos e 6 meses.

5. a) $y = \dfrac{10}{3}x + 1$
b) $10^{0,06} \simeq 1,2$
c) $\log 1,7 \simeq 0,21$

6. a) Solução **A**: pH = 3; ácida.
Solução **B**: pH = 8,4; básica.
Solução **C**: pH = 5,8; ácida.
b) Solução **D**: $[H^+] = 2 \cdot 10^{-5}$ mol/L
Solução **E**: $[H^+] = 5 \cdot 10^{-9}$ mol/L
Solução **F**: $[H^+] = 1,43 \cdot 10^{-7}$ mol/L

7. a) S_1
b) $[H^+]_{S_1} = 10 \cdot [H^+]_{S_2}$
c) $[H^+]_{S_1} = 100 \cdot [H^+]_{S_3}$

8. a) $S = \{(6, 3)\}$
b) $S = \{(\sqrt{2}, 1)\}$
c) $S = \left\{(2, 4), \left(2, \dfrac{1}{4}\right), \left(\dfrac{1}{2}, 4\right), \left(\dfrac{1}{2}, \dfrac{1}{4}\right)\right\}$

9. a) $I(x) = I_0 \cdot \left(\dfrac{1}{4}\right)^x$
b) 1,38

10. 2031; 2033.

11. $\left\{x \in \mathbb{R} \mid 0 < x < \dfrac{1}{10}\right\}$

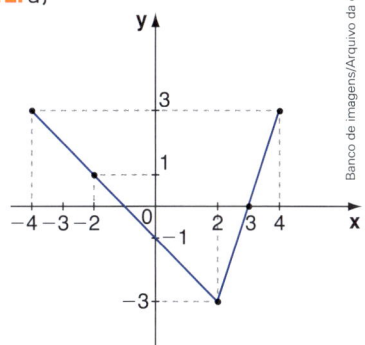

12. a) [gráfico]
b) $a = \sqrt[3]{2}$ e $b = 2$.

13. a) $f\left(\dfrac{3}{2}\right) = -2$; $f(2) = 0$; $f(3) = 2$; $g(-4) = 1$; $g(0) = 0$ e $g(2) = -1$.
b) $x = \dfrac{7}{4}$
c) [gráfico]

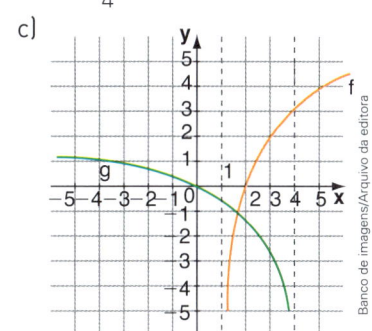

14. a) 1 W/m²
b) 90 dB
c) $I = 10^{-2}$ W/m²; $P = 7,5 \cdot 10^{-7}$ W.

15. $S = \left\{x \in \mathbb{R} \mid -\dfrac{3}{5} < x < \dfrac{3}{5}\right\}$

16. a) 400 mg/L
b) $a = 1$ e $k = 200$.

17. a)

x	y'
12:00	5,6
13:00	5,7
14:00	5,4
15:00	5,3
16:00	5,0
17:00	5,1
18:00	6,0
19:00	5,0

b) [gráfico]
c) $y = \dfrac{1}{32} \cdot 10^{-4} = 0,000003125$

18. a) 19 dB
b) $\dfrac{1}{100}$

19. a) $y = 120\,000 \cdot 1,5^{\frac{x}{2}}$
b) Metade de 2028.

20. a) $g(x) = -\dfrac{1}{2}x + 3$
b) 10,5 u.a.

21. $\left\{a \in \mathbb{R} \mid 0 < a \leq \dfrac{1}{81} \text{ ou } a \geq 81\right\}$

22. $S = \{(125, 4); (625, 3)\}$

23. a) $10\,000 \cdot (\pi + 24)$ m²
b) $3,\overline{3}$ meses = 3 meses e 10 dias.

24. Demonstração.

25. a) 40   b) 151

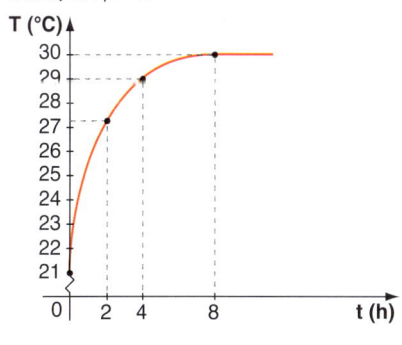

26. a) 29,1 °C
[gráfico]
b) 1,04 hora

27. $S = \{x \in \mathbb{R} \mid 0 < x \leq 1 \text{ ou } x \geq 2\}$

28. $S = \{4\}$

29. a) S = {2}
b) S = {$\log_3 10$; $\log_3 28 - 3$}

30. a) -2
b) $12 + \sqrt{10}$

31. $\dfrac{1}{5}$

32. a)

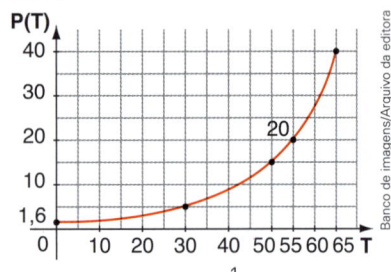

P(T)

b) $a = 1,6$; $b = \dfrac{1}{50}$.

33. 5 vezes. **34.** 28

35. a) S = {7} d) S = {25}
b) S = {10000} e) S = $\left\{9, \dfrac{1}{9}\right\}$
c) S = {27}

36. a) R$ 14 800,00
b) 2009
c) 2010

37. a) 6 c) 6 horas.
b) 10^6

38. a) {$a \in \mathbb{R}$ | $1 < a < 2$}
b) 7

39. a) $D_f =]4, +\infty[$
b) S = $\varnothing$
c) S = $\left] \dfrac{3 + 3\sqrt{5}}{2}, +\infty \right[$

Testes

1. a. **12.** e.
2. d. **13.** c.
3. b. **14.** c.
4. c. **15.** e.
5. c. **16.** c.
6. b. **17.** d.
7. a. **18.** d.
8. e. **19.** d.
9. a. **20.** a.
10. c. **21.** e.
11. a. **22.** a.

23. d. **32.** d.
24. a. **33.** c.
25. b. **34.** a.
26. b. **35.** d.
27. e. **36.** b.
28. c. **37.** c.
29. a. **38.** c.
30. e. **39.** e.
31. b. **40.** c.

Capítulo 9 — Complemento sobre funções

1. S
2. B
3. I
4. O
5. B
6. S
7. I
8. B
9. O
10. a, d, e
11. São sobrejetoras: a, b, c, d; são bijetoras: b, c.
12. a) Sim.
b) Não.
c) Não.
13. a)

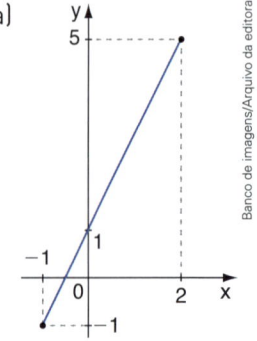

b) B = [−1, 5]

14. a)

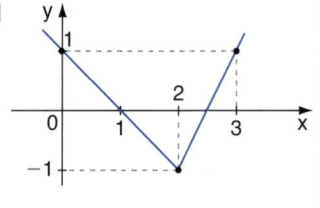

b) Não; sim; não.

15. Sim; $f^{-1}(x) = \dfrac{x-3}{2}$

16. a) Sim.
b) Não.
c) Não.

17. Sim; $f^{-1}(x) = \dfrac{1}{x}$

18. a) Não.
b) Não.
c) Sim.

19. Sim, **f** é bijetora.
$f^{-1}(x) = \dfrac{-x + 6}{3}$

20. a) Dm (f) = $\mathbb{R}$; Im (f) =]1, +∞[
b) $g(x) = \log_2 (x - 1)$
c) Dm (g) =]1, +∞[; Im (g) = $\mathbb{R}$
d) 2

21. a) $f^{-1}(x) = \dfrac{1-x}{2}$
b)

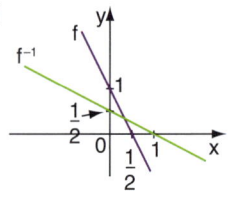

22. 1

23. a) $f^{-1}(x) = \dfrac{3 + 5x}{4}$
b) $f^{-1}(x) = \sqrt[3]{x}$
c) $f^{-1}(x) = \dfrac{-3x + 1}{2}$

24. a) $f(x) = 2x + 1$;
$f^{-1}(x) = \dfrac{x - 1}{2}$
b) $(-1, -1)$

25. a) Não, pois **f** não é sobrejetora.
b) Sim.

26. a) **f** é bijetora e inversível, pois é injetora e sobrejetora; $f^{-1}(x) = \sqrt{x-2}$.
b) $Dm(f^{-1}) = [2, +\infty[$
c) $a = \dfrac{9}{4}$
d)

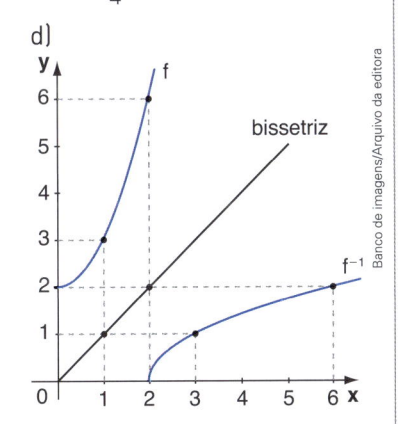

27. a) Sim, $(g \circ f)(x) = 2 \cdot |x| + 3$.
b) Não.
c) Sim; $(g \circ f)(x) = x + 1$.
d) Sim; $(g \circ f)(x) = x^2 - 2x + 2$.

28. a) 11
b) 14
c) 2
d) 31

29. a) -3
b) 21
c) 22
d) 16

30. a) $-6x^2 + 2x - 7$
b) $12x^2 - 10x + 6$
c) $4x - 1$

31. a) 4
b) 11
c) $9x - 4$

32. $k = -\dfrac{10}{3}$

33. a) $S = \left\{0, \dfrac{1}{2}\right\}$
b) $S = \{-3\}$
c) $S = \varnothing$

34. $g(x) = 3x + 5$

35. a) $a = 20$
b) 27

36. $f(x) = 5x - 2$

Exercícios complementares

1. a) $\mathbb{R} - \left\{\dfrac{1}{4}\right\}$
b) $g^{-1}(x) = \dfrac{x+4}{4x+3}$; com $x \neq -\dfrac{3}{4}$.

2. a) $S = \{-1 + \sqrt{3}, -2 - \sqrt{2}\}$
b) $(f \circ g)(x) = |x+2|^2 + 3 \cdot |x+2|$

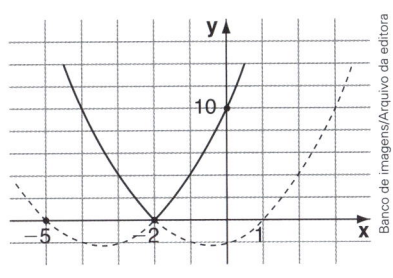

$(g \circ f)(x) = |x^2 + 3x + 2|$

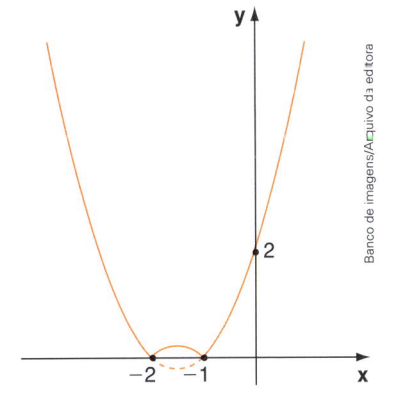

c) **h** é invertível;
$x = h^{-1}(y) = \begin{cases} \dfrac{y-2}{3}, \text{ se } y \geq -4 \\ y + 2, \text{ se } y \leq -4 \end{cases}$

3. $(01) + (08) = (09)$

4. a)

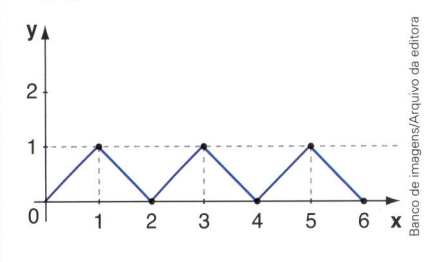

b) $\dfrac{1}{5}, \dfrac{9}{5}, \dfrac{11}{5}, \dfrac{19}{5}, \dfrac{21}{5}$ e $\dfrac{29}{5}$

5. a) 2 anos.
b) Verificação; $g(t) - h(t) = 1$.

6. a) 7
b) $a = \dfrac{1}{2}$

7. $(01) + (02) + (04) + (08) = (15)$

8. **f** é sobrejetora; **f** não é injetora nem bijetora.

9. $B = [-2, 3[$; **f** não é injetora.

10. a) $\dfrac{17}{7}$
b) $f^{-1}(x) = \dfrac{-2x-3}{x-4}$; $x \neq 4$

11. a) $f(x) = x + \dfrac{1}{2}$
b) 1

12. a) $f(x) = \dfrac{x^2}{2} + x - \dfrac{1}{2}$
b) $(g \circ f)(x) = x^2 + 2x - 4$

13. a) 2
b) $f(x) = \dfrac{x}{2}$
c) $S = \{15\}$

14. a) Verificação.
b) $f^{-1}(x) = \begin{cases} \dfrac{x-3}{2}, \text{ se } x \geq 7 \\ \dfrac{x-1}{3}, \text{ se } x < 7 \end{cases}$

c)

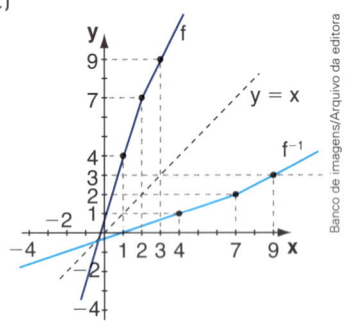

15. a)

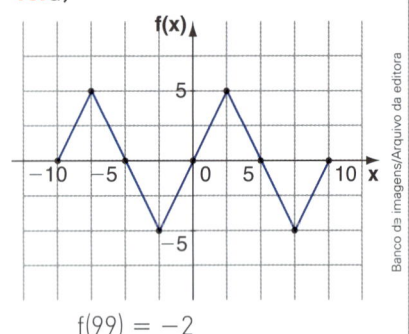

   f(99) = −2

   b) h(3) = 0
   $h(x) = 4x^2 - 32x + 60$, se $2,5 \leq x \leq 5$.

16. a)

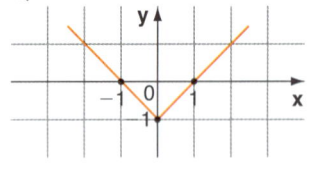

   b)

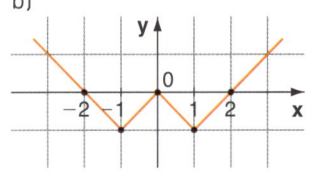

   c) {−7, 7}

17. a) $p_a = \dfrac{a}{a+1}$

   b) Verificação; observe que
   $f_a\left(f_a\left(\dfrac{1}{2}\right)\right) = a - \dfrac{1}{2}a^2 < \dfrac{1}{2}$;
   $\forall a \in\ ]1, 2]$.

   c) $a = \sqrt{2}$

Testes

1. a.
2. b.
3. a.
4. a.

5. d.
6. a.
7. b.
8. a.
9. c.
10. a.
11. c.
12. d.
13. c.
14. c.
15. c.
16. c.

Capítulo 10 − Progressões

1. a) 7
   b) 17
   c) 52

2. (6, 18, 54, 162)

3. a) (6, 9, 12, 15, ...)
   b) (3, 4, 7, 12, ...)

4. a) 405
   b) 71 pertence (18º termo); −345 pertence (122º termo); −195 não pertence.

5. (−5, −7, −11, −19, −35, ...)

6. 486

7. (3, 13, 37, 81, 151, 253, ...)

8. a) a_n: (−190, −187, −184, −181, −178, ...).
   b_n: (216, 212, 208, 204, 200, ...).
   b) 2; 65º termo.
   c) −4; 56º termo.
   d) −16; 59º termo.

17. b.
18. b.
19. b.
20. e.
21. a.
22. d.
23. d.
24. b.
25. d.
26. c.
27. c.

9. a) 5ª figura: 25 quadradinhos ao todo, sendo 5 coloridos e 20 em branco;
   6ª figura: 36 quadradinhos ao todo, sendo 6 coloridos e 30 em branco.
   b) $a_n = n^2$; $n \in \mathbb{N}^*$
   c) $a_n = n^2 - n$; $n \in \mathbb{N}^*$
   d) 10ª figura.

10. a, c, d e f.

11. a) −3; decrescente.
    b) 6; crescente.
    c) 0; constante.
    d) −10; decrescente.
    e) $\dfrac{2}{3}$; crescente.
    f) 1; crescente.

12. a) 84
    b) 172

13. a) −87
    b) −151

14. a) 26
    b) $a_n = 8 + 9n$; $n \in \mathbb{N}^*$

15. 1 600 m

16. a) (−9, 2, 13, 24, 35, 46, 57, ...)
    b) 420

17. a) $a_n = 2n$; $n \in \mathbb{N}^*$
    b) $a_n = 5n - 6$; $n \in \mathbb{N}^*$
    c) $a_n = 36 - 3n$; $n \in \mathbb{N}^*$
    d) $a_n = 7n$; $n \in \mathbb{N}^*$

18. a) Fevereiro de 2018.
    b) Julho de 2018
    c) R$ 7 500,00

19. (−20, −8, 4, 16, 28, 40, ...)

20. −8

21. a) 6
    b) 10
    c) 4 ou $-\dfrac{1}{2}$.

22. a) 2 175
b) 8 025
c) 11 625

23. a) $a_n = -3 + 7n$, $n \in \mathbb{N}^*$
b) 347

24. a) $a_n = 7n + 124$; $n \in \mathbb{N}^*$
b) 63 termos.

25. a) $\dfrac{13}{3}$
b) 49

26. (62, 67, 72, 77, 82, 87, 92, 97)

27. a) 12
b) 225

28. 198

29. 273

30. (20, 24, 28) ou (28, 24, 20).

31. 15°, 60° e 105°.

32. 20

33. $\left(3, \dfrac{9}{2}, 6, \dfrac{15}{2}, 9\right)$

34. −30 ou 30.

35. a) {1, 4, 7, 10, 13, ...}
b)

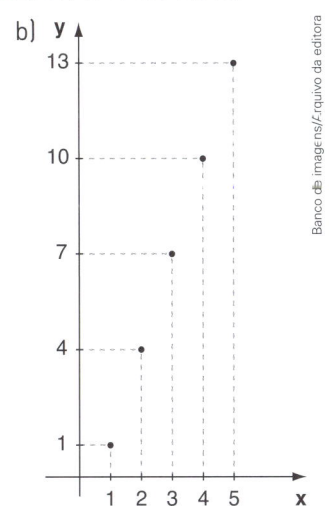

36. A razão da P.A. é $-2 \cdot \log 2 = \log \dfrac{1}{4}$

37. a) 156 cm
b) 3 721 cm²
c) $19\sqrt{2}$ cm

38. a) 47
b) 395 m
c) Voltar à última mesa.

39. Não.

40. a) Vigésima primeira.
b) Não; sim.

41. −255

42. 50,5

43. a) Plano alfa.
b) R$ 325,00

44. a) 145,5
b) −190,8

45. 9

46. (2, 7, 12, 17, 22, 27, ...)

47. a) 15
b) −6
c) −39

48. 26 fileiras.

49. 12,8 m

50. a) 2ª linha e 1ª coluna; 88º quadrado.
b) 898
c) 4 497
d) 1 125 250
e) 1 620 900

51. a) $f(x) = -2x + 5$
b) (3, 1, −1, −3, ...);
$a_n = -2n + 5$, para $n \in \mathbb{N}^*$.

52. a, b, d e e.

53. a) 2
b) 100
c) −3
d) −1
e) $\dfrac{1}{2}$
f) $\dfrac{1}{10}$

54. 16 384

55. $-\dfrac{15}{2}$

56. −320

57. 54

58. a) $4^{17} = 2^{34}$
b) 2^{43}

59. a) $a_n = 2 \cdot 3^{n-1}$; $n \in \mathbb{N}^*$
b) $a_n = 3^{30-3n}$; $n \in \mathbb{N}^*$
c) $a_n = (-2) \cdot (-4)^{n-1}$; $n \in \mathbb{N}^*$

60. a) P.G. de razão 1,2.
b) R$ 656,00

61. a) $\dfrac{729}{4}$ cm²
b) $\dfrac{19683}{32}$ cm

62. a) $x = -6$ ou $x = 6$.
b) $x = 10$
c) $x = 1$ ou $x = 5$.
d) $x = 16$ ou $x = \dfrac{1}{16}$.

63. As idades são 90, 60 e 40 anos.

64. a) 6,5
b) $\dfrac{1}{3}$

65. a) R$ 64,00
b) R$ 729,00

66. a) 21
b) 10

67. (−4, 12, −36, 108, −324, 972)

68. a) $\dfrac{1}{10}$
b) 20

69. Sim; 16 u.c.

70. 125

71. (3, 6, 12)

72. $x = 4$ e $y = \pm 4$.

73. a) 6
b) 14

74. f: (7, 10, 13, 16, ...) P.A.; r = 3.
   g: (2^7, 2^{10}, 2^{13}, 2^{16}, ...) P.G.; q = 8.
75. q = 3
76. a = b = c
77. 42
78. 637,5
79. 1 312 500 livros.
80. 8 192
81. R$ 7 500,00
82. a) 6,5
   b) 10
83. a) 2,4 m
   b) $\frac{25}{16}$ m = 1,5625 m
   c) 37 m
84. 1 275 pessoas.
85. a) 40
   b) 100
   c) $\frac{1}{900}$
   d) $-\frac{125}{4}$
   e) $\frac{27}{4}$
   f) $4\sqrt{2}$
86. $\frac{9}{16}$
87. a) $\frac{4}{9}$
   b) $\frac{16}{9}$
   c) $\frac{3}{11}$
   d) $\frac{71}{30}$
88. a) $\frac{400}{9}$ cm = $44,\overline{4}$ cm
   b) $\frac{10\,000}{99}$ cm² = $101,\overline{01}$ cm²
89. a) S = $\left\{\frac{1}{2}, -\frac{2}{3}\right\}$
   b) S = $\left\{-\frac{1}{4}\right\}$

   c) S = {1}
   d) S = {−3}
90. a) 72 cm
   b) $48\sqrt{3}$ cm²
91. 6 m
92. S = {81}
93. $3^6 \cdot 2^{15}$
94. 10^{-12}
95. 12
96. a) 243
   b) -3^{10} = −59 049
97. a) $\left\{2, 1, \frac{1}{2}, \frac{1}{4}, ...\right\}$
   b)

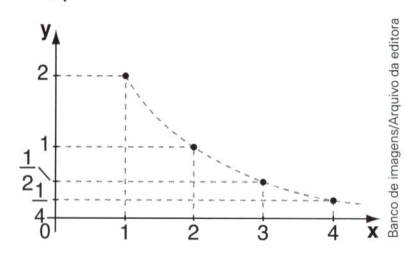

98. a) k = −1
   b) $\left(\frac{1}{6}, \frac{1}{2}, \frac{3}{2}, \frac{9}{2}, ...\right)$
   $a_n = \frac{1}{6} \cdot 3^{n-1}$; n ∈ ℕ*
   q = 3

Exercícios complementares

1. a) $2^n - 1$
   b) Colmos claros: 2^{14}.
   Colmos escuros: $2^{14} - 1$.
2. a) 4
   b) Verdade; ela atinge a distância máxima aproximada de 6 m a partir da borda.
3. 4 cm e 8 cm.
4. Sim; 8π.

5. 18 termos.
6. q = 3
7. 1
8. 2,3
9. a) 1 120
   b) n = 13; a_{13} = 101.
10. a) 48
   b) 49,05 m
11. x = −2; q = 16.
12. $\frac{1}{4}$ ou 4.
13. a) $\frac{4}{5}$
   b) Verificação.
14. 20 100
15. a) Razão da P.G.: 2
   Razão da P.A.: 1
   b) 6 138
   c) 23
16. x = 4
17. 108
18. 179 700
19. 1 220
20. a) −2
   b) −30
21. 760
22. 5 050
23. a) 15
   b) 10º dia.
24. a) (2, −6, 18, ...)
   b) 16
25. 2
26. a) S = {10^4}
   b) S = {3}
   c) S = $\left\{\frac{1}{25}\right\}$

27. a) $x = 5$ ou $x = \frac{1}{2}$.
   b) 7 575

28. (02) + (04) + (16) = (22)

29. (02) + (04) + (16) = (22)

30. a) 3 200; 6 450.
   b) 12 semanas.

31. a) -2
   b) $\frac{3}{22}$

32. a) 361
   b) Demonstração.

33. (02) + (04) + (08) = (14)

34. a) 1,75 cm
   b) 3 cm
   c) 32 cm^2
   d) 16 cm^2

35. a) $\pi \cdot \frac{L^2}{2^{2n}}$
   b) $\frac{\pi \cdot L^2}{4}$

36. 2049

37. a) 4,88 m
   b) $10 \cdot (1 - 0,8^n)$
   c) Não.
   d) $n = 11$

38. a) 164,5 m
   b) 8,225 L

39. a) 55
   b) $\frac{n^2 + n}{2}$
   c) 42ª

40. $-\frac{1}{4}$

41. a) $\log_2 3$
   b) 129
   c) 6 144

42. 35,625 m

43. 2

Testes

1. b.
2. c.
3. a.
4. c.
5. d.
6. b.
7. d.
8. e.
9. a.
10. b.
11. d.
12. b.
13. c.
14. b.
15. a.
16. e.
17. a.
18. d.
19. a.
20. b.
21. b.
22. b.
23. c.
24. b.
25. b.
26. b.
27. a.
28. d.
29. c.
30. d.
31. a.
32. e.
33. a.
34. e.
35. d.
36. e.
37. c.
38. c.
39. e.
40. a.
41. c.
42. c.

Capítulo 11 – Matemática comercial e financeira

1. a) 120
   b) 126
   c) 36
   d) 60
   e) 12,35
   f) 140
   g) 675
   h) 315
   i) 30
   j) 0,024
   k) 1 600
   l) 262,50
   m) 53,9
   n) 2,7
   o) 10,50
   p) 125

2. 21 g

3. a) 25%
   b) 5%
   c) 80%
   d) 34%
   e) 125%

4. R$ 2 400,00

5. a) 27
   b) 57,5%

6. 66,875%

7. a) 30%
   b) 20

8. B e D

9. a) 285 páginas.
   b) 114 páginas.

10. Aproximadamente 92,86%.

11. 0,7%

12. a) 85%
   b) 54

13. 240 g de prata

14. a) 81,25%
   b) 70 arremessos

15. 43,3%

16. a) Miguel: $\frac{4}{25}$
   Mônica: $\frac{1}{5}$
   b) Miguel: $\frac{16}{100} = 16\%$
   Mônica: $\frac{20}{100} = 20\%$
   Mônica obteve o maior rendimento percentual.

17. a) 1 opção: R$ 9 200,00;
   2ª opção: 9 500,00.
   b) R$ 140 000,00

18. a) 9,6 cm^2
   b) 5,76 cm × 2,4 cm

19. a) Aproximadamente 57,14%.
   b) 21

20. 80 vias.
21. 75%
22. R$ 57,80
23. a) R$ 44,80
   b) R$ 168,00
24. a) 12,5%
   b) R$ 432,00
25. a) 16%
   b) R$ 1 507,05
26. a) Aproximadamente R$ 1,18
   b) R$ 1 647,24
   c) R$ 2 351,25
27. B < A = C (B = 20% e A = 25%)
28. a) R$ 3 500,00
   b) R$ 134,40
29. a) R$ 1 250,00
   b) R$ 1 100,00
30. a) 1 250 m^3
   b) Aproximadamente 6,98%.
31. a) 1,38 · p
   b) 1,105 · p
   c) 0,97 · p
   d) 0,876 · p
   e) 1,32 · p
   f) 0,68 · p
   g) 1,04 · p
   h) 1,331 · p
32. a) Sim, o cliente pagaria R$ 48,00.
   b) 4%
33. a) 33%
   b) Aproximadamente 31,43%.
   c) Aproximadamente 25,38%.
34. Mais vantajosa: II; menos vantajosa: III.
35. a) X
   b) Y
36. a) R$ 105,20
   b) Aumento aproximado de 1,79%.
37. Aproximadamente 16,36%.
38. R$ 16,00

39. 275%
40. a) 25%
   b) 16,$\overline{6}$%
   c) 30%
   d) 104%
41. 10%
42. a) 20,96%
   b) 9 600
43. a) 3,5 kg de frango e 2 kg de lombo.
   b) 700 g
44. a) Diminuiu; 5,5%.
   b) 4,76%, aproximadamente.
45. a) R$ 26,40
   b) R$ 324,00
   c) R$ 76,80
   d) R$ 235,20
46. R$ 310,00
47. 5% a.m.
48. a) R$ 480,00
   b) R$ 352,80
   c) R$ 6 125,00
49. Aproximadamente R$ 1,02; R$ 1,09
50. 20 dias de atraso.
51. a) 20 meses.
   b) 40 meses.
   c) 180 meses.
   d) 16 meses.
52. a) 25% ao mês.
   b) 12,5% ao mês.
53. a) R$ 2 280,00
   b) Aproximadamente 11,1% ao mês.
54. 3,5% ao mês.
55. R$ 30 000,00
56. a) R$ 3 750,00
   b) R$ 12 000,00
   c) R$ 5 200,00
57. Rafael: R$ 1 800,00; Gabriel: R$ 2 200,00.

58. a) J = R$ 24,73; M = R$ 324,73.
   b) J = R$ 1 989,64; M = R$ 4 489,64.
   c) J = R$ 56,09; M = R$ 156,09.
   a) J = R$ 114,25; M = R$ 1 014,25.
59. O fundo de renda fixa.
60. a) R$ 1 307,10
   b) R$ 1 425,45
61. a) 1 ano: R$ 2 120,00;
     2 anos: R$ 2 247,20;
     5 anos: R$ 2 700,00;
     10 anos: R$ 3 645,00.
   b) 151 meses; 350 meses.
62. R$ 500,00
63. a) R$ 8 000,00
   b) 60%
   c) 15 anos.
64. a) R$ 50 000,00
   b) R$ 1 550,00
65. 20% a.m.
66. 7 anos.
67. a) 60% a.a.
   b) R$ 2 531,65
68. 12 anos.
69. a) Aproximadamente R$ 26,85.
   b) 7,4% de valorização.
70. a) Lucro de R$ 30,00; percentualmente o lucro é de 0,625%.
   b) 15% de valorização.
71. a) 4 anos.
   b) 6 anos.
   c) 9 anos.
   d) 12 anos.
72. 100% por semana.
73. a) 35%
   b) R$ 256,00
74. R$ 149 760,00
75. 20% ao ano.

76. 41

77. R$ 4 500,00

78. a) $v(t) = 0{,}95^t \cdot v_0$
b) Não.

79. R$ 8 000,00

80. R$ 2 450,92, aproximadamente.

81. R$ 665,45, aproximadamente.

82. 25% a.a.

83. a) Juros simples: (660, 720, 780, 840, 900) (I);
juros compostos: (660; 726; 798,60; 878,46; 966,306) (II).
b) (I): P.A. de razão 60.
(II): P.G. de razão 1,1.
c) Aproximadamente R$ 66,31.

84. a) R$ 400,00
b) Juros simples; 5% a.m.
c) Sim.

85. a) R$ 6 000,00
b) Juros compostos; 20% a.a.

86. a) Juros simples.
b) 30% a.a.
c) R$ 51 000,00

Exercícios complementares

1. a) $x = 45\,000$ reais
$y = 55\,000$ reais
b) R$ 5 425,00
c) A: R$ 25 000,00
B: R$ 34 000,00

2. 50 meses.

3. 2 500

4. a) 7,5% a.m.
b) 7% a.m.

5. R$ 90,00

6. a) R$ 1 210,00
b) 25 meses.

7. a) 32%
b) 353

8. R$ 25,00

9. a) Cafezinho: 50%;
cafezinho com leite: 60%.
b) R$ 100,00

10. a) 30%
b) $33{,}\overline{3}\%$

11. a) 129,23%
b) Índice 2: 38,69%.
Índice 3: 20,74%.
c) 14,88%

12. a) 10 000 marrecos.
b) 12 000 marrecos.
c) 62 500 marrecos.

13. 1,4 kg

14. a) 3 150
b) Aproximadamente 23,45%.

15. a) 13,7%, aproximadamente.
b) Não é possível.

16. 3 L de **A** e 1 L de **B**.

17. 80%

18. a) 68%
b) R$ 2,40

19. a) 5,5%, aproximadamente.
b) 5,5%, aproximadamente.

20. a) 8,8%
b) 20,88%

21. R$ 1 000,00

22. a) R$ 127 584,00
b) 4,5 anos.

23. 26 anos.

24. Melhor: **B**; pior: **A**.

25. a) V
b) F
c) V
d) F
e) V

26. a) $x = 2\,000$
b) R$ 48 000,00

27. 50

28. a) 2
b) R$ 15 120,00

29. 20 kg de farelo de algodão e 60 kg de farelo de soja.

30. R$ 6 404,00;
soma dos dígitos: 14.

31. a) Juros simples.
b) 2,5% a.m.
c) 35
d) 20 meses.

32. Jair: R$ 1 000,00
Joel: R$ 1 400,00

33. a) Aproximadamente 12,16%.
b) Aproximadamente 32,43%.

34. a) 12 anos.
b) Aproximadamente R$ 356 644,00.

35. R$ 52,00

36. a) 10% ao ano.
b) R$ 50 000,00
c) 8 anos.

37. R$ 5,71

38. a) 60 centavos.
b) 9
c) 6

39. a) Cobre: 66%.
Estanho: 12%.
Zinco: 22%.
b) 40% de **A**, 20% de **B** e 40% de **C**.

40. a) Resposta pessoal.
b) Verificação.

Testes

1. d.   **15.** a.
2. c.   **16.** a.
3. b.   **17.** c.
4. c.   **18.** d.
5. c.   **19.** d.
6. b.   **20.** b.
7. b.   **21.** d.
8. c.   **22.** b.
9. a.   **23.** a.
10. a.   **24.** b.
11. c.   **25.** d.
12. a.   **26.** d.
13. c.   **27.** b.
14. b.   **28.** d.

29. a.	**42.** c.			**26.** 12 cm	

29. a. **42.** c.
30. c. **43.** b.
31. c. **44.** d.
32. b. **45.** c.
33. c. **46.** c.
34. b. **47.** d.
35. c. **48.** d.
36. a. **49.** b.
37. e. **50.** a.
38. c. **51.** a.
39. d. **52.** b.
40. c. **53.** e.
41. c. **54.** a.

Capítulo 12 — Semelhança e triângulos retângulos

1. a) **F**
  b) **V**
  c) **F**
  d) **V**
  e) **F**
  f) **F**

2. 9 cm e 15 cm.

3. Sim, pois eles têm dois ângulos congruentes.

4. A'B' = 2,4 cm; B'C' = 6,6 cm; C'D' = 4,4 cm; D'A' = 3,6 cm.

5. Não, pois, se os ângulos da base medem 40°, o outro ângulo mede 100° (40° + 40° + + 100° = 180°). Mas também pode ocorrer que os ângulos da base meçam 70° e o outro 40° (70° + 70° + 40° = 180°). Se isso ocorrer, os triângulos não são semelhantes.

6. 24 cm; 6 cm; 18 cm.

7. x = 2,5 m; y ≈ 3,33 m; z = 3 m; w = 2,52 m; t = 2,5 m.

8. AB = 40 m; BC = 80 m; CD = 100 m e AD = 54 m.

9. a) $x = \dfrac{10}{3}$
  b) x = 6
  c) $x = \dfrac{10}{3}$ e $y = \dfrac{18}{5}$.

10. Lote I: 80 m
  Lote II: 60 m
  Lote III: 40 m

11. 1 e 8 (LAL); 2 e 5 (LLL ou AA); 3 e 6 (LLL); 4 e 7 (AA).

12. a) x = 2; y = 3.
  b) x = 8; y = 10.

13. a) 3,75 m
  b) Aproximadamente 1,34 m.

14. $\dfrac{32}{3}$ cm

15. a) 67,5 m
  b) Aproximadamente 6,22 m.

16. a) 12 cm
  b) 40 m

17. a) 6
  b) $\dfrac{4}{5}$
  c) 21

18. $\dfrac{2}{3}$

19. 2,4 cm

20. 28 m

21. a) Demonstração.
  b) $\sqrt{6}$ cm

22. a) 9,5 cm
  b) Demonstração.

23. a) $\dfrac{1}{4}$
  b) $\dfrac{1}{4}$
  c) $\dfrac{1}{16}$
  d) 96 cm²

24. a) 6 cm
  b) 7,5 cm² e 30 cm², respectivamente.

25. 16

26. 12 cm

27. $x = \dfrac{8}{3}$; $y = \dfrac{20}{3}$.

28. a) $x = \dfrac{\sqrt{5}}{2}$ e $y = \dfrac{5}{2}$.
  b) $x = \dfrac{5}{2}$ e $y = \dfrac{3\sqrt{5}}{2}$.
  c) x = 2 e y = 2$\sqrt{5}$.

29. 2,4 m e 1,2 m.

30. 50,16 m

31. a) 8 cm
  b) $3\sqrt{3}$ cm
  c) $2\sqrt{2}$ cm
  d) $3\sqrt{3}$ cm

32. Catetos: $2\sqrt{6}$ cm e $2\sqrt{10}$ cm; altura: $\sqrt{15}$ cm.

33. 44,6 m

34. 3 m

35. 24 m

36. 2,5 km

37. Comprimento: 1,8 m; altura: 2,4 m.

38. $9\sqrt{2}$ cm

39. a) 36 m
  b) $36\sqrt{3}$ m²

40. a) 10
  b) $8\sqrt{2}$
  c) 17
  d) 2

41. 2,1 m

42. a) Aproximadamente 1 280 m.
  b) Aproximadamente 707 m.

43. 6 cm

44. a) $\dfrac{65}{4}$ cm
  b) $\sqrt{661}$ cm

45. a = 14,4 cm e b = 15,36 cm.

46. 1 421 m

47. $\dfrac{5\sqrt{3}}{2}$ cm

Exercícios complementares

1. a) 10,4 cm
b) 4 cm

2. a) $2\sqrt{5}$ cm
b) 4 cm

3. 36

4. a) 15 cm
b) $\dfrac{9}{25}$
c) 400 cm²

5. a) $60\sqrt{7}$ cm
b) x = 100 cm; y = 80 cm e z = 60 cm.

6. a) $\dfrac{4}{25}$
b) $\dfrac{21}{4}$

7. a) 24 km/h e 18 km/h.
b) 108 km e 81 km.

8. a) 19,2 cm
b) 25,6 cm

9. a) $\dfrac{2-\sqrt{2}}{2}$ cm
b) $(2\sqrt{2}-2)$ cm²

10. a) 5
b) $\dfrac{15\sqrt{15}}{2}$ cm

11. 10 cm

12. a) $y = 10 - \dfrac{5x}{6}$
b) x = 6 cm e y = 5 cm.

13. a) 6
b) 12
c) $2\sqrt{7}$
d) $3\sqrt{7}$

14. 12 cm

15. 12 cm

16. 12 cm

17. 6,4 m

18. a) 3 m
b) $3\sqrt{2}$ m

19. $\dfrac{3\sqrt{2}}{8}$ cm

20. a) 16 cm
b) 5,6 cm

21. 30

22. 1,76 cm

23. x = 1 cm e $y = \dfrac{\sqrt{3}}{2}$ cm.

24. 4

Testes

1. a.
2. d.
3. d.
4. b.
5. b.
6. e.
7. c.
8. d.
9. e.
10. d.
11. d.
12. c.
13. c.
14. d.
15. a.
16. e.
17. d.
18. a.
19. a.
20. c.
21. c.
22. c.
23. a.
24. b.
25. b.
26. a.
27. d.
28. b.
29. b.
30. a.
31. c.

Capítulo 13 – Trigonometria no triângulo retângulo

1. a) $\operatorname{sen}\hat{A} = \dfrac{15}{17}$, $\cos\hat{A} = \dfrac{8}{17}$, $\operatorname{tg}\hat{A} = \dfrac{15}{8}$.
b) $\operatorname{sen}\hat{C} = \dfrac{8}{17}$, $\cos\hat{C} = \dfrac{15}{17}$, $\operatorname{tg}\hat{C} = \dfrac{8}{15}$.

2. a) $\dfrac{2}{3}$
b) 9 m

3. a) $\operatorname{sen}\hat{C} = \dfrac{2}{7}$
b) $\operatorname{sen}\hat{B} = \dfrac{11}{61}$
c) $\operatorname{sen}\hat{A} = \dfrac{5\sqrt{41}}{41}$

4. a) $\cos\hat{B} = \dfrac{4}{5}$ e $\cos\hat{C} = \dfrac{3}{5}$.
b) $\cos\hat{B} = \dfrac{\sqrt{95}}{12}$ e $\cos\hat{C} = \dfrac{7}{12}$.

5. a) 240 m
b) 41°

6. Aproximadamente 100 m.

7. 38,4 m

8. a) Aproximadamente 5,57 m.
b) tg α = 0,37; não é acessível.

9. a) Aproximadamente 42°.
b) Aproximadamente 4,48 m.

10. a) Trilha 2.
b) 377 m

11. 30°

12. a) x ≃ 3,36
b) x ≃ 5,196
c) x = 45°
d) x ≃ 9,89

13. Aproximadamente 8,77 km.

14. Aproximadamente 1 159 m.

15. Aproximadamente 100 m.

16. Como a hipotenusa corresponde ao lado de maior medida, a razão entre os catetos e a hipotenusa sempre será um número entre 0 e 1. A razão entre os catetos pode resultar em qualquer número real positivo.

17. a) 30 cm
b) $\dfrac{2\sqrt{6}}{5}$

18. a) Aproximadamente 59°.
b) Aproximadamente 40°.
c) 45°

19. a)

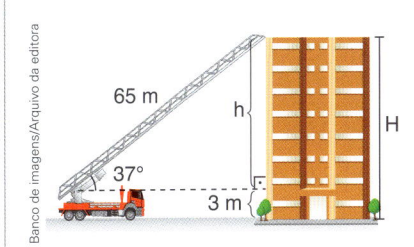

b) 15 andares.

20. a) 8
b) $6\sqrt{2}$
c) $3\sqrt{2}$
d) $\dfrac{11}{4}$
e) 4,5
f) 4

21. $3\sqrt{3}$ m; 3 m.

22. $4\sqrt{3}$ m

23. $5(\sqrt{3}+3)$ cm

24. $(8\sqrt{3}+30)$ cm

25. a) 12
b) 30°
c) $\dfrac{\sqrt{3}}{3}$

26. a) 20
b) $20\sqrt{3}$ m (aproximadamente 35 m)

27. 3,4 km

28. a) Não; no projeto I a razão entre o desnível e o comprimento horizontal da rampa é 0,3; no projeto II é $\dfrac{\sqrt{3}}{3} \simeq 0,577$.
b) Projeto I: 20 m; projeto II: $6\sqrt{3}$ m.
c) Projeto I: $\simeq$ 20,88 m; projeto II: 12 m.
d) 17°

29. 4,5 m

30. a) x = 6 cm e y = $6\sqrt{3}$ cm.
b) x = 8 cm e y = $4\sqrt{3}$ cm.
c) x = $6\sqrt{2}$ cm e y = 6 cm.
d) x = 12 cm e y = 10 cm.

31. a) $6 \cdot (2+\sqrt{3})$ cm
b) $9\sqrt{3}$ cm²

32. $H = h \cdot \left(\dfrac{\text{tg}\,\alpha + \text{tg}\,\beta}{\text{tg}\,\beta}\right)$

33. a) $\dfrac{\sqrt{15}}{4}$
b) $\dfrac{2\sqrt{6}}{5}$; $2\sqrt{6}$
c) $\dfrac{\sqrt{33}}{4}$
d) $\dfrac{\sqrt{7}}{3}$

34. $\cos\alpha = 2\,\text{sen}\,\alpha$

35. Nesse triângulo, um dos catetos mede o quádruplo do outro.

36. a) $\dfrac{\sqrt{9}}{10}$
b) $\dfrac{\sqrt{19}}{9}$
c) $\dfrac{9}{10}$

37. $\dfrac{\sqrt{5}}{3}$

Exercícios complementares

1. a) 59°
b) Aproximadamente 36 cm.

2. x = 6 e y = $3\sqrt{3}$.

3. $\dfrac{\sqrt{3}}{3}$ m e $\dfrac{\sqrt{6}}{3}$ m.

4. a) x = $\sqrt{5}$ cm
b) Verificação.

5. Aproximadamente 2 s.

6. a) 32 passos e 18 passos.
b) 71°

7. $\dfrac{1}{2}$

8. a) $\dfrac{\sqrt{55}}{2}$
b) $\sqrt{55}$

9. 27,87 m

10. 1

11. $\dfrac{4}{3}$

12. 30

13. a) Aproximadamente 137 m.
b) Aproximadamente 135 m.

14. a) $\dfrac{5+3\sqrt{3}}{4}$ m
b) 2,7 m

15. (01) + (02) + (04) + (08) + + (16) = (31)

16. 30°

17. x = 18 cm e y = $6\sqrt{5}$ cm.

18. $\sqrt{7}$

19. DA = sen $(\alpha+\beta)$

20. Aproximadamente 1,5 m.

21. 1 968,75 m

22. $2\sqrt{21}$ cm

23. a) x = $6\sqrt{2-\sqrt{3}}$
y = $3(\sqrt{6}-\sqrt{2})$
b) x = $3\sqrt{2}+\sqrt{6}$

Testes

1. b.	**17.** b.
2. a.	**18.** d.
3. d.	**19.** c.
4. e.	**20.** b.
5. a.	**21.** c.
6. c.	**22.** c.
7. c.	**23.** d.
8. a.	**24.** e.
9. c.	**25.** d.
10. c.	**26.** e.
11. b.	**27.** e.
12. a.	**28.** a.
13. c.	**29.** a.
14. a.	**30.** c.
15. d.	**31.** d.
16. d.	

Apêndice 1 – Vetores

Exercícios

1.
a) F
b) V
c) F
d) V
e) V
f) V
g) V
h) V
i) V
j) F
k) V
l) V
m) F

2. a) $\vec{w} = CD$ ou $\vec{w} = EF$, etc.

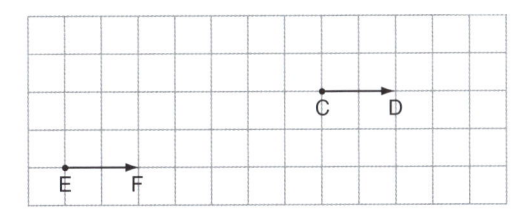

b) $\vec{t} = CD$ ou $\vec{t} = EF$, etc.

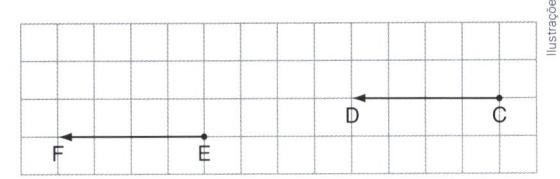

3. $\vec{u} = (3, 4)$; $\vec{v} = (-2, -6)$ e $\vec{w} = (5, -5)$

4.

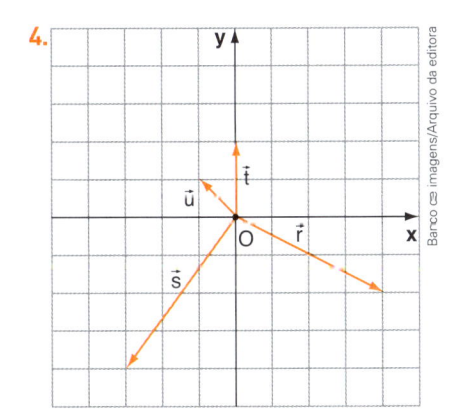

5. $\|\vec{a}\| = 2\sqrt{10}$; $\|\vec{b}\| = \sqrt{13}$; $\|\vec{c}\| = \sqrt{13}$; $\|\vec{d}\| = 4$; $\|\vec{e}\| = \sqrt{29}$; $\|\vec{f}\| = \sqrt{26}$;

6.
a) $\sqrt{34}$;
b) $\sqrt{5}$
c) 13
d) 3

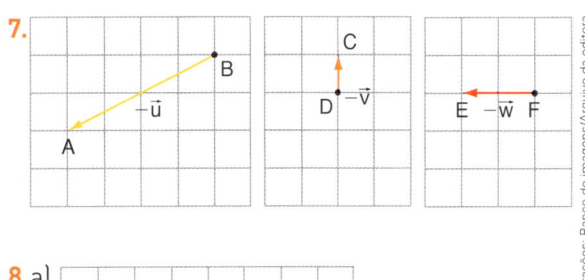

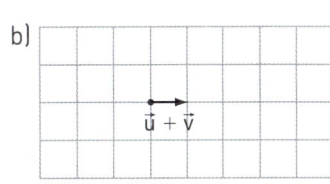

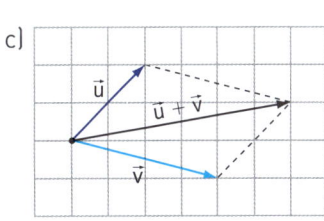

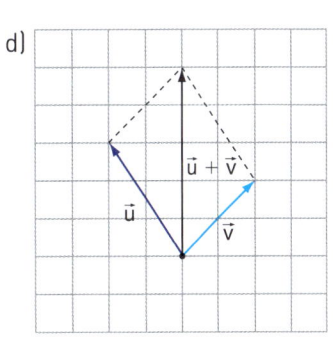

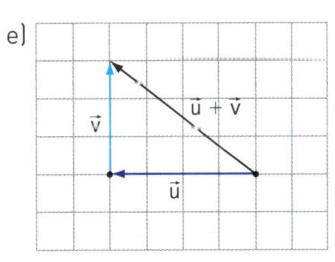

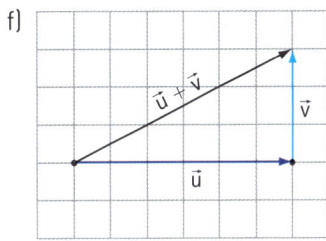

7.

8. a), b), c), d), e), f)

9. a) [figure: $\vec{u}-\vec{v}$]

b) [figure: $\vec{u}-\vec{v}$]

c) [figure: $\vec{u}$, $-\vec{v}$, $\vec{u}-\vec{v}$]

d) [figure: $\vec{u}-\vec{v}$, $-\vec{v}$, $\vec{u}$]

e) [figure: $-\vec{v}$, $\vec{u}$, $\vec{u}-\vec{v}$]

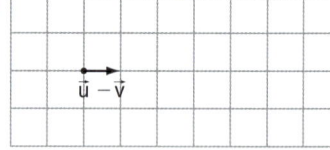

f) [figure: $\vec{u}-\vec{v}$, $-\vec{v}$, $\vec{u}$]

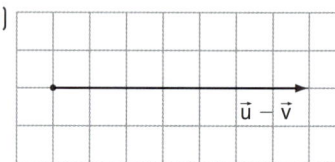

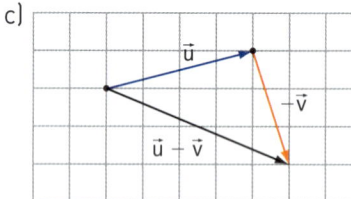

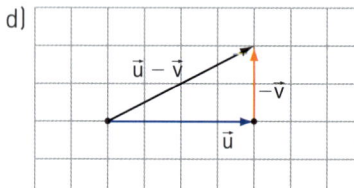

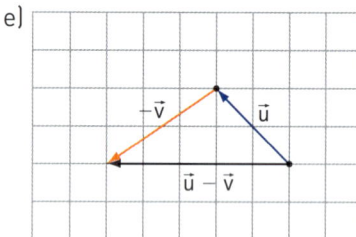

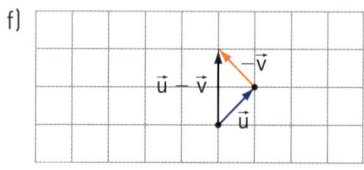

10. c.

11. d.

12. a) $(-4, 6)$ c) $(3, 7)$
b) $(-15, -12)$ d) $(-7, -1)$

13. $\vec{D} = \vec{u} + \vec{v}$; $\vec{d} = \vec{u} - \vec{v}$

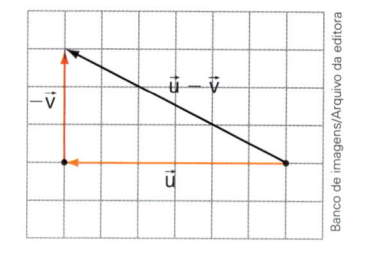

14. [figure: $\vec{u}$, $\vec{v}$, $\vec{u}+\vec{v}$]

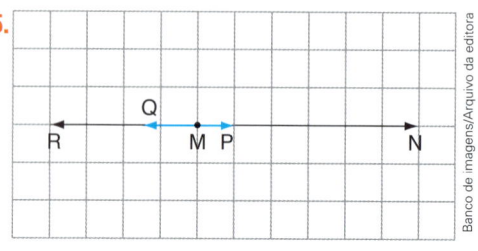

$\|\vec{u} + \vec{v}\| = 3\sqrt{5}$

[figure: $-\vec{v}$, $\vec{u}-\vec{v}$, $\vec{u}$]

$\|\vec{u} - \vec{v}\| = 3\sqrt{5}$

15. [figure: line with points R, Q, M, P, N]

$3\vec{u} = MN$; $\dfrac{1}{2}\vec{u} = MP$; $-2\vec{u} = MR$; $-\dfrac{3}{4}\vec{u} = MQ$

16. a) $\|\vec{s}\| = 11$

b) $\|\vec{s}\| = 5$

17. d.

18. c.

19. $(02) + (04) + (08) = (14)$

Apêndice 2 – Isometrias no plano

Exercícios

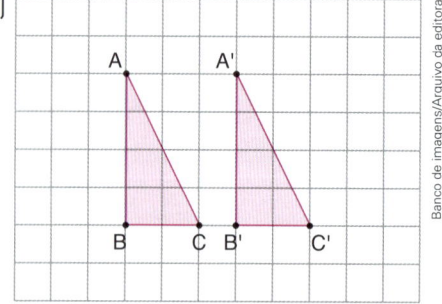

1. a) [figure: triangles ABC and A'B'C']

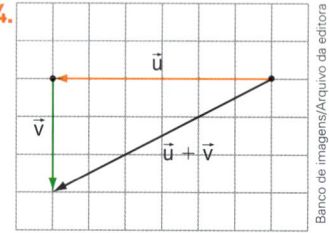

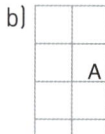

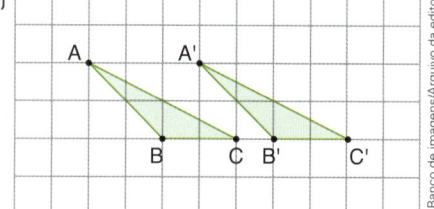

b) [figure: triangles ABC and A'B'C']

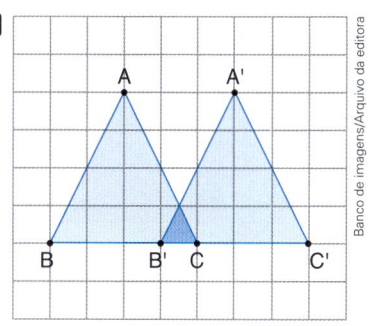

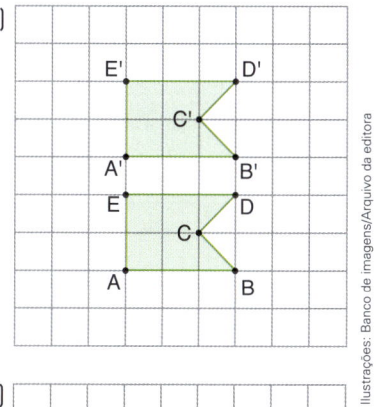

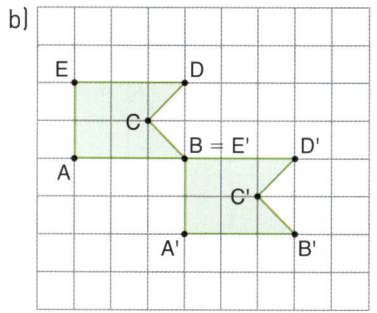

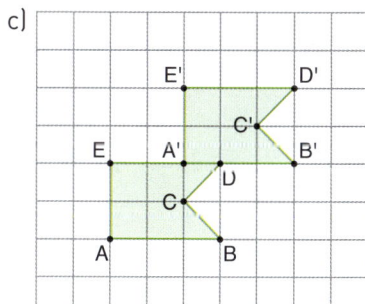

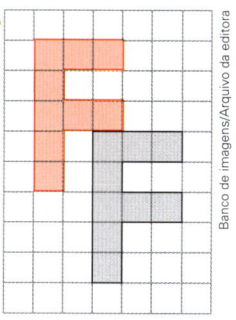

4. $\vec{v} = (-3, -4)$ **5.** $\vec{v} = (4, -2)$

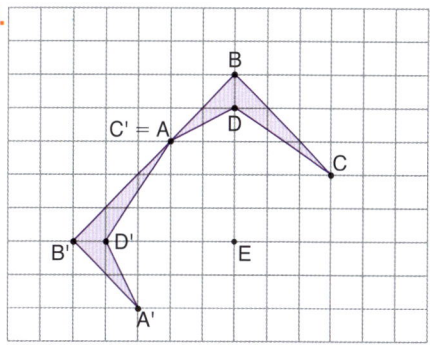

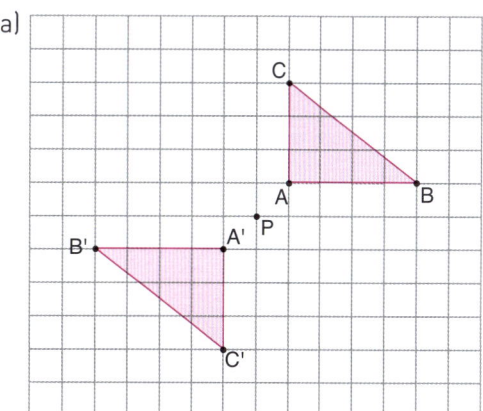

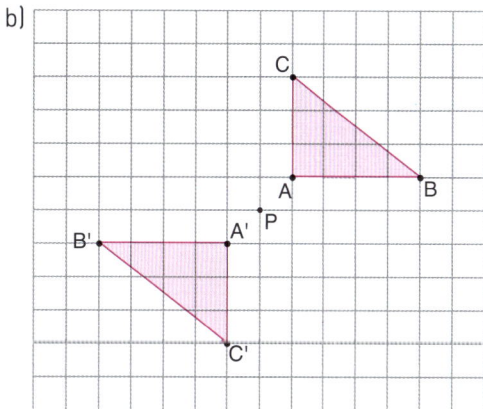

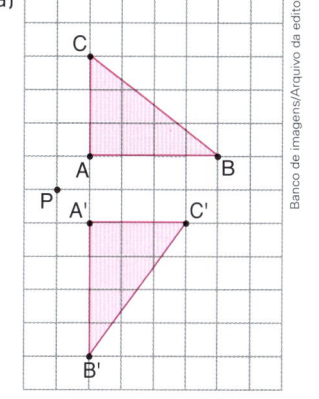

b)

9. d.

10. a)

b)

11.

12.

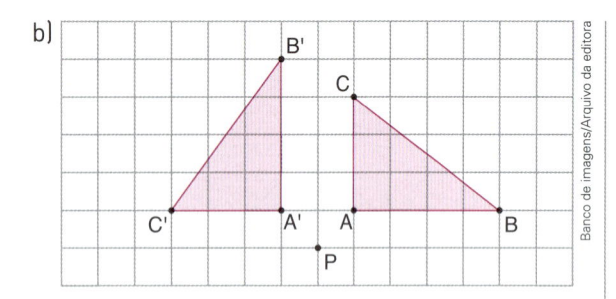

13.

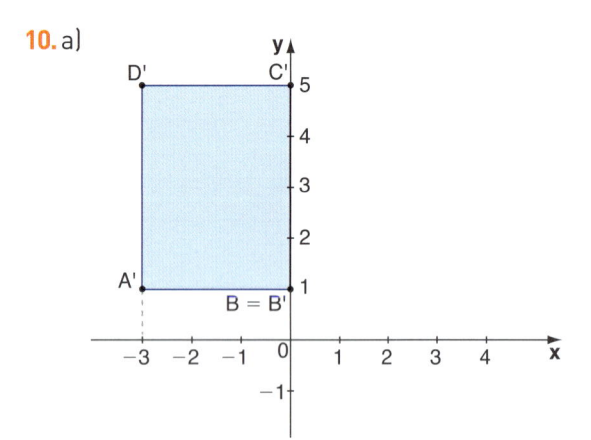

14. a)

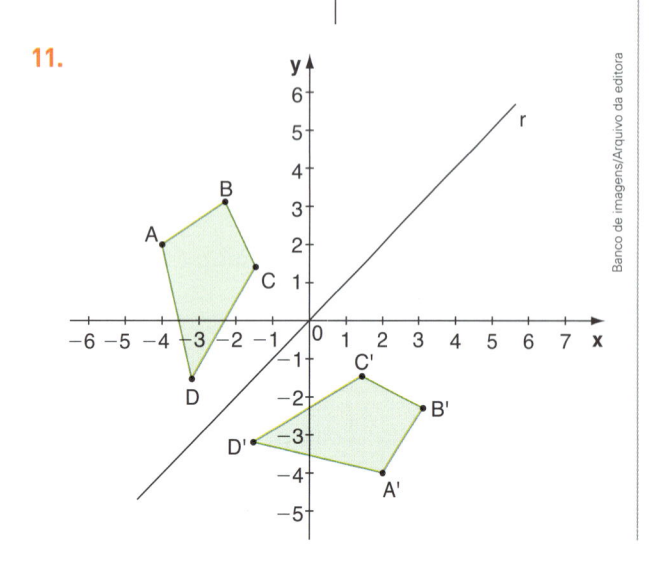

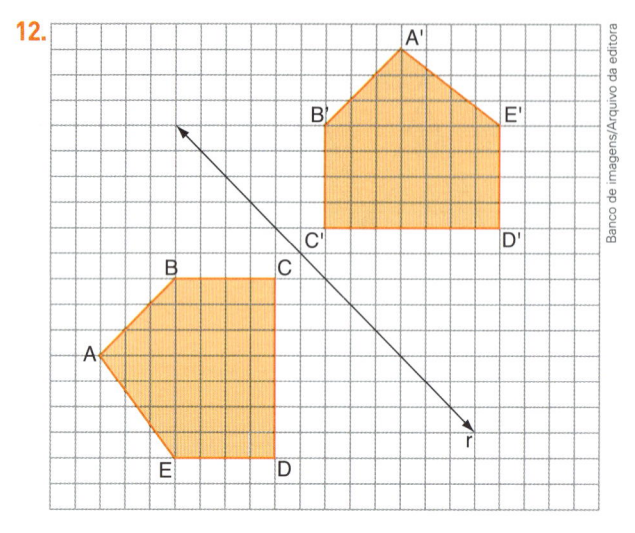

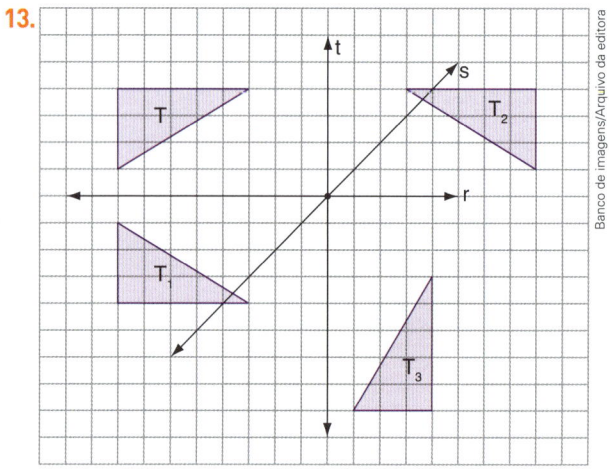

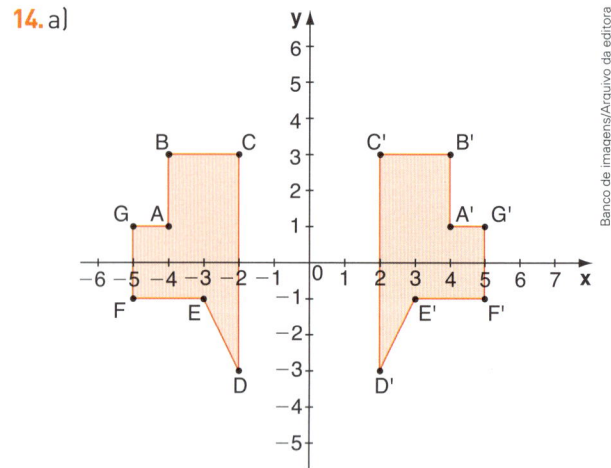

b) A'(4, 1); B'(4, 3); C'(2, 3); D'(2, −3); E'(3, −1); F'(5, −1) e G'(5, 1)

c) O perímetro de **R** é igual ao perímetro de **R'** e ambos medem $15 + \sqrt{15}$ u.c.

A área de **R** é igual à área de **R'** e ambas medem 11 u.a.

15.

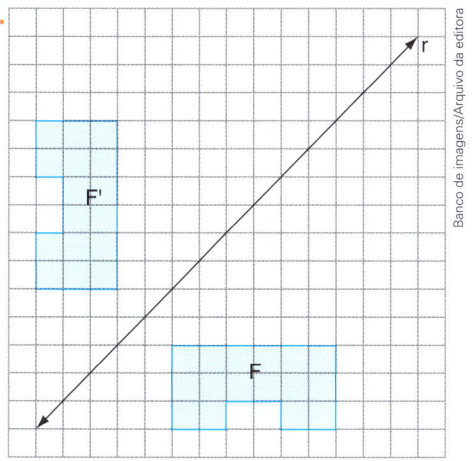

16.

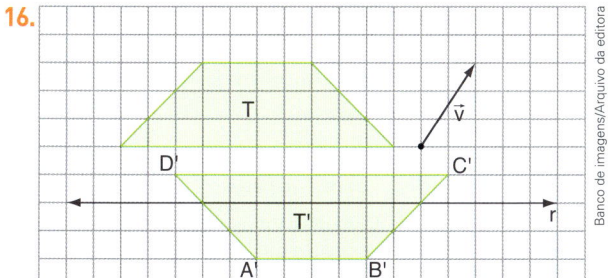

17. a)

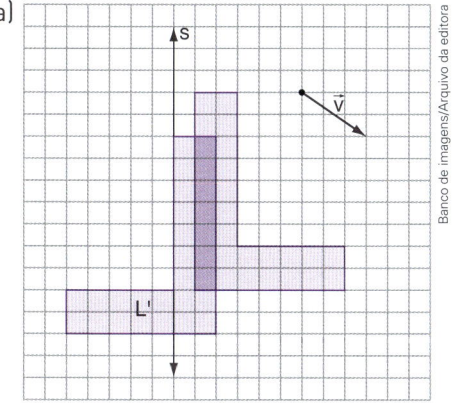

b)

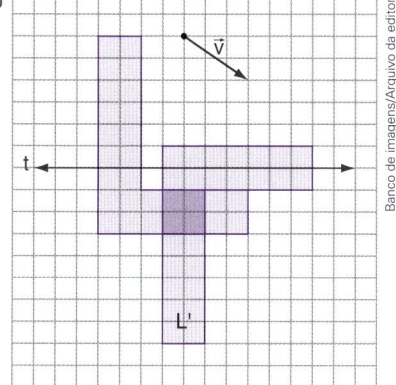

c)

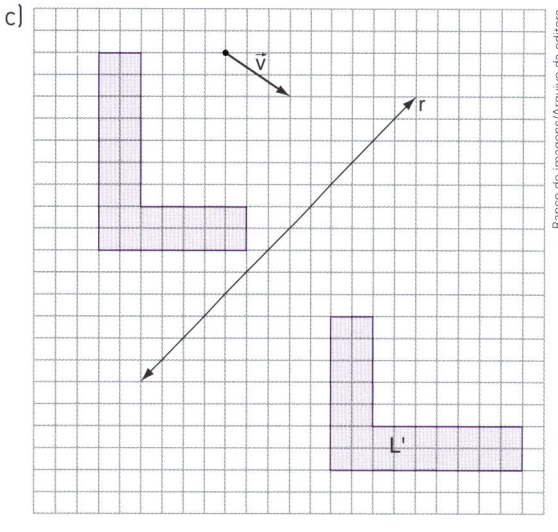

18.

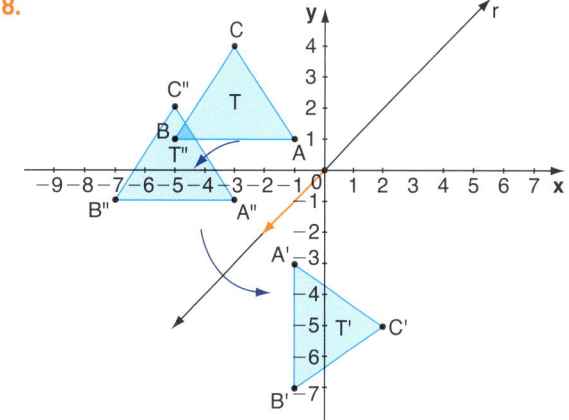

A'(−1, −3); B'(−1, −7); C'(2, −5); observe na figura acima que a translação de **T** segundo $\vec{v}$ resultou no **T"**; em seguida, refletindo-se **T"** segundo **r**, obtemos **T'**.

19. II: Translação segundo $\vec{v} = \overrightarrow{AC}$.

III: Rotação do centro **B**, sentido anti-horário.

IV: Reflexão em relação à reta $\overleftrightarrow{AB}$.

20. c.

21. b.

Significado das siglas dos vestibulares

Acafe-SC: Associação Catarinense das Fundações Educacionais, Santa Catarina
Aman-RJ: Academia Militar das Agulhas Negras, Rio de Janeiro
Cefet-AM: Centro Federal de Educação Tecnológica do Amazonas
Cefet-MG: Centro Federal de Educação Tecnológica de Minas Gerais
Efomm-RJ: Escola de Formação de Oficiais da Marinha Mercante
Enem: Exame Nacional do Ensino Médio
Epcar-MG: Escola Preparatória de Cadetes do Ar, Minas Gerais
EsPCEx-SP: Escola Preparatória de Cadetes do Exército, São Paulo
ESPM-SP: Escola Superior de Propaganda e Marketing, São Paulo
Famerp-SP: Faculdade de Medicina de São José do Rio Preto, São Paulo
Fatec-SP: Faculdade de Tecnologia, São Paulo
FEI-SP: Centro Universitário da Faculdade de Engenharia Industrial, São Paulo
FGV-RJ: Fundação Getúlio Vargas, Rio de Janeiro
FGV-SP: Fundação Getúlio Vargas, São Paulo
FICSAE-SP: Faculdade Israelita de Ciências da Saúde Albert Einstein, São Paulo
Fuvest-SP: Fundação Universitária para o Vestibular, São Paulo
Ifal: Instituto Federal de Alagoas
IFCE: Instituto Federal de Educação, Ciência e Tecnologia do Ceará
IFSC: Instituto Federal de Educação, Ciência e Tecnologia de Santa Catarina
IFSP: Instituto Federal de Educação, Ciência e Tecnologia de São Paulo
IME-RJ: Instituto Militar de Engenharia, Rio de Janeiro
Insper-SP: Instituto de Ensino e Pesquisa, São Paulo
ITA-SP: Instituto Tecnológico de Aeronáutica, São Paulo
Mack-SP: Universidade Presbiteriana Mackenzie, São Paulo
Obmep: Olimpíada Brasileira de Matemática das Escolas Públicas
PUC-MG: Pontifícia Universidade Católica de Minas Gerais
PUC-PR: Pontifícia Universidade Católica do Paraná
PUC-RJ: Pontifícia Universidade Católica do Rio de Janeiro
PUC-RS: Pontifícia Universidade Católica do Rio Grande do Sul
PUC-SP: Pontifícia Universidade Católica de São Paulo
UCS–RS: Universidade de Caxias do Sul, Rio Grande do Sul
Udesc: Universidade do Estado de Santa Catarina
UEA-AM: Universidade do Estado do Amazonas
Uece: Universidade Estadual do Ceará
UEG-GO: Universidade Estadual de Goiás
UEL-PR: Universidade Estadual de Londrina, Paraná
Uema: Universidade Estadual do Maranhão
UEMG: Universidade Estadual de Minas Gerais
UEM-PR: Universidade Estadual de Maringá, Paraná
Uepa: Universidade do Estado do Pará
UEPB: Universidade Estadual da Paraíba
UEPG-PR: Universidade Estadual de Ponta Grossa, Paraná
Uerj: Universidade do Estado do Rio de Janeiro
Uern: Universidade do Estado do Rio Grande do Norte
Uespi: Universidade Estadual do Piauí
UFABC–SP: Universidade Federal do ABC, São Paulo
Ufam: Universidade Federal do Amazonas
UFBA: Universidade Federal da Bahia
UFC-CE: Universidade Federal do Ceará
UFCG–PB: Universidade Federal de Campina Grande, Paraíba
Ufes: Universidade Federal do Espírito Santo
UFF-RJ: Universidade Federal Fluminense, Rio de Janeiro
UFG-GO: Universidade Federal de Goiás
UFJF-MG: Universidade Federal de Juiz de Fora, Minas Gerais
UFJF/Pism-MG: Universidade Federal de Juiz de Fora/Programa de Ingresso Seletivo Misto, Minas Gerais
Ufla-MG: Universidade Federal de Lavras, Minas Gerais
UFMA: Universidade Federal do Maranhão
UFMG: Universidade Federal de Minas Gerais
UFMS: Universidade Federal de Mato Grosso do Sul
Ufop-MG: Universidade Federal de Ouro Preto, Minas Gerais
UFPA: Universidade Federal do Pará
UFPB: Universidade Federal da Paraíba
UFPE: Universidade Federal de Pernambuco
Ufpel-RS: Universidade Federal de Pelotas, Rio Grande do Sul
UFPI: Universidade Federal do Piauí
UFPR: Universidade Federal do Paraná
UFRGS-RS: Universidade Federal do Rio Grande do Sul
UFRJ: Universidade Federal do Rio de Janeiro
UFRN: Universidade Federal do Rio Grande do Norte
UFSC: Universidade Federal de Santa Catarina
Ufscar-SP: Universidade Federal de São Carlos, São Paulo
UFSJ-MG: Universidade Federal de São João del-Rei, Minas Gerais
UFSM-RS: Universidade Federal de Santa Maria, Rio Grande do Sul
UFTM-MG: Universidade Federal do Triângulo Mineiro, Minas Gerais
UFU-MG: Universidade Federal de Uberlândia, Minas Gerais
UFV-MG: Universidade Federal de Viçosa, Minas Gerais
UnB-DF: Universidade de Brasília, Distrito Federal
Uneb-BA: Universidade do Estado da Bahia
Unesp-SP: Universidade Estadual Paulista "Júlio de Mesquita Filho", São Paulo
Unicamp-SP: Universidade Estadual de Campinas, São Paulo
Unifesp: Universidade Federal de São Paulo
Unifor-CE: Fundação Edson Queiroz Universidade de Fortaleza, Ceará
Unioeste-PR: Universidade Estadual do Oeste do Paraná
UPE: Universidade de Pernambuco
UPF-RS: Universidade de Passo Fundo, Rio Grande do Sul
Vunesp: Fundação para o Vestibular da Unesp, São Paulo